计算机技术
开发与应用丛书

openEuler
操作系统管理入门

陈争艳 刘安战 贾玉祥 等 ◎ 编著

清华大学出版社
北京

内 容 简 介

本书系统阐述 openEuler 操作系统管理的相关技术，并通过大量的实践进行说明。

全书共 16 章。第 1 章为初识 openEuler，介绍 openEuler 的发展和环境搭建等内容，第 2 章介绍基本的终端操作和文件管理，第 3 章介绍文件管理和编辑等内容，第 4 章介绍文件权限和用户管理，第 5 章介绍文件系统管理，第 6 章主要介绍软件管理与安装，第 7 章介绍文件压缩和打包，第 8 章主要介绍 sudo 与 ACL 权限，第 9 章主要介绍正则表达式和 Shell 脚本，第 10 章介绍进程、网络管理及服务环境搭建，第 11~16 章介绍常见服务器的搭建，包括 SSH 服务器、FTP 服务器、MySQL 数据库服务器、DHCP 服务器、Samba 服务器和 WWW 服务器。

书中包含了大量的实践示例，使读者在掌握理论知识的基础上可以进行实践操作，适合入门阅读和实践。

本书是 openEuler 操作系统管理的入门书，可作为大学计算机、软件专业相关课程的教材或参考书，也可作为 openEuler 系统管理工程师的参考书。

本书封面贴有清华大学出版社防伪标签，无标签者不得销售。
版权所有，侵权必究。举报：010-62782989，beiqinquan@tup.tsinghua.edu.cn。

图书在版编目（CIP）数据

openEuler 操作系统管理入门 / 陈争艳等编著. —北京：清华大学出版社，2023.5
（计算机技术开发与应用丛书）
ISBN 978-7-302-62854-5

Ⅰ. ①o⋯　Ⅱ. ①陈⋯　Ⅲ. ①Linux 操作系统　Ⅳ. ①TP316.85

中国国家版本馆 CIP 数据核字（2023）第 035264 号

责任编辑：	赵佳霓
封面设计：	吴 刚
责任校对：	时翠兰
责任印制：	朱雨萌

出版发行：清华大学出版社
网　　址：http://www.tup.com.cn，http://www.wqbook.com
地　　址：北京清华大学学研大厦 A 座　　　邮　编：100084
社 总 机：010-83470000　　　　　　　　　邮　购：010-62786544
投稿与读者服务：010-62776969，c-service@tup.tsinghua.edu.cn
质 量 反 馈：010-62772015，zhiliang@tup.tsinghua.edu.cn
课 件 下 载：http://www.tup.com.cn,010-83470236

印 装 者：北京同文印刷有限责任公司
经　　销：全国新华书店
开　　本：186mm×240mm　　　印　张：26.25　　　字　数：604 千字
版　　次：2023 年 5 月第 1 版　　　　　　　　　　印　次：2023 年 5 月第 1 次印刷
印　　数：1~2000
定　　价：99.00 元

产品编号：097487-01

前言
PREFACE

中国华为公司推出了 openEuler 操作系统，恰逢我国近年来在高精尖及基础领域受到国外掣肘的关键时期。作为软件系统的基座，操作系统的国产化对我国软件行业的发展具有重要战略意义。

多年来，Linux 作为企业级服务器操作系统在整个服务器操作系统市场格局中占据了越来越多的市场份额，并且保持着快速的增长率，而出于安全和知识产权等因素考虑，在政府、金融、电信等国家关键领域，信息基础设施需要逐步过渡到国产操作系统。openEuler 操作系统是国产企业级 Linux 发行版，其发展无疑会对我国操作系统的技术进步带来新的活力。

目前，已有一些企业将平台操作系统更换为 openEuler，未来将会有大量 openEuler 的运维人才需求。

本书写作的主要目的是推广 openEuler 操作系统的相关知识和技术，为学习者提供 openEuler 操作系统管理的入门知识体系。在本书的写作过程中，笔者查阅了很多资料，在书中展示了大量面向工程实践的实验，希望通过本书和广大读者一道为国产操作系统的发展助力。

本书主要内容

第 1 章介绍 openEuler 系统的历史渊源和发展情况，以及如何在 VMware 虚拟机中安装 openEuler 操作系统。

第 2 章介绍 openEuler 操作系统终端基本操作和基本的文件管理。终端操作中主要介绍了一些常用的命令。基本的文件管理包括目录树简介、绝对路径和相对路径、工作目录的切换等。

第 3 章介绍 openEuler 操作系统中的文件管理，包括文件和目录的创建、复制、删除等。本章还介绍 vim 编辑器，vim 的使用将贯穿本书服务器配置部分内容。

第 4 章介绍 openEuler 操作系统中 ugo 权限机制和用户账户管理，并结合实际应用案例阐述用户账户与 ugo 权限的具体用途。

第 5 章介绍文件系统的管理，包括磁盘分区和格式化等相关知识。

第 6 章介绍 RPM 软件包的基本管理及在线安装、升级机制 yum/dnf 的工作原理和使用方法。

第 7 章介绍文件压缩命令 gzip、bzip2、xz 的使用方法和归档打包命令 tar 的用法，并结合实例讲述归档压缩的具体应用。

第 8 章介绍 sudo 命令和 ACL 权限。sudo 命令可解决多个管理员共管一个系统中出现的现实问题。ACL 权限用以弥补 ugo 权限在实际应用中存在的不足。

第 9 章介绍正则表达式的基本知识，并以 grep 命令为例介绍了正则表达式的应用。本章还介绍了 Shell 脚本的入门知识，力图使读者能够快速上手编写简单的 Shell 脚本。

第 10 章介绍 openEuler 日常管理维护的相关知识，包括进程管理、破解 root 用户密码的一般方法、网络基本配置相关知识等。另外，本章还介绍了服务器配置环境搭建，为后面章节的实验提供实践基础。

第 11 章介绍 openEuler 操作系统环境下的基于 SSH 协议的远程连接服务器的配置，包括基于口令认证的 OpenSSH 服务器和基于密钥认证的 OpenSSH 服务器的配置。同时介绍客户端测试 SSH 服务的方法及排查错误的方法和思路。

第 12 章介绍 openEuler 操作系统环境下的 FTP 服务器的配置，包括匿名 FTP 服务器、认证 FTP 服务器和虚拟用户 FTP 服务器的配置。同时介绍客户端测试 FTP 服务的方法及排查错误的方法和思路。

第 13 章介绍在 openEuler 操作系统环境下 MySQL 服务器的配置。同时介绍客户端测试 MySQL 服务的方法及排查错误的方法和思路。

第 14 章介绍 openEuler 操作系统环境下的 DHCP 服务器的配置，包括单区域 DHCP 服务器和多区域 DHCP 服务器的配置。同时介绍客户端测试 DHCP 服务的方法及排查错误的方法和思路。

第 15 章介绍 openEuler 操作系统环境下 Samba 服务器的配置，包括匿名和用户级别 Samba 服务器的配置。另外还介绍客户端测试连接 Samba 服务的方法及排查错误的方法和思路。

第 16 章介绍 openEuler 操作系统环境下 WWW 服务器的配置，包括 WWW 服务器的基本配置方法、虚拟目录、认证授权和虚拟主机等。另外还介绍客户机测试 WWW 服务的方法及排查错误的方法和思路。

本书第 1、第 8、第 9、第 11、第 12、第 15 章由陈争艳（河南财政金融学院）撰写，第 2、第 3、第 4、第 6、第 7 章由刘安战（中原工学院）撰写，第 5、第 10 章由王飞（郑州大学）撰写，第 13、第 14 章由贾玉祥（郑州大学）撰写，第 16 章由吴伟（河南财经政法大学）撰写。本书最后由陈争艳、刘安战和贾玉祥进行了通篇审阅、修改和定稿。

阅读建议

本书是一本 openEuler 操作系统管理的入门书，但是，作为服务器端操作系统，希望学习本书的读者具备一定的计算机相关基础知识。大学计算机或软件相关专业的中、高年级学生一般具备学习本书的能力。

本书的基础知识部分，理论讲解力求浅显，应用示例更注重联系实际，并且为读者提供自行探究的学习思路。建议读者参照例题多动手实践，进而掌握 openEuler 操作系统的基本理论和操作。

本书的服务器配置部分，针对每种服务器，以案例形式详细叙述了在 VMware 虚拟环境中服务器的完整配置过程和客户机端测试过程。建议读者学习时参照案例做实验，掌握服务器配置的方法，掌握客户端如何进行连接测试，特别是当服务器不能正常访问时如何排查错误，但与此同时，也要能够举一反三，结合实际，配置生产环境中的服务器，避免生搬硬套。

致谢

在本书的撰写过程中，笔者得到了来自多方的支持和帮助，在这里特别表示感谢。

感谢团队成员刘安战、贾玉祥、王飞和吴伟老师，是大家的通力合作才使我们能够完成本书。

感谢笔者工作单位的领导和多位老师的帮助和支持。

感谢华为公司一大批优秀的工程师，如果没有他们的努力恐怕就不会有 openEuler 的面世。在成书过程中我们参考了华为公司提供的在线官方技术文档。

感谢清华大学出版社工作人员的辛勤工作，特别是赵佳霓编辑，从选题到出版付出了很多努力。

陈争艳

2023 年 1 月

目 录
CONTENTS

教学课件（PPT）

第 1 章　初识 openEuler 1

  1.1　openEuler 操作系统介绍 1
      1.1.1　历史渊源 1
      1.1.2　openEuler 的发展 2
  1.2　openEuler 环境搭建 3
      1.2.1　openEuler 安装要求 3
      1.2.2　在 VMware 中创建虚拟机 3
      1.2.3　安装 openEuler 5
      1.2.4　在 VMware 中还原安装 openEuler 系统 20
  1.3　初步体验 openEuler 21
      1.3.1　通过图形界面使用 openEuler 21
      1.3.2　进入终端界面 23
  1.4　几个基本命令操作 24
      1.4.1　ls 命令和 ll 命令 24
      1.4.2　退出系统、关闭或重启系统 25

第 2 章　基本终端操作和文件管理 27

  2.1　终端基本操作 27
      2.1.1　终端命令的一般格式 27
      2.1.2　使用帮助 32
      2.1.3　切换用户 35
      2.1.4　虚拟控制台 37
      2.1.5　管道命令 39
      2.1.6　历史命令与命令补全 40
  2.2　基本的文件管理 42
      2.2.1　目录树简介 42
      2.2.2　路径 43

   2.2.3 工作目录的切换 44

第 3 章 文件管理与 vim 编辑器 48

 3.1 文件管理 48
   3.1.1 文件类型 48
   3.1.2 目录的创建与删除 50
   3.1.3 创建空文件 52
   3.1.4 文件及目录的复制与删除 55
   3.1.5 文件及目录的移动与重命名 59
 3.2 查看文件内容 61
   3.2.1 cat 命令 61
   3.2.2 head 命令和 tail 命令 63
   3.2.3 more 命令和 less 命令 65
 3.3 vim 编辑器 66
   3.3.1 vim 的启动与退出 67
   3.3.2 常用的 vim 工作模式 67
   3.3.3 一个简单的案例 72

第 4 章 文件权限和用户管理 74

 4.1 文件权限 74
   4.1.1 什么是 ugo 74
   4.1.2 文件属性与权限的修改 76
 4.2 用户账户管理 83
   4.2.1 用户账户基本管理 83
   4.2.2 账户与群组关联性管理 91
 4.3 ugo 权限的意义 99
   4.3.1 目录文件权限的意义 99
   4.3.2 普通文件权限的意义 100
 4.4 特殊权限 SUID、SGID、SBIT 101
   4.4.1 功能说明 101
   4.4.2 权限设置 106
 4.5 账户与 ugo 权限应用 110
   4.5.1 单个用户的权限 110
   4.5.2 群组共享 110

第 5 章 文件系统基本管理 115

5.1 磁盘分区和格式化简介 115
5.1.1 磁盘分区的概念 115
5.1.2 格式化的概念 116
5.1.3 Linux 的 ext2 文件系统简介 117
5.2 文件系统的管理 119
5.2.1 MBR 分区管理 123
5.2.2 GPT 分区管理 137
5.2.3 关于分区的一些说明 145
5.3 LVM 的概念 145

第 6 章 软件管理与安装 146

6.1 RPM 软件包管理 146
6.1.1 RPM 软件包简介 146
6.1.2 管理 RPM 软件包 147
6.2 在线安装升级软件 158
6.2.1 使用 yum 管理软件包 158
6.2.2 搭建本地软件仓库 167
6.2.3 dnf 命令 172

第 7 章 文件压缩与打包 174

7.1 文件的压缩命令 174
7.2 tar 命令 179
7.2.1 tar 命令基本用法 179
7.2.2 tar 命令调用压缩命令 183
7.3 tar 命令的具体应用 186

第 8 章 sudo 与 ACL 权限 191

8.1 使用 sudo 191
8.2 ACL 权限 193
8.2.1 ugo 权限存在的不足 193
8.2.2 ACL 权限介绍 194
8.2.3 ACL 权限设置 194

第 9 章 正则表达式与 Shell 脚本 204

9.1 正则表达式 204

9.1.1 grep 命令 204
9.1.2 正则表达式元字符的含义 205
9.1.3 正则表达式的应用 205
9.2 Shell 脚本入门 206
9.2.1 Shell 脚本编写与执行 206
9.2.2 Shell 变量 207
9.2.3 流程控制语句 210
9.2.4 一个简单的 Shell 脚本例子 217

第 10 章 进程、网络管理和服务环境搭建 219
10.1 进程管理 219
10.1.1 查看进程信息 219
10.1.2 杀死进程 221
10.2 破解 root 用户密码 221
10.3 网络基本配置 222
10.3.1 ifconfig 命令 222
10.3.2 编辑网络配置文件设置 IP 参数 223
10.3.3 主机名的设置 225
10.3.4 ping 命令 225
10.4 服务器配置实验环境搭建 226
10.4.1 为 openEuler 虚拟机拍摄快照 226
10.4.2 克隆一台 openEuler 虚拟机 230

第 11 章 SSH 服务器配置 233
11.1 基础概述 233
11.1.1 SSH 简介 233
11.1.2 非对称加密技术简介 234
11.1.3 SSH 两种级别的安全验证 234
11.2 基于口令认证的 OpenSSH 服务器配置 236
11.2.1 服务器端配置 237
11.2.2 客户机端配置 241
11.3 基于密钥认证的 OpenSSH 服务器配置 247
11.3.1 服务器端配置 247
11.3.2 客户机端配置 248
11.4 排查错误 251

第 12 章　FTP 服务器配置 ... 254

12.1　FTP 概述 ... 254
12.1.1　FTP 的概念 ... 254
12.1.2　FTP 的传输模式 ... 255
12.1.3　FTP 用户 ... 255

12.2　匿名 FTP 服务器配置 ... 256
12.2.1　服务器端配置 ... 257
12.2.2　客户机端配置 ... 263

12.3　认证 FTP 服务器配置 ... 269
12.3.1　服务器端配置 ... 270
12.3.2　客户机端配置 ... 273

12.4　虚拟用户 FTP 服务器配置 ... 275
12.4.1　服务器端配置 ... 276
12.4.2　客户机端配置 ... 280

12.5　排查错误 ... 281

第 13 章　MySQL 数据库服务器配置 ... 287

13.1　MySQL 简介 ... 287
13.1.1　MySQL 的发展历史 ... 287
13.1.2　MySQL 工作原理 ... 288

13.2　MySQL 数据库服务器配置 ... 290
13.2.1　应用案例分析与相关实验环境搭建 ... 291
13.2.2　服务器端配置 ... 291
13.2.3　客户机端配置 ... 298

13.3　排查错误 ... 306

第 14 章　DHCP 服务器配置 ... 309

14.1　DHCP 简介 ... 309
14.1.1　DHCP 工作原理 ... 309
14.1.2　openEuler 中的 DHCP 服务 ... 310

14.2　单区域 DHCP 服务器配置 ... 312
14.2.1　服务器端配置 ... 313
14.2.2　客户机端配置 ... 317

14.3　多区域 DHCP 服务器配置 ... 322
14.3.1　服务器端配置 ... 323

14.3.2　客户机端配置 325
　14.4　排查错误 325

第 15 章　Samba 服务器配置 328

　15.1　Samba 简介 328
　　15.1.1　Samba 基本知识 328
　　15.1.2　配置文件详细讲解 329
　15.2　匿名 Samba 服务器配置 335
　　15.2.1　服务器端配置 335
　　15.2.2　客户机端配置 338
　15.3　用户级 Samba 服务器基本配置 341
　　15.3.1　服务器端配置 341
　　15.3.2　客户机端配置 345
　　15.3.3　用户级别 Samba 服务器配置进阶 352
　15.4　排查错误 354

第 16 章　WWW 服务器配置 358

　16.1　WWW 服务器简介 358
　　16.1.1　发展历史 358
　　16.1.2　Apache 简介 358
　　16.1.3　基本工作原理 359
　　16.1.4　Apache 配置文件简介 359
　16.2　默认配置 362
　　16.2.1　服务器端配置 362
　　16.2.2　客户机端配置 368
　　16.2.3　访问日志管理与分析 370
　16.3　Web 服务器配置进阶 373
　　16.3.1　访问控制 373
　　16.3.2　用户认证与授权 375
　16.4　虚拟目录 377
　　16.4.1　服务器端配置 378
　　16.4.2　客户机端配置 379
　16.5　基于 IP 的虚拟主机 380
　　16.5.1　服务器端配置 381
　　16.5.2　客户机端配置 383
　16.6　基于 TCP 端口号的虚拟主机 384

	16.6.1 服务器端配置	385
	16.6.2 客户端配置	387
16.7	基于域名的虚拟主机	389
	16.7.1 服务器端配置	390
	16.7.2 客户机端配置	394
16.8	排查错误	396
	16.8.1 错误日志文件管理和分析	396
	16.8.2 排查错误的思路	397

参考文献 402

第 1 章

初识 openEuler

openEuler 是 Linux 操作系统的一个国内发行版。本章首先介绍 openEuler 系统的历史渊源和发展情况，然后通过实际操作在 VMware 下安装 openEuler 操作系统，进一步体验 openEuler 系统的图形用户界面（GUI）和命令行模式的不同使用方式。

1.1 openEuler 操作系统介绍

openEuler 是一款开源操作系统，中文可以译成开源欧拉，起源于华为公司开发的服务器操作系统 EulerOS。2021 年 11 月 9 日，在操作系统产业峰会上，华为正式将欧拉操作系统捐赠给开放原子开源基金会，并命名为 openEuler。

1.1.1 历史渊源

由于 openEuler 内核是源于 Linux 操作系统的，而说起 Linux 又不得不提 UNIX，因此如果追溯 openEuler 的历史，则可以追溯到 20 世纪 60 年代，这里不再详细地讲述操作系统的发展历史，只是给大家列出关键事件和人物，使读者有一个简单历史脉络认识。

1969 年 8 月左右，Ken Thompson[①]为了移植一个自己喜欢的游戏，用汇编语言写出了一个软件系统，包括一些核心工具程序和一个小的文件系统。这个软件系统就是 UNIX 的原型。

1972 年，Dennis Ritchie 开发出 C 语言。Ken Thompson 和 Dennis Ritchie 合作，用 C 语言重写了 UNIX。

1974 年，Ken Thompson 和 Dennis Ritchie 合写的 *The UNIX Time-Sharing System* 在 Communication of ACM 上发表，正式向外界披露了 UNIX 系统。

由于 UNIX 的高度可移植性和强大的性能，所以很多商业公司开始了 UNIX 系统的发展，例如 AT&T 推出了 System V 系统，IBM 推出了 AIX 系统。HP 与 DEC 等公司也都有推出主机搭配自己版本的 UNIX 操作系统。

1979 年，AT&T 出于商业的考虑，以及在当时现实环境下的思考，决定将 UNIX 操作系

---

① 推荐阅读：《编程人生》——这本书介绍并采访了大名鼎鼎的 Ken Thompson。

统的版权收回去。AT&T 在 1979 年发行的第 7 版 UNIX 中，特别提到了"不可对学生提供源代码"的严格限制。

1983 年，Richard Stallman[①]创立了 GNU 计划（GNU Project）。GNU 计划定义了 GPL 授权，并开发出 bash、gcc 等著名软件，其主要目标是开发一个完全免费自由的 UNIX-like 操作系统。

1986 年，为了满足自己教学的需要，避免版权纠纷，Andrew Tanenbaum 教授完全不看 UNIX 的核心源代码，自己动手写了 Minix 系统。Minix 与 UNIX 相容，是一个 UNIX-like 系统。

1991 年 4 月，芬兰赫尔辛基大学学生 Linus Torwalds[②]不满意 Minix 这个教学用的操作系统。他根据 Minix 设计了一个系统核心程序 Linux 0.01，这就是后来的 Linux 操作系统。

Linux 采用了 GNU 的 GPL 授权模式。作为开源操作系统，Linux 一经发行便得到了广大爱好者的追捧，以势不可挡之势发展壮大，并出现了大量的发行版本，常见的有 Red Hat 系列（包括 Redhat Enterprise Linux、Fedora、CentOS）、SUSE、Debian、Ubuntu、Gentoo 与 Slackware 等。

Linux 的发行版可以分为两类：一类是商业公司维护的发行版本，以 RHEL（Redhat Enterprise Linux）等为代表；另一类是社区组织维护的发行版本，以 Debian 等为代表。

1.1.2 openEuler 的发展

openEuler 也是 Linux 的一个发行版，它基于 CentOS，是从最上游 LinuxKernel 衍生而来的一个开源操作系统。openEuler 是一个新生的操作系统，下面是其发展的几个重要时间节点。

2019 年 12 月，openEuler 社区正式成立。
2020 年 03 月，发布 openEuler 20.03 LTS 版本（LTS 表示长期支持）。
2020 年 09 月，发布 openEuler 20.09 版本。
2020 年 12 月，发布 openEuler 20.03 LTS SP1 版本。
2021 年 03 月，发布 openEuler 21.03 版本。
2021 年 07 月，发布 openEuler 21.03 LTS SP2 版本。
2021 年 09 月，发布 openEuler 21.09 版本。
2021 年 12 月，发布 openEuler 20.03 LTS SP3 版本。
当然，openEuler 还在不断发展中，其发展前景未来可期。

目前，openEuler 正在通过开放社区的形式与全球开发者共同构建一个开放、多元和架构包容的软件生态体系，孵化支持多种处理器架构，覆盖数字设施全场景，推动企业数字基础设施软硬件、应用生态繁荣发展。

[①] 推荐阅读：《若为自由故》——这本书是自由软件之父 Richard Stallman 的传记。
[②] 推荐阅读：*Just for Fun*（《一切为了好玩》）——这本书是 Linus Torwalds 的自传。

2020 年 12 月 8 日，CentOS 宣布 CentOS 8 不再更新，这对 openEuler 操作系统的发展也是一个机会。

1.2 openEuler 环境搭建

1.2.1 openEuler 安装要求

在安装 openEuler 操作系统之前，首先要了解安装所必需的硬件资源要求。如果计算机的配置较低，则 openEuler 系统无法正常安装。

安装 openEuler 操作系统，计算机硬件建议达到的配置如下：

（1）主流的计算机和服务器都可以达到要求。

（2）内存：建议 2GB 甚至更高内存。

（3）硬盘空间：建议 20GB 以上硬盘空间。

openEuler 操作系统可以直接安装在一台计算机上，也可以在 Windows 等操作系统下通过虚拟机软件（如 VMware Workstation 或 VirtualBox）模拟出一个主机资源环境，将 openEuler 系统安装到虚拟机中。

为了方便初学者实践，下面介绍在 Windows 操作系统上安装 VMware Workstation 虚拟机软件，在虚拟机中安装配置 openEuler 系统。

VMware 本质上是 Windows 操作系统上的一个应用软件，因此在 Windows 系统中安装 VMware 与安装其他应用软件的方法一样，建议将 VMwareWorkstation 安装至 D:\vmware 目录下。VMware 安装成功后，查看【控制面板】→【网络和 Internet】→【网络连接】可看到 VMware 的虚拟网卡 VMnet1 和 VMnet8（VMnet0 不显示）。事实上，VMware 网卡工作方式可分为 3 种：桥接模式、NAT 模式和仅主机模式。为了使虚拟机既能访问外网，同时又不会影响外网，在创建虚拟机时选择使用默认的 NAT 模式。

桥接模式：使用 VMnet0 虚拟网卡，将虚拟机直接连入外部物理网络。虚拟机与宿主机的地位平等；对于网络中的其他主机而言，虚拟机就是加入网络中的一台新的主机。该模式的缺点在于虚拟机的配置（如修改服务器 IP 地址）有可能影响整个外部网络。

NAT 模式：使用 VMnet8 虚拟网卡，此时虚拟机可通过宿主机单向访问网络中的其他主机（包括 Internet）。网络中其他主机不知道虚拟机的存在。NAT 模式的优点在于，虚拟机的任何配置不会影响外部网络。

仅主机模式：使用 VMnet1 虚拟网卡，虚拟机只能与虚拟机、宿主机通信，不能与网络中的其他主机通信，也不能访问外网。

1.2.2 在 VMware 中创建虚拟机

在 VMware 中创建虚拟机的步骤如下：

（1）启动 VMware Workstation，如图 1-1 所示。

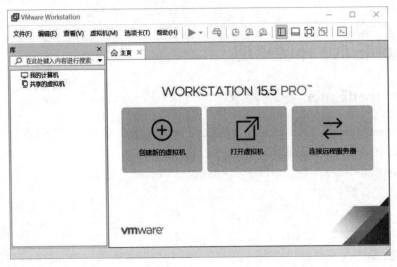

图 1-1　VMware Workstation 主界面

（2）单击主页上的【创建新的虚拟机】按钮，进入新建虚拟机向导对话框，如图 1-2 所示，选择【典型】，单击【下一步】按钮。

（3）在如图 1-3 所示的界面中，选择【稍后安装操作系统】，然后单击【下一步】按钮，打开如图 1-4 所示界面，在客户机操作系统中选择 Linux，并在版本列表中选择【其他 Linux 5.x 或更高版本内核 64 位】，单击【下一步】按钮。

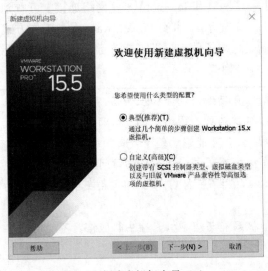

图 1-2　新建虚拟机向导（1）

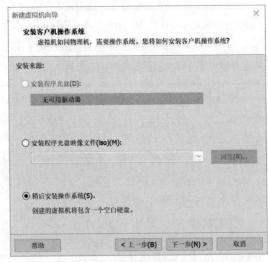

图 1-3　新建虚拟机向导（2）

（4）进入如图 1-5 所示界面，为所要创建的虚拟机起个名字，如 openEuler-server，指定该虚拟机存储在宿主机 Windows 操作系统的位置，如 D:\openEuler-server 目录。

（5）接下来按照向导提示进一步设置，在如图 1-6 所示的界面，将虚拟机的最大磁盘大小指定为 20GB（至少 20GB，多了不限），选择【将虚拟磁盘拆分成多个文件】。在如图 1-7 所示的界面，确认所有配置后，便可以单击【完成】按钮完成虚拟机的创建。

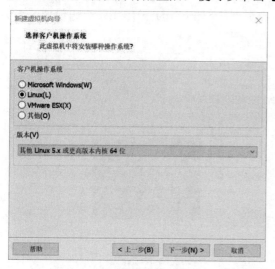

图 1-4 新建虚拟机向导（3）

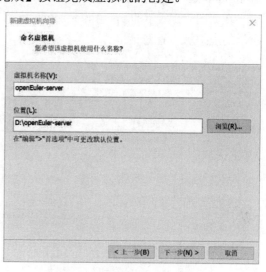

图 1-5 新建虚拟机向导（4）

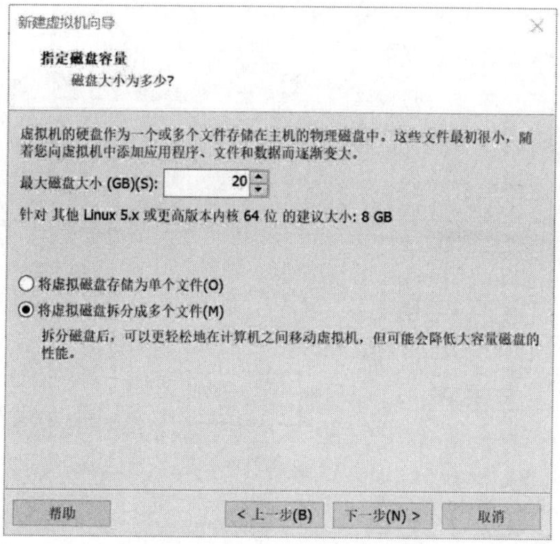

图 1-6 新建虚拟机向导（5）

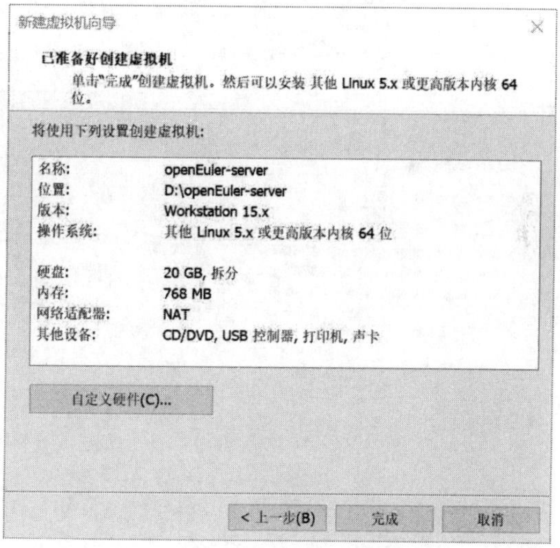

图 1-7 新建虚拟机向导（6）

1.2.3 安装 openEuler

读者可以访问 openEuler 官网，从官网下载 openEuler 系统的镜像文件。

目前，openEuler 官网提供了多个版本的 openEuler 操作系统，每个版本又有多个镜像文件可以选择，这里选择 openEuler 21.03（64 位系统）版本的镜像，所选的镜像文件完整的文件名为 openEuler-21.03-x86_64-dvd.iso，下载该镜像文件并保存到 D:\os 目录中。

下面以 D:\os\openEuler-21.03-x86_64-dvd.iso 镜像文件为安装源，在 1.2.2 节中创建的 openEuler-server 虚拟机中安装 openEuler 系统。设置安装源的具体操作如下：

在如图 1-8 所示的 openEuler-server 虚拟机主页上，单击 CD/DVD(IDE)，会出现如图 1-9 所示的虚拟机设置对话框。

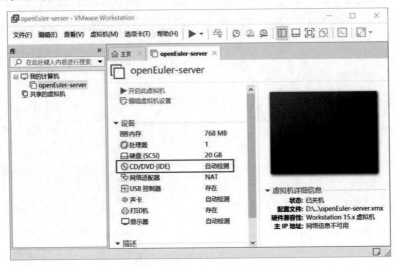

图 1-8　openEuler-server 虚拟机主页

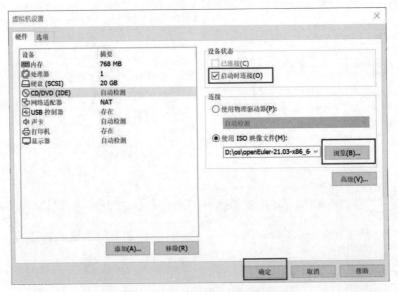

图 1-9　为虚拟机设置使用 ISO 映像文件

选择 CD/DVD(IDE)，勾选【启动时连接】，单击【浏览】按钮，选择前述 ISO 镜像文件，然后单击【确定】按钮完成设置。如果忘记设置【启动时连接】，则开机后将出现错误提示

"Operating System not found!"。

接下来便可以进入安装 openEuler 操作系统的过程中，安装过程可以根据向导完成，下面简要说明其过程步骤。

1. 开启虚拟机电源

在 VMware 主界面左侧的虚拟机列表中，双击选中 openEuler-server 虚拟机，打开如图 1-10 所示的 openEuler-server 虚拟机的页面，单击【开启此虚拟机】电源按钮，或者单击 VMware 工具栏上的电源工具，即可开启虚拟机电源。

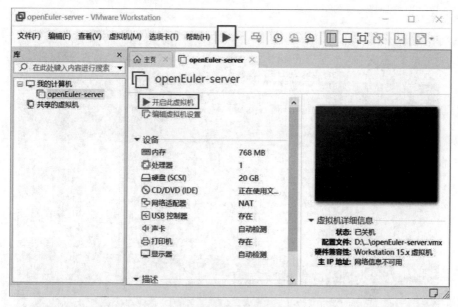

图 1-10　开启虚拟机

2. 进入安装引导界面

虚拟机启动以后，会进入如图 1-11 所示的安装引导界面，这时可以使用键盘上的方向

图 1-11　openEuler 系统安装引导界面

键【↑】(上键)或【↓】(下键)选择 Install openEuler 21.03 选项,按 Enter 键即可开始安装 openEuler 系统。如果选择 Test this media & Install openEuler 21.03 选项,则会先检查安装源再安装系统。

注意:整个安装过程是在 VMware 中进行的,但是为了使读者关注重点,从这一步开始在安装过程截图中不再显示 VMware 的菜单和工具栏。

3. 开始安装进程

openEuler 系统开始安装进程,将安装过程语言选为中文后继续安装过程,如图 1-12 所示。

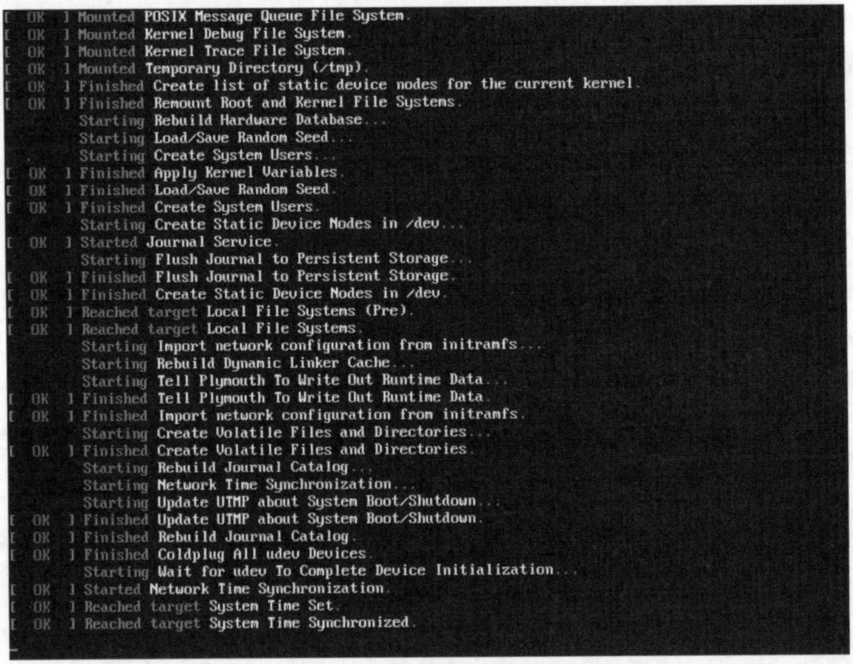

图 1-12 开始安装进程

4. 根据提示完成必要设置

接下来会出现如图 1-13 所示的界面。读者可以看到一个安装信息摘要,需要按照要求完成必要的配置,如设置日期和时间、软件选择、设置磁盘分区、选择安装源、设置主机名、设置网络等,没有完成的必要设置会以警告方式提醒。在完成必要的设置后,可以开始安装系统。

其中,日期和时间:时区设置为【亚洲/上海】,日期和时间按实际显示的日期和时间,然后单击【完成】按钮即可。键盘布局:采用默认选择。语言支持:简体中文。

5. 安装源选择

在如图 1-13 所示的界面中单击【安装源】,打开如图 1-14 所示的界面,默认选择【自动检测到的安装介质】单选框,显示检测到的安装源正是刚刚设置的本地映像安装源,因此无须任何修改,单击【完成】按钮即可。

图 1-13　安装信息摘要

注意:读者熟悉了 openEuler 系统后,可再尝试在安装系统时设置网络上的安装源,安装源可来自 Web 服务器等。

图 1-14　设置安装源

6. 软件选择

在如图 1-13 所示的安装信息摘要界面中单击【软件选择】,打开如图 1-15 所示的软件选择界面,基本环境选择【服务器】,并在右侧界面选择对应的附加软件,最后单击【完成】按钮完成软件选择。不同的基本环境,系统安装的软件包的数量是不同的。

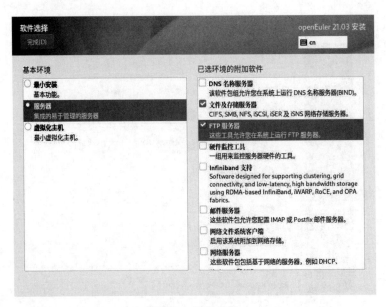

图 1-15　软件选择

7. 安装目的地设置

在如图 1-13 所示的安装信息摘要界面中单击【安装目的地】，打开如图 1-16 所示的界面，选择要安装的磁盘并进行分区。

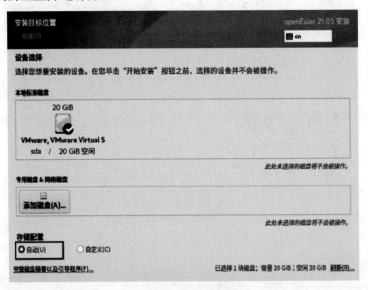

图 1-16　安装目标位置

在 openEuler 系统安装过程中可以选择自动配置分区或手动配置分区。

1）自动配置分区方式

安装程序默认选择了自动配置分区方式，即在如图 1-16 中，存储配置默认被设置为【自动】，直接单击【完成】按钮即可。系统将会自动对磁盘进行分区，默认创建/分区、/boot 分区、/home 分区、swap 分区。建议读者第 1 次在虚拟机中安装 openEuler 系统时使用这种分区方式。

2）手动配置分区方式

如果读者已经熟悉 openEuler 系统，了解分区知识，则可以选择手动配置分区方式，即在如图 1-16 所示界面选择【自定义】单选框，然后单击【完成】按钮，安装程序自动进入如图 1-17 所示的手动配置分区界面，即可按用户预先设计的分区规划进行分区。

图 1-17　手动分区

磁盘总空间为 20GB，按以下分区规划进行分区：
- /boot　0.5GB；
- swap 分区　2GB；
- /分区　10GB；
- /home　剩余所有空间。

单击图 1-17 中左下角的+号即可创建分区。首先创建/boot 分区，指定挂载点为/boot，设置分区容量大小为 0.5GB，如图 1-18 所示。默认为分区创建 ext4 文件系统。接着创建 swap 分区，如图 1-19 所示。最后创建/分区和/home 分区，如图 1-20 和图 1-21 所示，默认为这两个分区创建 ext4 文件系统，也可改为 xfs 文件系统。注意，/home 分区没有指定期望容量，这表示使用剩余所有空间。

---

swap 分区：物理内存读写数据速度比硬盘读写数据快得多，但是物理内存是有限的。为此，引入了虚拟内存的概念。虚拟内存是为了改善物理内存不足而提出的一种策略，它是利用硬盘空间虚拟出来的一块逻辑内存。在 openEuler 系统中，作为虚拟内存的磁盘空间被称为 swap 分区（交换分区）。

图 1-18　创建/boot 分区

图 1-19　创建 swap 分区

图 1-20　创建/分区

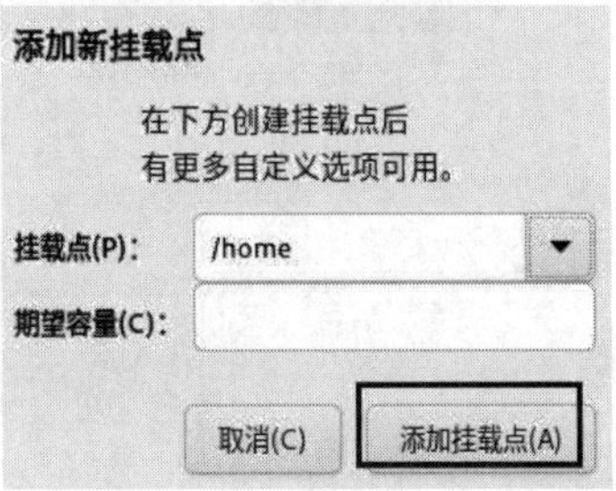

图 1-21　创建/home 分区

所有分区创建完毕后，效果如图 1-22 所示。若对分区不满意，则可以删除指定分区（单击–号）或重新分区（单击【全部重设（R）】），否则单击【完成】按钮，便于进入如图 1-23 所示的【更改摘要】界面，若确认无误，则可单击图中【接受更改（A）】完成自定义分区。

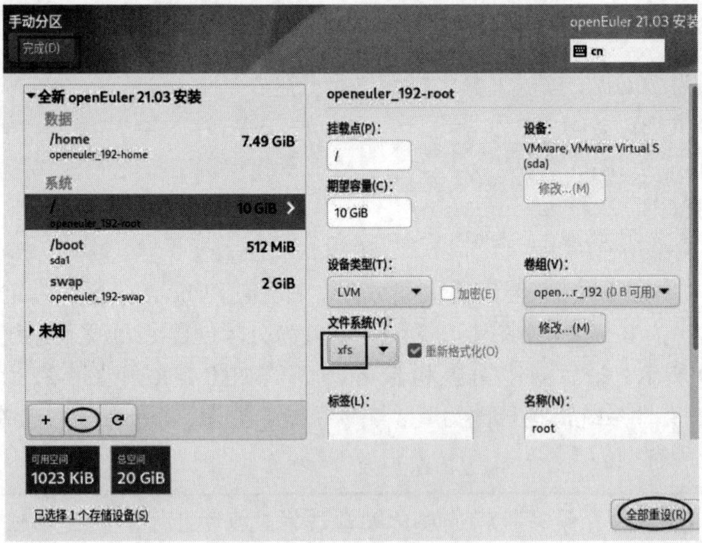

图 1-22　分区创建完毕

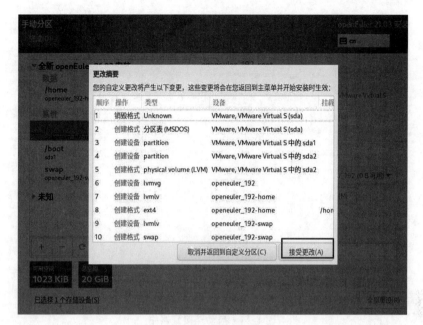

图 1-23　更改摘要

8. 网络设置

网络的配置非常重要，如果网络配置不成功，openEuler 系统则将无法访问外网。配置网络的过程如下：

（1）设置 openEuler 系统启动时，自动激活 ens33 网卡。

在如图 1-13 所示界面，进入【网络和主机名】，可以进行网络配置，打开【编辑 ens33】（当安装程序自动检测系统中的网络设备时会搜索到一块网卡，该网卡的名称为 ens33）的对话框。在该对话框的【常规】选项卡中，如图 1-24 所示，选中【自动以优先级连接】复选框。这样当 openEuler 系统启动时，该网卡将会被自动激活。

（2）设置 IP 地址等网络信息。

接下来就该设置 IP 地址了。这里使用 IPv4 地址。切换至如图 1-24 所示【IPv4 设置】选项卡，在【方法】下拉菜单中选择【手动】，依次输入 IP 地址、子网掩码、网关及 DNS 服务器等信息并单击【保存】按钮。

事实上，VMware 软件安装后默认 NAT 模式所在子网地址并不确定，如笔者的笔记本电脑上 VMware 的默认 NAT 模式所在子网地址是 192.168.253.0，如图 1-25 所示，但是某教室的教师机上 VMware 的默认 NAT 模式所在子网地址是 192.168.61.0，某机房计算机上 VMware 的默认 NAT 模式所在子网地址是 192.168.211.0。另外，VMware 的 NAT 虚拟网络中指定网关的 IP 地址是.2，即点分十进制表示的 IP 地址最后一部分是 2，如图 1-26 所示。

图 1-27 给出了笔者的虚拟机手动配置的 IP 详情。注意，读者在做实验时千万不要照搬图 1-27 中的配置信息。读者应直接用自己计算机上 VMware 默认安装了之后 NAT 模式的子网地址。

图 1-24　自动连接到网络

图 1-25　虚拟网络编辑器[①]

---

① 在 VMware 中，选择【编辑】→【虚拟网络编辑器】即可打开虚拟网络编辑器。

第1章 初识openEuler 15

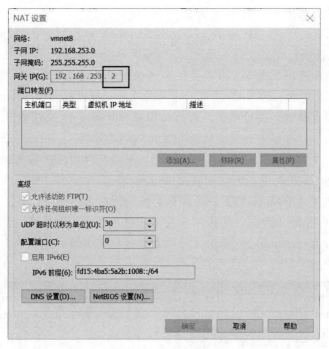

图 1-26 NAT 设置

综上，笔者是依据自己计算机的实际情况做出了如图 1-27 所示 IP 地址等网络配置。现在，假设任盈盈同学在做这个实验，她查看自己计算机的 VMware 虚拟网络编辑器时发现 NAT 模式下的子网地址为 192.168.19.0，则任盈盈同学就可以将系统的 IP 地址设置为 192.168.19.136，子网掩码为 255.255.255.0，网关和 DNS 为 192.168.19.2。

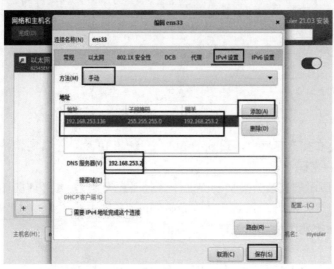

图 1-27 手动设置 IP（参考）

注意：读者可能还会问下面几个问题。

问题 1：按照前面所讲，IP 地址 192.168.253.136 中的子网号已经知道怎么改了。请问 136 能改成其他数值吗？

答：可以，例如可以改成 5、20 或其他合法值，但不能改成 2（和网关地址冲突）。

问题 2：不想使用默认的 NAT 模式下的子网地址，改成别的子网地址可以吗？

答：可以，但是会增加实验难度，因为必须将 VMware 的 NAT 模式下所有的子网地址修改为新的子网地址，很容易出错，从而导致无法访问外网。

问题 3：NAT 模式下网关地址能不能不用.2，改成实际网络中常用的.1？

答：建议用.2，如果改成别的就可能无法访问外网。

（3）最后，选择【编辑 ens33】→【保存】按钮保存上述所有设置。

（4）在如图 1-28 所示界面，如果网卡还没开启，则可单击【开启】按钮，以启用该网卡，将主机名设置为 myeuler，并单击【应用】按钮使之生效，最后单击【完成】按钮，完成网络和主机名的设置。

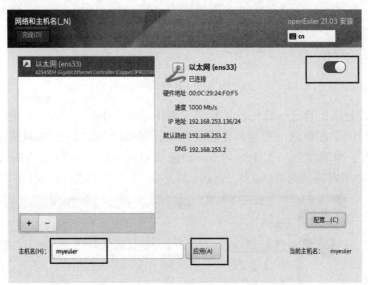

图 1-28　网络和主机名已设置好

注意：如果是在生产环境中，则 openEuler 系统的 IP 地址等信息需按照事先规划设置。

9. 设置根用户密码

在如图 1-13 所示的安装信息摘要界面中选择【根密码】，打开如图 1-29 所示界面，设置根用户（root 用户）密码，root 用户是 openEuler 系统中的超级管理员账户，具有最高权限，因此要求 root 密码强度足够大，并要牢记。

10. 创建用户

下面创建一个普通用户账号。在如图 1-30 所示的安装信息摘要中，单击【创建用户】，打开如图 1-31 所示界面。在这里创建一个普通用户的账号，用户名为 chen，密码也要满足强度要求。单击图 1-31 中的【高级】按钮，进入如图 1-32 所示的高级用户配置界面，将用户添加至 wheel 组后单击【保存更改】，返回如图 1-31 所示界面，单击左上角的【完成】按钮完成创建用户。

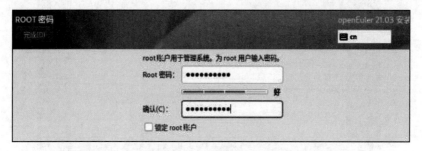

图 1-29　设置根用户密码

图 1-30　安装信息摘要 2

图 1-31　创建用户

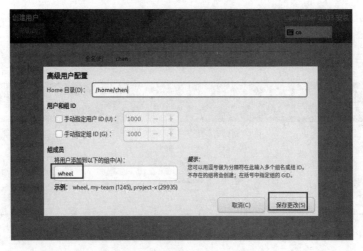

图 1-32　高级用户配置 wheel 组

11. 开始安装及完成

返回安装摘要信息界面，系统的所有必要配置已经设置完毕，单击【开始安装】按钮，即开始安装过程，直到安装完成，如图 1-33 和图 1-34 所示。

图 1-33　安装进度信息　　　　　　　　　图 1-34　安装完毕

12. 安装后的初始化配置

openEuler 系统安装完毕并重启系统之后，进入命令行界面，输入 root 账户和密码，如图 1-35 所示，此为首次登录，登录后，系统会自动完成初始化工作，如图 1-36 所示，而后

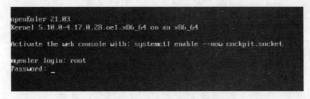

图 1-35　命令行界面首次登录

系统会重新引导初始化，待系统初始化完成之后再次以 root 身份登录系统，会出现如图 1-37 所示的欢迎信息，表示完全完成安装并登录成功。

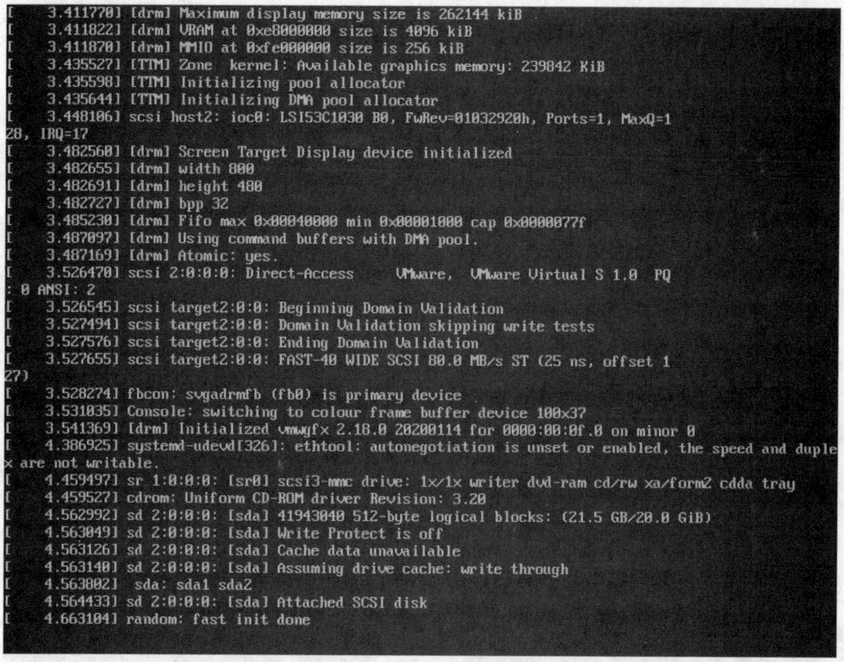

图 1-36　系统初始化

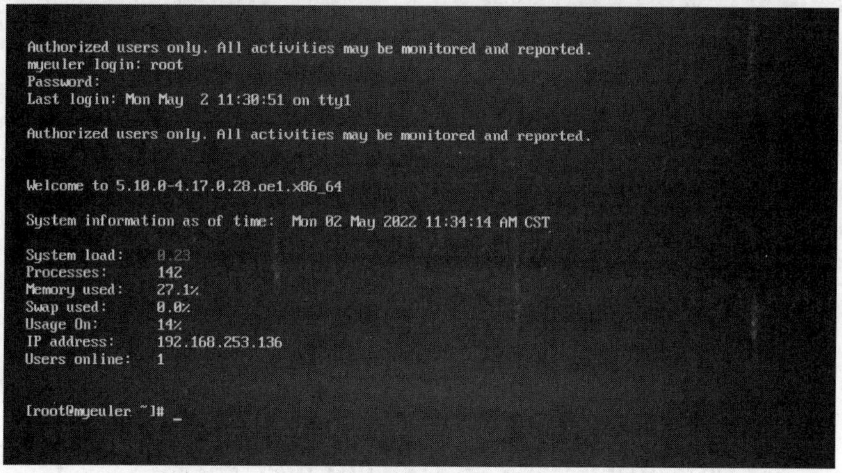

图 1-37　初始化完毕，root 用户再次成功登录

13. 安装 deepin 图形桌面环境

前文在安装 openEuler 系统时，并没有安装桌面环境，因此初始化时默认登录的是字符界面。对初学者而言，字符界面不太友好，因此建议安装图形桌面环境。openEuler 支持的

桌面环境有深度的 deepin 和优麒麟的 UKUI。本书以 deepin 为例介绍桌面环境。

在 openEuler 系统中安装 deepin，具体步骤如下。

（1）在 openEuler 系统能正常访问外网的情况下，可输入命令安装 deepin 桌面环境，安装命令如下：

```
[root@myeuler ~]#dnf install dde
```

安装过程基本是自动的，如果有交互式询问，则可按照提示操作，一般在键盘输入 y 并按 Enter 键即可。直到提示出现"complete！"表示安装完毕。

（2）deepin 安装成功后，设置 openEuler 系统默认以图形界面启动，命令如下：

```
[root@myeuler ~]#systemctl set-default graphical.target
```

（3）输入 reboot 命令重新启动系统，命令如下：

```
[root@myeuler ~]#reboot
```

系统重启之后，会自动出现 deepin 登录界面，如图 1-38 所示，以普通用户 chen 身份登录界面，输入密码，单击【→】按钮即可登录系统。

如果要切换用户，单击如图 1-38 所示的右下角的用户图标，则可以切换至如图 1-39 所示界面。在安装 deepin 时，系统默认会创建了一个普通用户，用户名和密码都是 openeuler。

图 1-38　deepin 登录界面

图 1-39　deepin 切换用户界面

用户登录成功后，deepin 桌面环境如图 1-40 所示。

桌面环境 deepin 类似于 Gnome 和 KDE，也和 Windows 桌面环境类似。

1.2.4　在 VMware 中还原安装 openEuler 系统

对于 Windows 操作系统而言，VMware 的一台虚拟机就是 Windows 系统下的一个文件夹①。

---

①　由于虚拟机文件容量通常比较大，可压缩后再转存。若压缩后文件的容量仍然超过 4GB，则需使用 NTFS 格式的 U 盘转存。FAT32 格式的 U 盘可重新格式化为 NTFS 格式。

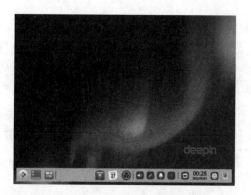

图 1-40　用户登录后的 deepin 界面

假设一名同学在机房做 openEuler 系统的服务器配置实验,但是因为实验难度较大,课内没有做完。他希望在自己笔记本电脑上接着前面的进度做。

这时该同学就可以借助 U 盘将此文件夹复制到自己的笔记本电脑中,接着启动笔记本电脑中的 VMware 软件,在 VMware 主页上单击【打开虚拟机】按钮(或者选择 VMware 软件的【文件】→【打开】),在【打开】对话框中找到并选中虚拟机所在的文件夹中以.vmx 为扩展名的虚拟机文件,单击【打开】按钮,该虚拟机就会出现在 VMware 左侧的库列表中,开启虚拟机电源接着做实验就可以了。

这也就是在 VMware 中还原安装 openEuler 系统。

1.3　初步体验 openEuler

1.3.1　通过图形界面使用 openEuler

在 deepin 桌面上,左下角的【启动器】可选择启动相应的应用程序,如图 1-41 所示,依次单击即可启动文件管理器。

图 1-41　启动文件管理器

由图 1-41 可见，系统的应用一共分成五大类——网络应用、图形图像、办公学习、编程开发、系统管理。下面简单介绍系统管理下的文件管理器和控制中心。

1. 文件管理器

文件管理器用来管理系统中的文件，类似于 Windows 操作系统中的资源管理器，如图 1-42 所示，打开文件管理器，系统会列出目录和文件，可以进行文件和目录的创建、复制、移动、删除等基本操作。如果目录或文件图标带锁，则说明当前用户无权访问。

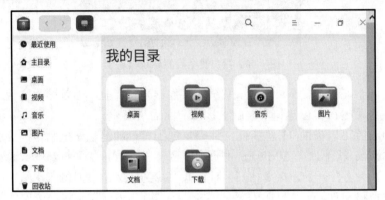

图 1-42　文件管理器

2. 控制中心

控制中心主要用于对系统进行管理配置操作，如图 1-43 所示，包括账户、显示、个性化、网络等。控制中心的功能类似于 Windows 系统中的控制面板。

图 1-43　控制中心

1.3.2 进入终端界面

在 openEuler 系统的 deepin 桌面环境中提供了打开终端命令行界面的方式，用户可以通过在终端输入命令来管理系统。若以普通用户 chen 登录系统，在 deepin 图形界面中单击面板上的【启动器】→【终端】，或者在桌面上右击并选择快捷菜单中的【在终端打开】，打开如图 1-44 所示的终端界面。在终端命令行界面中可以直接输入命令并执行，执行的结果显示在终端界面中。单击图 1-44 中的【+】符号标识，可以再开启一个终端。可同时开启多个终端。deepin 桌面环境中的终端界面的默认主题是深色——黑色背景绿色字体。若读者觉得不适应这种风格，则可以改为浅色主题——白色背景黑色字体。

图 1-44 终端界面

如果要退出终端界面，则可以单击终端界面右上角的【关闭】按钮，或在终端界面中输入命令 exit，或按快捷键 Ctrl+D 退出。

在终端界面下，由普通用户切换至 root 用户，可以输入的命令如下：

```
[chen@myeuler ~]$ su
Password:<--从键盘输入 root 的密码，密码不显示
...
//此处省略部分内容
[root@myeuler chen]#
```

注意：在本书中约定，代码中所有以"//"开头的行为注释行。读者在做实验输入命令时应忽略这些注释行。代码中所有以"<--"开头的文字是操作的文字说明性注释，说明了需要用户完成的操作，读者在做实验时，应在输入时忽略这些文字，并按说明完成操作。

使用 root 身份创建一个名为 stu 的新用户并设置密码，命令如下：

```
[root@myeuler chen]#useradd stu
//创建一个新用户 stu
[root@myeuler chen]#passwd stu
Changing password for user stu.
New password:<--从键盘输入 stu 的密码
Retype new password:<--再输入一遍密码确认
Passwd: all authentication tokens updated successfully.
[root@myeuler chen]#usermod -a -G wheel stu
//将用户 stu 加入 wheel 群组
[root@myeuler chen]#su stu
```

```
//切换至用户 stu
[stu@myeuler ~]$ su chen
password: <-- 此处输入用户 chen 的密码,注意密码并不显示
[chen@myeuler ~]$
//切换回用户 chen
```

1.4 几个基本命令操作

在生产环境中,通常使用纯文本命令模式进行服务器配置管理和日常维护,因此在登录 openEuler 系统之后,接着以 ls 命令等为例简单介绍几个基本命令操作。

1.4.1 ls 命令和 ll 命令

ls 命令和 ll 命令是两个使用频率非常高的命令。这两个命令都可以查询目录中的内容。下面以普通用户 chen 的身份登录 openEuler 系统,在 deepin 图形界面通过【启动器】→【终端】启动一个终端并执行这两个命令,查看用户 chen 的家目录/home/chen 中的内容,命令如下:

```
[chen@myeuler ~]$ ls
Desktop  Documents  Downloads  Music  Pictures  Videos
//ls 命令表示列出当前目录中的内容,~表示当前目录为/home/chen
```

由上可见,使用 ls 命令可以列出文件名,但是这里并没有显示这个文件的类型、大小等详细信息。若需要查阅比较详细的信息,则需要使用 ll 命令,命令如下:

```
[chen@myeuler ~]$ ll
总用量 24K
drwxr-xr-x. 2 chen chen 4.0K 1月 17 05:20 Desktop
drwxr-xr-x. 2 chen chen 4.0K 3月 29  2021 Documents
drwxr-xr-x. 2 chen chen 4.0K 3月 29  2021 Downloads
drwxr-xr-x. 2 chen chen 4.0K 1月 17 05:20 Music
drwxr-xr-x. 2 chen chen 4.0K 5月  4 17:22 Pictures
drwxr-xr-x. 2 chen chen 4.0K 3月 29  2021 Videos
//ll 命令表示列出当前目录中的文件和目录的详细信息,~表示当前目录为/home/chen
```

显然,执行 ll 命令后可列出与文件名相关的各项文件权限信息和文件大小等。

其中,最右边的三列,分别是文件大小、文件最后被修改的日期和文件名。以"Pictures"文件名为例,该文件的大小为 4.0K,最后被修改日期为 5 月 4 日,至于年份就是本年度的意思。

如果 ll 命令加上-a 选项,则会怎样呢?命令如下:

```
[chen@server ~]$ ll -a
总用量 60K
```

```
drwx------.  11 chen chen 4.0K  2月 18 08:36 .
drwxr-xr-x.   5 root root 4.0K  1月 17 23:32 ..
-rw-r--r--.   1 chen chen   75  1月 10  2020 .bash_logout
-rw-r--r--.   1 chen chen   71  3月 19  2020 .bash_profile
-rw-r--r--.   1 chen chen  138  1月 10  2020 .bashrc
drwxr-xr-x.   5 chen chen 4.0K  1月 17 05:20 .config
drwxr-xr-x.   2 chen chen 4.0K  1月 17 05:20 Desktop
……
//此处省略部分内容
```

可以发现 ll -a 命令执行结果中有很多以点号开头的文件,而在执行 ls 或 ll 命令时这些文件并没有出现,因此,通过这个小例子请大家记住,命令后面可以加上一些选项,选项不同,最终命令的执行结果也是不同的。

如果要查询根目录/,则可以使用如下命令:

```
[chen@myeuler ~]$ ll /
总用量 64K
lrwxrwxrwx.   1 root root    7  3月 30  2021 bin -> usr/bin
dr-xr-xr-x.   7 root root 4.0K  1月 17 05:31 boot
drwxr-xr-x.  20 root root 3.3K  1月 17 23:55 dev
drwxr-xr-x. 140 root root  12K  2月 18 08:36 etc
……
//此处省略部分内容
```

此时,查看的是根目录下的文件,而不再是用户 chen 家目录的文件了。通过这个小例子请大家记住,命令后面可以加参数。同理,如果要查看/home 的内容,则可以使用如下命令:

```
[chen@myeuler ~]$ ll /home
```

最后,如果只希望查看目录/tmp 本身的信息,而不是查看该目录下的文件,则可以使用如下命令:

```
[chen@myeuler ~]$ ll -d /tmp
drwxrwxrwt. 40 root root 1020  5月  4 17:50 /tmp
```

1.4.2 退出系统、关闭或重启系统

1. 退出系统

在字符界面,直接输入命令 logout 即可退出系统。在 deepin 图形界面,单击登录者后,选择【注销】即可。但是需要注意,注销不是关机。由于 openEuler 系统是一个多用户多任务的操作系统,关机前,一定要查看并确认系统上面没有其他处于登录状态的用户。如图 1-45 所示,这是笔者某一次查看自己的系统时看到的用户状态,显然除了用户 stu 之外,root 和用户 chen 都登录在系统中,因此不适合直接关机。

```
[stu@myeuler ~]$ w
 17:30:35 up 2:59, 3 users, load average: 0.01, 0.04, 0.01
USER     TTY      LOGIN@   IDLE   JCPU   PCPU WHAT
root     tty1     26Apr22 17:23  1.11s  1.11s -bash
root     tty2     26Apr22  1:20m  0.75s  0.02s bash
chen     tty3     15:17    3.00s  3.02s  0.23s login -- chen
[stu@myeuler ~]$
```

图 1-45　查看当前系统的登录用户

2. 关闭或重启系统

在切断虚拟机电源之前应先关闭 openEuler 系统，如果不执行关闭系统而直接切断虚拟机的电源，则会导致数据丢失或者系统出现故障。

若确定系统中没有其他用户在线，则可以执行关机操作。关机可以使用的命令如下：

```
[chen@myeuler ~]$ shutdown -h now
//立即关闭计算机
```

重启可以使用的命令如下：

```
[chen@myeuler ~]$ reboot
//重启计算机
```

在 deepin 图形界面中，还可以单击通知区域的电源按钮，如图 1-46 所示，接着如果选择关机则可关机；如果选择重启，则可以重启系统。

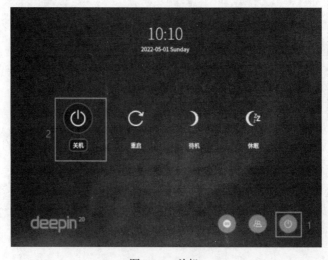

图 1-46　关机

第 2 章 基本终端操作和文件管理

本章旨在介绍 openEuler 操作系统终端的基本操作和基本的文件管理。终端的基本操作包括终端命令的一般格式、使用帮助、切换用户等。基本的文件管理包括目录树简介、绝对路径和相对路径、工作目录的切换等。

2.1 终端基本操作

2.1.1 终端命令的一般格式

1. 终端命令

终端（Terminal）是系统提供的一个命令输入/输出环境，在 openEuler 系统中，通常可以使用字符界面下的终端和图形界面下的虚拟终端，也可以使用如 PuTTY 软件工具实现的模拟终端。用户可以在终端输入终端命令对系统进行各种操作和管理。

在 openEuler 系统中，终端命令可以是 bash 命令或应用程序。在终端，如果执行的是 bash 命令，则由 bash 负责回应；如果执行的是应用程序，则 Shell 会找到该应用程序，然后将控制权交给内核，由内核执行该应用程序，执行完之后，再将控制权交还给 Shell。

2. bash 简介

bash 是一种流行的 Shell。Shell 是一个命令行解释器，是 Linux 内核的外壳，负责外界与 Linux 内核的交互。Shell 负责接收用户或者其他应用程序的命令，然后将这些命令转化成内核能理解的语言并传给内核，内核执行命令完成后将结果返给用户或者应用程序。当打开一个终端时，操作系统会将终端和 Shell 关联起来，当在终端输入命令后，Shell 接收命令，解释命令并调用相应的应用程序。

bash 目前是大多数 Linux 系统的默认 Shell，它可以运行于大多数 UNIX 风格的操作系统，包括 macOS 系统，甚至被移植到 Windows 的 Cygwin 系统中，实现 Windows 的 POSIX 虚拟接口。

bash 是 Bourne-Again Shell 的缩写，可以理解成是 Bourne Shell 的再造，Bourne Shell 是由史蒂夫·伯恩（Stephen Bourne）在 1978 年前后编写的一个著名 Shell。后来，在 Bourne Shell 的基础上，布莱恩·福克斯（Brian Fox）在 1987 年开发出了 bash。

Shell 的历史

Dennis Ritchie 和 Ken Thompson 在设计 UNIX 操作系统时，希望为用户找到一种与 UNIX 系统交流的方式。当时的操作系统使用命令解释器接收用户命令并解释命令。

但是，Dennis Ritchie 和 Ken Thompson 希望 UNIX 系统能提供比当时的命令解释器更优异的功能的工具。在这种情况下，S.R.Bourne 创建了 Bourne Shell，简称 sh。Bourne Shell 之后，又出现了很多其他类型的 Shell，如 C Shell（csh）和 Korn Shell（ksh）。

Shell 的种类非常多，目前流行的 Shell 有 sh、csh、ksh、tcsh 和 bash 等。大部分 Linux 系统默认的 Shell 是 bash，openEuler 操作系统默认的 Shell 也是 bash。

【例 2-1】 查看当前使用的 Shell。

查看系统当前使用的 Shell 的方法非常多，其中一种较简单的方式是输入一条不存在的命令，通过提示信息进行判断，输入的命令及提示信息如下：

```
[chen@myeuler ~]$ tom
bash: tom：未找到命令
//在提示信息的最前面有一个 bash：表示是由 bash 提示的，说明当前 Shell 为 bash
```

3．简单使用 bash 命令

1）bash 提示符

当用户登录启动一个终端后，在终端首先看到的就是 bash 提示符。bash 标准提示符中包括了用户名、登录的主机名、当前所在的工作目录路径和提示符。

下面以普通用户 chen 登录主机名为 myeuler 的主机为例，进入该用户的家目录 /home/chen，则终端显示如下：

```
[chen@myeuler ~]$
//各部分为[用户名@主机名 当前所在工作目录]提示符
//@表示在的意思，~表示用户 chen 当前所在工作目录是自己的家目录
//普通用户的提示符为$
```

以 root 用户登录系统后，终端显示如下：

```
[root@myeuler ~]#
//~表示 root 当前所在的工作目录是自己的家目录
//root 账户的提示符为#
```

bash 约定，普通用户的提示符为 "$"，超级用户 root 的提示符是 "#"。如果需要运行命令，则只需在提示符后输入命令，然后按 Enter 键确定。Shell 将在其路径中搜索输入的命令，找到以后运行该命令并在终端输出相应的结果，命令结束后，Shell 会返回提示符状态，等待用户继续输入需要执行的命令或程序。

【例 2-2】 查查我是谁。

```
[chen@myeuler ~]$ whoami
chen
```

```
//显示当前登录系统的用户是 chen
[chen@myeuler ~]$
//终端再次出现新的提示符
```

【例 2-3】 查找并显示命令路径。

```
[chen@myeuler ~]$ which cd
/usr/bin/cd
```

2）bash 命令的一般格式

一个 Shell 命令可能含有一些选项和参数，其一般格式如下：

```
[chen@myeuler ~]$ 命令名 [-选项] [参数]
```

说明：

（1）命令名为 Shell 命令的名称，如切换工作目录的命令名为 cd。

（2）命令的选项和参数并不一定是必需的，不同的命令选项和参数通常也不同。中括号[]不在实际命令中，仅作为提示，表示可有可无。如命令 pwd 执行时可以没有选项和参数。

（3）选项前面会带有减号-，表示是选项，例如-h。有时也可以使用长选项，此时选项前面会使用两个减号，例如--help。

（4）命令区分大小写。如对系统而言，ls 与 LS 代表的是不同的命令。

（5）命令、选项和参数之间都以空格隔开，无论空几格都等同或视作空一格。

（6）命令输入完毕后，按下 Enter 键代表一行命令开始启动。

注意：如果命令比较长，当前行写不完，或者输入时希望中间换行，则可以在行尾输入"\"后按下 Enter 键，下一行会出现 ">" 提示符，在该提示符后继续输入命令的剩余部分，输入完成后，按 Enter 键执行该命令。

【例 2-4】 ls 命令的应用。

```
[chen@myeuler ~]$ ls -l /etc
//命令的功能是查看/etc 目录下的详细内容，选项采用的是-l 短命令选项
```

其中-l 是命令 ls 的一个选项，/etc 是参数。ls 命令有很多选项，所有选项在该命令的 man 手册页中都有详细的介绍，参数则是由用户提供的。选项决定命令如何工作，参数则是命令作用的目标。另外，选项还可以采用长命令选项。

【例 2-5】 ls 命令的长命令选项的应用。

```
[chen@myeuler ~]$ ls --size /etc
//以--开头表示这是一个长命令选项
```

有的命令可以同时使用多个选项，多个选项还可以进行合并。

【例 2-6】 ls 命令同时使用-l 选项和-a 选项。

```
[chen@myeuler ~]$ ls -l -a /etc
//-l 表示列出详细信息    -a 表示不隐藏任何以·开始的项目
```

```
//这两个选项合在一起表示列出指定目录/etc下所有文件和目录(包括隐藏)的详细信息
[chen@myeuler ~]$ ls -la /etc
//-la 等价于-l -a
```

4. 通配符

当希望一次性操作多个文件时,通常可以在命令中使用通配符。常用通配符见表2-1。

表 2-1 常用通配符

符号	说明
?	匹配单一字符
*	匹配0个或多个字符,可以理解成匹配任意长度的字符串,包括空串
[字符组合]	在中括号中的字符都匹配,同时可以使用正则表达式表示。例如[a-z]代表匹配所有小写字母
[!字符组合]	不在中括号中的字符都匹配,同时可以使用正则表达式表示。例如[!0-9]代表非数字的都匹配

在使用通配符操作之前,首先创建几个准备文件,命令如下:

```
[chen@myeuler ~]$ touch a.txt b.txt ab.txt
//使用touch命令创建3个文件,分别为a.txt、b.txt和ab.txt
[chen@myeuler ~]$ touch c.txt
//创建文件c.txt
[chen@myeuler ~]$ touch report1.txt report2.txt report3.txt
[chen@myeuler ~]$ touch report4.txt report5.txt
//创建5个文件:report1.txt~report5.txt
```

(1)使用"?"通配符匹配单个字符,示例命令如下:

```
//已知当前目录下存在文件 a.txt 和 b.txt
[chen@myeuler ~]$ ls ?.txt
a.txt b.txt
```

一个"?"号只能匹配一个字符,如果要匹配确定个数的多个字符,则可以使用对应个数的"?"号,示例命令如下:

```
//已知当前目录下存在文件 a.txt、b.txt 和 ab.txt
[chen@myeuler ~]$ ls ??.txt
ab.txt
```

上面命令中,"??"匹配了两个字符。需要说明的是,"?"不能匹配空字符。也就是说,它占据的位置必须有字符存在。

(2)使用"*"字符匹配任意数量的字符,示例命令如下:

```
//已知当前目录下存在文件 a.txt、b.txt 和 ab.txt
[chen@myeuler ~]$ ls *.txt
a.txt b.txt ab.txt
```

```
//输出所有文件
[chen@myeuler ~]$ ls *
```

在上面的代码中,"*"匹配任意多个字符组成的字符串,包括空字符串。
(3) 使用[字符组合]匹配中括号中的所有单个字符。

```
//已知当前目录下存在文件 a.txt、b.txt 和 ab.txt 等
[chen@myeuler ~]$ ls [ab].txt
a.txt b.txt
```

在"[]"中,如果要表达的字符是连续的,则可以写成范围形式,如[a-c]表示 a、b、c。同理,[0-9]表示 0、1、2 一直到 9,示例命令如下:

```
[chen@myeuler ~]$ ls [a-c].txt
a.txt b.txt c.txt
[chen@myeuler ~]$ ls report[1-3].txt
report1.txt report2.txt report3.txt
```

(4) 使用[!字符组合]匹配不在方括号里面的字符,这里"!"也可以写作"^"。

```
//已知当前目录下存在文件 a.txt、b.txt、ab.txt 和 c.txt
[chen@myeuler ~]$ ls [!a].txt
b.txt c.txt
[chen@myeuler ~]$ ls [^a].txt
b.txt c.txt
```

这种模式下也可以使用连续范围的写法,例如下面代码中,[!1-3]表示排除 1、2 和 3,命令如下:

```
[chen@myeuler ~]$ ls report[!1-3].txt
report4.txt report5.txt
```

通配符在使用的过程中,还有一些需要注意的地方,现说明如下:
(1) 通配符是先解释,再执行。
bash 接收到命令以后,一旦发现命令中有通配符,就会进行通配符扩展,即进行解释,然后执行命令。

```
[chen@myeuler ~]$ ls a*.txt
ab.txt
```

上面命令的执行过程是,bash 先将 a*.txt 扩展成 ab.txt,然后执行 ls ab.txt。
(2) 当通配符无匹配时,会原样输出。
bash 扩展通配符时,如果发现不存在匹配的文件,则会将通配符原样输出。

```
//已知当前目录下不存在以 r 开头的文件
[chen@myeuler ~]$ echo r*
r*
```

在上面的代码中，由于不存在以 r 开头的文件名，所以 r*会原样输出，示例命令如下：

```
[chen@myeuler ~]$ ls *.csv
ls:*.csv:No such file or directory
//提示不存在这样的文件或目录
```

（3）通配符只适用于单层路径。

通配符只匹配单层路径，不能跨目录匹配，即无法匹配子目录里面的文件。或者说，"?"或"*"这样的通配符，不能匹配路径分隔符（/）。

（4）通配符不能在引号内，否则会被当成普通字符看待。

在 openEuler 系统中，文件名允许包含"?"或"*"字符，如果需要创建带有"*"号的文件名，则可以把文件名放在单引号里面，此时通配符会失去作用而作为普通字符，示例命令如下：

```
[chen@myeuler ~]$ touch 'ano*'
```

上面代码创建了一个名为 ano 的文件，这时"*"就是文件名的一部分。当然，在实践中，不推荐在文件名中使用"*"等通配符。

2.1.2 使用帮助

在 openEuler 系统中有众多命令，而且每个命令一般具有多个选项，要全部准确地记住这些命令和选项往往比较困难，因此在实际的使用过程中，常需要查看帮助。

1. 使用 man 手册

在 openEuler 系统安装完毕后，帮助手册也会自动安装，帮助手册也称为 man 手册。系统提供了一个 man 命令，可以查看 man 手册。

man 命令可以用来查看命令、函数、文件等的帮助信息，man 手册中内容非常丰富，包罗万象。如果某个命令不知道怎么用，则可以用 man 命令查看这个命令；书写程序时，如果某个函数不会用，则可以用 man 命令查看这个函数；有不懂的文件也可以使用 man 命令查看。

一般情况下，man 手册的资源位于/usr/share/man 目录下，可以使用 ls 命令查看，命令如下：

```
[chen@myeuler ~]$ ls -d /usr/share/man/man?
/usr/share/man/man1   /usr/share/man/man5   /usr/share/man/man9
/usr/share/man/man2   /usr/share/man/man6   /usr/share/man/mann
/usr/share/man/man3   /usr/share/man/man7
/usr/share/man/man4   /usr/share/man/man8
//man 手册页的所有资源都在这里了
```

在 man 手册中，包含多页，每种类型对应使用一个数字表示，具体含义见表 2-2。

表 2-2 man 手册页类型

类型	说明	类型	说明
1	用户命令	6	游戏程序
2	系统调用	7	杂项
3	C 语言函数库	8	系统管理工具
4	设备和特殊文件	9	内核 API
5	文件格式和约定		

man 命令的基本语法格式如下：

```
man [选项] [名称]
```

在 man 命令中，名称一般为待查的命令或函数等，选项及含义见表 2-3。

表 2-3 man 命令选项及含义

选项	含义
-M<路径>	指定 man 手册页的搜索路径
-a	显示所有手册页
-d	检查。如果用户加入了一个新的文件，则可使用-d 选项检查是否出错
-f	只显示命令的功能而不显示详细说明文件，类似 whatis 命令
-p	字符串设定运行的预先处理程序的顺序
-w	不显示手册页内容，只显示将被显示的文件位置

【例 2-7】 显示 mkdir 命令的 man 手册页。

```
[chen@myeuler ~]$ man mkdir
...
 Manual page mkdir(2) line 1 (press h for help or q to quit)
//mkdir 的手册页一屏无法显示完毕，因此可以使用 Enter 键向后翻页，或者上下键前后翻页
//如果希望看到在查看 man 手册页时相关操作的帮助，则可在键盘上按下 h 键
//如果要退出 man 命令，则可在键盘上按下 q 键退出并会出现 Shell 提示符
```

2. 使用--help 选项获取帮助

使用--help 选项可以显示命令的使用方法及命令选项的含义。一般只要在所要显示的命令后面输入"--help"选项，就可以看到所查命令的帮助内容。

【例 2-8】 使用--help 选项查看 mkdir 命令的帮助信息。

```
[chen@myeuler ~]$ mkdir --help
用法：mkdir [选项]... 目录...
若指定<目录>不存在，则创建目录。

必选参数对长短选项同时适用。
```

```
    -m, --mode=模式        设置权限模式（类似 chmod），而不是 a=rwx 减 umask
    -p, --parents         需要时创建目标目录的上层目录，但即使这些目录已存在
也不当作错误处理
    -v, --verbose         每次创建新目录都显示信息
    -Z                    设置每个创建的目录的 SELinux 安全上下文为默认类型
    --context[=CTX]       类似 -Z，或如果指定了 CTX，则将 SELinux 或 SMACK 安全
上下文设置为 CTX 对应的值
    --help                显示此帮助信息并退出
    --version             显示版本信息并退出

GNU coreutils 在线帮助：<https://www.gnu.org/software/coreutils/>
请向<http://translationproject.org/team/zh_CN.html>报告任何翻译错误
完整文档<https://www.gnu.org/software/coreutils/mkdir>
或者在本地使用：info '(coreutils) mkdir invocation'
```

【例 2-9】 使用--help 选项查看 date 命令的帮助信息。

```
[chen@myeuler ~]$ date --help
用法：date [选项]... [+格式]
或：date [-u|--utc|--universal] [MMDDhhmm[[CC]YY][.ss]]
以给定<格式>字符串的形式显示当前时间，或者设置系统日期。
...

GNU coreutils 在线帮助：<https://www.gnu.org/software/coreutils/>
请向<http://translationproject.org/team/zh_CN.html>报告任何翻译错误
完整文档<https://www.gnu.org/software/coreutils/date>
或者在本地使用：info '(coreutils) date invocation'
```

由帮助信息可以看出 date 命令有两种使用方式，一是显示当前日期时间；二是设置日期时间。

【例 2-10】 date 命令的两种使用方式示例。

以普通用户 chen 身份执行 date 命令，命令如下：

```
[chen@myeuler ~]$ date
2022 年 05 月 08 日星期日 16:03:21 CST
//执行 date 命令显示系统的当前日期时间
[chen@myeuler ~]$ date 050919302022
date：无法设置日期：不允许的操作
2022 年 05 月 09 日星期日 19:30:00 CST
//执行 date 命令将日期时间修改为 2022 年 5 月 9 号 19 点 30 分，但是操作被系统拒绝
[chen@myeuler ~]$ date
2022 年 05 月 08 日星期日 16:18:00 CST
//再次执行 date 命令查看当前日期时间，日期没有变化，可以确认修改没有成功
```

以普通用户 chen 身份执行 date 命令可以显示系统日期时间，但是修改当前系统的日期

时间被拒绝了。如果是以 root 账户执行 date 命令，则可以修改系统时间。

2.1.3 切换用户

在 openEuler 系统的使用过程中，切换用户是经常的事。在终端可以通过 su 命令切换用户，超级用户 root 切换至普通用户时不需要密码验证，普通用户间的切换或普通用户切换至 root 都需要密码验证。

可以通过帮助查看 su 命令的使用方法，命令如下：

```
[chen@server ~]$ su --help
```

su 命令的使用参数很多，功能十分强大。生产环境下，有很多情况需要考虑，但一般情况下，不需要关注太多复杂的参数，仅需掌握基本的命令用法。

【例 2-11】从普通用户 chen 切换至用户 root，修改系统日期后再切换回普通用户 chen。

在例 2-10 中，用户 chen 使用 date 命令修改系统的日期被拒绝了，因为日期的设置需要有系统管理员权限，所以首先需要切换至系统管理员 root 身份。

（1）切换至 root，并查看工作目录。

```
[chen@myeuler ~]$ pwd
/home/chen
//查看当前工作目录，当前工作目录是用户 chen 的家目录
[chen@myeuler ~]$ su -
//切换至 root 用户，同时修改 Shell 环境，将工作目录修改为 root 的家目录
密码：<-- 此处需正确输入 root 密码
上一次登录：日 5月  8 16:47:29 CST 2022 pts/1 上


Welcome to 5.10.0-4.17.0.28.oe1.x86_64

System information as of time:  2022 年 05 月 08 日星期日 16:48:09 CST

System load:    0.50
Processes:      216
Memory used:    40.0%
Swap used:      7.9%
Usage On:       51%
IP address:     192.168.253.136
IP address:     192.168.122.1
Users online:   1


[root@myeuler ~]# pwd
/root
```

```
//成功切换至 root 用户
//pwd 命令查看当前目录，当前工作目录也变成了 root 的家目录/root
```

（2）下面以 root 身份执行 date 命令，命令如下：

```
[root@myeuler ~]# date 050919302022
2022 年 05 月 09 日星期一 19:30:00 CST
//修改日期为 2022 年 5 月 9 号 19 点 30 分
[root@myeuler ~]# date
2022 年 05 月 09 日星期一 19:30:04 CST
//再次执行 date 命令确认日期修改成功
//以上两个命令的执行相差了几秒，因此输出的信息会有 4s 的时间差，但是日期却由 8 号换到了 9 号
```

读者注意，在生产环境中，如果需要完整地设置系统时间，则还需要使用 hwclock -w 命令写入 BIOS 时钟；在虚拟实验环境中，由于虚拟机的 BIOS 也是虚拟的，因此不用再用 hwclock 写入。

（3）超级管理员 root 权限很大，出于安全，在使用完成系统维护操作之后，最好切换回普通用户，尽量使用最小权限是系统管理的良好习惯，命令如下：

```
[root@myeuler ~]# su - chen
上一次登录：三 5月  4 17:15:54 CST 2022 pts/0 上


Welcome to 5.10.0-4.17.0.28.oe1.x86_64

System information as of time:  2022 年 05 月 09 日星期一 19:40:41 CST

System load:      0.08
Processes:        217
Memory used:      39.9%
Swap used:        7.9%
Usage On:         51%
IP address:       192.168.253.136
IP address:       192.168.122.1
Users online:     1



[chen@myeuler ~]$
//切换回普通用户 chen，同时 Shell 环境也改变了
```

【例 2-12】 从普通用户 chen 切换至用户 root，修改主机名后再切换回普通用户 chen。以普通用户 chen 登录系统，启动终端，终端显示如下：

```
[chen@myeuler ~]$
```

如果在安装 openEuler 系统时未设置主机名，则终端显示如下：

```
[chen@192 ~]$
```

下面将主机名修改为 server，命令如下：

```
[chen@myeuler ~]$ su
//输入 root 密码
[root@myeuler chen]# hostname server
[root@myeuler chen]# su chen
...
[chen@server ~]$
//使用 hostname 命令修改的主机名在系统重启后将失效
```

一般情况下，一些涉及系统级别的改变都需要 root 权限，如使用 dnf 安装 deepin 桌面环境，dnf 命令必须是 root 权限才能执行，还有一些其他命令，如 systemctl 命令也是如此。

2.1.4 虚拟控制台

openEuler 系统提供了虚拟控制台访问方式来支持多用户多任务，即同时可以接受多个用户登录，还允许用户在同一时间进行多次登录。

系统在默认情况下提供了 6 个终端来让用户登录，切换的方式为使用快捷键 Ctrl+Alt+F*n*（F1~F6 选其中一个）。

例如用户登录后，按快捷键 Ctrl+Alt+F2，用户就可以看到"login:"提示符，说明用户进入了另一个虚拟控制台，然后只需按快捷键 Ctrl+Alt+F1，就可以回到第 1 个虚拟控制台。

注意：在 VMware 虚拟环境中，切换虚拟控制台时，有时快捷键 Ctrl+Alt+F*n* 会失灵。失灵的原因一般是快捷键 Ctrl+Alt 被其他应用程序占用了。

虚拟控制台可以使多个用户同时在多个控制台上工作，真正体现了系统的多用户特性，而当同一用户在某一虚拟控制台上进行的工作尚未结束时，可以切换至另一虚拟控制台开始另一项工作。或许，虚拟控制台最大的好处是当一个进程出错而锁住输入时可以切换到其他虚拟控制台来终止这个进程。

【例 2-13】读者可尝试在虚拟控制台动手创建一个新用户 qin。从 root 切换至用户 qin，再由用户 qin 切换回 root。

（1）首先，利用虚拟控制台，按快捷键 Ctrl+Alt+F2 开启一个字符界面，以 root 身份登录系统，创建一个新用户 qin。从 root 切换至用户 qin，再由用户 qin 切换回 root，命令如下：

```
[root@myeuler ~]# useradd qin
//创建一个新用户 qin
[root@myeuler ~]# passwd qin
//设置密码，需输入两遍密码，过程省略
[root@myeuler ~]# su qin
//切换至用户 qin
```

```
[qin@myeuler root]$ su
Password: <--输入 root 的密码
//输入 su 后按 Enter 键，按照提示输入密码，试图切换至 root
su: Permission denied
//密码输入没有错误，但是权限不足被拒绝
```

Permission denied！读者一定感到很奇怪，root 密码明明输入正确，还是被拒绝了。不但如此，若连续三次输入 root 密码错误，root 用户就被锁定不允许尝试登录了。

（2）再次利用虚拟控制台，按快捷键 Ctrl+Alt+F3 再开启一个终端，并使用 root 用户登录系统。通过 usermod 命令将 qin 加入 wheel 群组，命令如下：

```
[root@myeuler ~]# usermod -a -G wheel qin
```

（3）按快捷键 Ctrl+Alt+F2，回到对应的虚拟控制台字符界面。再次尝试由用户 qin 切换回 root。

```
[qin@myeuler root]$ su
Password:
//输入 su 后按 Enter 键，按照提示输入密码
...
[root@myeuler ~]#
```

显然，这次由 qin 切换至 root 成功了。因为，在 openEuler 系统中，只有属于 wheel 群组的用户才能使用 su 命令切换到 root 用户。此处用到的有关用户管理的相关知识，后面章节会详细介绍。

注意：openEuler 系统默认情况下创建的新用户不属于 wheel 组群，从而提高了系统安全性。

请读者再思考一个问题，openEuler 系统引导启动后会进入字符界面还是图形界面呢？由第 1 章内容可知，若没有安装 deepin 图形界面，系统启动后则会自动进入字符界面。一些初学者可能会想当然认为，如果安装了 deepin 图形界面，以后系统引导启动就会直接进入图形界面了，这是一种误解。事实上，进入什么界面取决于 openEuler 系统的设置，可以按照需要修改。

【例 2-14】读者动手实践——修改系统启动后要进入的默认界面，此处设置系统启动后直接进入字符界面。

假设以用户 chen 登录系统，启动 deepin 图形界面下的终端，执行的命令如下：

```
[chen@myeuler ~]$ su -
Password: <-- 此处输入 root 的密码
//切换至 root，因为普通用户没有权限执行后面的 systemctl 命令
[root@myeuler ~]# systemctl get-default
graphical.target
//查看系统启动后要进入的默认界面，当前为 graphical.target（图形化界面）
[root@myeuler ~]# systemctl set-default multi-user.target
```

```
Removed /etc/systemd/system/default.target.
Created symlink /etc/systemd/system/default.target→
/usr/lib/system/system/multi-user.target.
//将 multi-user.target 目标设置为启动系统之后要进入的默认界面
//multi-user.target 表示字符界面
[root@myeuler ~]# reboot
//重启系统，重新引导
```

系统重新引导后，进入的就是字符界面。当然对于一些初学者而言，还是图形界面更容易上手。怎么改回重新引导后默认进入图形界面呢？在字符界面终端执行的命令如下：

```
[root@myeuler ~]# systemctl set-default graphical.target
//将 graphical.target 目标设置为启动系统之后要进入的默认目标
//graphical.target 表示图形界面
[root@myeuler ~]# reboot
//重启系统，重新引导
```

目标

目标使用目标单元文件描述，目标单元文件命名以.target 结尾，每个目标都有名字和独特的功能。例如 graphical.target 单元就用于启动一幅图形会话。下面列出几个常见的目标。

poweroff.target：关闭系统。

rescue.target：进入救援模式。

multi-user.target：进入字符界面多用户方式。

graphical.target：进入图形界面多用户方式。

reboot.target：重启系统。

2.1.5 管道命令

管道命令是用来连接两条命令的，前一条命令的输出会作为后一条命令的操作对象。管道命令的操作符是"|"，管道命令使用的基本格式如下：

```
命令 1 | 命令 2
```

命令 1 正确输出，作为命令 2 的输入，如果命令 2 有输出，则输出就会显示在终端上。通过管道之后命令 1 的输出不再显示在屏幕上。

注意：管道命令只能处理前一条指令的正确输出，而不能处理错误输出；管道命令的后一条指令，必须接收标准输入流命令才能执行。

例如，要查看/etc 目录的内容，可以使用命令 ll，但是如果要查看/etc 目录下有关键词 passwd 的那一行，则可以执行的命令如下：

```
[chen@myeuler ~]$ ll /etc | grep passwd
rw-r--r--. 1 root root    2.6K 1月 19 23:43 passwd
-rw-r--r--. 1 root root    2.5K 1月 17 23:32 passwd-
```

```
//grep 命令的作用是查找关键词
```

ll 命令和 grep 命令是两个不同的命令，二者使用管道符号"|"连接起来。这就是所谓的管道命令。

1. 使用简单的管道

（1）分页显示/etc 目录中内容的详细信息，命令如下：

```
[chen@myeuler ~]$ ls -l /etc | more
//使用 more 分页显示，提示更多，按 Enter 键可看下一页。若想退出，则可按下键盘上【q】键
```

（2）将一个字符串输入一个文件中，命令如下：

```
[chen@myeuler ~]$ echo "Hello World" | cat > hello.txt
//将"Hello World"字符串写入文件 hello.txt，>表示重定向
```

2. 使用复杂的管道

有时，需要使用复杂的管道命令——多次使用管道符号"|"连接多个命令，示例命令如下：

```
[chen@myeuler ~]$ rpm -qa|grep a|more
//命令 rpm -qa 显示已经安装在系统上的软件包
//命令 grep a 用于过滤软件包
//命令 more 将过滤后的软件包分页显示
```

2.1.6 历史命令与命令补全

1. 历史命令

历史输入的命令，可以快速地复用，提高输入效率。假设用户 chen 在终端曾经执行了如下一条命令。

```
[chen@myeuler ~]$ rpm -qa|grep http
//查询系统中已经安装的软件包中名字包含 http 的软件包
```

随后，又以用户 chen 身份执行了几条别的命令（注意中间没有切换用户）。当希望重新执行输入过的 rpm -qa|grep http 命令时，可以使用向上或向下方向键，直接调出之前输入过的命令。若需要执行的命令和执行过的命令相比有变化，如希望执行的是 rpm -qa|grep samba 命令，则可以先调出历史命令中的 rpm -qa|grep http 命令，再通过向左或向右方向键或 Home、End 移动到指定位置修改该命令后执行，这样可以提高输入的效率。

如果是很久之前执行过的命令，则通过上下方向键不容易找出来，这时可以执行 history 命令列出历史命令，进而可以通过【!命令号】快速执行。

```
[chen@myeuler ~]$ history 3            //列出最新的 3 条命令
    5 ls
    6 rpm -qa|grep http
    7 history 3
```

```
[chen@myeuler ~]$ !6                    //执行标号为 6 的命令
```

在系统中，默认的历史命令会记录 1000 条，目前再次登录时，系统会将上次的历史命令导入，假设上次曾下达过 50 个命令，则下次启用终端时，第 1 个命令会记录在第 51 条。默认记录的历史命令记录个数是可以修改的。

需要说明的是，不同用户的历史命令不能混用。在 chen 用户中调出的是 chen 的历史命令，若改成以其他用户（如 root）登录系统，则其他用户是看不到 chen 用户的历史命令的，反之亦然。

2. 命令自动补全

文件名和目录名是命令中最常见的参数，然而对于初学者来讲，输入正确的文件名并不是一件易事，尤其是一些文件名不但长，还要区分大小写。为此，Shell 提供了一种"命令行自动补全"功能，即在输入时，只需输入前几个字符，然后按下键盘上的 Tab 键，文件名/目录名将被自动补全。

例如，在/home/chen 目录下，执行的命令如下：

```
[chen@myeuler ~]$ ls M<-- 按一次【Tab】键
//<-- 按一次【Tab】键是注释
//命令功能：列出当前目录下子目录 Music 中的内容，注意 M 为大写。
//补全后的命令显示为 ls Music/
```

当按 Tab 键时，Shell 自动将 M 补全成了 Music，这是因为当前/home/openEuler 目录中只有 Music 是以 M 开头的，因此 Shell 可以确定这里想要输入的文件名称为 Music。

那么，如果当前目录中含有多个以指定字符（或字符串）开头的目录或文件，则 Shell 还可以成功辨认吗？答案是否定的，但是它会以列表的形式给出所有以指定字符或字符串开头的文件或目录，供用户选择。

例如，还是在/home/chen 目录下，执行的命令如下：

```
[chen@myeuler ~]$ ls D<-- 按两次【Tab】键
Desktop/    Documents/    Downloads/
//<-- 按两次【Tab】键是注释
```

可以看到，当按一次 Tab 键时，Shell 没有任何反应，原因就是当前目录下以 D 开头的文件或目录有多个（2 个或以上），仅凭一个字符 D 无法精准判定出具体指的是哪个文件，而当再一次按 Tab 键时，Shell 会以列表的形式显示给用户当前目录下所有以 D 开头的文件或目录。

从列表中可以看到，即使输入两个字符 Do，仍无法区分出来是 Documents 还是 Downloads，但是 Dow 能唯一标识/home/chen 中的 Downloads 目录，所以输入 Dow 再按 Tab 键，Shell 即可自动补全为 Downloads 了，命令如下：

```
[chen@myeuler ~]$ ls Dow<-- 按一次 Tab 键
//输入命令方法——命令补全：用户键入 ls【空格】键 Dow Tab 键
```

```
//补全后的命令显示为 ls Downloads/
```

因此使用命令补全功能的关键是找出能唯一标识文件名的前缀字符串。另外，若要输入如/home/chen/Downloads/时，文件路径中的每一部分都可以使用命令补全功能。

事实上，命令行补全功能也同样适用于所有命令。例如，当输入 ca 并连续按两下 Tab 键后，系统会罗列出所有以 ca 开头的终端命令，命令如下：

```
[chen@myeuler ~]$ ca
cairo-sphinx    ca-legacy    canberra-boot    captoinfo    cat          catman
cal             caller       captest          case         catchsegv
```

2.2 基本的文件管理

在 openEuler 操作系统中，文件管理的功能必不可少，非常重要。掌握如何创建目录/文件、复制或移动目录/文件，以及如何删除目录/文件等是进行系统管理的基础。另外，由于 openEuler 系统和 Windows 系统差异较大，读者应该知道在 openEuler 系统中存在哪些目录，以及这些目录一般用于存放哪些信息和数据等。

2.2.1 目录树简介

Linux 系统的各发行版都遵循 Linux 开发所规范的标准，其中，针对文件系统的标准为文件系统层次标准（Filesystem Hierarchy Standard，FHS）。openEuler 操作系统作为一个 Linux 系统发行版也遵循了 FHS 标准。

大家都知道，在 Windows 操作系统中，每个分区都有一个独立的根目录，各分区采用不同盘符进行区分和标识，例如 C 盘的根目录标记为 "C:\"，D 盘的根目录标记为 "D:\"。

与 Windows 系统不同，在 openEuler 操作系统只有一个根目录，标记为 "/"。根目录位于根分区，其他目录、文件及外部设备（包括硬盘、U 盘、光盘等）的文件都是以根目录为起点，挂接在根目录下面的某个目录或者子目录中。

openEuler 操作系统安装成功后，系统默认有一些常见的目录，这些目录一般也被赋予了一定的含义和一般用途，系统中的目录及说明见表 2-4。

表 2-4 系统中的目录及说明

目录	说 明
/home	/home 是普通用户的家目录默认存放的位置
/root	/root 是 root 用户的家目录
/bin	/bin 主要存放普通用户可执行的命令文件，不能包含子目录，bin 是 binary（二进制程序）的缩写。/bin 目录为链接文件，链接到/usr/bin 目录
/sbin	/sbin 主要存放系统管理员和 root 用户可执行的命令文件，sbin 是 system binary（系统的二进制程序）的缩写。/sbin 目录为链接文件，链接到/usr/sbin 目录

续表

目录	说明
/dev	/dev 存放设备文件,例如硬盘文件、键盘及鼠标终端文件、光驱文件等。dev 是 device 的缩写
/lib	存放系统函数库和内核函数库,包括内核驱动程序,该目录为链接文件,链接到/usr/lib
/lib64	存放 64 位的函数库文件,该目录为链接文件,链接到/usr/lib64
/tmp	存放用户操作过程中产生的一些临时文件
/boot	/boot 存放与系统开机启动有关的文件,包括系统的内核文件和引导装载程序(如 GRUB)文件等
/opt	/opt 存放第三方应用程序的安装文件,opt 是 optional 的缩写,表示可选
/media	/media 是系统上临时挂载使用的设备的目录(如即插即用的 USB 设备)
/var	该目录存放一些可变数据,系统运行过程中产生的与服务相关的数据,以及登录日志等
/etc	/etc 中包含系统的大部分的配置文件,注意修改这些配置文件前一定要先备份
/usr	包含可以供所有用户使用的程序和数据,注意 usr 是 UNIX software resource(UNIX 软件资源)的缩写,千万不要错写成 user
/srv	/srv 是为各类服务(service)服务存放数据的目录
/run	一个临时文件系统,一些程序或服务启动以后,会将它们的 PID 放置在该目录中,如光盘也可自动挂载到/run 目录下
/sys	/sys 与硬件相关,在提供热插拔能力的同时,该目录包含所检测到的硬件设置,它们被转换成/dev 目录中的设备文件
/proc	/proc 提供一个虚拟的文件系统,它不存在磁盘上,而是由内核在内存中产生,用于提供系统的相关信息。如/proc/cpuinfo 文件用于保存计算机 CPU 信息
/mnt	手动为某些设备(例如硬盘)挂载提供挂载目录

注意:openEuler 系统的目录也沿用了 UNIX 的规范,许多目录的命名通常和该目录要存放的数据是相关的,如 bin 就是指二进制程序(binary)。

在 openEuler 操作系统中,如果存在多个分区,则需要将其他分区挂载到根目录下的某个目录上,作为根目录的一个子目录使用,通过访问挂载点目录,即可实现对这些分区的访问。

可以使用 ls 命令查看根目录"/"下面的目录,命令如下:

```
[chen@myeuler ~]$ ls /
bin  boot  dev  etc  home  lib  lib64  lost+found  media  mnt  opt  proc
root  run  sbin  srv  sys  tmp  usr  var
```

2.2.2 路径

要找到一个文件,必须知道文件的位置,而表示文件位置的方式就是路径。路径是由目录树中的一串目录连接而成。路径有两种表示方式:绝对路径与相对路径。

1. 绝对路径和相对路径的概念

文件的绝对路径指的是从文件系统的根目录出发,到该文件所经过的所有目录组成的路径。由于根目录的位置是固定的,所以不管用户当前位于目录树中的哪个位置,当标识一个文件时,所使用的路径都是绝对一样的,故称为绝对路径(Absolute Path)。

文件的相对路径指的是从用户当前所在的目录出发,找到该文件所经过的所有目录组成的路径,即文件相对当前位置的路径。当用户位于不同的工作目录下时,标记同一个文件,所使用的路径不同且具有相对性,故称为相对路径(Relative Path)。

其实绝对路径与相对路径的不同之处,只在于描述某一文件或目录的目录路径时所采用的参考点(或出发点)不同。绝对路径是始终以根目录作为参考点的,相对路径则是以当前位置为参考点的。

2. 绝对路径和相对路径的表示

绝对路径:从根目录(/)开始写起的目录名称或文件名称,例如/home/chen/Downloads。

相对路径:从当前目录写起,例如./chen、../../chen 或 chen/Downloads,可以说开头不是根目录(/)的路径就是相对路径。

系统提供了一些特殊标识表示一些特别的目录,详见表2-5。这些特别的目录务必记住。

表2-5 一些特别的目录

目录	含义
/	系统根目录,只有一个
~	用户的家目录,不同的用户家目录不同
.	一个小数点,表示当前工作目录,也称本目录
..	两个小数点,表示当前工作目录的上层目录,即直接父目录
-	一个减号,表示上一次的工作目录

2.2.3 工作目录的切换

用户登录openEuler系统后,默认工作目录通常是该用户的家目录。若要变更工作目录,则可以使用cd命令。cd命令的功能是更改用户的工作目录的路径,切换到的目标工作目录路径可以使用绝对路径表示,也可以使用相对路径表示。

cd命令的基本语法如下:

```
cd [目标目录]
```

【例2-15】切换目录示例。

使用普通用户chen身份登录系统,查看当前目录下的目录和文件,命令如下:

```
[chen@myeuler ~]$ ls
Desktop  docs  Documents  Downloads  Music  Pictures  Videos
```

(1)将当前用户的工作目录更改为/tmp,命令如下:

```
[chen@myeuler ~]$ cd /tmp
//说明，这里/tmp以/开头，所以是绝对路径
[chen@myeuler tmp]$ pwd
/tmp
//使用pwd查看当前工作目录，可以看到，当前工作目录已经切换至/tmp
```

（2）将当前用户的工作目录更改为当前工作目录的父目录，命令如下：

```
[chen@myeuler tmp]$ cd ..
//注意cd和..之间的空格
[chen@myeuler /]$ pwd
/
//从执行结果可以清楚地看到，/tmp目录的父目录是/
```

（3）返回上一次所在目录，命令如下：

```
[chen@myeuler /]$ cd -
[chen@myeuler tmp]$ pwd
/tmp
//当前目录仍改至/tmp
```

（4）切换至当前用户的家目录，命令如下：

```
[chen@myeuler tmp]$ cd ~
[chen@myeuler ~]$ pwd
/home/chen
//切换至当前用户chen的家目录
```

（5）切换至其他用户的家目录，命令如下：

```
[chen@myeuler ~]$ cd ~openEuler
bash: cd: /home/openEuler: 权限不够
//权限不够，操作被拒绝。切换至root用户，再次尝试
[chen@myeuler ~]$ su
密码：<--此处输入root密码，并按下Enter键
[root@myeuler chen]# cd ~openEuler
[root@myeuler openEuler]# pwd
/home/openEuler
//使用root身份执行cd ~openEuler命令成功
```

【例2-16】 使用相对路径切换目录示例

在主机名为myeuler的openEuler操作系统中的部分目录结构如图2-1所示。

（1）使用相对路径表示从用户chen的家目录切换至/tmp目录，命令如下：

```
[chen@myeuler ~]$ cd ../../tmp
[chen@myeuler tmp]$ pwd
/tmp
```

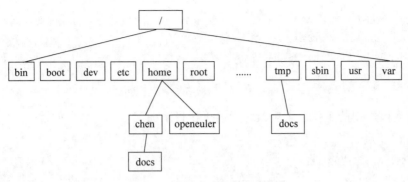

图 2-1　系统目录结构示意图

（2）切换至/home 目录，命令如下：

```
//使用绝对路径从/tmp 目录切换至/home 目录
[chen@myeuler tmp]$ cd /home
[chen@myeuler home]$ cd -
//切换回/tmp 目录，接着使用相对路径切换至/home 目录
[chen@myeuler tmp]$ cd ../home
[chen@myeuler home]$
```

在切换工作目录的过程中，有时使用绝对路径简便，有时使用相对路径快捷。实践中，可以灵活选择。

（3）切换至/home/chen 目录，命令如下：

```
[chen@myeuler home]$ cd ./chen
//./chen 表示当前目录的子目录 chen
[chen@myeuler ~]$ cd -
//切换回/home 目录
[chen@myeuler home]$ cd chen
//cd chen，表示切换至当前目录的子目录 chen，即 cd ./chen 和 cd chen 在这里是等价的
[chen@myeuler ~]$
//目录切换成功，出现提示符
```

（4）在/home/chen 下创建子目录 docs，从/home 目录切换至该 docs 目录，命令如下：

```
//在当前目录/home/chen 中使用 mkdir 命令创建子目录 docs
//docs 的绝对路径为/home/chen/docs
[chen@myeuler ~]$ mkdir docs
//在 mkdir docs 命令中，使用的是相对路径
[chen@myeuler ~]$ cd -
//切换回/home 目录。再从/home 切换至/home/chen/docs 目录
[chen@myeuler home]cd chen/docs
//也可以写作./chen/docs，通常可将./省略
[chen@myeuler docs]$ pwd
```

```
/home/chen/docs
```

（5）切换至/tmp 目录，并为该目录创建子目录 docs，然后切换至该目录，命令如下：

```
[chen@myeuler docs]$ cd /tmp
//此处使用了/tmp 绝对路径，若写成相对路径则为../../../tmp，太过烦琐
[chen@myeuler tmp]$ mkdir docs
//mkdir docs 命令中使用了相对路径。docs 也可以写作./docs
[chen@myeuler tmp]$ cd docs
//同上，cd docs 仍然使用了相对路径
[chen@myeuler docs]$ pwd
/tmp/docs
```

细心的读者会发现（4）和（5）中 Shell 显示当前目录都是 docs，但是这两个实际上是不同的目录，因此，在系统中，不能只看提示符中的当前目录信息，最好使用 pwd 查阅实际目录。下面再举一个例子，命令如下：

```
[chen@myeuler docs]$ cd /etc
[chen@myeuler etc]$ pwd
/etc
[chen@myeuler etc]$ cd /usr/local/etc
[chen@myeuler etc]$ pwd
/usr/local/etc
```

在上面的代码中，进入/etc 目录后，提示符内的目录信息一直提示的是 etc，但是通过 pwd 命令可以看出差异。

进行系统管理时，明确当前的工作目录非常重要。特别需要注意目录名相同的目录。若工作目录不对，则可能会误操作造成不良后果。

第 3 章 文件管理与 vim 编辑器

在第 2 章中，我们初步了解了 openEuler 文件管理的一些基础知识。在这一章中，我们将深入学习 openEuler 操作系统中的文件管理。此外，本章还将介绍 vim 编辑器，vim 的使用将贯穿本书服务器配置部分的内容，学会使用 vim 对系统管理员而言至关重要。

3.1 文件管理

3.1.1 文件类型

openEuler 整个文件系统是一个树形结构，其所有的文件都位于树中，整棵树只有一个根，即根目录(/)。这里所讲的文件是一个宽泛的概念，在系统中可以理解为"一切皆文件"，也就是说普通文件、普通目录、硬件设备、程序进程、通信通道，甚至是内核的数据结构等都可以被理解成文件。总体来讲，这些都可以理解成文件，但是这些文件又被分成了不同的类型。

1. 普通文件

普通文件指的是一般意义上理解的文件，如文本文件、图片文件、MP4 视频文件等。在系统中，每个文件都有自己的属性，通过属性可以判断文件的类型。使用 ls -l 命令可以查看某个文件的属性，例如下面是查看文件 anaconda-ks.cfg 的属性的命令，该文件存放在/root 目录下，命令如下：

```
[root@server ~]# ls -l /root/anaconda-ks.cfg
-rw-------. 1 root root 1072  1月 17 06:01 /root/anaconda-ks.cfg
```

通过 ls 命令可以查看文件属性，如果属性的第 1 个符号是 "-"，则表示该文件是普通文件。普通文件一般用于存放数据内容，如文本、图像、音乐等。

2. 目录文件

目录文件是表示目录的文件，也可以理解成文件夹，在目录下可以有其他文件。通过 ls -l 命令输出的目录文件的属性的第 1 个符号是 d。例如，查看 chen 目录的属性的命令如下：

```
[chen@server ~]$ ls -ld /home/chen
```

```
drwx------. 20 chen chen 4096  5月 25 17:29 /home/chen
```

为何需要目录文件？系统中的文件种类繁多，数量庞大，为了使用户方便地管理所有文件，系统需要一个良好的树形目录结构，一个目录就相当于一棵树杈，也相当于一个容器，其下又可以包含文件或目录，这样通过分级对文件进行管理。

3．设备文件

设备文件是用于代表设备的文件，在系统中，所有的设备都被抽象成了文件，并显示在 /dev 目录下，这些设备文件根据读写的粒度，又可分为块设备文件和字符设备文件。

1）块设备文件

块设备的主要特点是可以随机读写，如最常见的块设备是磁盘。块设备文件的文件属性的第 1 个符号是 b。例如，查看/dev/sda1 块设备文件的属性，命令如下：

```
[chen@server ~]$ ls -l /dev/sda1
brw-rw----. 1 root disk 8, 1  1月 17 05:23 /dev/sda1
```

2）字符设备文件

字符设备的主要特点是按顺序读写，如最常见的字符设备文件打印机和终端，它们可以接收字符流。字符设备文件的文件属性的第 1 个符号是 c。例如，查看/dev/tty5 字符设备文件的属性，命令如下：

```
[chen@server ~]$ ls -l /dev/tty5
crw--w----. 1 root tty 4, 5  1月 17 05:23 /dev/tty5
```

另外，系统中还存在一个特殊的字符设备文件/dev/null，可以理解成空设备，输出到该设备上的所有内容都会被自动丢弃。

4．管道文件

管道文件也可以叫作 FIFO 文件，FIFO 是 First In First Out 的缩写。管道文件就是从一端流入，从另一端流出的文件，类似管道。管道文件的文件属性的第 1 个符号是 p。例如，查看 1.ref 管道文件的属性，命令如下：

```
[chen@server ~]$ ls -l /run/systemd/inhibit/1.ref
prw-------. 1 root root 0  1月 17 05:23 /run/systemd/inhibit/1.ref
```

5．链接文件

链接文件有两种类型：软链接文件和硬链接文件。

1）软链接文件

软链接文件又叫符号链接文件，这个文件包含了另一个文件的路径名。软链接文件类似 Windows 系统中的快捷方式。在对软链接文件进行读写操作时，系统实际是对源文件进行操作，但是在删除软链接文件时，系统仅仅删除软链接文件，而不删除源文件。软链接文件的文件属性的第 1 个符号是 "l"，命令如下：

```
[chen@server ~]$ ls -l /bin
```

```
lrwxrwxrwx. 1 root root 7  3月 30  2021 /bin -> usr/bin
```

2）硬链接文件

硬链接文件是已存在的一个文件的一个备份。对硬链接文件进行读写和删除操作时，结果和软链接相同，但是如果删除硬链接文件的源文件，则硬链接文件仍然存在，而且保留了原有内容，特别需要注意的是，这时系统认为它是一个普通文件，而不记得它曾是一个硬链接文件。

3.1.2 目录的创建与删除

1. 创建目录

创建目录是系统管理中常见的操作，使用 mkdir 命令可以在系统中创建空目录，mkdir 可以理解成英文 make directory 的缩写，系统中的命令一般是一些英文单词或词组的缩写，了解其含义有助于学习者记忆。

mkdir 命令语法格式：

```
mkdir [选项] [目录]
```

mkdir 命令的常用选项及含义见表 3-1。

表 3-1 mkdir 命令的常用选项及含义

选 项	含 义
-m <权限>	对新创建的目录设置权限，类似 chmod，而不是 a=rwx 减 umask
-v	每次创建新目录都显示信息
-p	需要时创建目标目录的上层目录，但即使这些目录已存在也不当作错误处理

下面通过一些示例说明 mkdir 命令的应用。

【例 3-1】 使用 mkdir 命令在当前用户的家目录下创建如图 3-1 所示的目录结构。

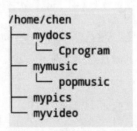

图 3-1 本题中要创建的目录结构示意图

（1）mkdir 命令可以一次建立一个或多个目录。如在用户 chen 的家目录下建立 mydocs 和 mypics 两个目录，命令如下：

```
[chen@server ~]$ mkdir mydocs mypics
//一次创建了两个目录。这两个目录使用的是相对路径写法
```

或者执行如下命令:

```
[chen@server ~]$ mkdir /home/chen/mydocs /home/chen/mypics
//一次创建了两个目录。这两个目录使用的是绝对路径写法
```

这里,以上两个命令是等价的,第 1 个命令默认为在当前目录上创建,第 2 个命令采用到了绝对路径。

用户 chen 在使用 mkdir 创建目录时,默认目录的权限是 775,因此,mypics 和 mydocs 目录的权限都是 775,可以通过如下命令查看文件的属性。

```
[chen@server ~]$ ll -d mydocs mypics
drwxrwxr-x. 3 chen chen 4.0K 5月 22 08:06 mydocs
drwxrwxr-x. 2 chen chen 4.0K 5月 22 07:56 mypics
```

(2)创建目录 Cprogram,命令如下:

```
[chen@server ~]$ mkdir ~/mydocs/Cprogram
//说明:命令中的~/mydocs/Cprogram 也可以简写成 mydocs/Cprogram
```

由于在用户 chen 的家目录中 mydocs 已经存在,因此这条命令是合法的。

(3)创建 popmusic 目录。

使用 mkdir 创建目录时需要注意其父目录是否存在,当用户运行下面这条命令时,mkdir 会提示错误。

```
[chen@server ~]$ mkdir ~/mymusic/popmusic
mkdir: 无法创建目录"/home/chen/mymusic/popmusic": 没有那个文件或目录
```

这是因为在当前用户的家目录中并不存在目录 mymusic,所以无法在其下创建 popmusic 目录,对于这个问题,可以通过下面这两种方法解决。

第 1 种方法是先用 mkdir 创建 mymusic 目录,再用 mkdir 创建 popmusic 目录,执行两条 mkdir 命令。这种方案如果路径中目录层次较多,则需要多次执行 mkdir 命令,过程有点烦琐。

第 2 种方法是使用 mkdir 的-p 选项,命令如下:

```
[chen@server ~]$ mkdir -p ~/mymusic/popmusic
//mkdir 会首先创建 mymusic 目录,然后创建 popmusic,即路径中所有不存在目录将被逐一创建
```

在需要创建一个完整的目录结构时,mkdir 命令的-p 选项非常有用。

(4)创建目录 myvideo,其权限为 777。使用-m 选项指定目录的权限,命令如下:

```
[chen@server ~]$ mkdir -m 777 myvideo
[chen@server ~]$ ll -d myvideo
drwxrwxrwx. 2 chen chen 4.0K 5月 23 08:25 myvideos
```

2. 删除目录

使用 rmdir 命令可以删除目录，rmdir 可以理解成英文 remove directory 的缩写，rmdir 命令不能删除非空目录。

rmdir 命令的语法格式：

```
rmdir [目录]
```

【例 3-2】 rmdir 命令的应用。

（1）删除一个空目录。

```
[chen@server ~]$ mkdir film
//在当前目录下新建一个目录 film
[chen@server ~]$ rmdir film
//删除该目录 film
```

（2）rmdir 只能删除空目录，不能直接删除非空目录。下面命令执行时会提示错误。

```
[chen@server ~]$ mkdir -p videos/mtv
//在当前目录下新建目录 videos，并在 videos 下新建目录 mtv
[chen@server ~]$ rmdir videos
rmdir: 删除 'videos' 失败：目录非空
//删除目录 videos 时失败
```

那怎么办呢？针对这个例子，mtv 是个空目录，先删除 mtv 目录使 videos 成为空目录，再来删除 videos，命令如下：

```
[chen@server ~]$ rmdir videos/mtv
[chen@server ~]$ rmdir videos
//命令执行成功，videos 目录被删除
```

因此，在使用 rmdir 删除一个目录之前，首先要将该目录下的文件和子目录删除。删除文件需要用到 rm 命令。rm 命令后面再讲解，而且 rm 也可以删除目录，甚至比 rmdir 还要"效率高"。基于这个原因，在实际应用中，很多人倾向于使用 rm 删除目录。

（3）删除在例 3-1 中创建的所有目录。这里不再赘述，读者可自行完成。

3.1.3 创建空文件

touch 命令可以创建空文件或更改文件的创建日期和时间。不过在修改文件的时间属性时，用户必须是文件的所有者，或拥有写文件的访问权限。

touch 命令的语法格式：

```
touch [选项] [文件]
```

touch 命令的选项及含义见表 3-2。

表 3-2 touch 命令的选项及含义

选项	含义
-a	只更改访问时间
-m	只更改修改时间
-r	使用指定文件的时间属性，而非当前时间
-c	不创建新文件
-d	使用指定字符串表示时间而非当前时间
-t	使用[[CC]YY]MMDDhhmm[.ss]格式的时间戳而非当前时间

【例 3-3】 touch 命令的应用。

（1）创建单个空文件 euler.txt，命令如下：

```
[chen@server ~]$ touch euler.txt
//创建 file1.txt
[chen@server ~]$ ll euler.txt
-rw-rw-r--. 1 chen chen 0 5月 23 09:16 file.txt
//使用 ll 命令查看文件的属性
```

（2）批量创建空文件。

批量创建 5 个空文件，命令如下：

```
[chen@server ~]$ touch testfile{1..5}
[chen@server ~]$ ll testfile?
-rw-rw-r--. 1 chen chen 0 5月 23 09:20 testfile1
-rw-rw-r--. 1 chen chen 0 5月 23 09:20 testfile2
-rw-rw-r--. 1 chen chen 0 5月 23 09:20 testfile3
-rw-rw-r--. 1 chen chen 0 5月 23 09:20 testfile4
-rw-rw-r--. 1 chen chen 0 5月 23 09:20 testfile5
```

若要批量生成 10 个文件，并想输出 01 和 02 这样的字样，则可以使用{01..10}，命令如下：

```
[chen@server ~]$ touch testfile{01..10}
[chen@server ~]$ ll testfile??
-rw-rw-r--. 1 chen chen 0 8月  7 09:32 testfile01
-rw-rw-r--. 1 chen chen 0 8月  7 09:32 testfile02
-rw-rw-r--. 1 chen chen 0 8月  7 09:32 testfile03
……
-rw-rw-r--. 1 chen chen 0 8月  7 09:32 testfile10
```

（3）使用 touch 命令改变或更新 euler.txt 文件的访问时间。

首先使用 stat 命令查看 euler.txt 文件的时间戳，命令如下：

```
[chen@server ~]$ stat euler.txt
```

```
文件: euler.txt
大小: 0              块: 0          IO 块: 4096    普通空文件
设备: fd00h/64768d    Inode: 274180       硬链接: 1
权限: (0664/-rw-rw-r--)  Uid: ( 1001/    chen)  Gid: ( 1001/    chen)
环境: unconfined_u:object_r:user_home_t:s0
最近访问: 2022-05-23 09:16:38.959182752 +0800
最近更改: 2022-05-23 09:16:38.959182752 +0800
最近改动: 2022-05-23 09:38:30.264431891 +0800
创建时间: 2022-05-23 09:16:38.959182752 +0800
//查看时间戳
```

接着，执行 touch 命令修改 euler.txt 文件的访问时间，命令如下：

```
[chen@server ~]$ touch -a euler.txt
```

最后，再次执行 stat 命令查看 euler.txt 文件的时间戳，验证该文件的访问时间是否已更新，命令如下：

```
[chen@server ~]$ stat euler.txt
文件: euler.txt
大小: 0              块: 0          IO 块: 4096    普通空文件
设备: fd00h/64768d    Inode: 274180       硬链接: 1
权限: (0664/-rw-rw-r--)  Uid: ( 1001/    chen)  Gid: ( 1001/    chen)
环境: unconfined_u:object_r:user_home_t:s0
最近访问: 2022-05-23 09:45:10.892021912 +0800
最近更改: 2022-05-23 09:16:38.959182752 +0800
最近改动: 2022-05-23 09:45:10.892021912 +0800
创建时间: 2022-05-23 09:16:38.959182752 +0800
//访问时间已更新
```

（4）将文件 euler.txt 的访问时间和修改时间设定为指定时间，命令如下：

```
[chen@server ~]$ touch -c -t 202505301230 euler.txt
//将 euler.txt 文件的时间修改为 202505301230，即 2025 年 5 月 30 日 12 点 30 分
//上述时间按照格式 YYYYMMDDHHmm 书写。若 YYYY 省略，则表示使用当前年份
[chen@server ~]$ stat euler.txt
文件: euler.txt
大小: 0              块: 0          IO 块: 4096    普通空文件
设备: fd00h/64768d    Inode: 274180       硬链接: 1
权限: (0664/-rw-rw-r--)  Uid: ( 1001/    chen)  Gid: ( 1001/    chen)
环境: unconfined_u:object_r:user_home_t:s0
最近访问: 2025-05-30 12:30:00.000000000 +0800
最近更改: 2025-05-30 12:30:00.000000000 +0800
最近改动: 2022-05-23 10:43:57.128831407 +0800
创建时间: 2022-05-23 09:16:38.959182752 +0800
//访问时间和修改时间已更新
```

3.1.4 文件及目录的复制与删除

1. 文件及目录的复制

使用 cp 命令可以复制文件或目录，cp 是英文 copy 的缩写。
cp 命令的语法格式如下：

```
cp [选项] [源文件|目录] [目标文件|目录]
```

cp 命令的常用选项及含义见表 3-3。

表 3-3　cp 命令的常用选项及含义

选项	含　　义
-i	在覆盖目标文件之前将给出提示信息，要求用户确认
-r	如果要复制的源是一个目录，则将递归复制该目录及其子目录内的所有内容。此时的目标必须是一个目录
-p	复制时保持指定的属性（默认包括所有权、权限、时间戳等）

【例 3-4】 cp 命令的应用。
（1）准备工作——创建一些文件和目录，命令如下：

```
[chen@server ~]$ touch myreport
//在当前目录下创建名为 myreport 的源文件，命令 touch myreport 使用了相对路径
//绝对路径写法为 touch /home/chen/myreport
[chen@server ~]$ mkdir bak
//在当前目录下创建名为 bak 的目录，用于文件的备份
[chen@server ~]$ touch ./bak/report00
//在 bak 目录下，创建名为 report00 的文件
```

（2）将文件 myreport 复制到 bak 目录下，命令如下：

```
[chen@server ~]$ cp myreport ./bak/
//将源文件 myreport 不改名而直接复制到/home/chen/bak/目录下
[chen@server ~]$ ls bak
myreport
//通过 ls 命令查看 bak 目录可知 myreport 文件复制成功
```

如果复制的目标目录已经存在和源文件同名的文件，则默认会直接覆盖。若希望在执行复制操作时，当发现同名文件时能提示是否覆盖，cp 命令则需要加上-i 选项。下面再次将 myreport 文件复制到 bak 目录下，命令如下：

```
[chen@server ~]$ cp -i myreport ./bak/
cp:是否覆盖'bak/myreport'? <--此处由用户在键盘输入 y 或者 n
//若用户输入 y，则复制并覆盖原来的同名文件；若用户输入 n，则不执行复制操作
```

注意：建议将文件复制到目录时，直接使用 cp -i，避免无意中覆盖同名文件。

(3) 改名复制。

① 将 myreport 文件复制到 bak 目录中，并改名为 myreport0524。此时目标是文件，myreport0524 文件事先并不存在，因此可执行正常复制操作，命令如下：

```
[chen@server ~]$ cp myreport ./bak/myreport0524
[chen@server ~]$ ls bak
myreport  myreport0524
//bak 目录下已经存在两个文件，其中 myreport0524 中的数字 0524 一般是备份日期
```

② 将 myreport 文件复制到 bak 目录中，并改名为 report00。此时目标是文件，但是 bak 目录中已经存在名为 report00 的文件，若直接执行下面的命令：

```
[chen@server ~]$ cp myreport ./bak/report00
//不推荐这么写
```

原有的 report00 文件将在没有任何提示的情况下，直接被覆盖了。怎么办？解决方法仍然是加 -i 选项，命令如下：

```
[chen@server ~]$ cp -i myreport ./bak/report00
```

注意：建议改名复制时，使用 cp -i，避免无意中覆盖已存在的文件。

(4) 复制目录——将目录 bak 复制至 /tmp 目录下，命令如下：

```
[chen@server ~]$ cp -r ./bak /tmp
[chen@server ~]$ ls /tmp/bak
myreport  myreport0524
//查看可知整个 bak 目录已经被复制到了 /tmp 目录下
```

(5) 保留源文件属性复制。例如在做文件备份或者日志备份时，若希望能够保留源文件的属性，包括所有者和所属群组及时间，执行 cp 命令时就要加上 -p 选项。

切换至 root 用户，使用 root 用户执行 cp 命令，命令如下：

```
[chen@server ~]$ su -
//使用 su 命令切换至 root 用户
[root@server ~]#cp /home/chen/myreport /root/
//cp 命令源文件为 /home/chen/myreport，目标文件为 /root/myreport
//为了方便读者理解，此处全部使用文件的绝对路径
[root@server ~]# ll /home/chen/myreport
-rw-rw-r--. 1 chen chen 6 5月 24 09:10 /home/chen/myreport
//查看源文件 /home/chen/myreport 的属性
[root@server ~]# ll /root/myreport
-rw-r--r--. 1 root root 6 5月 24 09:10 /root/myreport
//查看目标文件 /root/myreport 的属性
```

显然复制后，目标文件的属性和源文件的属性不同。

下面改为执行 cp -p 命令，命令如下：

```
[root@server ~]# cp -p /home/chen/myreport /root/
cp: 是否覆盖'/root/myreport'？y
//将之前/root目录下的myreport文件覆盖
[root@server ~]# ll /home/chen/myreport
-rw-rw-r--. 1 chen chen 6 5月 24 09:10 /home/chen/myreport
//查看源文件/home/chen/myreport的属性
[root@server ~]# ll /root/myreport
-rw-rw-r--. 1 chen chen 6 5月 24 09:10 /root/myreport
//查看目标文件/root/myreport的属性
```

显然，这次复制，目标文件保留了源文件的属性。

最后，恢复Shell环境，命令如下：

```
[root@server ~]# su - chen
[chen@server ~]$
//恢复到普通用户chen登录
```

读者注意，cp命令在复制文件或目录时还要受到文件或目录的权限的制约，有时，由于当前用户权限不足，不能完整地复制目录。

【例3-5】cp命令的应用（权限问题）。

系统的/etc目录是一个非常重要的目录，因此希望使用cp命令为该目录做一个备份。以普通用户chen身份登录系统，操作如下。

（1）创建backup目录，命令如下：

```
[chen@server ~]$ mkdir backup
```

（2）使用cp -r命令将/etc完整地复制到刚刚新建的backup目录中。

```
[chen@server ~]$ cp -r /etc ./backup/
cp: 无法打开'/etc/crypttab' 读取数据：权限不够
cp: 无法访问 '/etc/pki/CA/private'：权限不够
cp: 无法访问 '/etc/pki/rsyslog'：权限不够
cp: 无法打开'/etc/at.allow' 读取数据：权限不够
cp: 无法打开'/etc/sysconfig/ip6tables' 读取数据：权限不够
...
```

显然，以普通用户chen身份做的/etc目录的备份是一个不完全备份。关于用户对文件或目录的访问权限的知识，可参看第4章内容。

2. 文件及目录的删除

使用rm命令可以删除系统中的文件或目录。rm命令的语法格式：

```
rm [选项] [文件|目录]
```

rm命令的选项及含义见表3-4。

表 3-4 rm 命令的选项及含义

选项	含义
-f	强制删除。忽略不存在的文件，也不给出提示信息
-r	递归删除目录及目录中的内容
-i	在删除前必须确认

特别注意的是若用户没有相应的操作权限，则 rm 命令将执行失败。

【例 3-6】 rm 命令的应用。

（1）准备工作——创建一些目录和文件，命令如下：

```
[chen@server ~]$ touch linux.txt
//在当前目录下创建 linux.txt 文件
[chen@server ~]$ mkdir test
//创建目录/home/chen/test
[chen@server ~]$ touch test/sort.c
//在 test 目录下创建文件 sort.c
[chen@server ~]$ touch test/link.c
//在 test 目录下创建文件 link.c
[chen@server ~]$ touch test/1.log
//在 test 目录下创建一个日志文件 1.log
[chen@server ~]$ mkdir test/mydocs
//创建 test 目录的子目录 mydocs，此处使用的仍然是相对路径
[chen@server ~]$ touch test/mydocs/doc{1,2}
//在 mydocs 目录下创建两个文件：doc1 和 doc2
```

（2）删除 linux.txt 文件，命令如下：

```
[chen@server ~]$ rm linux.txt
//rm 命令可一次删除一个文件
```

删除 test 目录下所有的后缀为 c 的文件，命令如下：

```
[chen@server ~]$ rm test/*.c
//删除/home/chen/test 目录下所有的后缀为 c 的文件
//rm 命令可一次删除多个文件
```

从刚才的例子中，读者可以看出 rm 命令在删除文件时没有任何提示。通过 rm 删除的文件不会被放入"回收站"，而是将永远从系统中消失（某些恢复软件可能能找回一些文件）。

（3）删除日志文件 1.log。

为了避免误操作，在删除重要文件（如日志文件）时，需要使用-i 选项，这样在删除文件前系统会给出提示，并等待用户确认，命令如下：

```
[chen@server ~]$ rm -i test/1.log
rm：是否删除普通空文件 'test/1.log'？ <-- y
```

```
//根据提示，输入 y 并按 Enter 键才执行删除操作；输入 n 并按 Enter 键表示不删除
```

（4）删除 test 目录，需使用 -r 选项，命令如下：

```
[chen@server ~]$ rm -r test
//删除 test 目录，并将 test 目录下的所有子目录和文件全部删除
[chen@server ~]$ ls -d test
ls: 无法访问 'test': 没有那个文件或目录
//验证 test 目录是否已经被删除
```

至此，在本例（1）中创建的目录和文件已经全部被删除了。

注意：使用 rm 命令一定要慎重。以 root 身份执行 rm 命令时更要格外谨慎。在删除一个文件前，应认真评估后果。不要随便使用 rm -rf 这样的选项，因为 -r 为删除目录，-f 为不询问就直接删除，因此若后续的目录名或文件名写错，则可能造成误删。一般而言，被误删的内容多数情况下是无法挽回的。

（5）使用 rm 命令将 3.1.3 节中例 3-3 touch 命令的应用中创建的所有文件删除，命令如下：

```
[chen@server ~]$ rm euler.txt
[chen@server ~]$ rm testfile?
[chen@server ~]$ rm testfile??
```

3.1.5　文件及目录的移动与重命名

mv 命令可以实现文件及目录的移动与重命名，即 mv 命令有两大类功能：

（1）将源文件或目录（可以是多个）移动到目标目录。若目标目录中已有与源文件或目录同名的文件，则该同名文件会被覆盖，所有的源文件都会被移至目标目录中。所有移到目标目录下的文件都将保留以前的文件名。

（2）对源文件或目录（只能是一个）进行重命名。如果源文件或目录和目标文件或目标目录在同一目录下，则 mv 命令的作用为重命名。

mv 命令的语法格式：

```
mv [选项] [源文件|目录] [目标文件|目录]
```

mv 命令的常用选项及含义见表 3-5。

表 3-5　mv 命令的常用选项及含义

选项	含义
-i	覆盖前询问
-f	覆盖前不询问
-n	不覆盖已存在的文件
-u	只有在源文件比目标文件新，或者目标文件不存在时才进行移动
-T	将目标文件视作普通文件处理

【例 3-7】 mv 命令的应用。

（1）准备工作。

```
[chen@server ~]$ touch testfile
[chen@server ~]$ touch myfile{1, 2}
//在当前目录下创建 testfile、myfile1 和 myfile2 共 3 个文件
[chen@server ~]$ mkdir data mydocs
//创建目录/home/chen/data 和/home/chen/mydocs
[chen@server ~]$ cp myfile? mydocs/
//将 myfile1 和 myfile2 复制到 test 目录下
```

到此，完成了如图 3-2 所示的目录和文件的创建，接下来以此为基础，练习 mv 命令的使用。

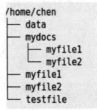

图 3-2　本题中用到的初始目录结构

（2）将源文件移动至目标目录下。

① 使用 mv 命令将 testfile 移动至 mydocs 目录下，命令如下：

```
[chen@server ~]$ mv testfile mydocs/
//将 testfile 文件从当前目录/home/chen 移动至/home/chen/mydocs 目录下
[chen@server ~]$ ls mydocs/
myfile1 myfile2 testfile
//将 testfile 移动至 mydocs 目录成功
```

② 使用 mv -i 命令将 myfile1 移动至 mydocs 目录下，命令如下：

```
[chen@server ~]$ mv -i myfile1 mydocs/
mv: 是否覆盖'mydocs/myfile1'? <--y
//输入 y 表示替换，输入 n 表示不替换
//使用/home/chen/myfile1 覆盖了/home/chen/mydocs 目录下原有的 myfile1 文件
```

③ 使用 mv -u 命令将 myfile2 移动至 mydocs 目录下，命令如下：

```
[chen@server ~]$ mv -u myfile2 mydocs/
//由于源文件 myfile2 并不比 mydocs/myfile2 新，因此没有移动，也没有覆盖
```

（3）重命名文件或目录。当源文件或目录与目标文件或目标的路径一样时，mv 命令可以实现文件或目录的重命名。注意源文件或目录必须只有一个，否则会出现命名冲突。

将 mydocs 目录下的 testfile 文件重命名为 euler，命令如下：

```
[chen@server ~]$ mv mydocs/testfile mydocs/euler
[chen@server ~]$ ls mydocs
euler  myfile1  myfile2
//mydocs 目录下 testfile 不见了，取而代之的是 euler 文件，重命名成功
```

将 data 目录重命名为 mydata，命令如下：

```
[chen@server ~]$ mv data mydata
```

（4）移动目录。将 mydocs 目录移动至 mydata 目录中，命令如下：

```
[chen@server ~]$ mv mydocs mydata
[chen@server ~]$ ls mydata
mydocs
//移动成功。mydocs 目录的绝对路径为/homechen/mydata/mydocs
```

3.2 查看文件内容

3.2.1 cat 命令

使用 cat 命令可以将文件的内容输出到屏幕上，常用于查看内容不多的文本文件的内容，长文件会因滚动太快而无法阅读。

cat 命令的基本语法：

```
cat [选项] [文件]
```

cat 命令的常用选项及含义见表 3-6。

表 3-6　cat 命令的常用选项及含义

选　　项	含　　义
-n	给输出的所有行加上编号
--help	查看 cat 命令的帮助

【例 3-8】 使用 cat 命令查看文件内容。

使用 cat 命令显示/etc/inittab 文件的内容，命令如下：

```
[chen@server ~]$ cat -n /etc/inittab
    1  #inittab is no longer used.
    2  #
    3  #ADDING CONFIGURATION HERE WILL HAVE NO EFFECT ON YOUR SYSTEM.
    4  #
    5  #Ctrl-Alt-Delete is handled by /usr/lib/systemd/system/Ctrl-alt-del
.target
    ...
```

//此处省略部分内容

cat 命令还可以用来建立一个有内容的新文件,为文件追加内容或将几个文件合并为一个文件。

【例 3-9】 cat 命令的应用。

(1) 使用 cat 命令创建新文件。

使用 cat 命令在当前目录下创建名为 testfile1 和 testfile2 的新文件,命令如下:

```
[chen@server ~]$ cat >testfile1
    Hi,openEuler!
    Hi,Linux!
<-- 按快捷键 Ctrl+D
//输入 hi,openEuler!后按 Enter 键,再输入 hi,Linux! 最后按快捷键 Ctrl+D 保存文件
[chen@server ~]$ cat > testfile2
    Hello,cat!
<-- 按快捷键 Ctrl+D
//请输入 hello,cat!,输入完毕按快捷键 Ctrl+D 保存文件
```

(2) 使用 cat 命令查看刚刚创建的文件 testfile1 的内容,命令如下:

```
[chen@server ~]$ cat testfile1
Hi,openEuler!
Hi,Linux!
```

(3) 使用 cat 命令向已存在文件追加内容。

① 使用 cat 命令查看上一步创建的文件 testfile2 的内容,命令如下:

```
[chen@server ~]$ cat testfile2
Hello,cat!
```

② 使用 cat 命令向 testfile2 中追加内容,命令如下:

```
[chen@server ~]$ cat >> testfile2 <<EOF
> I am testing the command of cat.
> OK?
> I guess OK.
> EOF
//输入 EOF 表示输入结束并保存文件
```

③ 使用 cat 命令再次查看 testfile2 的内容,查看是否追加成功,命令如下:

```
[chen@server ~]$ cat testfile2
Hello,cat!
I am testing the command of cat.
OK?
I guess OK.
```

//追加成功

（4）使用 cat 命令连接多个文件内容并输出到一个新文件。
下面将 testfile1 和 testfile2 这两个文件的内容连接起来后输到文件 testfile3，命令如下：

```
[chen@server ~]$ cat -n testfile1 testfile2 > testfile3
//-n 选项表示加上了行号
[chen@server ~]$ cat testfile3
   1  Hi,openEuler!
   2  Hi,Linux!
   3  Hello,cat!
   4  I am testing the command of cat.
   5  OK?
   6  I guess OK.
```

特别注意：如果 testfile3 已经存在，则上述命令会将 testfile3 中原有的内容清空。

3.2.2　head 命令和 tail 命令

1. head 命令

使用 head 命令可以显示指定文件的前若干行内容。如果没有给出具体行的数值，则默认设置为 10 行。如果没有指定文件，则 head 会从标准输入读取。
head 命令的语法格式：

```
head [选项] [文件]
```

head 命令的常用选项及含义见表 3-7。

表 3-7　head 命令的常用选项及含义

选项	含义
-n <K>	显示每个文件的前 K 行内容；如果附加 "-" 参数，则除了每个文件的最后 K 行外显示剩余的全部内容，这里 K 是数字
-c <K>	显示每个文件的前 K 字节内容；如果附加 "-" 参数，则除了每个文件的最后 K 字节数据外显示剩余的全部内容，这里 K 是数字
-v	总是显示包含给定文件名的文件头

【例 3-10】head 命令的应用。
（1）查看/etc/inittab 文件前 5 行数据内容。

```
[chen@server ~]$ head -n 5 /etc/inittab
#inittab is no longer used.
#
#ADDING CONFIGURATION HERE WILL HAVE NO EFFECT ON YOUR SYSTEM.
#
#Ctrl-Alt-Delete is handled by /usr/lib/systemd/system/Ctrl-alt-del.target
```

（2）查看/etc/passwd 文件前 100 字节数据内容。

```
[chen@server ~]$ head -c 100 /etc/inittab
#inittab is no longer used.
#
#ADDING CONFIGURATION HERE WILL HAVE NO EFFECT ON YOUR SYSTEM.
#
#C
```

2. tail 命令

使用 tail 命令可以查看文件的末尾数据，默认显示指定文件的最后 10 行。如果指定了多个文件，tail 则会在每段输出的开始添加相应文件名作为提示。如果不指定文件或文件为"-"，则从标准输入读取数据。

tail 命令的语法格式：

```
tail [选项] [文件名]
```

tail 命令的常用选项及含义见表 3-8。

表 3-8 tail 命令的常用选项及含义

选项	含义
-n <K>	显示文件最后 K 行内容，这里 K 是数字
-c <K>	显示文件的最后 K 字节内容，这里 K 是数字
-f	随文件增长即时输出新增数据

【例 3-11】 tail 命令的应用。

（1）查看/etc/inittab 文件末尾 5 行的数据内容。

```
[chen@server ~]$ tail -n 5 /etc/inittab
#To view current default target, run:
#systemctl get-default
#
#To set a default target, run:
#systemctl set-default TARGET.target
```

（2）查看/etc/inittab 文件末尾 100 字节的数据内容。

```
[chen@server ~]$ tail -c 100 /etc/inittab
un:
#systemctl get-default
#
#To set a default target, run:
#systemctl set-default TARGET.target
```

3.2.3　more 命令和 less 命令

1. more 命令

对于内容较多的文件，一屏幕显示不全，此时可用 more 命令来逐页阅读。
命令语法：

```
more [选项] [文件]
```

more 命令一次显示一屏文本，显示满之后，停下来，并在终端底部打印出"-- More --"，系统还将同时标示出已显示文本占全部文本的百分比，按空格键显示下一页内容；若要结束浏览，按 Q 键即可退出。more 命令的常用选项及含义见表 3-9。

表 3-9　more 命令的常用选项及含义

选项	含义
-p	显示下一屏之前先清屏
-c	与-p 类似
-s	将连续空白行显示为一个空白行
-d	在每屏的底部显示更友好的提示信息，而且若用户输入了一个错误命令，则显示出错信息
+\<n\>	文件内容从第 n 行开始显示，n 是数字
-\<n\>	一次显示的行数，n 是数字

【例 3-12】　more 命令的应用。
（1）分页显示/etc/services 文件的内容。

```
[chen@server ~]$ more -d /etc/services
...
//此处省略了显示的文件的部分内容
#Each line describes one service, and is of the form:
#
#service-name  port/protocol  [aliases ...]   [#comment]
--更多--(0%)[按空格键继续，按 q 键退出。]
//-d 选项给出了较多提示信息
```

（2）从第 50 行开始显示/etc/services 文件的内容。

```
[chen@server ~]$ more +50 /etc/services
```

（3）一次 10 行显示/etc/services 文件的内容。

```
[chen@server ~]$ more -c -10 /etc/services
//执行该命令后，先清屏，然后将以每次 10 行的方式显示文件
```

2. less 命令

使用 less 命令可以分页显示文本文件的内容。less 命令的作用与 more 命令十分相似。

不同之处在于，more 命令只能向后翻页，而 less 还可以向前翻页，即 less 命令允许回卷显示文本文件的内容。

less 命令的语法：

```
less [选项] [文件名]
```

less 命令的选项非常多，无须都记住，用到时可以查看帮助，命令如下：

```
[chen@server ~]$ less --help
```

less 命令的常用选项及含义见表 3-10。

表 3-10　less 命令的常用选项及含义

选项	含义
-e	当文件显示结束后，自动离开
-s	将连续空白行显示为一个空白行
-m	显示类似 more 命令的百分比
-N	显示行号

【例 3-13】 less 命令的应用。

（1）使用 less 命令查看 /etc/services 文件的内容。

```
[chen@server ~]$ less -s /etc/services
```

（2）查看系统进程信息，使用 less 命令分页显示，并显示行号。

```
[chen@server ~]$ ps -ef|less -N
//这里使用了管道命令。ps 命令负责查看进程信息，less 命令负责分页
```

（3）使用 less 命令浏览多个文件。

```
[chen@server ~]$ less testfile1 testfile2
Hi,openEuler!
Hi,Linux!
testfile1 (file 1 of 2) (END) - Next: testfile2
//当前显示的是 testfile1 的内容，接下来
//如果用户输入:n 后按 Enter 键，则将切换至 testfile2，n 表示 next
//如果用户输入:p 后按 Enter 键，则切换至 testfile1，p 表示 previous
```

3.3　vim 编辑器

系统管理员在进行系统管理或服务器配置时，经常需要修改相关的配置文件，或对纯文本文件进行编辑，这时就需要用到 vim。vim 是系统中很多命令默认会调用的编辑器，因此管理员一定要能熟练地使用这个编辑器。

vim[1]是 vi improved 的缩写，是 vi[2]的增强版。vi 即 visual interface，它是 Linux 中的标准文本编辑器，也是 UNIX/Linux 系统中最常用的文本编辑器工具。

vim 的操作方法与 vi 基本一样，vim 在内容显示上增强了颜色支持，不同的颜色代表不同的语义，在使用上更加容易辨析和人性化。

3.3.1 vim 的启动与退出

1. 启动 vim

在系统提示符下输入 vim 及文件名称后，就会进入 vim 的工作界面，示例命令如下：

```
[chen@server ~]$ vim file
//若 file 存在，则打开该文件；若 file 不存在，则创建 file
//也可以写成 vim /home/chen/file
```

使用 vim 新建文件或编辑现有文件都会直接启动 vim。

2. 退出 vim

当编辑完文件后，准备返回 Shell 状态时，需执行退出 vim 的命令。在 vim 的命令模式下，按一下冒号键便会进入命令行模式。下面分情况讨论。

（1）直接退出 vim，命令如下：

```
:q
```

（2）保存当前文件内容后再退出 vim，命令如下：

```
:wq
```

（3）不保存文件内容，强制退出 vim，命令如下：

```
:q!
```

3.3.2 常用的 vim 工作模式

vim 的工作模式可分为 3 种：命令模式、编辑模式和命令行模式。不同工作模式下能够完成的主要操作见表 3-11。

表 3-11 vim 的工作模式

vim 工作模式	主 要 操 作
命令模式	光标的移动控制：移动到文本的某个位置 文本的编辑命令，如复制、粘贴、剪切、删除等

---

[1] vim 的作者是荷兰程序员 Bram Moolenaar。

[2] vi 的作者是 Bill Joy，他是前任 Sun 的首席科学家，当年在 Berkeley（伯克利）时主持开发了最早版本的 BSD。他还是 csh 的作者，并开发出了高性能的 Berkeley（伯克利）版的 TCP/IP。

续表

vim 工作模式	主要操作
编辑模式	文本内容的编辑及修改
命令行模式	控制命令存盘、退出、显示行号、查找、替换等

vim 的 3 种工作模式之间的转换情况如图 3-3 所示。特别注意：编辑模式和命令行模式之间不能直接转换，必须以命令模式作为桥梁。

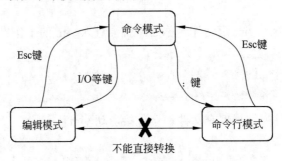

图 3-3　vim 的 3 种工作模式之间的转换

1. vim 命令模式

使用 vim 打开一个文件时，首先进入的就是命令模式。在这种模式中，用户可以使用一些键盘上的按键来移动光标，也可以复制和粘贴文件数据。

1）通过光标移动控制操作

vim 命令模式下常用光标移动控制操作，见表 3-12。

表 3-12　vim 命令模式下常用光标移动控制操作

命令（键）	操作
gg	移动到文档的第 1 行
G(大写)	移动到文档的最后一行
nG（或 ngg）	移动到第 n 行
k（nk 或 n↑）	向前移动一行（n 行），n 为数字
j（nj 或 n↓）	向后移动一行（n 行），n 为数字
$	移动到本行的末尾
0（数字）	移动到本行的开头
Ctrl + g	显示当前光标在文档中的位置

2）删除

在 vim 命令模式下，可以删除一个字符、一个单词或者整行内容等。如按下 dd 键可删除整行；按下 5dd 键可删除 5 行；按下 dw 键可删除一个字。

3)复制、粘贴与撤销

vim 命令模式下复制、粘贴与撤销控制操作见表 3-13。下面举例说明,在 vim 命令模式下,按下 5yy 键可复制 5 行(从光标所在行开始 5 行),接着重新定位光标,若按下 p 键,则可在当前光标后面粘贴,粘贴在下面一行;若按下 P 键,则可在当前光标前面粘贴,粘贴在上面一行。如果不小心粘贴错了位置,则可按下 u 键取消上次操作。

表 3-13 vim 命令模式下复制、粘贴与撤销控制操作

命令(键)	操 作
yy	复制光标所在行,并把该行内容存放在剪贴板中
nyy	复制光标所在行开始的 n 行,并把这些行的内容存放在剪贴板中。例如 8yy 表示复制光标所在行开始后面的 8 行,并把这 8 行内容存放在剪贴板中
dd	删除光标所在行,并把该行内容存放在剪贴板中
ndd	删除光标所在行开始的 n 行,并把这些行的内容存放在剪贴板中,例如 3dd 表示删除光标所在行开始后面的 3 行,并把这 3 行内容存放在剪贴板中
p	把剪贴板中的文本数据复制到光标所在行的下面
P	把剪贴板中的文本数据复制到光标所在行的上面
u	取消上次的操作
U	可以恢复对光标所在行的所有改变

4)剪切

在 vim 命令模式中,删除命令在执行时,所删除的内容都被送到了剪贴板中,所以剪切的操作就是先删除(送到剪贴板),再粘贴(从剪贴板粘贴到文件中)。

例如,若要剪切当前行至目标位置,则可先按下 dd 键再移动光标至目标位置,然后按下 p 键即可。

5)撤销

撤销有两种形式:一种是按下 u 键取消上次的操作(若连续按下 u 键,则可撤销多次操作);另一种是按下 U 键恢复对光标所在行的所有改变。

6)重做

Ctrl+r:重新执行刚才撤销的操作。

2. vim 编辑模式

在命令模式中可以进行删除、复制、粘贴等操作,但是无法向文件中输入字符。此时按下 i 键(或 I、a、A、o、O 列表中任何一个键),编辑器将从命令模式转入编辑模式,同时在屏幕左下方会出现"--插入--"的字样,此时才可以向文件中输入字符。vim 从命令模式进入编辑模式的详情见表 3-14。

有的参考书将编辑模式称为插入模式,在此模式下可以使用 Backspace 键来删除光标前面的字符,还可以用 Delete 键来删除当前字符。

表 3-14　vim 从命令模式进入编辑模式详情

命令（键）	操作
a	可在光标当前位置的下一个位置开始输入文字
A	可在光标当前行的行尾输入数据
i	可在光标当前位置输入数据
I	可在光标当前行的行首输入数据
o	可在光标当前行之后插入一个新行
O	可在光标当前行之前插入一个新行

3. vim 命令行模式

在命令模式中，输入":""/"或"?"，编辑器将从命令模式转入命令行模式，此时屏幕左下角将出现":""/"或"?"，的标志。在命令行模式中，用户可以完成搜索、替换、显示行号、保存、退出甚至执行 Shell 指令等操作。vim 命令行模式下常用命令见表 3-15。

表 3-15　vim 命令行模式下常用命令

命令	操作
/字符串	向后查找字符串
?字符串	向前查找字符串
n 键	查找下一个（与"/字符串"或"?字符串"命令结合使用）
N 键	查找上一个（与"/字符串"或"?字符串"命令结合使用）
:s /word1/word2/g	在光标所在行，用字符串 word2 替换 word1
:s /word1/word2/gc	在光标所在行，用字符串 word2 替换 word1，替换时需用户确认
:%s　/word1/word2/g	全文范围内用字符串 word2 替换 word1
:%s　/word1/word2/gc	全文范围内用字符串 word2 替换 word1，需确认
:n1,n2　s　/word1/word2/g	在 n1 行与 n2 行之间用字符串 word2 替换 word1
:n1,n2　s　/word1/word2/gc	在 n1 行与 n2 行之间用字符串 word2 替换 word1，需确认
:set　ic	搜索时忽略大小写
:set　noic	搜索时不忽略大小写

1）查找

vim 提供了字符串查找功能，包括向前查找、向后查找等。当 vim 向前查找时，从光标当前位置向前查找，当找到文本的开头时，它就到文本的末尾继续查找；反之亦然。如向后查找字符串 college，命令如下：

```
/college
```

反之，向前查找字符串 college，命令如下：

```
?college
```

2）替换

在当前文件全文范围内将字符串 college 替换为 university，命令如下：

```
:%s /college/university/gc
//替换时需要确认
```

3）同时打开并编辑多个文件

vim 允许用户同时编辑多个文件。若想在编辑 file1 文件的同时也编辑 file2 文件，则可在打开第 1 个文件的情况下打开另一个文件进行编辑，命令如下：

```
:n file2
```

4）保存文件

（1）将缓冲区的内容保存到当前文件中，命令如下：

```
:w
```

（2）将缓冲区的内容保存到指定的文件中，命令如下：

```
:w file
//将缓冲区的内容保存到名为 file 的文件中
```

如果 file 文件已经存在，则执行:w file 命令保存时状态行会出现"File exists（add ! to override）"的提示，这时可以放弃保存，也可以强制将缓冲区的内容保存到该文件中。

（3）强制将缓冲区的内容保存到指定文件中，命令如下：

```
:w! file
//强制将缓冲区的内容保存到名为 file 的文件中
```

5）重新载入文件

放弃对当前文件所做的修改，并重新载入该文档进行编辑。可使用的命令如下：

```
:e!
```

6）设置行号

（1）显示行号，命令如下：

```
:set number
//也可以写成:set nu
```

（2）取消显示行号，命令如下：

```
:set nonumber
//也可以写成:set nonu
```

7）调用 Shell 命令

有时在使用 vim 的过程中，需要调用 Shell 命令，下面分情况讨论。

（1）直接调用 Shell 命令，命令如下：

```
:!命令名
```

（2）调用 Shell 命令，并把显示结果输入文件中，命令如下：

```
:r!命令名
```

（3）切换到 Shell 命令行，命令如下：

```
:sh
```

这时将会临时切换到 Shell 命令行去执行 Shell 命令，如需返回 vim，则可输入 exit 命令。

3.3.3 一个简单的案例

下面以选自百老汇音乐剧及同名音乐电影《堂吉诃德梦幻骑士》的歌曲 The Impossible Dream 的歌词为内容，按下面步骤使用 vim 编辑文件 dream。

（1）使用 vim 在当前目录下创建名为 dream 的文件，命令如下：

```
[chen@server ~]$ vim dream
```

（2）按下键盘上的 i 键转换至 vim 编辑模式，输入歌词。

（3）输入完毕，按下键盘上的 Esc 键转换至命令模式，输入并执行下面命令保存文件并退出 vim。

```
:wq
```

（4）使用 vim 再次打开当前目录下的 dream 文件，命令如下：

```
[chen@server ~]$ vim dream
```

接着在命令行模式执行下面命令设置显示行号。

```
:set number
```

dream 文件的内容如图 3-4 所示。

（5）转换至 vim 编辑模式，在第 1 行加上这首歌的题目 The Impossible Dream 字样，输入完毕后转换至命令模式。

（6）在 vim 命令模式下，将光标移到第 8 行，按下 dd 键，看一看发生了什么？

（7）按下 u 键会出现什么情况？

（8）在 vim 命令模式下，将光标移动第 1 行，按下 yy 键后转到第 10 行，按下 p 键，又会发生什么情况？再次按下两次 p 键。接着将光标定位至第 10 行，按下 3dd 键。

（9）在 vim 命令行模式下查找歌词中的 dream，全部替换为 DREAM，命令如下：

```
:%s /dream/DREAM/gc
```

（10）转换至 vim 命令模式，按下键盘上的 8G 键，看一看光标到哪里去了？

（11）仍然在 vim 命令模式下，按下键盘上的 6gg 键，看一看光标到哪里去了？

（12）连续按下 dd 键，将 27 行之后的所有行删除。

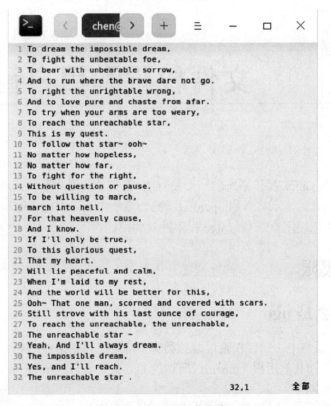

图 3-4　dream 文件的内容

（13）最后，切换至命令行模式，将文件另存为 TheImpossibleDream，命令如下：

```
:w TheImpossibleDream
//将当前的编辑内容另存到其他文件中
```

（14）使用 vim 查看 TheImpossibleDream 的内容，命令如下：

```
[chen@server ~]$ vim TheImpossibleDream
```

按（4）中所述设置显示行号，并将行号的颜色修改为灰色，命令如下：

```
:highlight LineNr ctermfg=grey
```

（15）任意修改 TheImpossibleDream 文件的内容。

（16）切换至 vim 命令行模式，不保存修改，强制退出 vim，命令如下：

```
:q!
```

第 4 章 文件权限和用户管理

openEuler 作为 Linux 操作系统的一个发行版，其文件权限和用户管理沿用了 Linux 文件系统的基本管理模式。本章将介绍 openEuler 操作系统中 ugo 权限机制和用户账号管理，并结合实际应用案例阐述用户账号与 ugo 权限的具体用途。

4.1 文件权限

4.1.1 什么是 ugo

在 openEuler 系统中，文件权限依据三类身份确定，包括文件所有者（user）、文件所属群组用户（group）和其他用户（other）。所谓的 ugo 就是 user、group 和 other 三个单词的首字母组合。

1. 文件所有者

文件的所有者通常是文件的创建者。创建一个文件时，创建该文件的用户自动成为该文件的所有者。不过，文件的所有者可以根据实际需要改变，但只有 root 用户有权限修改文件的所有者。

2. 文件所属群组用户

在 openEuler 操作系统中，用户是有分组的。每个文件都有一个所属群组。文件所属用户群组内的用户对文件具有统一的访问权限。通常而言，当某个用户创建一个文件时，文件所有者所在的用户组即为该文件的所属群组。只有 root 用户或文件所有者有权限修改文件的所属群组。在文件所有者执行文件操作（读、写、执行）时，系统只关心文件所有者权限，文件所属群组权限对文件所有者没有影响。

3. 其他用户

在 openEuler 操作系统中，除了文件的所有者和所属用户组之外的用户对文件具有统一的访问权限，这些用户称为其他用户。不过，root 用户是不应该被算在其他用户中的，root 对所有用户的文件都拥有最高权限。

使用 ls -l 或 ll 命令，可列出文件的详细信息，该详细信息中包含了 ugo 权限。例如下面命令可以查看 chen 文件的权限情况，命令如下：

```
[chen@server ~]$ ll /var/spool/mail/chen
-rw-rw----. 1 chen mail 0  1月 17 05:51 /var/spool/mail/chen
//①          ② ③   ④    ⑤      ⑥              ⑦
```

以上命令输出的信息包含 7 部分，每部分的含义如下：
① 文件类型和权限。
② 文件链接数。
③ 该文件的所有者，此处为普通用户 chen。
④ 该文件的所属群组，此处显示文件的所属群组为 mail。
⑤ 该文件的大小。
⑥ 该文件最后一次被修改的时间，包括日期和时间。
⑦ 该文件的文件路径及文件名。

针对文件类型和权限，这一部分显示的文件属性共由 1 个文件类型标识和 3 组权限标识组成，每组权限标识有 3 个，共 10 个标识符。对于上例，输出的结果如下：

```
-rw-rw----
```

1）文件类型标识

文件类型标识用于说明该文件的类型，类型包括普通文件、链接文件、目录文件等，文件类型标识及说明见表 4-1。

表 4-1 文件类型标识及说明

文件类型标识	说明	文件类型标识	说明
—	普通文件	b	块设备文件
d	目录文件	c	字符设备文件
l	链接文件	p	管道文件

2）权限标识

在文件类型标识后面，紧跟着的是文件的权限标识，有 9 个标识，分为 3 组，左边 3 个标识符为文件的所有者权限（u 权限），中间 3 个标识符说明了文件的用户组权限（g 权限），右边的 3 个标识符为其他用户的权限（o 权限），如图 4-1 所示。

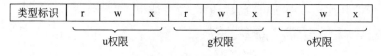

图 4-1 文件权限标识符

用户对文件的具体的操作权限分为可读、可写、可执行 3 种，分别用 r、w、x 表示。在每组权限中，r、w 与 x 次序不能变，若 r、w 或 x 被 "-" 替代则表示用户没有对应权限。另外，若某文件具有 x 属性，则代表该文件是可执行文件，用 ls 查看该文件时会显示为绿色。

下面通过几个具体的例子说明查看指定文件的权限及其含义，命令如下：

```
[chen@server ~]$ ll  /usr/bin/which
-rwxr-xr-x. 1 root root 31K  3月 30  2021 /usr/bin/which
//-rwxr-xr-x 表示文件所有者可读可写可执行，文件所属群组（root 组）用户和其他用户可读
//不可写可执行
[chen@server ~]$ ll /etc/hosts
-rw-r--r--. 1 root root 158  6月 23  2020 /etc/hosts
//-rw-r--r-- 表示文件所有者可读可写不可执行，root 组用户只可读，其他用户也只可读
[chen@server ~]$ ll -d /usr/bin/
dr-xr-xr-x. 2 root root 64K  2月 18 08:35 /usr/bin/
//dr-xr-xr-x 表示文件所有者、root 组用户及其他用户的权限都是可读可执行
```

注意：目录文件的可读可写可执行的意义和普通文件是不一样的，这一点将在后文讨论。

4.1.2 文件属性与权限的修改

文件的创建者默认为文件的所有者，可以通过命令修改文件/目录的所有者、所属群组，也可以通过命令修改文件的权限。

1. 修改文件的所有者

1）chown 命令

使用 chown 命令可改变文件或目录的所有者和所属的用户群组。对于目录文件，还可以利用参数-R，递归设置指定目录下的全部文件（包括子目录和子目录中的文件）的所属关系。

chown 命令有 3 种基本使用方法，具体的语法格式如下：

```
chown [-R] [新所有者][文件|目录]
//只改变所有者，不改变所属群组
chown [-R] [新所有者:新用户群组] [文件|目录]
//既改变所有者，也改变所属群组，分隔符号使用冒号
chown [-R] [新所有者.新用户群组] [文件|目录]
//既改变所有者，也改变所属群组，分隔符使用小数点
```

注意：在 chown 命令中，所有者和新用户组之间使用小数点分隔也可以，但是当账号名称中包含小数点时，会造成系统误判，因此一般建议在使用 chown 命令时采用冒号语法格式。

chown 命令的其他选项用法可查看帮助，命令如下：

```
[chen@server ~]$ chown --help
```

2）chgrp 命令

chgrp 命令可以更改指定文件或目录所属的用户群组，其命令用法如下：

```
chgrp [-R] [新的用户群组][文件|目录]
```

下面通过具体的例子，说明如何修改文件的所有者和所属群组。

【例 4-1】按照图 4-2 所示，在当前用户的家目录中创建下面的目录结构，并试着为这

些目录和文件修改所有者和所属群组。

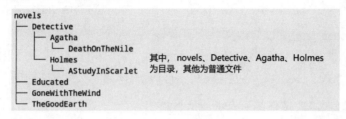

图4-2 目录结构

（1）准备工作。以普通用户 chen 身份登录系统，在当前目录/home/chen 下创建一些目录和文件，命令如下：

```
[chen@server ~]$ mkdir novels
//创建目录/home/chen/novels
[chen@server ~]$ touch novels/GoneWithTheWind
//创建文件/home/chen/novels/GoneWithTheWind
[chen@server ~]$ touch novels/TheGoodEarth
//创建文件/home/chen/novels/TheGoodEarth
[chen@server ~]$ touch novels/Educated
//创建文件/home/chen/novels/Educated
[chen@server ~]$ mkdir novels/Detective
//创建目录/home/chen/novels/Detective
[chen@server ~]$ mkdir novels/Detective/Agatha
//创建目录/home/chen/novels/Detective/Agatha
[chen@server ~]$ mkdir novels/Detective/Holmes
//创建目录/home/chen/novels/Detective/Holmes
[chen@server ~]$ touch novels/Detective/Agatha/DeathOnTheNile
//创建文件/home/chen/novels/Detective/Agatha/DeathOnTheNile
[chen@server ~]$ touch novels/Detective/Holmes/AstudyInScarlet
//创建文件/home/chen/novels/Detective/Holmes/AstudyInScarlet
[chen@server ~]$ ll novels
总用量 4.0K
drwxr-xr-x. 4 chen chen 4.0K 6月  5 07:31 Detective
-rw-r--r--. 1 chen chen    0 6月  5 07:31 educated
-rw-r--r--. 1 chen chen    0 6月  5 07:25 GoneWithTheWind
-rw-r--r--. 1 chen chen    0 6月  5 07:27 TheGoodEarth
```

（2）切换至./novels 目录。

```
[chen@server ~]$ cd ./novels
[chen@server novels]$ ll
总用量 4.0K
drwxr-xr-x. 4 chen chen 4.0K 6月  5 07:31 Detective
-rw-r--r--. 1 chen chen    0 6月  5 07:31 Educated
```

```
-rw-r--r--. 1 chen chen    0 6月  5 07:25 GoneWithTheWind
-rw-r--r--. 1 chen chen    0 6月  5 07:27 TheGoodEarth
```

（3）以用户 chen 身份尝试修改文件所有者。

```
[chen@server novels]$ chown stu Educated
chown: 正在更改'Educated' 的所有者: 不允许的操作
```

（4）以 root 账户修改文件的所有者或所属群组。

命令 chown 不允许普通用户执行，因此执行前首先需要切换至用户 root，切换命令如下：

```
[chen@server novels]$ su
```

以 root 账户修改文件的所有者或用户组的示例命令如下：

```
[root@server novels]# chown stu Educated
[root@server novels]# chown stu:stu TheGoodEarth
[root@server novels]# chown :stu GoneWithTheWind
[root@server novels]# ll
总用量 4.0K
drwxr-xr-x. 4 chen chen  4.0K 6月  5 07:31 Detective
-rw-r--r--. 1 stu  chen     0 6月  5 07:31 Educated
-rw-r--r--. 1 chen stu      0 6月  5 07:25 GoneWithTheWind
-rw-r--r--. 1 stu  stu      0 6月  5 07:27 TheGoodEarth
```

（5）将目录 Detective 及下属所有子目录和文件的所有者和所属群组一起更改为 stu，命令如下：

```
[root@server novels]# chown -R stu:stu Detective
[root@server novels]# ll
总用量 4.0K
drwxr-xr-x. 4 stu  stu   4.0K 6月  5 07:31 Detective
-rw-r--r--. 1 stu  chen     0 6月  5 07:31 Educated
-rw-r--r--. 1 chen stu      0 6月  5 07:25 GoneWithTheWind
-rw-r--r--. 1 stu  stu      0 6月  5 07:27 TheGoodEarth
[root@server novels]# ll Detective
总用量 8.0K
drwxr-xr-x. 2 stu stu 4.0K 6月  5 07:33 Agatha
drwxr-xr-x. 2 stu stu 4.0K 6月  5 07:36 Holmes
//Detective 目录的子目录所有者和群组已修改
[root@server novels]# ll Detective/Agatha/
总用量 0
-rw-r--r--. 1 stu stu 0 6月  5 07:33 DeathOnTheNile
//文件./Detective/Agatha/DeathOnTheNile 的所有者和群组已修改为 stu
[root@server novels]# ll Detective/Holmes/
总用量 0
```

```
-rw-r--r--. 1 stu stu 0  6月  5 07:36 AstudyInScarlet
//文件./Detective/Holmes/AstudyInScarlet 的所有者和群组已修改为 stu
//思考并亲自试一试，按照当前设置 stu 用户登录系统后，是否能读写文件 DeathOnTheNile
```

（6）使用 chgrp 命令将文件 AstudyInScarlet 的群组修改为 chen，命令如下：

```
[root@server novels]# chgrp chen ./Detective/Holmes/AStudyInScarlet
[root@server novels]# ll Detective/Holmes/
总用量 0
-rw-r--r--. 1 stu chen 0  6月  5 07:36 AstudyInScarlet
//将文件./Detective/Holmes/AstudyInScarlet 的群组改为 chen
```

（7）使用 chown 命令将目录 novel 的所有者与群组修改为 chen。

```
[root@server novels]# cd ..
//将工作目录修改为当前目录的上级目录/home/chen
[root@server chen]# chown -R chen:chen ./novels
//将 novels 目录的所有者与群组恢复为 chen
```

由于 root 账户的权限比较大，出于安全考虑，使用后一般需要重新切换至普通用户，下面是切换到用户 chen 的命令。

```
[root@server chen]# su chen
[chen@server ~]$
```

注意：例 4-1、例 4-2 和例 4-3 这 3 个例题之间存在上下文。

2．修改文件的权限

文件权限是与用户和用户组紧密联系在一起的。使用 chmod 命令可重新设置或修改文件或目录的权限，但只有文件或目录的所有者或系统管理员才有此更改权限。

chmod 的命令语法如下：

```
chmod [选项] [模式] [文件|目录]
```

通过 chmod 修改文件权限有两种方式：一种是文字设定法；另一种是数字设定法。

1）文字设定法设置权限

使用文字设定法设置权限时，chmod 命令中模式的语法如下：

```
[操作对象] [操作符号] [权限]
//具体点可以表达为[ugoa] [- +=] [r、w、x]
```

命令中各选项及含义见表 4-2。

表 4-2 文字设定法 chmod 命令的模式中各项取值与含义

模式选项	含　　义
操作对象	值为 u、g、o 或 a，其中 u 表示文件或目录所有者；g 表示所属群组；o 表示其他用户；a 表示同时针对前三者。默认值为 a

续表

模式选项	含义
操作符号	值为+、−或=，其中+表示添加某个权限；−表示取消某个权限；=表示取消原有权限（如果有）并赋予新的指定的权限
权限	值为 r、w 或 x 及特殊权限（后文中将讲述）

【例 4-2】针对如图 4-1 所示已经创建好的目录结构，使用 chmod 命令文字法为文件或目录设置权限。

（1）查看 novels 目录的信息，命令如下：

```
[chen@server ~]$ ll novels/
总用量 4.0K
drwxr-xr-x. 4 chen chen 4.0K 6月  5 07:31 Detective
-rw-r--r--. 1 chen chen    0 6月  5 07:31 Educated
-rw-r--r--. 1 chen chen    0 6月  5 07:25 GoneWithTheWind
-rw-r--r--. 1 chen chen    0 6月  5 09:55 TheGoodEarth
```

（2）使用 chmod 命令为文件增加或取消权限，示例命令如下：

```
[chen@server ~]$ chmod g+w novels/Educated
//为 Educated 文件增加群组写权限
[chen@server ~]$ ll novels/Educated
-rw-rw-r--. 1 chen chen    0 6月  5 07:31 Educated
//写权限增加成功
[chen@server ~]$ chmod o-r novels/GoneWithTheWind
//为 GoneWithTheWind 文件取消其他人的读权限
[chen@server ~]$ ll novels/GoneWithTheWind
-rw-r-----. 1 chen chen    0 6月  5 07:25 GoneWithTheWind
//其他人读权限取消成功
[chen@server ~]$ chmod g+w,o-r novels/TheGoodEarth
//为 TheGoodEarth 文件增加群组写权限，取消其他人读权限
[chen@server ~]$ ll novels/TheGoodEarth
-rw-rw----. 1 chen chen    0 6月  5 09:55 TheGoodEarth
//为 TheGoodEarth 文件增加群组写权限，取消其他人读权限成功
```

（3）使用 chmod 命令为文件赋予权限，示例命令如下：

```
[chen@server ~]$ chmod a=rw novels/TheGoodEarth
//为 TheGoodEarth 文件赋予 ugo 都拥有读写权限
[chen@server ~]$ ll novels/TheGoodEarth
-rw-rw-rw-. 1 chen chen 0 6月  5 09:55 novels/TheGoodEarth
//将 ugo 均改为读写权限成功
[chen@server ~]$ chmod o=r novels/GoneWithTheWind
-rw-r--r--. 1 chen chen    0 6月  5 07:25 Educated
//为 GoneWithTheWind 文件赋予 O（其他人）拥有读权限
```

```
[chen@server ~]$ chmod g=r novels/Educated
//为 TheGoodEarth 文件赋予 g（群组）拥有读权限
[chen@server ~]$ ll novels/Educated
-rw-r--r--. 1 chen chen 0  6月  5 07:31 novels/Educated
//原来的权限 g=rw 取消，改为 g=r
```

（4）使用 chmod -R 命令递归修改目录 Detective 的权限，示例命令如下：

```
[chen@server ~]$ ll -d novels/Detective/
drwxr-xr-x. 4 chen chen 4.0K  6月  5 07:31 novels/Detective/
[chen@server ~]$ chmod -R ugo=rx novels/Detective/
[chen@server ~]$ ll novels/Detective/
总用量 8.0K
dr-xr-xr-x. 2 chen chen 4.0K  6月  5 07:33 Agatha
dr-xr-xr-x. 2 chen chen 4.0K  6月  5 07:36 Holmes
[chen@server ~]$ ll -d novels/Detective/
dr-xr-xr-x. 4 chen chen 4.0K  6月  5 07:31 novels/Detective/
```

2）数字设定法设置权限

除了可以采用文字字符标识权限外，chmod 还可以采用数字表示权限，即用数字设定法设置权限。

使用数字设定法设置权限时，chmod 命令的语法如下：

```
chmod   [选项]   [abc]   [文件|目录]
```

其中，a、b、c 是 3 个数字，取值范围均为 0~7，分别对应 u、g、o 这 3 种身份对应的权限值的累加值。

如果某个文件的所有者对文件的访问权限是 rw-，则表示所有者对该文件具有"读""写""不可执行"权限，使用二进制"1"表示具有相应的权限，使用二进制"0"标识不具有相应的权限，则 rw-对应的二进制数字为 110，转换成十进制为 6，因此，ugo 每种权限组合都可以对应一个 0~7 数字，数字表示的含义见表 4-3。

表 4-3 权限的数字表示的含义

权限	对应数值（二进制）	对应数值（十进制）	含 义	权限	对应数值（二进制）	对应数值（十进制）	含 义
r	100	4	表示读取权限	x	001	1	表示可执行权限
w	010	2	表示写入权限	—	000	0	表示没有权限

若 abc 的值为 640，则 6 代表文件所有者的权限，4 代表文件所属组的权限，0 代表其他用户对该文件的权限。6 对应的二进制为 110，4 对应的二进制为 100，0 对应的二进制为 000，因此整个文件的权限表示为 110100000，即 rw-r-----，因此权限值 640 表示文件的所有者有读写权限，用户组有读权限。这种采用数字来表示权限的方法，有时也称为绝对权限表示法。

表 4-4 给出了几个例子，说明权限和数字之间的对应关系。

表 4-4 权限的数字表示

权限	二进制	转换	数字表示法
rwxr-xr-x	111 101 101	（421）（401）（401）	755
rw-rw-r--	110 110 100	（420）（420）（400）	664
rw-r--r--	110 100 100	（420）（400）（400）	644
rw-rw-r-x	110 110 101	（420）（420）（401）	665

【例 4-3】 针对图 4-2 中的目录结构，利用数字设定法对相应目录或文件进行修改文件权限的示例命令如下。

（1）查看目录 novels，命令如下：

```
[chen@server ~]$ ll novels/
总用量 4.0K
dr-xr-xr-x. 4 chen chen 4.0K 6月  5 07:31 Detective
-rw-r--r--. 1 chen chen    0 6月  5 07:31 Educated
-rw-r--r--. 1 chen chen    0 6月  5 07:25 GoneWithTheWind
-rw-rw-rw-. 1 chen chen    0 6月  5 09:55 TheGoodEarth
```

（2）将文件 Educated 的权限设置为 664，命令如下：

```
[chen@server ~]$ chmod 664 novels/Educated
[chen@server ~]$ ll novels/Educated
-rw-rw-r--. 1 chen chen 0  6月  5 07:31 novels/Educated
```

（3）将文件 GoneWithTheWind 的权限设置为 640，命令如下：

```
[chen@server ~]$ chmod 640 novels/GoneWithTheWind
[chen@server ~]$ ll novels/GoneWithTheWind
-rw-r-----. 1 chen chen 0  6月  5 07:25 novels/GoneWithTheWind
```

（4）将文件 TheGoodEarth 的权限设置为所有用户拥有读取、写入，但不能执行的权限，命令如下：

```
[chen@server ~]$ chmod 666 novels/TheGoodEarth
[chen@server ~]$ ll novels/TheGoodEarth
-rw-rw-rw-. 1 chen chen 0  6月  5 09:55 novels/TheGoodEarth
```

（5）将目录 Detective 的权限递归设置为 755，命令如下：

```
[chen@server ~]$ chmod -R 755 novels/Detective/
[chen@server ~]$ ll novels/Detective/
总用量 8.0K
drwxr-xr-x. 2 chen chen 4.0K  6月  5 07:33 Agatha
drwxr-xr-x. 2 chen chen 4.0K  6月  5 07:36 Holmes
```

```
[chen@server ~]$ ll novels/Detective/Agatha/
总用量 0
-rwxr-xr-x. 1 chen chen 0  6月  5 07:33 DeathOnTheNile
```

4.2 用户账户管理

4.2.1 用户账户基本管理

在 openEuler 系统中，采用了基于角色的访问控制策略。不同用户，由于所属角色不同，拥有不同的权限，从而能够进行不同的操作任务。每个用户都有一个唯一的用户 ID，简称为 UID，系统通过不同的 UID 标识不同的用户。

系统中的用户可以分为三类：超级用户、系统用户、普通用户。

（1）超级用户：超级用户只有一个，即 root 用户。在 openEuler 系统中，root 用户拥有最高权限，可以进行各种权限分配，因此，理论上 root 用户拥有系统全部权限。

（2）系统用户：系统用户是系统中一类特殊的用户，主要用来完成某些系统管理或服务任务。这类用户不能登录系统，但是系统运行时又不可或缺。常见的系统用户有 bin、ftp、mail 等。

（3）普通用户：普通用户能够登录系统，可以管理自己的家目录，但使用系统的权限受限。在系统中可以创建多个普通用户，普通用户可以由 root 用户创建，普通用户一般只能对自己的信息和文件进行管理。

在系统中，用户账号、密码、用户群组信息和用户群组密码均存放在不同的配置文件中。这些配置文件均是文本文件，因此可使用 vim 等与文本文件内容相关的命令来查看或修改，其中，用户配置文件包括/etc/passwd 与/etc/shadow。接下来详细介绍这两个配置文件，以及用户账号管理的相关命令。

1. /etc/passwd 文件

系统中所有的用户都记录在/etc/passwd 文件中。默认情况下任何用户都可以读取/etc/passwd 文件。查看/etc/passwd 文件的权限，命令如下：

```
[chen@server ~]$ ll /etc/passwd
-rw-r--r--. 1 root root 2.6K  1月 19 23:43 /etc/passwd
//u、g 和 o 都拥有读的权限，即/etc/passwd 文件所有用户可读
```

以普通用户 chen 身份使用 head 命令读取/etc/passwd 文件的前 3 条记录，命令如下：

```
[chen@server ~]$ head -3 /etc/passwd
root:x:0:0:root:/root:/bin/bash
bin:x:1:1:bin:/bin:/sbin/nologin
daemon:x:2:2:daemon:/sbin:/sbin/nologin
```

以普通用户 chen 身份使用 tail 命令读取/etc/passwd 文件的最后 3 条记录，命令如下：

```
[chen@server ~]$ tail -3 /etc/passwd
openeuler:x:1000:975::/home/openeuler:/bin/bash
chen:x:1001:1001::/home/chen:/bin/bash
stu:x:1002:1002::/home/stu:/bin/bash
```

在/etc/passwd 文件中，每个合法账户对应于该文件中的一条记录。每条记录分为 7 个字段，各字段之间使用":"分隔开。记录结构如下：

用户名:密码:UID:GID:用户名全称:家目录:登录 Shell

在每行记录中，各字段及含义见表 4-5。

表 4-5 /etc/passwd 文件记录中各字段及含义

字 段	含 义
用户名	也称登录名。在系统内，用户名具有唯一性
密码	这里使用 x，真正的密码数据放到了/etc/shadow 文件中
UID	用户标识号，值为整数。每个用户的 UID 都是唯一的，root 用户的 UID 是 0
GID	群组标识号，值为整数。每个群组的 GID 都是唯一的
用户名全称	用户名描述，可以不设置这一项
家目录	用户的家（主）目录，root 用户的家目录为/root，普通用户的默认家目录在/home 目录下，如用户 chen 的家目录为/home/chen
登录 Shell	用户登录后使用的 Shell 类型，默认为/bin/bash

2. /etc/shadow 文件

/etc/shadow 文件也称为/etc/passwd 文件的影子文件，二者互为补充。在/etc/shadow 文件中包括了用户被加密后的密码及用户账号的有效期等重要信息。

以普通用户 chen 身份使用 head 命令尝试查看/etc/shadow 文件的前 3 条记录，命令如下：

```
[chen@server ~]$ head -3 /etc/shadow
head: 无法打开'/etc/shadow' 读取数据: 权限不够
```

系统提示权限不足，即普通用户不能读取/etc/shadow 文件。查看/etc/shadow 文件的权限，命令如下：

```
[chen@server ~]$ ll /etc/shadow
----------. 1 root root 1.6K 1月 19 23:43 /etc/shadow
```

显然/etc/shadow 文件的权限非常特殊，其权限值为----------，不能按常规权限解释。实际上，/etc/shadow 文件只有 root 用户可以读取，该文件的权限也不能随便更改，因为允许其他用户操作/etc/shadow 文件是非常不安全的。

以 root 用户身份使用 head 命令查看/etc/shadow 文件的前 3 条记录，命令如下：

```
[root@server ~]# head -3 /etc/shadow
root:$6$fu4WFMumK/sllzV2$e6pP9x.WugmnIlwX/n79Ft9VAJF21ReTNIqPcCM9kV2uEsPr
cWgyXdN3EXa/upL1F/d50weVTo7FSnArkm7PN/::0:99999:7:::
bin:*:18716:0:99999:7:::
daemon:*:18716:0:99999:7:::
```

命令执行成功，命令结果显示了 3 个用户 root、bin 和 daemon 的对应信息，其中，root 用户加密后密码较长。bin 和 daemon 为系统用户。

在/etc/shadow 文件中，每个用户对应一条记录，通过冒号把每个用户的相关信息分成了 9 个字段，有的字段为空，有的字段显示的是加密后的密文。各字段的含义见表 4-6。

表 4-6 /etc/shadow 文件中记录的各字段含义

字 段	含 义
用户名	也称登录名，在/etc/shadow 中，用户名和/etc/passwd 中是相同的。这个字段不能为空
加密密码	已经加密的密码
上次更改密码时间	为一个整数，其值是从 1970 年 1 月 1 日算起到最近一次修改密码的时间间隔天数
密码更改后，不可以更改的天数	两次修改密码间隔最少的天数
密码的有效期	密码更改后，必须再次更改的天数
密码失效前警告用户的天数	提前多少天警告用户密码将过期
密码失效后距账号被查封的天数	在密码过期之后多少天禁用此用户
账号被查封时间	为一个整数，其值是从 1970 年 1 月 1 日算到账户被查封时间之间的天数
保留字段	暂未启用，目前为空，以备将来发展之用

3. 创建用户账户

创建用户账户就是在系统中创建一个新的账户，可为所创建账户设定 UID、组群、家目录及登录的 Shell 等基本信息。新创建的用户账户默认为被锁定的，无法登录系统，必须使用 passwd 命令为该用户设置密码后才能使用。创建用户账户，并设置密码的一系列操作，本质上就是在/etc/passwd 文件和/etc/shadow 文件中各增加一行新记录，并同时更新/etc/group 文件的过程。

创建用户账户的基本命令是 useradd。useradd 命令的基本语法如下：

```
useradd [选项] [用户名]
```

useradd 命令必须在 root 权限下执行，其常用选项及含义见表 4-7。

表 4-7　useradd 命令的常用选项及含义

选项	含义
-d	新账户的家目录
-e	新账户的过期日期
-f	新账户的密码不活动期
-g	新账户的五组名称或 ID
-G	新账户所属的附加群组，多个群组之间使用","分隔开
-s	新账户的登录 Shell
-u	新账户的 UID 值

【例 4-4】 useradd 命令的应用。

(1) 以普通用户 chen 登录系统，尝试使用 useradd 命令创建用户 Jem，命令如下：

```
[chen@server ~]$ useradd Jem
bash: useradd: 未找到命令
//普通用户无法使用 useradd 命令，创建失败
```

命令执行结果提示未找到命令，普通用户不具有执行 useradd 命令的权限。

(2) 以用户 root 登录系统，使用 useradd 命令创建两个普通用户 Jem 和 Atticus，前者不设置密码，后者设置密码。

```
[root@server ~]# useradd Jem
//创建用户 Jem
[root@server ~]# useradd Atticus
//创建用户 Atticus
[root@server ~]# passwd Atticus
更改用户 Atticus 的密码。
新的密码：<-- 在此设置用户 Atticus 的密码
重新输入新的密码：<--再次输入用户 Atticus 的密码，以确认密码
passwd: 所有的身份验证令牌已经成功更新。
//为用户 Atticus 设置密码
```

查看/etc/passwd 文件，对比普通用户 Jem 和 Atticus 的信息，命令如下：

```
[root@server ~]# cat /etc/passwd|grep Jem
Jem:x:1004:1004::/home/Jem:/bin/bash
//|是管道命令。查看/etc/passwd 文件中关于用户 Jem 的记录
[root@server ~]# cat /etc/passwd|grep Atticus
Atticus:x:1003:1003::/home/Atticus:/bin/bash
//|是管道命令。查看/etc/passwd 文件中关于用户 Atticus 的记录
```

通过 cat 命令查看/etc/shadow 文件，对比普通用户 Jem 和 Atticus 的信息，命令如下：

```
[root@server ~]# cat /etc/shadow|grep Jem
```

```
Jem:!:19154:0:99999:7:::
//查看/etc/shadow,用户 Jem 的密码显示为"!",表示该用户还没有设置密码,不能登录系统
[root@server ~]# cat /etc/shadow|grep Atticus
Atticus:$6$gr5Q/76XAGJ4tRqh$XbN3/ENF4yW5l3r4wgkYe9jfKNdTwq1VwRoDWeLvibd3O
q7Q0tuYg5LOsLfpZ07QRUU52EurVQQYx6VBFbdHa0:19154:0:99999:7:::
//查看/etc/shadow,用户 Atticus 的密码显示为加密密码——该用户已设置密码,可登录系统
```

接下来,再创建一个普通用户 Dill,并为 Dill 设置密码,命令如下:

```
[root@server ~]# useradd Dill
[root@server ~]# passwd Dill
```

(3) 以用户 root 登录系统,使用 useradd 命令创建普通用户 HapperLee,同时将该用户的家目录指定为/home/mockingbird,命令如下:

```
[root@server ~]# useradd -d /home/mockingbird HapperLee
```

通过 cat 命令查看 HapperLee 用户的信息,命令如下:

```
[root@server ~]# cat /etc/passwd|grep HapperLee
HapperLee:x:1005:1005::/home/mockingbird:/bin/bash
//查看/etc/passwd 文件,文件内容显示用户 HapperLee 的家目录是/home/mockingbird
```

通过 ll 命令查看 HapperLee 用户的家目录信息,命令如下:

```
[root@server ~]# ll -d /home/mockingbird/
drwx------. 11 HapperLee HapperLee 4.0K  6月 11 10:45 /home/mockingbird/
//用户 HapperLee 的家目录/home/mockingbird 在创建用户时已经创建
```

4. 修改用户账户

使用 usermod 命令可以更改用户的用户名、所属群组、密码的有效期及家目录等信息。该命令的基本语法如下:

```
usermod [选项] [用户名]
```

usermod 命令也必须在 root 权限下执行,usermod 命令的常用选项及含义见表 4-8。

表 4-8 usermod 命令的常用选项及含义

选项	含义
-G	修改用户所属的次要群组
-l	修改用户账户名称
-L	锁定用户密码,使密码无效
-s	修改用户登录后使用的 Shell。若系统中不存在该 Shell,则系统将使用默认的 Shell
-U	解除密码的锁定
-u	修改用户 UID
-c	修改用户账户的简短备注

续表

选项	含义
-d	修改用户的家目录，如果指定了-m 选项，则用户的旧目录将被移动到新目录中，如果旧目录不存在，则直接新建目录
-e	后面跟日期，表示指定用户账号停止使用日期
-f	修改密码过期后多少天即将密码设定为无效
-g	修改用户所属的主要群组，指定的群组必须已经存在
-m	将用户的家目录的内容移动到新的位置

【例 4-5】 usermod 命令的应用。

（1）为用户 Atticus 设置简短备注，命令如下：

```
[root@server ~]# usermod -c "a lawyer" Atticus
[root@server ~]# cat /etc/passwd|grep Atticus
Atticus:x:1003:1003:a lawyer:/home/Atticus:/bin/bash
//在/etc/passwd 文件中可看到刚刚设置的备注
```

（2）更改用户 Dill 的家目录，命令如下：

```
[root@server ~]# cat /etc/passwd|grep Dill
Dill:x:1006:1006::/home/Dill:/bin/bash
//查看/etc/passwd 文件可知：用户 Dill 的默认家目录为/home/Dill
[root@server ~]# usermod -d /home/LittleDill Dill
//将用户 Dill 的家目录修改为/home/LittleDill
[root@server ~]# cat /etc/passwd|grep Dill
Dill:x:1006:1006::/home/LittleDill:/bin/bash
//查看/etc/passwd 文件可知：用户 Dill 的家目录已修改为/home/LittleDill
[root@server ~]# ll -d /home/LittleDill
ls: 无法访问 '/home/LittleDill': 没有那个文件或目录
//查看可知目录/home/LittleDill 并不存在，即 usermod -d 并不会自动创建目录
[root@server ~]# mkdir /home/LittleDill
//必须使用 mkdir 命令创建目录/home/LittleDill，这样用户 Dill 才能使用该家目录
```

（3）将用户 Dill 的家目录移动到新位置。

使用选项-d 和-m 将现有用户 Dill 的文件从当前家目录移动到新的家目录/home/Scout，命令如下：

```
[root@server ~]# cat /etc/passwd|grep Dill
Dill:x:1006:1006::/home/LittleDill:/bin/bash
//查看/etc/passwd 文件可知：用户 Dill 的家目录为/home/LittleDill
[root@server ~]# usermod -d /home/Scout -m Dill
//将家目录移动到/home/Scout
[root@server ~]# cat /etc/passwd|grep Dill
Dill:x:1006:1006::/home/Scout:/bin/bash
```

```
//查看/etc/passwd 文件可知：用户 Dill 的家目录已修改为/home/Scout
[root@server ~]# ll -d /home/Scout/
drwxr-xr-x. 2 root root 4.0K  6月 11 22:01 /home/Scout/
//查看可知目录/home/Scout 已经在执行 usermod -d -m 命令时被自动创建
```

（4）设置用户 Atticus 密码过期 10 天后禁用该账号，命令如下：

```
[root@server ~]# cat /etc/shadow|grep Atticus
Atticus:$6$gr5Q/76XAGJ4tRqh$XbN3/ENF4yW5l3r4wgkYe9jfKNdTwq1VwRoDWeLvibd3O
q7Q0tuYg5LOsLfpZ07QRUU52EurVQQYx6VBFbdHa0:19154:0:99999:7:::
//用户 Atticus 在密码过期几天后禁用该账号，默认并没有设置
[root@server ~]# usermod -f 10 Atticus
//设置用户密码过期 10 天后禁用该账号
[root@server ~]# cat /etc/shadow|grep Atticus
Atticus:$6$gr5Q/76XAGJ4tRqh$XbN3/ENF4yW5l3r4wgkYe9jfKNdTwq1VwRoDWeLvibd3O
q7Q0tuYg5LOsLfpZ07QRUU52EurVQQYx6VBFbdHa0:19154:0:99999:7:10::
//查看/etc/shadow 文件，显示用户 Atticus 密码过期 10 天后就禁用该账号
```

（5）更改用户 Jem 的主群组，该群组必须事先已经存在，命令如下：

```
[root@server ~]# id Jem
用户 id=1004(Jem) 组 id=1004(Jem) 组=1004(Jem)
[root@server ~]# usermod -g Atticus Jem
[root@server ~]# id Jem
用户 id=1004(Jem) 组 id=1003(Atticus) 组=1003(Atticus)
```

（6）向现有用户添加群组。例如，向用户 Atticus 添加群组 wheel，命令如下：

```
[root@server ~]# id Atticus
用户 id=1003(Atticus) 组 id=1003(Atticus) 组=1003(Atticus)
[root@server ~]# usermod -G wheel Atticus
[root@server ~]# id Atticus
用户 id=1003(Atticus) 组 id=1003(Atticus) 组=1003(Atticus),10(wheel)
```

注意：以某普通用户身份登录系统后，如果该用户没有加入 wheel 组，则不能在终端通过 su 命令切换至其他用户。

（7）将用户 Dill 的登录名更改为 Scout，命令如下：

```
[root@server ~]# usermod -l Scout Dill
[root@server ~]# id Dill
id:"Dill"：无此用户
[root@server ~]# id Scout
用户 id=1006(Scout) 组 id=1006(Dill) 组=1006(Dill)
[root@server ~]# cat /etc/passwd|grep Scout
Scout:x:1006:1006::/home/Scout:/bin/bash
//Dill 变成了 Scout
```

(8) 锁定用户账户。例如，锁定用户 Atticus 的账户，命令如下：

```
[root@server ~]# usermod -L Atticus
[root@server ~]# passwd -S Atticus
Atticus LK 2022-06-11 0 99999 7 -1 (密码已被锁定。)
//查看用户 Atticus 的密码状态，显示该用户密码已经被锁住
//注意：该用户不能在系统上登录，但却可以执行 su Atticus 命令从其他用户切换至该用户
```

(9) 解锁用户 Atticus 的账户，命令如下：

```
[root@server ~]# usermod -U Atticus
[root@server ~]# passwd -S Atticus
Atticus PS 2022-06-11 0 99999 7 -1 (密码已设置，使用 SHA512 算法。)
```

5. 删除用户账户

使用 userdel 命令可以在系统中删除用户账户。

userdel 命令的基本语法格式：

```
userdel [选项] [username]
```

userdel 命令的选项及含义见表 4-9。

表 4-9　userdel 命令的选项及含义

选项	含义
-r	在删除用户时，将家目录和信件池一同删除
-f	强制删除用户

【例 4-6】 userdel 命令的应用。

(1) 直接删除用户 Scout，命令如下：

```
[root@server ~]# cat /etc/passwd|grep Scout
Scout:x:1006:1006::/home/Scout:/bin/bash
[root@server ~]# userdel Scout
[root@server ~]# cat /etc/passwd|grep Scout
[root@server ~]# ll -d /home/Scout/
drwxr-xr-x. 2 root root 4.0K  6月 11 22:01 /home/Scout/
```

(2) 删除普通用户 Atticus。同时删除该用户的家目录，命令如下：

```
[root@server ~]# cat /etc/passwd|grep Atticus
Atticus:x:1003:1003: a lawyer:/home/Atticus:/bin/bash
[root@server ~]# ll -d /home/Atticus/
drwx------. 11 Atticus Atticus 4.0K  6月 11 10:16 /home/Atticus/
[root@server ~]# userdel -r Atticus
userdel：没有删除 Atticus 组，因为它是另外一个用户的主组。
[root@server ~]# ll -d /home/Atticus
```

```
ls：无法访问 '/home/Atticus/'：没有那个文件或目录
```

注意：使用 userdel -r 命令会在删除用户的同时，将用户的家目录一并删除，因此在执行该命令之前一定要备份好该用户家目录中的重要数据，避免损失。

4.2.2 账户与群组关联性管理

用户组是具有相同特征的用户的逻辑集合。将用户分组是 openEuler 系统对用户进行管理和控制访问权限的一种手段。

1. 用户群组分类

在 openEuler 中，有两种用户群组分类方法。

1）分类法 1

用户群组可分为私有群组和普通群组。

当创建用户账号时，如果没有指定该用户属于哪一个群组，则系统会默认生成一个与用户登录名一样的用户群组。这个群组就是私有群组，并且在私有群组中只包含这一个用户。

普通群组，也称为标准群组，组内可以包含多个用户。如果使用普通群组，则在创建一个新的用户时，应该指定该用户属于哪个普通群组。私有群组可转换成普通群组，当将其他用户加入某特定私有群组时，该私有群组就变成了普通群组。

2）分类法 2

对于一个具体用户，可以属于多个不同的组，其所属群组又可以分为两大类：主要群组和次要群组（又称附加群组）。主要群组一个用户只能设定一个，次要群组则可以设置多个。

2. /etc/group 文件

系统中的群组信息主要存放在/etc/group 文件中，即/etc/group 文件是群组的配置文件，每个群组对应一条记录。记录内容包括群组名、群组密码、GID 及群组成员列表等字段，具体含义见表 4-10。

表 4-10 /etc/group 文件中记录的字段及含义

字 段	含 义
群组名	群组名称，每个群组都有一个唯一的名称
群组密码	群组密码，密码为 x 时，表示密码映射至/etc/gshadow 文件中
GID	组群号，值为整数。每个群组的 GID 都是唯一的
群组成员列表	列出属于当前群组的用户 UID，多个用户 UID 之间以逗号分隔

使用 ll 命令查看/etc/group 文件的权限，命令如下：

```
[chen@server ~]$ ll /etc/group
-rw-r--r--. 1 root root 1.1K  6月 11 22:25 /etc/group
//u、g 和 o 都拥有读的权限，即/etc/group 文件所有用户可读
```

以普通用户 chen 身份使用 head 命令读取/etc/group 文件的前 3 条记录，命令如下：

```
[chen@server ~]$ head -3 /etc/group
root:x:0:
bin:x:1:
daemon:x:2:
```

以普通用户 chen 身份使用 tail 命令读取/etc/group 文件的最后 3 条记录，命令如下：

```
[chen@server ~]$ tail -3 /etc/group
Jem:x:1004:
HapperLee:x:1005:
Dill:x:1006:
```

在/etc/group 文件中可以看出一个群组中有哪些用户，一个用户可以归属一个或多个不同的群组，读者可以在后文中看到具体例子，摘录在此。

HapperLee:x:1005:

writer:x:1251:HapperLee

windgroup:x:1255:Tom,Scarlet,Charles,Rhett

用户 HapperLee 属于两个群组 HapperLee 和 writer，windgroup 群组中有多个用户。

在以群组授权时，同一群组的用户拥有相同的权限。如果将一个用户加入某个群组，则此用户就自动拥有了该群组的权限，因此，群组在系统管理过程中为系统管理员提供了很大的方便。出于安全考虑，和用户信息文件的/etc/passwd 类似，群组信息文件/etc/group 也有一个影子文件。

3. /etc/gshadow 文件

文件/etc/gshadow 是/etc/group 文件的影子文件，二者互为补充。群组密码等信息就保存在该文件中。/etc/gshadow 文件中每个群组对应一条记录，记录中每个字段的含义见表 4-11。

表 4-11 /etc/gshadow 文件中记录的字段及含义

字段	含义
群组名	群组的名称
群组密码	群组的加密密码。如有群组未设密码，则本字段值为"！"
群组管理者	群组的管理者，群组的管理者有权在该群组添加或删除用户
群组成员	属于该群组的用户成员列表，成员间使用逗号分隔

以普通用户 chen 身份使用 head 命令查看/etc/gshadow 文件的前 3 条记录，命令如下：

```
[chen@server ~]$ head -3 /etc/gshadow
head: 无法打开'/etc/gshadow' 读取数据: 权限不够
```

系统提示无法打开文件，权限不足，文件/etc/gshadow 的权限同样比较特殊，使用 ll 命令查看/etc/gshadow 文件的权限，命令如下：

```
[chen@server ~]$ ll /etc/gshadow
----------. 1 root root 902  6月 11 22:25 /etc/gshadow
```

文件/etc/gshadow 只有 root 用户可以读取，以 root 用户使用 head 命令查看/etc/gshadow 文件的前 3 条记录，命令如下：

```
[root@server ~]#head -3 /etc/gshadow
root:::
bin:::
daemon:::
```

【例 4-7】 设置群组密码。

通过 root 账户，使用 gpasswd 命令为群组 Jem 设置一个组密码，命令如下：

```
[root@server ~]# gpasswd Jem
正在修改 Jem 组的密码
新密码：<--用户输入密码
请重新输入新密码：<--用户再次输入密码以确认
[root@server ~]#
```

以 root 用户使用 tail 命令查看/etc/gshadow 文件的最后 3 条记录，命令如下：

```
[root@server ~]# tail -3 /etc/gshadow
Jem:$6$vI2FX/YW0cy/sIc2$9rAzG8qPmNqLnsEhF3iGYbPcOia3vcdYXzwksf2WM9dyTNauO
7ofwPSSRg52YtZ/deRqYgMD5qujaFjS511nI1::
HapperLee:!::
Dill:!::
//群组 Jem 设置了组密码，而群组 Dill 没有设置组密码，显示为"！"
```

4．创建群组账户

使用 groupadd 命令可以创建群组账户，该命令也必须以 root 账户身份执行，groupadd 命令的基本语法如下：

```
groupadd [选项] [群组名称]
```

groupadd 命令的常用选项及含义见表 4-12。

表 4-12 groupadd 命令的常用选项及含义

选　　项	含　　义
-g	为新组设置 GID
-p	为新组设置加密过的密码
-r	创建一个系统群组账户
-h	显示帮助信息
-K	不使用 /etc/login.defs 中的默认值

【例 4-8】 以 root 用户登录系统，使用 groupadd 命令。

（1）创建名为 sale 的群组，并查看创建后的信息，命令如下：

```
[root@server ~]# groupadd sale
[root@server ~]# cat /etc/group|grep sale
sale:x:1007:
```

（2）创建名为 research 的群组，并将该群组的 GID 设置为 1500，命令如下：

```
[root@server ~]# groupadd -g 1500 research
[root@server ~]# cat /etc/group|grep research
research:x:1500:
```

（3）创建名为 visitor 的系统群组，命令如下：

```
[root@server ~]# groupadd -r visitor
[root@server ~]# cat /etc/group|grep visitor
visitor:x:974:
```

5. 修改群组账户

使用 groupmod 命令可以修改群组账户，如可以修改群组名、GID 等信息。groupmod 命令的基本语法如下：

```
groupmod [选项] [群组名]
```

groupmod 命令的常用选项及含义见表 4-13。

表 4-13 groupmod 命令的常用选项及含义

选项	含义
-g	设置群组 GID
-n	更改群组名称
-p	将密码更改为（加密过的）PASSWORD
-h	显示帮助信息并退出

【例 4-9】 以 root 用户登录系统，进行 groupmod 命令的应用。

（1）将群组 research 的 GID 修改为 1350，命令如下：

```
[root@server ~]# groupmod -g 1350 research
//groupmod -g 修改群组的 GID
[root@server ~]# cat /etc/group|grep research
research:x:1350:
//GID 修改成功
```

（2）将群组 research 的新群组名修改为 news，命令如下：

```
[root@server ~]# groupmod -n news research
```

```
//groupmod -n 修改群组名
[root@server ~]# cat /etc/group|grep research
//在/etc/group 中已经没有名为 research 的群组了
[root@server ~]# cat /etc/group|grep news
news:x:1350:
//research 已经改名为 news，从 GID 是 1350 可以看出来
```

6. 删除群组账户

使用 groupdel 命令可以删除成员为空的群组账户。groupdel 命令的语法如下：

```
groupdel [选项] [群组名]
```

该命令有两个常用选项，-h 表示查看帮助；-f 表示强制删除指定群组，即便是用户的主群组也继续删除。

【例 4-10】 以用户 root 身份登录系统，进行 groupdel 命令的应用。

（1）删除群组 news。查看/etc/group 文件，验证是否删除成功，命令如下：

```
[root@server ~]# groupdel news
//groupdel 删除群组
[root@server ~]# cat /etc/group|grep news
//查看/etc/group 文件，群组 news 已不存在
```

（2）删除群组 HapperLee，命令如下：

```
[root@server ~]# groupdel HapperLee
groupdel: 不能移除用户 HapperLee 的主组
//删除失败，群组 HapperLee 成员不为空
[root@server ~]# cat /etc/group|grep HapperLee
HapperLee:x:1005:
//查看/etc/group 文件，群组 HapperLee 仍然存在
```

7. 管理群组中的用户

使用 gpasswd 命令不仅可设置群组的密码，还可以对群组进行管理，包括在群组中添加、删除账户等。gpasswd 命令的语法如下：

```
gpasswd [选项] [群组]
```

gpasswd 命令的常用选项及含义见表 4-14。

表 4-14 gpasswd 命令的常用选项及含义

选 项	含 义	选 项	含 义
-a	向群组中添加用户	-r	移除群组的群组密码
-d	从群组中删除用户	-A	指定群组管理员
-h	显示帮助	-M	设置群组的成员列表

【例 4-11】 gpasswd 命令的应用。
（1）把用户 HapperLee 添加到群组 writer 中，命令如下：

```
[root@server ~]# groupadd writer
//创建群组 writer
[root@server ~]# gpasswd -a HapperLee writer
正在将用户 HapperLee 加入 writer 组中
[root@server ~]# cat /etc/group|grep writer
writer:x:1251:HapperLee
//查看/etc/group，显示 writer 群组中有 HapperLee
```

（2）将用户 Jem 也添加到群组 writer 中，命令如下：

```
[root@server ~]# gpasswd -a Jem writer
正在将用户 Jem 加入 writer 组中
[root@server ~]# cat /etc/group|grep writer
writer:x:1251:HapperLee,Jem
//查看/etc/group，显示 writer 群组中有 HapperLee 和 Jem 两个用户
```

（3）从群组 writer 中删除用户 Jem，命令如下：

```
[root@server ~]# gpasswd -d Jem writer
正在将用户 Jem 从 writer 组中删除
[root@server ~]# cat /etc/group|grep writer
writer:x:1251:HapperLee
//查看/etc/group，显示 writer 群组中有 HapperLee，已经没有 Jem 了
```

8. 查看用户组信息

使用 groups 命令可以查看指定用户账号所属的群组信息。groups 命令的语法格式如下：

```
groups [用户名]
```

【例 4-12】查看用户 chen 所属组，命令如下：

```
[chen@server ~]$ groups chen
chen : chen wheel
```

以上信息表明，chen 用户属于两个群组，分别是 chen 和 wheel。在 groups 命令中，当省略用户名时表示查看当前用户的所属组。

9. 查看用户的 UID 及 GID

使用 id 命令可以显示用户的 UID 及该用户所属的群组的 GID。id 命令的语法格式如下：

```
id [选项] [用户名]
```

id 命令的常用选项及含义见表 4-15。

表 4-15　id 命令的常用选项及含义

选项	含义
-g	显示用户所属主要群组的 GID
-G	显示用户所属所有群组的 GID（既包括主要群组，也包括次要群组）
-u	显示用户 UID

【例 4-13】 id 命令的使用。

（1）查看用户 chen 的 UID 及所属组的 GID，命令如下：

```
[chen@server ~]$ id chen
用户 id=1001(chen) 组 id=1001(chen) 组=1001(chen),10(wheel)
```

（2）查看用户 HapperLee 的信息，命令如下：

```
[chen@server ~]$ id HapperLee
用户 id=1005(HapperLee) 组 id=1005(HapperLee)
组=1005(HapperLee),1251(writer)
```

10．设置或修改用户的密码

使用 passwd 命令可以设置或者修改用户的密码。passwd 命令的语法格式如下：

```
passwd [选项] [用户名]
```

passwd 命令的常用选项及含义如表 4-16 所示。

表 4-16　passwd 命令的常用选项及含义

选项	含义
-l	锁定用户账号的密码（仅限 root 用户）
-u	解除用户账户密码的锁定（仅限 root 用户）
-d	删除用户密码，仅能以 root 用户身份操作
-k	保持身份验证令牌不过期
-x <天数>	密码的最长有效时限（只有 root 用户才能进行此操作）
-n <天数>	密码的最短有效时限（只有 root 用户才能进行此操作）
-w <天数>	在密码过期前多少天开始提醒用户（只有 root 用户才能进行此操作）
-i <天数>	当密码过期后经过多少天该账号会被禁用（只有 root 用户才能进行此操作）
-?或--help	显示帮助信息

【例 4-14】 passwd 命令的应用。

（1）通过 root 账号普通用户 HapperLee 的密码修改为 xinxin2010#，命令如下：

```
[root@server ~]# passwd HapperLee
更改用户 HapperLee 的密码。
新的密码：<--用户从键盘输入密码，密码并不显示
```

重新输入新的密码：<--再输入一遍密码以确认
passwd：所有的身份验证令牌已经成功更新。

（2）修改 root 账号的密码。

```
[root@server ~]# passwd
更改用户 root 的密码。
新的密码：<--用户从键盘输入新密码，密码并不显示
重新输入新的密码：<--再输入一遍新密码以确认
passwd：所有的身份验证令牌已经成功更新。
//如果改了一半，后悔了，则可以使用快捷键 Ctrl+C 强制退出
```

（3）普通用户 HapperLee 修改自己的密码。

```
[HapperLee@server ~]$ passwd
更改用户 HapperLee 的密码。
为 HapperLee 更改 STRESS 密码。
当前的密码：<--从键盘输入用户 HapperLee 现在的密码，以验证身份
新的密码：<--从键盘输入新密码，密码并不显示
重新输入新的密码：<--再输入一遍新密码以确认
passwd：所有的身份验证令牌已经成功更新。
```

（4）通过 root 账号，锁定用户 HapperLee 的密码，命令如下：

```
[root@server ~]# passwd -l HapperLee
锁定用户 HapperLee 的密码。
passwd：操作成功
[root@server ~]# passwd -S HapperLee
HapperLee LK 2022-06-12 0 99999 7 -1 （密码已被锁定。）
```

（5）取消用户 HapperLee 的密码锁定，命令如下：

```
[root@server ~]# passwd -u HapperLee
解锁用户 HapperLee 的密码。
passwd：操作成功
[root@server ~]# passwd -S HapperLee
HapperLee PS 2022-06-12 0 99999 7 -1 （密码已设置，使用 SHA512 算法。）
```

（6）删除用户 HapperLee 的密码，命令如下：

```
[root@server ~]# cat /etc/shadow|grep HapperLee
HapperLee:$6$fyetTdiBMh/EY0eA$XAFrVQSi1DBJqgK7DIObvqs8EkB4UzegoDxwB05/
1HpKVo0Vis1Se1NjJi6XWnuwfITSFm5HtoEayYVeqWNuL/:19155:0:99999:7:::
[root@server ~]# passwd -d HapperLee
清除用户的密码 HapperLee。
passwd：操作成功
[root@server ~]# cat /etc/shadow|grep HapperLee
```

```
HapperLee::19155:0:99999:7:::
//密码已删除
```

4.3 ugo 权限的意义

4.3.1 目录文件权限的意义

在 openEuler 系统中，尽管所有的资源都是按照文件进行管理的，但是目录文件和普通文件的权限的意义是不同的。这里说的目录也可以称为文件夹，目录中可以包含子目录和文件，目录主要用于记录文件名列表和子目录列表，而不实际存放数据。对目录而言，rwx 权限的含义如下。

r 权限：r 表示读取目录内容。一个用户拥有此权限表示该用户可以读取目录结构列表，也就是说可以查看目录下的文件名和子目录名。注意，这里仅仅指的是名字。

w 权限：w 表示写或修改目录中的内容。一个用户拥有此权限表示该用户具有更改该目录结构列表的权限，目录的 w 权限与该目录下的文件名或子目录名的变动有关，具体包括的变动情形如下。

（1）在该目录下新建文件或子目录。

（2）删除该目录下已经存在的文件或子目录（不论该文件或子目录的权限如何），注意：这一点很重要，用户能否删除一个文件或目录，取决于该用户是否具有该文件或目录所在的父目录的 w 权限。

（3）对该目录下已经存在的文件或子目录进行重命名。

（4）转移变更该目录内的文件或子目录存储的位置。

x 权限：x 表示访问目录。一个用户拥有目录的 x 权限表示该用户可以进入该目录，以此目录作为工作目录，能不能进入一个目录，只与该目录的 x 权限有关，如果用户对于某个目录不具有 x 权限，则无法切换到该目录下，也就无法执行该目录下的任何命令，即使具有该目录的 r 权限。如果一个用户对于某目录不具有 x 权限，即使拥有 r 权限，该用户也不能查询该目录下的文件的内容，注意：指的是内容，如果有 r 权限，则可以查看该目录下的文件名列表或子目录列表，所以要将一个目录开放给某个用户浏览时，应该至少给予 r 及 x 权限。另外，系统检查权限是按照从父目录到子目录的顺序进行的，若父目录没有开放 x 权限，即使子目录开放了 x 权限，用户也无法查看该子目录的信息。

【例 4-15】 目录权限管理示例。

以普通用户 chen 身份创建目录/home/chen/ptest，命令如下：

```
[chen@server ~]$ mkdir /home/chen/ptest
```

已知，普通用户 stu 没有加入群组 chen，用户 stu 对目录/home/chen/ptest 权限如何？用户 stu 能使用 cd 命令切换至该目录吗？首先通过命令查看目录的/home/chen/ptest 的权限，命令如下：

```
[chen@server ~]$ ll -d ptest/
drwxrwxr-x. 2 chen chen 4.0K  6月 11 04:56 ptest/
//用户 stu 针对 ptest 目录拥有 rx 权限
[chen@server ~]$ ll -d ~
drwx------. 23 chen chen 4.0K  6月 11 04:56 /home/chen
//查看 ptest 的直接父目录/home/chen 的权限
//用户 stu 针对/home/chen 没有拥有 rwx 任何权限
```

umask　umask 值用于设置用户在创建文件时的默认权限，在系统中创建目录或文件时，目录或文件所具有的默认权限就是由 umask 值决定的。对于 root 用户，系统默认的 umask 值是 0022；对于普通用户，系统默认的 umask 值是 0002。umask 值表明了需要从默认权限中去掉哪些权限来成为最终的默认权限值。

一般情况下，用户创建的新目录对所有用户都具有 r 和 x 权限，包括组用户和其他用户，下面再开一个终端，以用户 stu 身份登录，查看目录/home/chen/ptest 的属性，并试着切换至该目录，命令如下：

```
[stu@server ~]$ ll /home/chen/ptest
ls: 无法访问 '/home/chen/ptest': 权限不够
//无法查看/home/chen/ptest 的目录结构列表
[stu@server ~]$ cd /home/chen/ptest
bash: cd: /home/chen/ptest: 权限不够
//无法切换至/home/chen/ptest 目录
```

从上述两条命令执行结果看，ll 命令与 cd 命令都执行失败了。究其原因，用户 stu 虽然针对 ptest 目录拥有 rx 权限，但对其父目录/home/chen 没有任何权限。

4.3.2　普通文件权限的意义

普通文件是实际含有数据的文件，如文本文件、二进制可执行程序、图片和声音等。权限对于普通文件而言，意义如下。

r 权限：r 表示 read。用户拥有此权限表示其可以读取此文件的内容数据。如读取文本文件中的文字内容等。

w 权限：w 表示 write。用户拥有此权限表示其可以编辑文件，包括在文件中添加、删除、修改内容，但是不包含删除该文件。

x 权限：x 可理解为 execute。表示该文件具有可以被系统执行的权限。不过需要注意的是，文件具有执行权限和文件是不是真正的可执行程序不是一回事。例如，一个纯文本文件，内容是一篇短篇小说——鲁迅先生的作品《阿 Q 正传》，可以设置该文件拥有 x（可执行）权限，但是当该文件被系统执行时，就会出现错误提示信息，因为该文件的内容并不可执行。

总而言之，r、w、x 权限对文件来讲是与其内容有关的，跟文件名没有必然的关系。

【例 4-16】 普通文件权限管理。

以 root 用户在普通用户 chen 的家目录中创建一个文件 root_file，命令如下：

```
[root@server ~]# touch /home/chen/root_file
[root@server ~]# chmod 700 /home/chen/root_file
//将 root_file 权限修改为 700
[root@server ~]# ll /home/chen/root_file
-rwx------. 1 root root 0  6月 11 05:02 /home/chen/root_file
//权限修改成功
[root@server ~]# ll -d /home/chen/
drwx------. 23 chen chen 4.0K  6月 11 05:02 /home/chen/
//查看普通用户 chen 的家目录中目录文件的权限
```

已知，用户 chen 不属于 root 群组，因此用户 chen 对 root_file 文件没有 rwx 权限。请读者思考，用户 chen 是否可以删除文件 root_file？

下面再启动一个终端，以用户 chen 身份尝试删除 root_file，命令如下：

```
[chen@server ~]$ rm root_file
rm: 是否删除有写保护的普通空文件 'root_file'？<--y
//系统询问是否删除？输入 y 表示确认删除，此处使用了相对路径
[chen@server ~]$ ll root_file
ls: 无法访问 'root_file': 没有那个文件或目录
//此处使用了相对路径。root_file 已经被删除，无法查看文件属性
```

显然，用户 chen 成功地删除了自己无权查看或修改的 root_file 文件。删除普通文件并不是对普通文件内容的操作，删除普通文件实际上可以理解为对其父目录内容的操作，要求用户对其父目录具有 wx 权限。

4.4 特殊权限 SUID、SGID、SBIT

4.4.1 功能说明

1. SUID

SUID 是 Set UID 的简称，SUID 是一个特殊权限，当 s 这个标志出现在文件所有者（user）的 x 权限上时，说明该文件被设置了 SUID 权限。

特殊权限 SUID 的作用体现在：

（1）SUID 权限仅对可执行文件（二进制程序 binary program）有效。

（2）SUID 权限仅对执行者具有对于该可执行文件具有 x 权限时有效。

（3）具有执行权限的用户在执行该可执行文件过程中，会暂时获得该文件的所有者（owner）权限。

（4）该权限只在程序执行的过程（run-time）中有效。

事实上，SUID 的目的就是让本来没有相应权限的用户在运行这个程序期间，可以享用文件所有者的权限，进而可以通过该可执行程序访问其原本没有权限访问的资源。

注意：对于一个可执行文件，如果文件所有者对于该文件并没有 x 权限，但是仍然设置了 SUID，则查看权限时，看到的是大写 S，而不是小写 s。大写 S 表示设置了 SUID，但是暂时没有生效，只有文件所有者获得了可执行权限，SUID 权限才会生效。

/usr/bin/passwd 文件是一个很典型的使用了 SUID 的例子。查看/usr/bin/passwd 文件的属性，显示如下：

```
[chen@server ~]$ ll /usr/bin/passwd
-rwsr-xr-x. 1 root root 31K
3月 30  2021 /usr/bin/passwd
//注意，在该文件的ugo权限中，user组rws中的s即为SUID
```

前面介绍了 passwd 命令，该命令可以修改用户的密码，而执行 passwd 命令的本质即为执行可执行文件/usr/bin/passwd。文件/usr/bin/passwd 的所有者是 root，所属群组也是 root，因此对该文件而言，普通用户 chen 属于其他用户（other），有 x 权限。执行 passwd 命令的过程需要修改/etc/shadow 文件（真正的用户密码存放在其中），而/etc/shadow 文件的权限如下：

```
[chen@server ~]$ ll /etc/shadow
----------. 1 root root 2.9K  7月  4 22:48 /etc/shadow
```

分析可知，原本/etc/shadow 只有 root 用户具有写权限，但是由于/usr/bin/passwd 文件的 SUID 的存在，普通用户 chen 在执行 passwd 命令期间可以获得 root 权限并以 root 权限访问及修改/etc/shadow 文件，从而完成密码修改操作。

2. SGID

SGID 是 Set GID 的简称，如果说 SUID 是可执行文件通过文件所有者进行间接授权，SGID 则是通过所属组进行间接授权。当一个文件的 s 权限标识出现在所属组（group）的 x 权限位时，就称为该文件设置了 SGID 权限。在使用 SGID 的过程中，需要注意以下几点：

（1）执行者对于该可执行文件需要具有 x 权限。

（2）在执行过程中，执行者会暂时获得该文件的所属组权限。

（3）SGID 权限既可以作用于普通可执行文件，也可以作用于目录。

（4）如果父目录有 SGID 权限，则所有的子目录都会递归继承。

1）SGID 对文件的作用

同 SUID 类似，对于文件来讲，SGID 具有以下几个特点：

（1）SGID 只针对可执行文件有效，换句话说，只有可执行文件才可以被赋予 SGID 权限，否则没有意义。

（2）用户需要对此可执行文件有 x 权限。

（3）用户在执行具有 SGID 权限的可执行文件时，用户的群组身份会变为文件所属群组。

（4）SGID 权限赋予用户改变群组身份的效果，只在可执行文件运行过程中有效。

例如，locate 命令是一个常用命令，用于查找文件。事实上，执行 locate 命令的本质即为执行可执行文件/usr/bin/locate，而/usr/bin/locate 文件就是一个很典型的使用了 SGID 的例子。下面使用 ll 命令查看/usr/bin/locate 文件的属性，命令如下：

```
[chen@server ~]$ ll /usr/bin/locate
-rwx--s--x. 1 root slocate 43K  3月 30  2021 /usr/bin/locate
//所属组权限的 x 权限位显示为 s，表示使用了 SGID
```

可以看到，/usr/bin/locate 文件被赋予了 SGID 的特殊权限，这就意味着，当普通用户使用 locate 命令时，该用户会具有 locate 命令的所属组的权限，也就是用户组 slocate 的权限。另外，locate 命令用于在系统中按照文件名查找符合条件的文件，当执行搜索操作时，它会搜索/var/lib/mlocate/mlocate.db 这个数据库中的数据，下面以 root 用户查看此数据库的权限，命令如下：

```
[root@server ~]# updatedb
//更新数据库
[root@server ~]# ll /var/lib/mlocate/mlocate.db
-rw-r-----. 1 root slocate 6.6M  6月  9 09:42 /var/lib/mlocate/mlocate.db
//普通用户没有查看 mlocate.db 文件属性的权限
```

可以看到，mlocate.db 文件的所属组为 slocate，该文件对于 slocate 组是有 r 权限的，但对于其他用户（other）则没有任何权限，因此其他非 slocate 组用户不能读取其中的数据内容。普通用户在执行 locate 命令期间，由于/usr/bin/locate 设置了 SGID 权限，这使普通用户在执行 locate 命令时，所属组身份相当于变为 slocate，进而对 mlocate.db 数据库文件拥有了 r 权限，所以即便是普通用户，也可以成功地执行 locate 命令。

注意：无论是 SUID，还是 SGID，它们对用户身份的转换，只有在命令执行的过程中有效，一旦命令执行完毕，身份转换也随之失效。

2）SGID 对目录的作用

当 SGID 作用于目录时，意义就非常重大了。

对于一个目录而言，若其被赋予 SGID 权限，则进入此目录的用户，其有效群组会变为该目录的所属组，当该用户在此目录下创建文件或目录时，新建文件或目录的所属组将不再是用户的所属组，而是使用目录的所属组。

【例 4-17】 SGID 的应用。

（1）在/tmp 目录下，以普通用户 chen 身份创建一个目录 SGIDtest，设置该目录的 SGID，命令如下：

```
[chen@server ~]$ mkdir /tmp/SGIDtest
[chen@server ~]$ ll -d /tmp/SGIDtest/
drwxrwxr-x. 2 chen chen 40  6月  9 10:12 /tmp/SGIDtest/
```

```
[chen@server ~]$ chmod g+s /tmp/SGIDtest/
//设置/tmp/SGIDtest 目录 SGID 权限
[chen@server ~]$ ll -d /tmp/SGIDtest/
drwxrwsr-x. 2 chen chen 40  6月  9 10:12 /tmp/SGIDtest/
//SGID 设置成功
[chen@server ~]$ chmod o+w /tmp/SGIDtest/
//赋予其他用户（other）w 权限
[chen@server ~]$ ll -d /tmp/SGIDtest/
drwxrwsrwx. 2 chen chen 40  6月  9 10:12 /tmp/SGIDtest/
//其他用户（other）w 权限设置成功
```

（2）切换至普通用户 openEuler，创建文件和目录进行测试，命令如下：

```
[chen@server ~]$ su - stu
//切换至用户 stu
[stu@server ~]$ cd /tmp/SGIDtest
//使用 cd 命令将当前工作目录改为/tmp/SGIDtest
[stu@server SGIDtest]$ touch aaa
//在/tmp/SGIDtest 目录下创建测试文件 aaa
[stu@server SGIDtest]$ mkdir SGID_subdir
//在/tmp/SGIDtest 目录下创建测试目录 SGID_subdir
[stu@server SGIDtest]$ ll aaa
-rw-rw-r--. 1 stu chen 0  6月  9 11:05 aaa
//文件 aaa 的所属组为 chen
[stu@server SGIDtest]$ ll -d SGID_subdir
drwxrwsr-x. 2 stu chen 40  6月  9 11:05 SGID_subdir
//使用 ll -d 命令查看后可知目录 SGID_subdir 的所属组为 chen
[stu@server SGIDtest]$ su - chen
//切换回普通用户 chen
[chen@server ~]$
```

分析可知，对于/tmp/SGIDtest 目录，stu 用户属于其他用户（other），具有 rwx 权限。由于/tmp/SGIDtest 目录设置了 SGID，stu 用户创建的 aaa 文件和 SGID_subdir 目录的所属组都不是 stu（stu 用户的所属组），而是 chen（SGIDtest 目录的所属组）。

注意，在这个例子中，只有当其他用户（other）对具有 SGID 权限的目录拥有 rwx 权限时，SGID 的功能才能完全发挥。如果 stu 用户对/tmp/SGIDtest 目录仅有 rx 权限，则用户进入此目录后，虽然其有效群组变为此目录的所属组，但由于没有 w 权限，用户无法在目录中创建新的文件或目录，SGID 权限也就无法发挥它的作用了。

3. SBIT

SBIT 是 StickyBIT 的简称，可以理解为黏滞位或防删除位。当一个目录的 t 权限位于其他用户（other）的 x 权限位时，即称其设置了 SBIT 特殊权限。

SBIT 只针对目录有效，对于一个带有 SBIT 权限位的目录，若一个用户对此目录拥有 w

和 x 权限，则当该用户在此目录下创建目录或文件时，仅自己与 root 有权限删除。换言之，当目录被设置了 SBIT 权限以后，即便用户对该目录有写入权限，也不能删除在该目录中其他用户的文件数据，而是只有该文件的所有者和 root 用户才有权删除。总之，设置了 SBIT 之后，正好可以保持一种动态平衡，允许各用户在目录中任意写入、删除自己的数据，但是禁止随意删除其他用户的数据。

例如，/tmp 目录就是一个很典型的使用了 SBIT 的例子。使用 ll -d 命令查看/tmp 目录的属性，命令如下：

```
[chen@server ~]$ ll -d /tmp
drwxrwxrwt. 18 root root 560  6月  9 13:26 /tmp
//tmp 目录设置了 t 权限位——SBIT 权限
```

众所周知，/tmp 目录是临时文件目录，允许任意用户、任意程序在该目录中进行创建、删除、移动文件或子目录等操作，然而试想一下，若任意一个普通用户都能够删除/tmp 目录中系统服务运行过程中使用的临时文件，将造成什么结果？/tmp 目录通过 SBIT 权限，便很好地解决了这个问题。

下面以普通用户 chen 身份在/tmp 目录下创建测试文件 ftest 和目录 SBITtest。

```
[chen@server ~]$ touch /tmp/ftest
[chen@server ~]$ mkdir /tmp/SBITtest
[chen@server ~]$ ll /tmp/ftest
-rw-rw-r--. 1 chen chen 0  6月  9 18:07 /tmp/ftest
[chen@server ~]$ ll -d /tmp/SBITtest/
drwxrwxr-x. 2 chen chen 40  6月  9 18:07 /tmp/SBITtest/
```

切换至普通用户 stu（或者再开一个终端，以 stu 身份登录）。实验删除由普通用户 chen 创建的文件 ftest 和目录 SBITtest，命令如下：

```
[chen@server ~]$ su - stu
//切换至普通用户 stu
[stu@server ~]$ rm /tmp/ftest
rm：是否删除有写保护的普通空文件 '/tmp/ftest'？y
rm：无法删除 '/tmp/ftest'：不允许的操作
//普通用户 stu 无法删除/tmp/ftest
[stu@server ~]$ rm -r /tmp/SBITtest
rm：是否删除有写保护的目录 '/tmp/SBITtest'？y
rm：无法删除 '/tmp/SBITtest/'：不允许的操作
//普通用户 stu 无法删除/tmp/SBITtest
```

可以看到，由于/tmp 目录存在 SBIT 权限，提示无法删除，不允许操作。

和/tmp 目录类似，/var/tmp 目录也设置了 SBIT 权限。使用 ll -d 命令查看/var/tmp 目录的属性，命令及结果显示如下：

```
[chen@server ~]$ ll -d /var/tmp/
drwxrwxrwt. 6 root root 4.0K  6月  9 07:47 /var/tmp/
```

注意：SBIT 权限只能针对目录设置，否则无效。

4.4.2 权限设置

使用 chmod 命令不仅可以设置普通的权限，也可以设置 SUID、SGID、SBIT 这 3 种特殊权限，设置方法仍然可以分为文字法和数字法。

1. 文字法设置特殊权限

可以通过"u+s"给文件赋予 SUID 权限；通过"g+s"给文件或目录赋予 SGID 权限；通过"o+t"给目录赋予 SBIT 权限。

1）为文件设置 SUID

在/tmp 目录下创建文件 file，为该文件设置或取消 SUID 权限，命令如下：

```
[chen@server ~]$ touch /tmp/file
[chen@server ~]$ chmod u+s /tmp/file
//设置 SUID
[chen@server ~]$ ll /tmp/file
-rwSrw-r--. 1 chen chen 0  6月 10 15:23 /tmp/file
//S（大写）说明设置暂时未生效，原因是缺少 x 权限
[chen@server ~]$ chmod u-s /tmp/file
//取消 SUID
[chen@server ~]$ ll /tmp/file
-rw-rw-r--. 1 chen chen 0  6月 10 15:23 /tmp/file
//取消 SUID 成功
chen@server ~]$ chmod u=rwx,go=rx /tmp/file
//重新设置权限，ugo 都加上了 x 权限。u=rwx,go=rx 等价于数字权限 755
[chen@server ~]$ ll /tmp/file
-rwxr-xr-x. 1 chen chen 0  6月 10 15:23 /tmp/file
[chen@server ~]$ chmod u+s /tmp/file
//设置 SUID
[chen@server ~]$ ll /tmp/file
-rwsr-xr-x. 1 chen chen 0  6月 10 15:23 /tmp/file
//s（小写）说明 SUID 权限已生效
```

2）为文件或目录设置 SGID

在/tmp 目录下创建目录 JinYong，为该目录设置 SGID 权限，命令如下：

```
[chen@server ~]$ mkdir /tmp/JinYong
[chen@server ~]$ chmod g+s /tmp/JinYong/
//设置 SGID
```

（1）若取消目录 JinYong 的群组 x 权限，则可执行的命令如下：

```
[chen@server ~]$ chmod g-x /tmp/JinYong/
//取消群组 x 权限
[chen@server ~]$ ll -d /tmp/JinYong/
drwxrwSr-x. 2 chen chen 40 6月 10 16:15 /tmp/JinYong/
//S（大写）表示 SGID 设置无效，原因是缺少群组 x 权限
```

（2）若目录 JinYong 的群组权限为 rwx，其他用户（other）的权限为 rx，则可执行的命令如下：

```
[chen@server ~]$ chmod g=rwx,o=rx /tmp/SGIDtest/
[chen@server ~]$ ll -d /tmp/JinYong
drwxrwsr-x. 2 chen chen 40 6月 10 16:20 /tmp/JinYong
```

再开启一个终端窗口，使用普通用户 openEuler 进行测试，命令如下：

```
[openEuler@server ~]$ touch /tmp/JinYong/swords
touch: 无法创建 '/tmp/JinYong/swords': 权限不够
//创建文件失败
```

（3）若目录 JinYong 的群组权限为 r-x，其他用户权限为 rwx，则可执行的命令如下：

```
[chen@server ~]$ chmod g=rx,o=rwx /tmp/SGIDtest/
[chen@server ~]$ ll -d /tmp/JinYong
drwxr-srwx. 2 chen chen 40 6月 10 16:21 /tmp/JinYong
```

在另一个终端窗口，使用普通用户 stu 进行测试，命令如下：

```
[stu@server ~]$ cd /tmp/JinYong
[stu@server JinYong]$ touch swords
[stu@server JinYong]$ ll
-rw-rw-r--. 1 stu chen 0 8月 6 01:32 swords
```

读者思考：若设置 stu 用户也属于群组 chen，即为/tmp/JinYong 目录的所属组用户，再来做测试会出现什么情况？

3）为目录设置 SBIT

在/tmp 目录下创建目录 GuLong，为该目录设置 SBIT，命令如下：

```
[chen@server ~]$ mkdir /tmp/GuLong
[chen@server ~]$ ll -d /tmp/GuLong/
drwxrwxr-x. 2 chen chen 40 6月 10 16:29 /tmp/GuLong/
[chen@server ~]$ chmod o+wt /tmp/GuLong/
//设置其他人（other）的 w 权限和 SBIT 权限
[chen@server ~]$ ll -d /tmp/GuLong/
drwxrwxrwt. 2 chen chen 40 6月 10 16:29 /tmp/GuLong/
//设置 SBIT 权限成功
//若为 T（大写），则说明缺少其他人（other）的 x 权限，SBIT 权限无效
```

2. 数字法设置特殊权限

前面已经阐述，只需给 chmod 命令传递 3 个数字，便可以实现给文件或目录设定普通权限。例如，"755"表示所有者拥有 rwx 权限，所属组拥有 rx 权限，其他用户拥有 rx 权限。

给文件或目录设定特殊权限，只需在以上这 3 个数字之前增加一个数字。这个数字包含 3 种特殊权限。例如"4755"表示设置了 SUID 权限，"3755"表示设置了 SGID 和 SBIT 权限。特殊权限的数字表示及含义如表 4-17 所示。

表 4-17 特殊权限的数字表示及含义

权限	对应数值（二进制）	对应数值（十进制）	含义	权限	对应数值（二进制）	对应数值（十进制）	含义
s	100	4	表示 SUID 权限	t	001	1	表示 SBIT 权限
s	010	2	表示 SGID 权限	—	000	0	表示没有权限

3 种特殊权限数字法表示的计算方法：

将 SUID、SGID、SBIT 作为一组权限，并严格按照（SUIDSGIDSBIT）次序，例如（s--）→（400）→4；(-s-)→（020）→2；(--t)→（001）→1；(-st)→（021）→3。

1）为文件设置 SUID

使用数字法为文件 /tmp/file 设置 SUID，命令如下：

```
[chen@server ~]$ chmod 4755 /tmp/file
[chen@server ~]$ ll /tmp/file
-rwsr-xr-x. 1 chen chen 0 6月 10 15:23 /tmp/file
//-rwsr-xr-x 的普通权限是 755，注意标记有 s（小写）权限位，隐藏含有 x 权限
```

2）为文件或目录设置 SGID

使用数字法为目录 /tmp/JinYong 设置 SGID，命令如下：

```
[chen@server ~]$ chmod g-s /tmp/JinYong/
//还原至目录创建时的默认权限
[chen@server ~]$ ll -d /tmp/JinYong/
drwxrwxr-x. 2 chen chen 40 6月 10 16:15 /tmp/JinYong/
//查看权限
[chen@server ~]$ chmod 2775 /tmp/JinYong/
//使用数字法设置权限
[chen@server ~]$ ll -d /tmp/JinYong/
drwxrwsr-x. 2 chen chen 40 6月 10 16:15 /tmp/JinYong/
//设置成功
```

创建一个文件 /tmp/littleprince，并设置该文件同时拥有 SUID 和 SGID 权限，命令如下：

```
[chen@server ~]$ touch /tmp/littleprince
[chen@server ~]$ ll /tmp/littleprince
```

```
-rw-rw-r--. 1 chen chen 0  6月 10 20:18 /tmp/littleprince
[chen@server ~]$ chmod 6775 /tmp/littleprince
//SUID: 4，SGID: 2，未设 SBIT: 0，因此 4+2+0=6
[chen@server ~]$ ll /tmp/littleprince
-rwsrwsr-x. 1 chen chen 0  6月 10 20:18 /tmp/littleprince
//SUID 和 SGID 权限设置成功
```

3）为目录设置 SBIT

使用数字法为目录/tmp/GuLong 设置 SBIT 权限，命令如下：

```
[chen@server ~]$ chmod o-t /tmp/GuLong/
//还原至目录刚刚创建时的默认权限
[chen@server ~]$ ll -d /tmp/GuLong/
drwxrwxr-x. 2 chen chen 40  6月 10 16:29 /tmp/GuLong/
[chen@server ~]$ chmod 1777 /tmp/GuLong/
//SUID 未设定: 0，SGID 未设定: 0，SBIT: 1，因此 0+0+1=1
[chen@server ~]$ ll -d /tmp/GuLong/
drwxrwxrwt. 2 chen chen 40  6月 10 16:29 /tmp/GuLong/
//SBIT 权限设置成功
```

下面创建一个目录/tmp/HuangYi，设置该目录拥有 SGID 和 SBIT 权限，命令如下：

```
[chen@server ~]$ mkdir /tmp/HuangYi
[chen@server ~]$ ll -d /tmp/HuangYi
drwxrwxr-x. 2 chen chen 40  6月 10 21:58 /tmp/HuangYi
[chen@server ~]$ chmod 3777 /tmp/HuangYi/
//SUID 未设定: 0，SGID: 2，SBIT: 1，因此 0+2+1=3
[chen@server ~]$ ll -d /tmp/HuangYi
drwxrwsrwt. 2 chen chen 40  6月 10 21:58 /tmp/HuangYi
//SGID 和 SBIT 权限设置成功
```

注意，不同的特殊权限，作用的对象是不同的，SUID 只对可执行文件有效；SGID 对可执行文件和目录都有效；SBIT 只对目录有效。尽管有些情况特殊权限是无效的，但仍然可以对文件或目录设置特殊权限，如将 SUID、SGID、SBIT 这 3 种特殊权限同时赋予文件/tmp/littleprince，命令如下：

```
[chen@server ~]$ chmod 7777 /tmp/littleprince
[chen@server ~]$ ll /tmp/littleprince
-rwsrwsrwt. 1 chen chen 0  6月 10 20:18 /tmp/littleprince
```

上述命令在执行过程中虽然没有报错，但这样做有的特殊权限并不起作用。另外 7777 权限是非常开放的，考虑到系统的安全问题，不建议这么做。

4.5 账户与 ugo 权限应用

4.5.1 单个用户的权限

用户能够使用的系统资源和权限相关，因此掌握了基本的用户账户和群组管理之后，就可以把账户和权限进行配合使用了。

普通用户只能修改自己的文件或目录的权限。当 root 用户将文件或目录复制给普通用户时，需要特别注意权限的问题。

例如，一个新手管理员以 root 用户身份将/etc/crontab 复制给普通用户 chen，命令如下：

```
[root@server ~]# ll /etc/crontab
-rw-------. 1 root root 451  3月 30  2021 /etc/crontab
//查看文件/etc/crontab 的权限，其他人没有 rwx 权限
[root@server ~]# cp /etc/crontab /home/chen/
//使用 cp 命令将该文件复制至用户 chen 家目录
[root@server ~]# ll /home/chen/crontab
-rw-------. 1 root root 451  6月 12 23:41 /home/chen/crontab
//查看/home/chen/crontab 文件的权限，所有者和所属组仍然是 root
```

用户 chen 使用 cat 命令查看/home/chen/crontab 文件的内容，命令如下：

```
[chen@server ~]$ cat /home/chen/crontab
cat: /home/chen/crontab: 权限不够
```

系统提示权限不够，访问被拒绝。原因就是这位新手管理员在复制文件时没有考虑到权限，虽然文件在自己的家目录中，用户 chen 仍无权查看文件的内容。

此时，可以使用 chown 命令修改文件的所有者和群组，命令如下：

```
[root@server ~]# chown chen:chen /home/chen/crontab
[root@server ~]# ll /home/chen/crontab
-rw-------. 1 chen chen 451  6月 12 23:41 /home/chen/crontab
```

通过修改文件的所有者后，用户 chen 就可以完全操控自己的家目录下的 crontab 文件了。

4.5.2 群组共享

群组共享也是实践中经常遇到的情景。如某高校软件工程专业学生为了完成一个关于旅游的项目组成了一个项目组，同组项目成员有各自的账户，但需要使用一个共享的目录，以便大家共同分享彼此的项目成果。此时，便可以使用群组共享解决这个实际问题。

假设，共享目录设置为/src/project，在该共享目录中新建文件或目录所属群组为 engineers，要求每个用户都可以访问及读写其他用户的文件或目录。项目组有多位成员，只有一位项目组组长。具体解决方案如下。

（1）创建群组 engineers，命令如下：

```
[root@server ~]# groupadd engineers
```

（2）创建测试用户 Eleader、Euser1、Euser2 和 Euser3，并且将这些用户添加到群组 engineers，命令如下：

```
[root@server ~]# useradd -G engineers Eleader
//Eleader 是项目组组长
[root@server ~]# useradd -G engineers Euser1
[root@server ~]# useradd -G engineers Euser2
[root@server ~]# useradd -G engineers Euser3
```

为每个测试用户设置密码，命令如下：

```
[root@server ~]# passwd Eleader
[root@server ~]# passwd Euser1
[root@server ~]# passwd Euser2
[root@server ~]# passwd Euser3
```

为了能够自由地使用 su 命令切换用户，将上述测试用户加入 wheel 组，命令如下：

```
[root@server ~]# gpasswd -a Eleader wheel
[root@server ~]# gpasswd -a Euser1 wheel
[root@server ~]# gpasswd -a Euser2 wheel
[root@server ~]# gpasswd -a Euser3 wheel
```

（3）创建共享目录/src/project，命令如下：

```
[root@server ~]# mkdir -p /src/project
[root@server ~]# chmod 1777 /src
```

将该目录所有者修改为 Eleader，所属群组为 engineers，命令如下：

```
[root@server ~]# chown Eleader:engineers /src/project
[root@server ~]# ll -d /src /src/project
drwxrwxrwt. 3 root    root    4.0K 8月  6 13:33 /src
drwxr-xr-x. 2 Eleader engineers 4.0K 8月  6 13:33 /src/project
```

修改该目录的权限，添加 SGID 和 SBIT 权限，命令如下：

```
[root@server ~]# chmod g+ws,o+t /src/project/
//设置 SGID 和 SBIT 权限，并赋予所属群组用户写权限
[root@server ~]# ll -d /src/project
drwxrwsr-t. 2 Eleader engineers 4.0K 8月  6 13:33 /src/project
```

（4）接下来使用测试用户对当前配置进行测试。

因为需要交叉测试，所以建议启动多个新的终端窗口，在每个终端窗口分别以不同测试用户登录系统。

① 使用不同的用户分别创建文件和目录。

开启一个新的终端窗口，使用 Euser1 用户登录系统，在/src/project 目录下创建测试文件和测试目录，命令如下：

```
[chen@server Desktop]$ su Euser1
[Euser1@server Desktop]$ cd /src/project/
[Euser1@server project]$ touch 1-rose
[Euser1@server project]$ touch 1-tulip
[Euser1@server project]$ echo "Tulip Bubble" > 1-tulip
[Euser1@server project]$ mkdir 1-dtest
[Euser1@server project]$ ll
总用量 4.0K
drwxrwsr-x. 2 Euser1 engineers 4.0K 8月  6 14:06 1-dtest
-rw-rw-r--. 1 Euser1 engineers    0 8月  6 14:05 1-rose
-rw-rw-r--. 1 Euser1 engineers    0 8月  6 14:06 1-tulip
```

再开启一个新的终端窗口，使用 Euser3 用户登录系统，在/src/project 目录下创建测试文件和测试目录，命令如下：

```
[chen@server Desktop]$ su Euser3
[Euser3@server Desktop]$ cd /src/project/
//将工作目录切换至共享目录/src/project
[Euser3@server project]$ touch 3-lotus
[Euser3@server project]$ touch 3-lily
[Euser3@server project]$ mkdir 3-dtest
[Euser3@server project]$ ll
总用量 4.0K
drwxrwsr-x. 2 Euser1 engineers 4.0K 8月  6 14:06 1-dtest
-rw-rw-r--. 1 Euser1 engineers    0 8月  6 14:05 1-rose
-rw-rw-r--. 1 Euser1 engineers    0 8月  6 14:06 1-tulip
drwxrwsr-x. 2 Euser3 engineers 4.0K 8月  6 14:20 3-dtest
-rw-rw-r--. 1 Euser3 engineers    0 8月  6 14:11 3-lily
-rw-rw-r--. 1 Euser3 engineers    0 8月  6 14:11 3-lotus
```

再开启一个终端窗口，以 Eleader 用户登录系统，在/src/project 目录下创建一个测试文件，命令如下：

```
[chen@server Desktop]$ su Eleader
[Eleader@server Desktop]$ cd /src/project/
[Eleader@server project]$ touch kongyiji
```

从命令执行结果可见，由于 SGID 的存在，以上不论哪个用户，创建的所有文件或目录的所属群组都是 engineers。

② 下面做交叉测试，即以某个用户身份登录系统访问、修改、删除/src/project 目录中同组的另一个用户的文件和目录。

以 Euser3 用户身份查看并修改文件 1-tulip，命令如下：

```
[Euser3@server project]$ cat 1-tulip
Tulip Bubble
[Euser3@server project]$ cat >>1-tulip <<EOF
> Holland
> EOF
//向 1-tulip 文件末尾追加写入 Holland
[Euser3@server project]$ cat 1-tulip
Tulip Bubble
Holland
//在当前目录下，Euser3 可以查看并修改同组用户 Euser1 的文件
```

以 Euser3 用户身份为目录 1-dtest 改名，命令如下：

```
[Euser3@server project]$ mv ./1-dtest/ ./1-flowers
mv: 无法将'./1-dtest/' 移动至'./1-flowers': 不允许的操作
[Euser3@server project]$ touch ./1-dtest/3-daisy
//创建成功
[Euser3@server project]$ ll ./1-dtest/3-daisy
-rw-rw-r--. 1 Euser3 engineers 0  8月  6 16:05 ./1-dtest/3-daisy
```

以 Euser3 用户身份删除文件 1-rose，命令如下：

```
[Euser3@server project]$ rm 1-rose
rm: 无法删除 '1-rose': 不允许的操作
```

以 Euser1 用户身份修改文件 kongyiji，命令如下：

```
[Euser1@server project]$ echo "written by luxun" > kongyiji
[Euser1@server project]$ cat kongyiji
written by luxun
```

以 Euser2 用户身份删除文件 3-lily，命令如下：

```
[Euser2@server project]$ rm 3-lily
rm: 无法删除 '3-lily': 不允许的操作
```

以 Euser1 用户身份删除 1-tulip，命令如下：

```
[Euser1@server project]$ rm 1-tulip
//删除成功，文件所有者可以删除文件
```

以 Eleader 身份删除 1-rose，命令如下：

```
[Eleader@server project]$ rm 1-rose
//删除成功，Eleader 是/src/project 目录的所有者，可以删除目录中的文件
```

对于更多情况，读者可自行测试，这里不再赘述。

在/src/project 目录中，属于 engineers 群组的用户可以互相查看及修改文件；只有每个文件的文件所有者、Eleader 用户（/src/project 目录的所有者）或 root 可以删除该文件。

③ 对于/src/project 目录而言，stu 用户属于其他用户（other）。读者可测试 stu 用户对该目录下文件或目录的操作情况。

综上所述，通过以上设置和测试实现了用户、用户群组、文件权限配合管理，为本节开头讨论的项目问题提供了一种可行的解决方案。

权限管理是 openEuler 操作系统中比较重要的内容，难度稍大，但只要勤于思考多加练习，相信读者可以掌握这部分知识，领会 ugo 权限的设计思想，在未来的实际工作中，做好权限管理，最大程度地保障系统安全。

第 5 章 文件系统基本管理

本章首先介绍磁盘分区和格式化的概念，以 ext2 文件系统为例分析文件系统的工作原理。接着以案例的形式介绍文件系统的管理——包括传统的 MBR 分区和 GPT 分区。最后简单介绍 LVM 的概念。

5.1 磁盘分区和格式化简介

5.1.1 磁盘分区的概念

磁盘必须经过分区，操作系统才能读取分区中的文件系统。目前在 Linux 系统下的磁盘分区主要有两种格式，分别是 MBR 分区与 GPT 分区。MBR 分区的历史较为悠久，不足之处在于分区有 2TB 容量的限制，而当前的磁盘容量已经超过 2TB，所以 MBR 分区就不适用了，GPT 分区应运而生，GPT 分区支持大容量分区。不过 GPT 分区并没有完全取代 MBR 分区。例如在虚拟机环境中，大部分磁盘的容量还是小于 2TB 的，因此 MBR 分区也还有存在的价值。

1. MBR 磁盘分区

在 MBR 分区表中，第 1 个扇区最重要，包含以下两部分：

（1）主引导记录（MBR）446 字节（Byte）。

（2）分区表（Partition Table）64 字节（Byte）。

注意：扇区（Sector）是磁盘中最小的物理存储单位，目前主要有 512B（字节）和 4KB 两种格式。

由于 MBR 分区表中仅有 64 字节用于分区表，因此默认分区表只能记录 4 项分区信息。这 4 项分区信息记录主分区（Primary）与扩展分区（Extend）。主分区被格式化后可以直接存取数据，但是扩展分区不能直接写入数据，仅相当于一个容器，必须从扩展分区中分出逻辑分区（logical），对逻辑分区格式化后才能存取数据。通常使用 P 代表主分区，使用 E 代表扩展分区，L 代表逻辑分区，这三者之间的关系总结如下：

（1）主分区与扩展分区最多可以有 4 个，其中扩展分区最多只能有一个。分区的数量可用数学公式表示，即 $0<N_P+N_E\leq 4$，且 $N_E=0$ 或者 1。

（2）逻辑分区是在扩展分区上分出的分区。
（3）主分区和逻辑分区都可以被格式化后用作数据存取。扩展分区无法格式化。
（4）逻辑分区的数量依操作系统而不同。

2. GPT 磁盘分区

1）什么是 GPT

GPT 是全局唯一标识磁盘分区表，其全称是 GUID Partition Table，是源自 EFI 标准的一种全新磁盘分区表标准结构，与普通的 MBR 分区相比，更加灵活，更加强大。

常见的磁盘扇区有 512B 和 4KB 两种容量。为了解决兼容性问题，通常使用逻辑区块地址（Logical Block Address，LBA）来处理扇区的定义。GPT 将磁盘所有区块以 LBA（默认为 512B）来规划，第 1 个 LBA 称为 LBA0。

与 MBR 只使用第 1 个 512B 区块记录分区信息不同，GPT 使用了多个 LBA 区块记录分区信息。LBA2~LBA33 实际记录分区表，每个 LBA 记录 4 项数据，所以一共可以记录 32×4=128 项以上的分区信息。因为每个 LBA 为 512B，所以每条记录可占用 512/4=128B，因为每条记录主要记录开始和结束两个扇区的位置，因此记录的扇区位置最多可达 64 位（bit），若每个扇区容量是 512B，则单个分区的最大容量是 8ZB（1ZB=2^{30}TB）。另外，分区区域结束后就是分区表备份，分区表备份是对分区表 32 个扇区的完整备份。

值得一提的是，每个 GPT 分区都属于主分区，可以直接进行格式化。

2）GPT 分区的优点

（1）分区数量无限制，但是受到 Windows 系统的限制，最多只允许创建 128 个分区。一般够用了。

（2）分区容量支持超过 2TB 的硬盘。GPT 采用 64 位的整数表示扇区号，支持的容量非常大，而传统的 MBR 最高支持到 2TB。

（3）分区表有容灾功能，如果分区表坏了，系统则将自动读取分区表备份保证正常识别分区。

3）什么时候使用 GPT 分区

（1）如果硬盘容量大于 2TB，则无论是数据盘还是系统盘，直接选用 GPT 分区。

（2）若新买的计算机主板是集成 UEFI BIOS，GPT 分区和 UEFI 是一对好搭档，建议直接选用 GPT 分区。

5.1.2　格式化的概念

磁盘经过分区后，下一个步骤就是要对磁盘分区进行格式化。格式化是指根据用户选定的文件系统类型（如 ext4 或 xsf），在磁盘的特定区域写入特定数据，在分区中划出一片用于文件管理的磁盘空间，也就是说，将 inode 和 block 规划好。格式化的目的就是为了写入文件系统，但是需要注意，格式化操作会导致现有分区中的所有数据被清除，因此要慎重。

格式化的命令为 mkfs，在后面章节将详细介绍该命令。

5.1.3 Linux 的 ext2 文件系统简介[①]

ext2 是 Linux 早期比较流行的文件系统，很多文件系统的设计源自它。只要掌握了 ext2 文件系统，其他文件系统大同小异。

在 ext2 文件系统中，需要了解以下几个概念。

（1）block：即区块，实际记录文件的内容，如果文件比较大，则会占用多个 block。

（2）inode：即索引节点，记录文件的属性。一个文件占用一个 inode，并记录此文件数据所在的 block 号码。

（3）Super Block：又叫超级区块，记录文件系统的整体信息，包括 inode/block 的总量、已经使用的量、剩余的量，以及文件系统的格式和一些相关信息。

1. ext2 文件系统布局

ext2 文件系统的布局如图 5-1 所示。

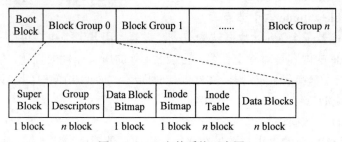

图 5-1 ext2 文件系统示意图

1）Boot Block（引导块）

每个硬盘分区的开头 1024 字节，即 0Byte 到 1023Byte 是分区的启动扇区。存放由 ROM BIOS 自动读入的引导程序和数据，但这只对引导设备有效，而对于非引导设备，该引导块不含代码。这个块与 ext2 没有任何关系。如果这个块损坏，则整个文件系统也就启动不起来了。

2）Super Block（超级块）

Super Block 是整个文件系统的综合概要信息。超级块在每个块组的开头都有一份备份。要读取文件系统一定要从 Super Block 读起。Super Block 主要记录的数据如下：

（1）block 与 inode 的总量。

（2）已经使用或者还尚未使用的 inode/block 数量。

（3）block 与 inode 的大小（block 可以是 1KB、2KB、4KB，inode 可以是 128B 或 256B）。

（4）文件系统的挂载时间、最近一次写入数据的时间等相关信息。

（5）一个 Valid Bit（有效位）。Valid Bit 标记该文件系统是否已经被挂载，若 Valid Bit

[①] 关于 ext2 文件系统的部分内容参考了《鸟哥的 Linux 基础学习实训教程》。

值为 0，则表示已挂载；若 Valid Bit 值为 1，则表示没有挂载。

3）Group Descriptors（块组描述符）

整个分区分成多少个块组就对应有多少个块组描述符。每个块组描述符存储一个块组的描述信息，包括 inode 表从哪里开始，数据块从哪里开始，空闲的 inode 和数据块还有多少个等。块组描述符表在每个块组的开头也都有一份备份，这些信息是非常重要的，因此它们都有多份备份。

4）Data Block Bitmap（块位图）

Data Block Bitmap 是用来描述整个块组中哪些块已用及哪些块空闲的，本身占一个块，其中的每个 bit 代表本块组中的一个块，如果这个 bit 为 1，则表示该块已用，如果这个 bit 为 0，则表示该块空闲可用。假设块大小为 b 字节，则可以区别的块数为 b×8 个。

5）Inode Bitmap（inode 索引节点位图）

和 Data Block Bitmap 类似，本身占一个块，其中每个 bit 表示一个 inode 是否空闲可用。

6）Inode Table（inode 索引节点表）

Inode Table 由若干个 inode 数据结构组成，需要占用若干个块。每个 inode 即对应一个文件或目录。inode 的内容是对除文件名（目录名）外的所有属性的描述，包括文件类型（普通文件、目录、符号链接等）、权限、文件创建时间/修改时间/访问时间、文件所占数据块的个数及指向数据块的指针。

7）Data Block（数据块）

原则上，Data Block 的大小与数量在格式化完成后就不能再修改了；如果需要修改，则必须重新进行格式化。

每个 block 内最多只能存放一个文件的数据。如果文件较大，则一个文件会占用多个 block。如果文件的大小小于 block，则该 block 的剩余容量也不能被其他文件使用了。这样方便管理，但也一定程度上使磁盘空间浪费了。

2. ext2 文件系统原理

对于一个文件来讲，除了它的数据保存在数据块中，其他信息都保存在自己的 inode 表中，但需要注意的是，inode 表和数据块都不保存文件的名字，它的名字保存在目录的数据块中（当然目录也有自己的 inode 表）。

对于目录来讲，目录的数据块中存储的就是文件名及其这些文件名的 inode 地址。

其他文件系统会通过虚拟文件系统的方法，演绎出和 ext2 相似的做法。

1）普通文件相关操作

一般而言，当读取文件系统中的一个文件时，大致流程如下：

（1）读出文件的 inode 编号。

（2）根据 inode 内的权限判定用户能否存取该文件。

（3）若用户有足够的权限，则开始读取 inode 内所记录的数据存放在哪些编号的 block 中。

（4）读出这些编号 block 内的数据，将这些数据按逻辑次序组合起来即为一个文件的实际内容。

新建文件的大致流程如下：

（1）当需要新建一个文件时，先到 metadata 区块找到尚未使用的一个 inode。

（2）将权限和属性相关数据写入该 inode，并在 metadata 区块将该 inode 设置为已使用，同时更新 Super Block 信息。

（3）到 metadata 区块找到尚未使用的 block，将实际数据写入 block，若文件内容较多，则继续在 metadata 区块找尚未使用的 block，持续写入，直到写完数据为止。

删除文件的大致流程如下：

（1）将要删除文件的 inode 编号与所属相关的 block 编号抹除取消。

（2）将 metadata 区块相对应的 inode 与 block 设置为尚未使用，并同步更新 Super Block 的数据。

2）目录相关操作

当用户创建一个目录时，文件系统会分配一个 inode 与对应的至少一块 block 给该目录，其中，inode 用于记录该目录的权限与属性，并记录分配到的 block 的编号；block 则记录在这个目录下的文件的文件名和这些文件对应的 inode 编号。

前面提到，读取文件数据时，最重要的一步是要先读到该文件的 inode 编号，而我们在实际操作时，是通过"文件名"来读写数据的，并没有直接用 inode 编号，因此，目录的重要意义就在于此——记录文件名与该文件名对应的 inode 编号。

5.2 文件系统的管理

某同学在使用虚拟机做 openEuler 系统实验的过程中发现硬盘容量不足，他考虑增加新硬盘，但是自己又刚接触 openEuler 系统，所以不知如何下手。下面为这位同学提供解决问题的思路。

（1）首先，为名为 openEuler-server 的 openEuler 虚拟机增加一块新硬盘，硬盘大小为 20GB，如图 5-2 所示，选择【编辑虚拟机设置】或者双击【设备】列表中的任一设备打开虚拟机设置对话框。

（2）在虚拟机设置对话框中，如图 5-3 所示，单击【添加（A）】按钮，接着依次按照如图 5-4~图 5-9 所示完成新硬盘的设置。

注意：若指定的虚拟磁盘大小超过硬盘上实际可用磁盘空间，则会出错，从而导致创建磁盘失败。

在图 5-8 中，指定磁盘文件使用默认文件名即可，然后单击【完成】按钮就完成了新硬盘的创建。磁盘创建成功后即可出现在虚拟机的主页上，如图 5-9 所示。

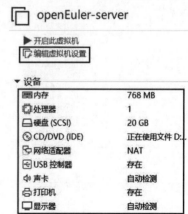

图 5-2　编辑虚拟机设置

图 5-3 虚拟机设置对话框

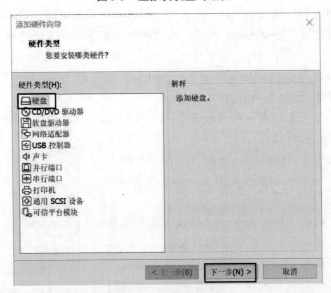

图 5-4 添加硬盘

第5章 文件系统基本管理

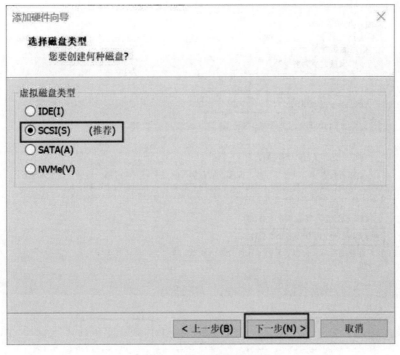

图 5-5　选择硬盘类型

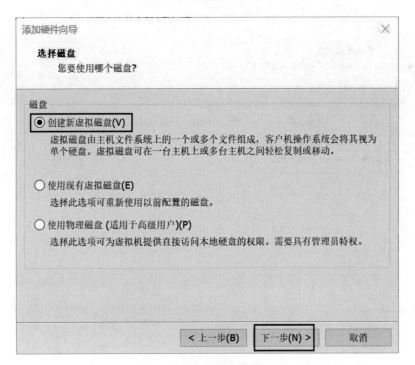

图 5-6　创建新虚拟磁盘

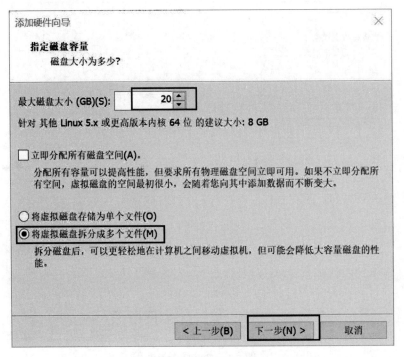

图 5-7　设置磁盘容量

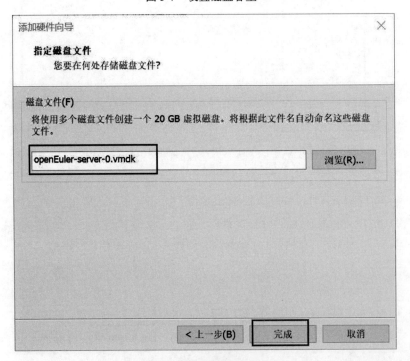

图 5-8　指定磁盘文件

图 5-9 新硬盘出现在虚拟机主页

（3）重复步骤（2）中的操作，再创建一个大小为 20GB 的新硬盘。

（4）重启虚拟机。以上两块新硬盘将分别被系统识别为/dev/sdb 和/dev/sdc。

（5）/dev/sdb 和/dev/sdc 分别使用了不同的分区方式。具体规划如下：/dev/sdb 使用 MBR 分区，共划分为 5 个分区，容量分别为 2GB、2GB、5GB、5GB、6GB；/dev/sdc 使用 GPT 分区，共分为 5 个分区，容量分别为 2GB、2GB、5GB、5GB、6GB。

（6）以普通用户 chen 身份登录系统，启动虚拟终端，切换至 root 用户，工作目录为 root 的家目录。

5.2.1 MBR 分区管理

1. 创建磁盘分区

使用 fdisk 命令可以对磁盘进行 MBR 分区操作，包括增加分区、删除分区、查看分区，以及转换分区类型等。命令语法如下：

```
fdisk　[选项]　[设备]
```

fdisk 命令的常用选项及含义见表 5-1。

表 5-1　fdisk 命令的常用选项及含义

选　　项	含　　义
-b	显示扇区计数和大小
-l	列出指定磁盘的分区表信息
-s	显示分区大小，单位为块
-v	显示命令版本信息

fdisk 命令采用传统的问答式界面，需要用户输入子命令，fdisk 命令的常用子命令的功能见表 5-2。

表 5-2　fdisk 命令的常用交互子命令

子命令	功　　能
m	显示 fdisk 的子命令
n	创建一个新分区，通常接下来系统会询问创建新分区类型：p 表示主分区；e 表示扩展分区；l 表示逻辑分区
d	删除磁盘分区
T	更改分区类型
v	检查校验分区表
p	打印分区表，显示磁盘分区信息
q	退出 fdisk 而不保存磁盘分区配置
w	保存磁盘分区配置并退出 fdisk

注意：为了方便读者理解，本节对 fdisk 命令的使用进行分步骤讲解，但实际上这是一个连贯的 fdisk 命令。如果中途退出 fdisk 命令，则前面的操作可能无效。

使用 fdisk 命令为 /dev/sdb 创建磁盘分区。下面 fdisk 命令代码中的 <-- 表示后面为用户输入，起提示作用，实际中不存在。

（1）进入 fdisk 界面，显示磁盘分区信息。

```
[root@server ~]# fdisk /dev/sdb

欢迎使用 fdisk (util-Linux 2.36.1)。
更改将停留在内存中，直到您决定将更改写入磁盘。
使用写入命令前请三思。

设备不包含可识别的分区表。
创建了一个磁盘标识符为 0x62b675ce 的新 DOS 磁盘标签。

命令(输入 m 获取帮助)：<--m

帮助：

  DOS (MBR)
   a   开关可启动标志
   b   编辑嵌套的 BSD 磁盘标签
   c   开关 DOS 兼容性标志

  常规
   d   删除分区
```

```
...
//此处省略若干内容

命令(输入 m 获取帮助)：<--p
Disk /dev/sdb：20 GiB，21474836480 字节，41943040 个扇区
磁盘型号：VMware Virtual S
单元：扇区 / 1 * 512 = 512 字节
扇区大小(逻辑/物理)：512 字节 / 512 字节
I/O 大小(最小/最佳)：512 字节 / 512 字节
磁盘标签类型：DOS
磁盘标识符：0x7edeb4f4
```

若在创建分区的过程中，操作失误，希望退出本次 fdisk 命令，重新分区，则可输入子命令 q（分区设置不保存）。

（2）创建（和删除）主分区。

按照事先规划创建主分区，命令如下：

```
命令(输入 m 获取帮助)：<--n
//子命令 n 表示创建新分区
分区类型
    p   主分区 (0 primary, 0 extended, 4 free)
    e   扩展分区 (逻辑分区容器)
选择 (默认 p)：<--p
//输入子命令 p，表示创建一个主分区
分区号 (1-4, 默认 1)：<--1
第 1 个扇区 (2048-41943039, 默认 2048)：<--按下 Enter 键
//设置第 1 个扇区位置：此处直接按 Enter 键，表示选默认的 2048
最后一个扇区，+/-sectors 或 +size{K,M,G,T,P}(2048-41943039, 默认 41943039)：
<--+2G
//设置最后一个扇区位置，分区 1 的容量大小为 2GiB

创建了一个新分区 1，类型为 "Linux"，大小为 2GiB。
//默认分区 1 的类型为 Linux

命令(输入 m 获取帮助)：<--n
//创建新分区
分区类型
    p   主分区 (1 primary, 0 extended, 3 free)
    e   扩展分区 (逻辑分区容器)
选择 (默认 p)：<--p
//输入 p 表示创建一个主分区
分区号 (2-4, 默认 2)：<--2
//分区号可以从 2、3、4 中任选一个，若直接按 Enter 键，则表示选取的默认值为 2
```

第 1 个扇区 (4196352-41943039, 默认 4196352): <--按下 Enter 键
//设置第 1 个扇区位置：这里直接按 Enter 键，表示使用默认的 4196352
最后一个扇区, +/-sectors 或 +size{K,M,G,T,P}(4196352-41943039, 默认 41943039):
<--+2G
//设置结束扇区位置。分区 2 的容量为 2GiB

创建了一个新分区 2，类型为 "Linux"，大小为 2GiB。

命令(输入 m 获取帮助): <--n
分区类型
    p   主分区 (2 primary, 0 extended, 2 free)
    e   扩展分区 (逻辑分区容器)
选择 (默认 p): <--p
分区号 (3,4, 默认 3): <--3
//当前可选分区号为 3、4；可任选一个；此处选了 3
第 1 个扇区 (8390656-41943039, 默认 8390656): <--按下 Enter 键
//设置第 1 个扇区位置直接按 Enter 键，表示选择的默认值为 8390656
最后一个扇区,+/-sectors 或 +size{K,M,G,T,P}(8390656-41943039, 默认 41943039):
<--+5G
//设置结束扇区位置

创建了一个新分区 3，类型为 Linux，大小为 5GiB。

命令(输入 m 获取帮助): <--n
分区类型
    p   主分区 (3 primary, 0 extended, 1 free)
    e   扩展分区 (逻辑分区容器)
选择 (默认 e): <--p

已选择分区 4
第 1 个扇区 (18876416-41943039, 默认 18876416): <--按下 Enter 键
最后一个扇区, +/-sectors 或 +size{K,M,G,T,P}(18876416-41943039, 默认 41943039):
<--+5G

创建了一个新分区 4，类型为 Linux，大小为 5GiB。

命令(输入 m 获取帮助): <--p
//子命令 p 表示将当前分区状况输出到屏幕
Disk /dev/sdb: 20 GiB, 21474836480 字节, 41943040 个扇区
磁盘型号: VMware Virtual S
单元: 扇区/1 * 512 = 512 字节
扇区大小(逻辑/物理): 512 字节/512 字节
I/O 大小(最小/最佳): 512 字节/512 字节

```
磁盘标签类型：DOS
//DOS 表示使用了 MBR 分区
磁盘标识符：0x53656753

设备启动起点末尾扇区大小 Id 类型
/dev/sdb1          2048  4196351  4194304   2G 83 Linux
/dev/sdb2       4196352  8390655  4194304   2G 83 Linux
/dev/sdb3       8390656 18876415 10485760   5G 83 Linux
/dev/sdb4      18876416 29362175 10485760   5G 83 Linux

命令(输入 m 获取帮助)：<--n
要创建更多分区，先将一个主分区替换为扩展分区。
//无法创建新的分区
//以上操作成功创建了 4 个主分区，但是无法创建第 5 个分区，不能满足需求。
//因此需要换个思路，删除一个主分区，然后改用扩展分区。

命令(输入 m 获取帮助)：<--d
//子命令 d 表示删除一个分区
分区号 (1-4，默认 4)：<--4
//指定删除分区 4

分区 4 已删除。
//成功删除了一个主分区 4

命令(输入 m 获取帮助)：<--p
//再次查看磁盘的当前分区情况
Disk /dev/sdb：20 GiB，21474836480 字节，41943040 个扇区
磁盘型号：VMware Virtual S
单元：扇区/1*512 = 512 字节
扇区大小(逻辑/物理)：512 字节/512 字节
I/O 大小(最小/最佳)：512 字节/512 字节
磁盘标签类型：dos
磁盘标识符：0x53656753

设备启动起点末尾扇区大小 Id 类型
/dev/sdb1          2048  4196351  4194304   2G 83 Linux
/dev/sdb2       4196352  8390655  4194304   2G 83 Linux
/dev/sdb3       8390656 18876415 10485760   5G 83 Linux
//再次查看/dev/sdb 的分区情况，一共分了 3 个主分区，还剩下 11G 空闲没有分区
```

综上，根据规划，一共需要创建 5 个分区，而 MBR 分区中主分区最多只能有 4 个，所以必须借助于扩展分区。扩展分区中可以包含多个逻辑分区，因此分区方案不唯一。这里选其中一种，划分 3 个主分区和 1 个扩展分区（含 2 个逻辑分区），在当前步骤创建 3 个主分区，并将在下一步创建扩展分区。

（3）创建扩展分区和逻辑驱动器。

创建扩展分区，并在扩展分区中创建两个逻辑分区，命令如下：

```
命令(输入 m 获取帮助)：<--n
//创建新分区
分区类型
   p   主分区 (3 primary, 0 extended, 1 free)
   e   扩展分区 (逻辑分区容器)
选择 (默认 e)：<--e
//指定分区类型为 e（扩展分区）


已选择分区 4
第 1 个扇区 (18876416-41943039, 默认 18876416)：<--按下 Enter 键
//设置第 1 个扇区，此处直接按 Enter 键，使用默认的 18876416
最后一个扇区, +/-sectors 或 +size{K,M,G,T,P} (18876416-41943039, 默认 41943039)：
<--按下 Enter 键
//设置最后一个扇区，此处直接按 Enter 键，使用默认的 41943039，即扩展分区占用磁盘剩余
//所有空间

创建了一个新分区 4，类型为 Extended，大小为 11 GiB。


命令(输入 m 获取帮助)：<--n
//创建一个新分区
所有主分区都在使用中。
添加逻辑分区 5
//自动添加逻辑分区 5（逻辑分区的编号从 5 开始）
第 1 个扇区 (18878464-41943039, 默认 18878464)：<--按下 Enter 键
//此处按 Enter 键，将第 1 个扇区设置为默认的 18878464
最后一个扇区, +/-sectors 或 +size{K,M,G,T,P} (18878464-41943039, 默认 41943039)：
<--+5G
//设置最后一个扇区：输入+5G，即逻辑分区 5 的容量为 5GiB

创建了一个新分区 5，类型为 Linux，大小为 5 GiB。


命令(输入 m 获取帮助)：<--n
//创建一个新分区
所有主分区都在使用中。
添加逻辑分区 6
//系统自动添加逻辑分区 6（逻辑分区号由系统自动设定了）
第 1 个扇区 (29366272-41943039, 默认 29366272)：<--按下 Enter 键
//直接按 Enter 键使用默认值
最后一个扇区, +/-sectors 或 +size{K,M,G,T,P} (29366272-41943039, 默认 41943039)：
<--按下 Enter 键
```

```
//直接按 Enter 键，使用默认值

创建了一个新分区 6，类型为 Linux，大小为 6 GiB。

命令(输入 m 获取帮助)：<--p
//再次查看磁盘的分区情况
Disk /dev/sdb: 20 GiB, 21474836480 字节, 41943040 个扇区
磁盘型号：VMware Virtual S
单元：扇区/1*512 = 512 字节
扇区大小(逻辑/物理)：512 字节/512 字节
I/O 大小(最小/最佳)：512 字节/512 字节
磁盘标签类型：dos
磁盘标识符：0x53656753


设备启动起点末尾扇区大小 Id 类型
/dev/sdb1         2048   4196351   4194304    2G 83 Linux
/dev/sdb2      4196352   8390655   4194304    2G 83 Linux
/dev/sdb3      8390656  18876415  10485760    5G 83 Linux
/dev/sdb4     18876416  41943039  23066624   11G  5 扩展
/dev/sdb5     18878464  29364223  10485760    5G 83 Linux
/dev/sdb6     29366272  41943039  12576768    6G 83 Linux
//最新的磁盘分区情况
```

到此为止，按照之前的规划，完成了对/dev/sdb 的分区，其中/dev/sdb4 是扩展分区，大小为 11GiB，包含/dev/sdb5 和/dev/sdb6 两个逻辑分区。可以看到，这两个逻辑分区的开始扇区和结束扇区包含在扩展分区/dev/sdb4 的扇区范围内。

（4）查看并转换分区类型。

将/dev/sdb2 分区类型修改为 FAT32，命令如下：

```
命令(输入 m 获取帮助)：<--t
//t 子命令用于转换分区类型
分区号 (1-6, 默认 6)：<--2
//选择分区 2 进行转换，因此输入分区号 2
Hex 代码或别名（输入 L 列出所有代码）：<--L
//输入子命令 L 可查看所有的分区代码


00 空                24 NEC DOS           81 Minix / 旧 Linu  bf Solaris
01 FAT12             27 隐藏的 NTFS Win   82 Linux swap / So  c1 DRDOS/sec (FAT-
02 XENIX root        39 Plan 9            83 Linux            c4 DRDOS/sec (FAT-
03 XENIX usr         3c PartitionMagic    84 OS/2 隐藏或 In   c6 DRDOS/sec (FAT-
04 FAT16 <32M        40 Venix 80286       85 Linux 扩展       c7 Syrinx
05 扩展              41 PPC PReP Boot     86 NTFS 卷集        da 非文件系统数据
06 FAT16             42 SFS               87 NTFS 卷集        db CP/M / CTOS / .
```

```
07 HPFS/NTFS/exFAT      4d QNX4.x              88 Linux 纯文本      de Dell 工具
08 AIX                  4e QNX4.x 第 2 部分     8e Linux LVM        df BootIt
09 AIX 可启动            4f QNX4.x 第 3 部分     93 Amoeba           e1 DOS 访问
0a OS/2 启动管理器        50 OnTrack DM           94 Amoeba BBT      e3 DOS R/O
0b W95 FAT32            51 OnTrack DM6 Aux     9f BSD/OS           e4 SpeedStor
0c W95 FAT32 (LBA)      52 CP/M                a0 IBM Thinkpad 休  ea Linux 扩展启动
......
//此处省略若干内容

别名:
Linux       - 83
  swap      - 82
  extended  - 05
  uefi      - EF
  raid      - FD
  lvm       - 8E
Linuxex     - 85
Hex 代码或别名(输入 L 列出所有代码): <--0c
//输入要转换的分区代码 0c, 0c 表示 FAT32

已将分区由 Linux 类型更改为 "W95 FAT32 (LBA)"。
//将分区 2 的分区类型成功地更改为 FAT32

命令(输入 m 获取帮助): <--p
//再次查看磁盘分区情况
Disk /dev/sdb: 20 GiB, 21474836480 字节, 41943040 个扇区
磁盘型号: VMware Virtual S
单元: 扇区 / 1 * 512 = 512 字节
扇区大小(逻辑/物理): 512 字节 / 512 字节
I/O 大小(最小/最佳): 512 字节 / 512 字节
磁盘标签类型: dos
磁盘标识符: 0x53656753

设备启动起点末尾扇区大小 Id 类型
/dev/sdb1          2048     4196351   4194304   2G  83 Linux
/dev/sdb2       4196352     8390655   4194304   2G   c W95 FAT32 (LBA)
/dev/sdb3       8390656    18876415  10485760   5G  83 Linux
/dev/sdb4      18876416    41943039  23066624  11G   5 扩展
/dev/sdb5      18878464    29364223  10485760   5G  83 Linux
/dev/sdb6      29366272    41943039  12576768   6G  83 Linux
//可以看到, /dev/sdb2 的分区类型已经显示为 W95 FAT32 (LBA)
```

(5) 保存分区设置信息，退出 fdisk 命令。

输入子命令 w，保存分区设置信息后退出 fdisk 命令。

```
命令(输入 m 获取帮助)：<--w
//将上述分区设置保存至磁盘
分区表已调整。
将调用 ioctl() 来重新读分区表。
正在同步磁盘。
//保存完毕后自动退出 fdisk 命令，读者需要注意，到这里才退出了 fdisk 命令
//如果中间出错，则可使用 q 子命令退出，或使用快捷键 Ctrl+C 强制退出，但是所设分区将不保存
```

（6）使用 fdisk -l 命令显示分区情况。

```
[root@server ~]# fdisk -l /dev/sdb
//-l 选项表示查询当前/dev/sdb 的分区情况
Disk /dev/sdb: 20 GiB, 21474836480 字节, 41943040 个扇区
磁盘型号：VMware Virtual S
单元：扇区 / 1 * 512 = 512 字节
扇区大小(逻辑/物理)：512 字节 / 512 字节
I/O 大小(最小/最佳)：512 字节 / 512 字节
磁盘标签类型：dos
磁盘标识符：0x53656753

设备启动起点末尾扇区大小 Id 类型
/dev/sdb1         2048    4196351    4194304    2G  83 Linux
/dev/sdb2      4196352    8390655    4194304    2G   c W95 FAT32 (LBA)
/dev/sdb3      8390656   18876415   10485760    5G  83 Linux
/dev/sdb4     18876416   41943039   23066624   11G   5 扩展
/dev/sdb5     18878464   29364223   10485760    5G  83 Linux
/dev/sdb6     29366272   41943039   12576768    6G  83 Linux
```

（7）查看分区情况，更新分区表。

```
[root@server ~]# partprobe
//partprobe 命令更新分区表
```

使用 ls 命令查看磁盘分区情况，命令如下：

```
[root@server ~]# ls /dev/sdb*
/dev/sdb  /dev/sdb1  /dev/sdb2  /dev/sdb3  /dev/sdb4  /dev/sdb5  /dev/sdb6
```

2. 创建文件系统

使用 mkfs 命令可以在分区上创建各种文件系统，但是 mkfs 命令本身并不执行建立文件系统的工作，而是通过调用相关程序来执行，因此，执行 mkfs 命令时，要指定文件系统是 xfs、ext4 或 vfat 等。

---

ext4 和 xfs：ext4 文件系统和 ext2、ext3 一脉相承。ext4 是一种扩展日志式文件系统。

相比 ext3，ext4 提供了更好的性能和可靠性及更丰富的功能。xfs 是一种非常优秀的日志文件系统。由 Silicon Graphics 为他们的 IRIX 操作系统而开发，是 IRIX 5.3 版的默认文件系统。2000 年 5 月，Silicon Graphics 以 GNU 通用公共许可证发布了这套系统的源代码，之后被移植到 Linux 内核上。xfs 特别擅长处理大文件。

下面使用 mkfs 命令为/dev/sdb 中的几个磁盘分区创建文件系统。
（1）格式化/dev/sdb1 分区，创建 xfs 文件系统，命令如下：

```
[root@server ~]# mkfs.xfs /dev/sdb1
meta-data=/dev/sdb1              isize=512    agcount=4, agsize=131072 blks
         =                       sectsz=512   attr=2, projid32 位=1
         =                       crc=1        finobt=1, sparse=1, rmapbt=0
         =                       reflink=1
data     =                       bsize=4096   blocks=524288, imaxpct=25
         =                       sunit=0      swidth=0 blks
naming   =version 2              bsize=4096   ascii-ci=0, ftype=1
log      =internal log           bsize=4096   blocks=2560, version=2
         =                       sectsz=512   sunit=0 blks, lazy-count=1
realtime =none                   extsz=4096   blocks=0, rtextents=0
```

（2）格式化/dev/sdb2 分区，创建 xfs 文件系统，命令如下：

```
[root@server ~]# mkfs.xfs /dev/sdb2
```

（3）格式化/dev/sdb5 分区，创建 xfs 文件系统，命令如下：

```
[root@server ~]# mkfs.xfs /dev/sdb5
```

（4）格式化/dev/sdb3 分区，创建 ext4 文件系统，命令如下：

```
[root@server ~]# mkfs.ext4 /dev/sdb3
mke2fs 1.45.6 (20-Mar-2020)
创建含有 1310720 个块（每块 4k）和 327680 个 inode 的文件系统
文件系统 UUID：91583ac1-0601-40be-8e3c-d152ab11894c
超级块的备份存储于下列块：
        32768, 98304, 163840, 229376, 294912, 819200, 884736

正在分配组表：完成
正在写入 inode 表：完成
创建日志（16384 个块）完成
写入超级块和文件系统账户统计信息：已完成
```

（5）格式化/dev/sdb6 分区，创建 ext4 文件系统，命令如下：

```
[root@server ~]# mkfs.ext4 /dev/sdb6
```

3. 挂载文件系统
使用 mount 命令可以将指定分区、光盘挂载到系统的目录下。

命令语法：

```
mount [选项] [设备] [挂载目录]
```

mount 命令的常用选项及含义如表 5-3。

表 5-3 mount 命令的常用选项及含义

选 项	含 义
-a	按照配置文件/etc/fstab，将所有未挂载的磁盘都挂载上来
-t	指定要挂载的文件系统的类型，常见支持的类型有 xfs、ext4、vfat、reiserfs、iso9660（光盘格式）、nfs、cifs、smbfs（后 3 种为网络文件系统类型）
-o	指定挂载文件系统时的挂载选项，有些挂载选项也用在/etc/fstab 文件中
-r	等价于-o ro 选项，以只读方式挂载文件系统
-w	等价于-o rw 选项，以读写方式挂载文件系统
-L	以卷标形式挂载文件系统
-U	以 UUID 形式挂载文件系统
-n	不把挂载信息记录在文件/etc/mtab 中

mount 命令的常用挂载选项及含义如表 5-4。

表 5-4 mount 命令的常用挂载选项及含义

挂载选项	含 义
async/sync	此文件系统是否使用同步写入（sync）或异步（async）写入的内存机制
atime/noatime	是否修订文件的读取时间（atime）。为了改善性能，可以使用 noatime
ro/rw	ro 表示以只读形式挂载文件系统；rw 表示以可读可写形式挂载文件系统
auto/noauto	auto 允许此文件系统自动挂载；noauto 不允许
dev/nodev	是否允许在此文件系统上创建设备文件。dev 表示允许，nodev 表示不允许
suid/nosuid	suid 表示允许此文件系统含有 suid/sgid 的文件格式，nosuid 则表示不允许
exec/noexec	exec 表示允许在此文件系统上拥有可执行二进制文件，noexec 则表示不允许
user/nouser	是否允许此文件系统让任何用户执行 mount 命令。user 表示普通用户也可以对此分区进行挂载；nouser 则只有 root 可以
defaults	默认值为 rw、suid、dev、exec、auto、nouser 和 async
remount	重新挂载，在系统出错或重新更新参数时很有用

mount 命令常见挂载方式如下：

- mount -a
- mount [-l]
- mount [-t 文件系统] LABEL=" 挂载点
- mount [-t 文件系统] UUID=" 挂载点
- mount [-t 文件系统] 设备文件 挂载点

下面创建挂载点（挂载目录），将/dev/sdb 的磁盘分区挂载到挂载点。

（1）创建挂载目录/mnt/a 和/mnt/b，命令如下：

```
[root@server ~]# mkdir -p /mnt/a
//若/mnt 目录不存在，则一并创建
[root@server ~]# mkdir /mnt/b
//创建挂载目录/mnt/b
```

（2）将磁盘分区/dev/sdb1 挂载到目录/mnt/a，命令如下：

```
[root@server ~]# mount -t xfs /dev/sdb1 /mnt/a
//挂载
[root@server ~]# touch /mnt/a/testfile
//在/mnt/a 目录下创建空文件/mnt/a/testfile
[root@server ~]# ls /mnt/a
testfile
//查看目录/mnt/a，可以看到刚刚创建的文件 testfile
//事实上，/mnt/a/testfile 文件存在于磁盘分区/dev/sdb1 中
```

（3）以只读的形式将磁盘分区/dev/sdb5 挂载到目录/mnt/b，命令如下：

```
[root@server ~]# mount -t xfs -o ro /dev/sdb5 /mnt/b
//以只读形式挂载
[root@server ~]# mkdir /mnt/b/c
mkdir: 无法创建目录 "/mnt/b/c": 只读文件系统
//在/mnt/b 中创建目录失败，因为该目录为只读
[root@server ~]# touch /mnt/b/file
touch: 无法创建 '/mnt/b/file': 只读文件系统
//在/mnt/b 中创建文件失败，因为该目录为只读
```

4. 查看磁盘分区挂载情况

使用 df 命令可以查看磁盘分区挂载情况。

df 命令的语法格式：

```
df [选项] [文件]
```

df 命令的常用选项及含义见表 5-5。

表 5-5　df 命令的常用选项及含义

选项	含义
-a	显示所有文件系统，包括虚拟文件系统
-k	以 KB 为单位显示（块大小为 1KB）
-T	显示文件系统类型
-t	只显示指定文件系统类型的信息
-h	以可读性较高（如 MB、KB）的方式显示信息

（1）显示磁盘空间的使用情况。

```
[root@server ~]# df
文件系统                          1K-块        已用         可用        已用%   挂载点
devtmpfs                        1716924          0      1716924       0%    /dev
tmpfs                           1734852          0      1734852       0%    /dev/shm
tmpfs                            693944       9492       684452       2%    /run
tmpfs                              4096          0         4096       0%    /sys/fs/cgroup
/dev/mapper/openeuler-root     17410832   13168144      3335220      80%    /
tmpfs                           1734852         92      1734760       1%    /tmp
/dev/sda1                        999320     164288       766220      18%    /boot
tmpfs                            346968         36       346932       1%    /run/user/1001
/dev/sr0                        3746646    3746646            0     100%
/run/media/chen/openEuler-21.03-x86_64
/dev/sdb1                       2086912      47604      2039308       3%    /mnt/a
/dev/sdb5                       5232640        256      5232384       1%    /mnt/b
```

（2）以 MB 和 GB 显示磁盘空间使用情况。

```
[root@server ~]# df -h
文件系统容量               已用        可用      已用%  挂载点
devtmpfs                  1.7G     0    1.7G    0%   /dev
tmpfs                     1.7G     0    1.7G    0%   /dev/shm
tmpfs                     678M   9.3M   669M    2%   /run
tmpfs                     4.0M     0    4.0M    0%   /sys/fs/cgroup
/dev/mapper/openeuler-root 17G   13G   3.2G   80%   /
tmpfs                     1.7G   92K   1.7G    1%   /tmp
/dev/sda1                 976M  161M   749M   18%   /boot
tmpfs                     339M   36K   339M    1%   /run/user/1001
/dev/sr0                  3.6G  3.6G      0  100%
/run/media/chen/openEuler-21.03-x86_64
/dev/sdb1                 2.0G   47M   2.0G    3%   /mnt/a
/dev/sdb5                 5.0G  256K   5.0G    1%   /mnt/b
```

（3）在显示磁盘空间使用情况的同时显示文件系统。

```
[root@server ~]# df -T
文件系统                        类型       1K-块        已用         可用     已用%   挂载点
devtmpfs                      devtmpfs   1716924          0      1716924     0%   /dev
tmpfs                         tmpfs      1734852          0      1734852     0%   /dev/shm
tmpfs                         tmpfs       693944       9492       684452     2%   /run
tmpfs                         tmpfs         4096          0         4096     0%   /sys/fs/cgroup
/dev/mapper/openeuler-root    ext4      17410832   13168144      3335220    80%   /
tmpfs                         tmpfs      1734852         92      1734760     1%   /tmp
/dev/sda1                     ext4        999320     164288       766220    18%   /boot
```

```
tmpfs              tmpfs      346968         36    346932   1%  /run/user/1001
/dev/sr0           iso9660   3746646    3746646         0 100%
                                         /run/media/chen/openEuler-21.03-x86_64
/dev/sdb1          xfs       2086912      47604   2039308   3%  /mnt/a
/dev/sdb5          xfs       5232640        256   5232384   1%  /mnt/b
```

（4）显示 xfs 文件系统类型磁盘空间的使用情况。

```
[root@server ~]# df -t xfs
文件系统        1K-块        已用       可用    已用%   挂载点
/dev/sdb1      2086912     47604   2039308     3%    /mnt/a
/dev/sdb5      5232640       256   5232384     1%    /mnt/b
```

（5）查看/mnt/a 目录所在磁盘分区的磁盘空间的使用情况。

```
[root@server ~]# df /mnt/a
文件系统        1K-块        已用       可用    已用%   挂载点
/dev/sdb1      2086912     47604   2039308     3%    /mnt/a
```

（6）查看/dev/sdb5 磁盘分区的磁盘空间的使用情况。

```
[root@server ~]# df /dev/sdb5
文件系统        1K-块        已用       可用    已用%   挂载点
/dev/sdb5      5232640       256   5232384     1%    /mnt/b
```

5．卸载文件系统

使用 umount 命令可以将指定分区卸载。

umount 命令的语法格式：

```
umount [选项] [设备|挂载目录]
```

命令的常用选项的含义见表 5-6。

表 5-6　umount 命令的常用选项及含义

选　　项	含　　义
-r	若无法成功卸载，则尝试以只读方式重新挂载该文件系统
-n	卸载时并不将信息存入/etc/mtab 文件中
-f	强制卸载文件系统
-t	只卸载指定类型的文件系统
-a	卸载所有文件系统

（1）卸载磁盘分区/dev/sdb1 的文件系统，命令如下：

```
[root@server ~]# ll /mnt/a
总用量 0
-rw-r--r--. 1 root root 0 7月 19 20:02 testfile
```

```
//查看/mnt/a目录，会看到之前创建的testfile文件
[root@server ~]# umount /dev/sdb1
//卸载磁盘分区
[root@server ~]# ll /mnt/a
总用量 0
//磁盘分区已经卸载，因此看不到testfile文件
```

（2）卸载目录/mnt/b所在的磁盘分区的文件系统，命令如下：

```
[root@server ~]#umount /mnt/b
//以目录形式卸载，等价于命令 umount /dev/sdb5
```

5.2.2　GPT 分区管理

1. 创建磁盘分区

使用 gdisk 命令可以对磁盘进行 GPT 分区操作，包括增加分区、删除分区、查看分区，以及转换分区类型等。

使用 gdisk 命令为/dev/sdc 创建磁盘分区，命令如下：

```
[root@server ~]# gdisk /dev/sdc
GPT fdisk (gdisk) version 1.0.5.1

Warning: Partition table header claims that the size of partition table
entries is 0 Bytes, but this program  supports only 128-Byte entries.
Adjusting accordingly, but partition table may be garbage.
Warning: Partition table header claims that the size of partition table
entries is 0 Bytes, but this program  supports only 128-Byte entries.
Adjusting accordingly, but partition table may be garbage.
Partition table scan:
  MBR: not present
  BSD: not present
  APM: not present
  GPT: not present

Creating new GPT entries in memory.

Command (? for help): <--p
//查看当前磁盘的分区情况
Disk /dev/sdc: 41943040 sectors, 20.0 GiB
Model: VMware Virtual S
Sector size (logical/physical): 512/512 Bytes
Disk identifier (GUID): 9EDA31AA-492F-4C1B-89A9-06BD354D8434
Partition table holds up to 128 entries
Main partition table begins at sector 2 and ends at sector 33
```

```
First usable sector is 34, last usable sector is 41943006
Partitions will be aligned on 2048-sector boundaries
Total free space is 41942973 sectors (20.0 GiB)

Number  Start (sector)    End (sector)  Size       Code  Name
//目前没有任何分区

Command (? for help): <--?
//列出 gdisk 的子命令和子命令对应的功能
b       back up GPT data to a file
c       change a partition's name
d       delete a partition
//子命令 d：删除一个分区
i       show detailed information on a partition
l       list known partition types
n       add a new partition
//子命令 n：创建一个新分区
o       create a new empty GUID partition table (GPT)
p       print the partition table
q       quit without saving changes
//子命令 q：退出 gdisk，并且不保存分区设置
r       recovery and transformation options (experts only)
s       sort partitions
t       change a partition's type code
//子命令 t：修改分区的类型
v       verify disk
w       write table to disk and exit
//子命令 w：将分区设置写入磁盘并保存后退出 gdisk 命令
x       extra functionality (experts only)
?       print this menu
//子命令 ?：显示子命令和子命令的功能


Command (? for help): <--n
//创建新分区
Partition number (1-128, default 1): <--1
//分区编号可以从 1~128 中任选一个，此处输入 1
First sector (34-41943006, default = 2048) or {+-}size{KMGTP}: <--按下 Enter 键
//设置当前分区的第 1 个扇区，按 Enter 键，选取的默认值为 2048
Last sector (2048-41943006, default = 41943006) or {+-}size{KMGTP}: <--+2G
//设置当前分区的最后一个扇区。分区容量为 2GB
Current type is 8300 (Linux filesystem)
Hex code or GUID (L to show codes, Enter = 8300): <--按下 Enter 键
//按 Enter 键，选择默认类型为 8300
```

```
    Changed type of partition to 'Linux filesystem'

    Command (? for help): <--n
    Partition number (2-128, default 2): <--2
    First sector (34-41943006, default = 4196352) or {+-}size{KMGTP}: <--按下
Enter 键
    Last sector (4196352-41943006, default = 41943006) or {+-}size{KMGTP}: <--+2G
    Current type is 8300 (Linux filesystem)
    Hex code or GUID (L to show codes, Enter = 8300):
    Changed type of partition to 'Linux filesystem'

    Command (? for help): <--n
    Partition number (3-128, default 3): <--3
    First sector (34-41943006, default = 8390656) or {+-}size{KMGTP}: <--按下
Enter 键
    Last sector (8390656-41943006, default = 41943006) or {+-}size{KMGTP}: <--+5G
    Current type is 8300 (Linux filesystem)
    Hex code or GUID (L to show codes, Enter = 8300):
    Changed type of partition to 'Linux filesystem'

    Command (? for help): <--n
    Partition number (4-128, default 4): <--4
    First sector (34-41943006, default = 18876416) or {+-}size{KMGTP}: <--按下
Enter 键
    Last sector (18876416-41943006, default = 41943006) or {+-}size{KMGTP}:<--+5G
    Current type is 8300 (Linux filesystem)
    Hex code or GUID (L to show codes, Enter = 8300):
    Changed type of partition to 'Linux filesystem'

    Command (? for help): <--n
    Partition number (5-128, default 5): <--5
    First sector (34-41943006, default = 29362176) or {+-}size{KMGTP}: <--按下
Enter 键
    //设置分区的第 1 个扇区，按 Enter 键选择默认值
    Last sector (29362176-41943006, default = 41943006) or {+-}size{KMGTP}: <--
按下 Enter 键
    //设置分区的最后一个扇区，按 Enter 键选择默认值
    Current type is 8300 (Linux filesystem)
    Hex code or GUID (L to show codes, Enter = 8300):

    Changed type of partition to 'Linux filesystem'

    Command (? for help): <--p
```

```
//再次查看/dec/sdc 的分区情况
Disk /dev/sdc: 41943040 sectors, 20.0 GiB
Model: VMware Virtual S
Sector size (logical/physical): 512/512 Bytes
Disk identifier (GUID): 8D88A762-6A44-4A27-B830-0309E19FD26A
Partition table holds up to 128 entries
Main partition table begins at sector 2 and ends at sector 33
First usable sector is 34, last usable sector is 41943006
Partitions will be aligned on 2048-sector boundaries
Total free space is 2014 sectors (1007.0 KiB)

Number  Start (sector)    End (sector)   Size      Code  Name
   1             2048         4196351    2.0 GiB   8300  Linux filesystem
   2          4196352         8390655    2.0 GiB   8300  Linux filesystem
   3          8390656        18876415    5.0 GiB   8300  Linux filesystem
   4         18876416        29362175    5.0 GiB   8300  Linux filesystem
   5         29362176        41943006    6.0 GiB   8300  Linux filesystem

Command (? for help): <--w
//子命令 w，将以上分区设置写入磁盘

Final checks complete. About to write GPT data. THIS WILL OVERWRITE EXISTING PARTITIONS!!
//准备写入 GPT 分区，这个操作将覆盖原有分区

Do you want to proceed? (Y/N): <--y
//询问是否要继续？输入 y，表示确认写入；输入 n，表示放弃写入，此处输入 y
OK; writing new GUID partition table (GPT) to /dev/sdc.
The operation has completed successfully.
//分区成功完成
//所有分区都是主分区
```

2. 创建文件系统（磁盘格式化）

（1）使用 mkfs 命令创建文件系统。

下面为/dev/sdc3 创建 xfs 文件系统，命令如下：

```
[root@server ~]# mkfs -t xfs /dev/sdc3
```

读者可自行尝试为/dev/sdc4 和/dev/sdc5 分别创建文件系统。

（2）使用 mkwap 命令创建交换分区。

用户有时在安装了 openEuler 系统之后，需要添加更多交换空间以提高系统性能。这时可以考虑创建虚拟内存的交换分区。使用 mkswap 命令可以将磁盘分区或文件设置为交换分区。

① 在本例中，将/dev/sdc1 创建为交换分区，命令如下：

```
[root@server ~]# mkswap /dev/sdc1
正在设置交换空间版本 1, 大小 = 2 GiB (2147479552 字节)
无标签, UUID=1e2e7048-373a-43de-9ab3-d3af98a6324c
//将/dev/sdc1 分区创建为交换分区
[root@server ~]# free
              total        used        free      shared  buff/cache   available
Mem:        3469704     1046132     1014816       24092     1408756     2040168
Swap:       2097148           0     2097148
//新的 swap 交换分区还没有启动，因此使用 free 命令无法看到 swap 容量增加
```

② 使用 swapon 命令启用交换分区，命令如下：

```
[root@server ~]# swapon /dev/sdc1
//启用交换分区
[root@server ~]# free
              total        used        free      shared  buff/cache   available
Mem:        3469704     1047156     1013752       24092     1408796     2039144
Swap:       4194296           0     4194296
//因为启用了交换分区/dev/sdc1，因此可以看到 swap 总的容量增加了
```

③ 确认已经启用交换分区。使用 cat 命令查看交换分区是否已经启用，命令如下：

```
[root@server ~]# cat /proc/swaps
Filename              Type            Size        Used        Priority
…
/dev/sdc1             partition       2097148     0           -3
[root@server ~]#
```

注意：当不再需要交换分区时，可以执行 swapoff 命令禁用交换分区。例如，执行命令 swapoff /dev/sdc1 即可禁用交换分区/dev/sdc1。

3. 文件系统的挂载（和卸载）

将/dev/sdc3 挂载至指定目录，命令如下：

```
[root@server ~]# mkdir /mnt/c
//创建挂载目录
[root@server ~]# mount /dev/sdc3 /mnt/c
//将/dev/sdc3 挂载至/mnt/c 目录
```

卸载/mnt/c，命令如下：

```
[root@server ~]# cd /mnt/c
//将工作目录切换至/mnt/c
[root@server c]# umount /mnt/c
umount: /mnt/c: 目标忙。
```

```
//卸载失败，提示目标忙
[root@server c]# cd
//将工作目录改回 root 的家目录
[root@server ~]# umount /mnt/c
//再次卸载/mnt/c
[root@server ~]#
//卸载成功
```

从上述命令的执行情况可知，卸载需要将工作目录移到挂载点（挂载目录及其子目录）之外，否则会遭遇卸载失败。

读者可自行尝试将分区/dev/sdc4 和/dev/sdc5 挂载至指定目录。

4．系统开机自动挂载

分区或设备挂载到目录才能使用，但默认通过 mount 命令进行挂载是临时挂载，计算机重新启动后挂载就失效了，又需要重新挂载，这时，可以通过修改配置文件/etc/fstab 实现开机自动挂载文件系统。

不过在编辑这个文件之前，读者应该先知道系统挂载的一些限制：

（1）根目录（"/"）是必须挂载的，而且一定要先于其他挂载点被挂载进来。

（2）其他挂载点必须为已创建的目录，可任意指定，但一定要遵循文件系统层次化标识（FHS）。

（3）所有挂载点在同一时间只能挂载一次。

（4）所有分区在同一时间只能挂载一次。

1）/etc/fstab 文件简介

在主机名为 server 的 openEuler 系统中，查看/etc/fstab 文件的内容，命令如下：

```
[root@server ~]# cat /etc/fstab
/dev/mapper/openeuler-root /                             xfs     defaults    1 1
UUID=c5bb7d06-486f-472f-b927-77901708c42c /boot ext4    defaults    1 2
/dev/mapper/openeuler-swap none                          swap    defaults    0 0
```

这个文件每行为一个整体，一行共有 6 个字段，各字段及含义见表 5-7。

表 5-7　/etc/fstab 文件的各字段及含义

字段序号	字　　段	含　　义
1	磁盘设备文件名/UUID/卷标	使用设备名或者 UUID 指定设备
2	挂载目录	指定设备的挂载目录，也叫挂载点
3	文件系统	指定设备或分区的文件系统，如 xfs、ext4、vfat、nfs 等
4	挂载选项	选项非常多，但若无需要，则可使用默认的 defaults 值。其他选项的详情如表 5-6 所示
5	能否被 dump 备份命令作用	dump 只支持 ext 系列文件系统，若使用 xfs 文件系统，则不用考虑 dump 项，因此，直接输入 0 即可

续表

字段序号	字段	含义
6	是否以 fsck 检验扇区	早期在系统开机启动的过程中，通过 fsck 检验本机的文件系统是否完整，而 xfs 文件系统会自己检验，不需要额外执行这个操作，因此直接输入 0 即可

/etc/fstab 文件中常用挂载选项及含义见表 5-8。

表 5-8　/etc/fstab 文件中的挂载选项及含义

挂载选项	含义
async/sync	异步/同步，将磁盘设置为同步或异步方式运行。默认值为异步（async），通常异步性能更好
auto/noauto	默认值为 auto，设备或分区会在系统启动时自动挂载。如果不希望某些设备自动挂载，则可使用 noauto，在需要时才挂载
rw/ro	rw 表示以可读写方式挂载文件系统；ro 表示以只读形式挂载文件系统
exec/noexec	默认值为 exec，允许执行二进制可执行文件；如果选择 noexec，则不允许这么做
user/nouser	是否允许用户使用 mount 命令挂载分区或设备。为了安全，一般设置为 nouser，不允许一般身份的用户使用 mount
suid/nosuid	该文件系统是否允许 SUID 的存在
defaults	同时具有 rw、suid、exex、auto、nouser、async 等参数。基本上，默认情况直接使用 defaults 即可

2）设置开机自动挂载文件系统

下面设置开机自动挂载/dev/sdc3，在 etc/fstab 文件中添加该磁盘分区的相关信息，可以通过提供设备名、UUID 或卷标实现。设置完成后重启系统，该磁盘分区的文件系统即可自动挂载。

（1）方法 1：使用设备名。使用 vim 编辑/etc/fstab 文件，命令如下：

```
[root@server ~]# vim /etc/fstab
//在该文件末尾添加下面一行内容
/dev/sdc3    /mnt/c    xfs  defaults     0    0
//保存并退出 vim
[root@server ~]# mount -a
//按照配置文件/etc/fstab，挂载所有文件系统，测试是否配置成功
[root@server ~]# df
文件系统              1K-块      已用    可用    已用%    挂载点
...
/dev/sdc3           5232640   69544  5163096   2%    /mnt/c
//dev/sdc3 至/mnt/c 自动挂载成功
```

读者也可以重启虚拟机，测试开机自动挂载/dev/sdc3 至/mnt/c 是否成功。

（2）方法 2：使用 UUID。UUID（Universally Unique Identifier，全局唯一标识符）是指在一台主机上生成的数字，它保证对在同一时空中的所有主机来讲都是唯一的。

使用以下命令查看磁盘分区/dev/sdc3 的 UUID 信息。

```
[root@server ~]# blkid
```

使用 vim 编辑/etc/fstab 文件，命令如下：

```
[root@server ~]# vim /etc/fstab
//删除下面一行内容
/dev/sdc3      /mnt/c    xfs  defaults            0    0
//在文件末尾添加下面一行内容
UUID=f67e7a1d-6225-4601-8dbc-4ab76cbd2016  /mnt/c xfs defaults  0  0
//保存并退出 vim
[root@server ~]# mount -a
//重新加载/etc/fstab
```

读者可参照步骤（1）中的方法，测试是否设置成功。

（3）方法 3：使用卷标。

首先要找到分区的卷标，命令如下：

```
[root@server ~]# xfs_admin -l /dev/sdc3
label = ""
//未设置卷标
[root@server ~]# xfs_admin -L c /dev/sdc3
xfs_admin: /dev/sdc3 contains a mounted filesystem
//查看卷标，但是发现该分区已经挂载
fatal error -- couldn't initialize XFS library
[root@server ~]# umount /mnt/c
//卸载分区
[root@server ~]# xfs_admin -L c /dev/sdc3
writing all SBs
new label = "c"
//将卷标设置为 c。若为 ext4 文件系统，则设置卷标要使用命令 e2lebel
[root@server ~]# xfs_admin -l /dev/sdc3
label = "c"
//查看卷标，卷标为 c
```

使用 vim 编辑/etc/fstab 文件，命令如下：

```
[root@server ~]# vim /etc/fstab
//删除下面一行内容
UUID=f67e7a1d-6225-4601-8dbc-4ab76cbd2016  /mnt/c xfs defaults  0  0
//在文件末尾添加下面一行内容
LABEL=c          /mnt/c xfs defaults   0   0
//保存并退出 vim
[root@server ~]#mount -a
//重新加载/etc/fstab
```

读者可参照步骤（1）中的方法，测试是否设置成功。

类似地，如果需要在开机时自动加载启用交换分区/dev/sdc1，则可以编辑/etc/fstab 文件，在文件末尾添加如下一行内容。

```
/dev/sdc1      swap      swap defaults     0   0
```

5.2.3 关于分区的一些说明

若要对当前磁盘的剩余空闲空间进行分区，则要先判断当前系统内的磁盘文件名及磁盘当前的分区格式；如果是 GPT 分区表，则使用 gdisk 命令分区；若为 MBR 分区表，则使用 fdisk 命令分区。使用 gdisk /dev/sdb 命令即可看到/dev/sdb 的分区格式，若为 MBR，则显示为 msdos，若为 GPT，则显示为 GPT。

如果需要移除一块旧的硬盘，系统管理员则应先备份该硬盘上各分区的数据，接着卸载所有磁盘分区的文件系统。还要查看/etc/fstab 文件，是否有针对该硬盘各个磁盘分区的自动挂载的配置，如果有，则应将相关内容删除，最后执行 mount -a 命令更新配置。

修改/etc/fstab 文件时，要特别小心，避免出现错误，导致影响系统的正常启动。

5.3 LVM 的概念

假设有一天，管理员发现当初给某个分区划分的空间太小了，这时该怎么办？

一种解决方案是备份并将数据移动到其他分区。另一种更好的解决方案是使用 LVM（逻辑卷管理器）。LVM 是指可以将几块独立的硬盘组成一个卷组，一个卷组又可以被分成几个逻辑卷，这些逻辑卷在外界看来就是一个个独立的硬盘分区。这种做法的好处在于，如果管理员某一天意识到当初给某个分区划分的空间太小了，这时就可以再往卷组里面增加一块硬盘，接着将这些富余的空间交给这个逻辑卷，这样就把分区扩大了。或者也可以动态地从另一个逻辑卷中搜刮一些存储空间，前提是这两个逻辑卷位于一个卷组中。

在很多情况下，LVM 和 RAID 一起使用。管理员可以按照下面的顺序建立一个RAID+LVM 的管理模式。

（1）把多块硬盘组合成一个 RAID 硬盘。
（2）建立一个 LVM 卷组。
（3）将这个 RAID 硬盘加入 LVM 卷组。
（4）在 LVM 卷组上划分逻辑卷。

第 6 章 软件管理与安装

本章介绍 RPM 软件包的基本管理知识。使用 rpm 命令管理 RPM 软件包操作非常方便，但是 rpm 命令无法解决软件包之间的依赖问题，因此本章还将重点介绍在线安装、升级机制 yum/dnf 的工作原理和基本使用方法。

6.1 RPM 软件包管理

6.1.1 RPM 软件包简介

1. 软件包管理系统概述

在早期的 UNIX/Linux 系统中，安装软件是一件复杂且费时的事情。系统管理员需要从源代码编译安装软件，处理该软件的所有依赖关系（有的软件需要基于其他软件安装），并根据自己的系统做各种调整，有时甚至还要修改源代码。

虽然以源代码发布的软件对用户而言有很大的自由度，但是安装过程复杂且缺乏效率。为了摆脱这种复杂性，一些 Linux 发行版创建了自己的软件包格式，为终用户端提供随时可用的二进制文件（预编译软件），以便安装软件，同时提供一些元数据（版本号、描述）和依赖关系。

软件包管理系统解决了兼容性问题，使安装软件变得简单。一旦发生错误，可以卸载软件包或者重新安装。另外，在安装新版本的软件包的同时就把旧版本替换掉了，因此无须考虑补丁问题。

目前常用的软件包格式有两种：一种是.rpm 格式，RPM 即 Red Hat Package Manager （Red Hat 软件包管理器）；另一种是 Debian 和 Ubuntu 常用的.deb 格式。这两种格式提供了基本类似的功能。

2. RPM 软件包概念

RPM 最初是由 Red Hat 开发并部署在其发行版中，但是其原始设计理念是开放式的，按照 GPL 条款发行，现在包括 SUSE 等 Linux 发行版都有采用，可以算是公认的行业标准了。

对于终用户端而言，RPM 简化了软件包安装、升级及卸载的过程，使软件管理变得十分容易，只需简单的 rpm 命令就可以完成整个过程。

对于软件开发者而言，RPM 允许将软件打包成源码包或二进制可执行程序包，然后提供给终用户端。所有软件包可被安装、升级或卸载，这种管理体制方便了软件新版本的发行，利于软件的维护。

3. RPM 软件包管理的主要用途

RPM 软件包管理的主要用途如下：

（1）可以安装、删除、升级和管理软件包。

（2）RPM 维护一个已经安装的软件的软件包和这些软件包所包含的文件的一个数据库，因此用户可以查询某特定软件包包含哪些文件，或者系统中的某个文件属于哪个软件包。

（3）可以查询系统中的 RPM 软件包是否已安装；还可以查询系统中已安装的软件包的版本。

（4）软件开发者可以将自己开发的程序打包成 RPM 包后发布。

（5）检查软件包之间的依赖性，查看是否有 RPM 包相互不兼容。

6.1.2 管理 RPM 软件包

使用 rpm 命令可以在系统中安装、删除、升级、查询 RPM 软件包。

rpm 命令的语法如下：

```
rpm [选项] [RPM 软件包名称]
```

rpm 命令的常用选项及含义见表 6-1。

表 6-1 rpm 命令的常用选项及含义

选项	含义
-i	安装软件包
-v	提供更多的详细信息输出
-h	软件包安装时列出哈希标记（和-v 一起使用效果更好）
-e	清除（卸载）软件包
-U	升级软件包
-q	查询软件包
-a	查询/验证所有软件包
--test	不真正安装，只是判断是否能安装
--nodeps	不验证包依赖
-?或--help	显示帮助信息

1. 安装或删除 RPM 软件包

安装 RPM 软件包的命令如下：

```
rpm -ivh 软件包名称
```

```
//-ivh 等价于-i -v -h，-i 表示安装，-v 表示可视化，-h 表示显示安装进度
//此处软件包名称指的是以相对路径或绝对路径表示路径的软件包名称的全称
```

RPM 将要安装的软件先编译（如果需要）并且打包好，通过包装好的软件里预设的数据库记录，记录这个软件要安装时必需的依赖的其他软件包，当在系统中安装软件包时，RPM 会先在查询系统中检查该软件包依赖的环境是否满足，如果满足，则安装；如不满足，则不安装。

RPM 软件包的安装流程如图 6-1 所示。

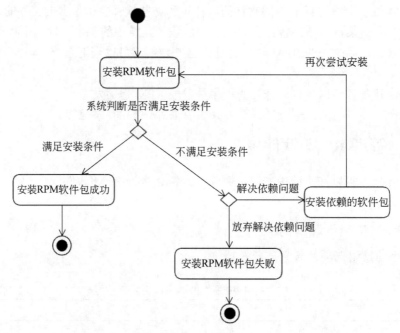

图 6-1　rpm 包安装流程图

删除 RPM 软件包的命令如下：

```
rpm -e 软件包名称
//此处软件包名称不含路径，并且不含版本号、发行版本、软件架构等，是基本的软件包名称
```

每个 RPM 软件包都是一个压缩的文档，包含了内容信息、应用程序文件、图标、文档和用作管理的脚本。管理程序利用这些内容来安全地定位、安装和卸载软件。

每个 RPM 软件包文件都有一个很长的名字，并由 "-" 和 "." 分成了若干部分。以 httpd-2.4.46-3.oe1.x86_64.rpm 这个包为例来解释一下，httpd 为包名；2.4.46 为版本信息；3.oe1 为发布版本号；x86_64 为运行平台，其中运行平台常见的有 i386、i586、i686 和 x6_64，需要注意的是 CPU 目前是分 32 位和 64 位的，i386、i586 和 i686 都为 32 位平台，x86_64 则代表为 64 位的平台。另外有些 rpm 包并没有写具体的平台，而是 noarch，这代表这个 rpm 包没有硬件平台限制。

使用 rpm 命令处理软件包时，一般有以下两种软件包名称。

（1）基本软件包名称：httpd。rpm -e 命令后面跟基本软件包名称。有时也称软件包短名称。

（2）带有版本号和发行版本及硬件架构的软件包名称：httpd-2.4.46-3.oe1.x86_64.rpm。rpm -ivh 命令后面跟的是这一种软件包的名称。

注意：rpm 包有二进制安装包（Binary）及源代码安装包（Source）两种。二进制包可以直接安装在计算机中，而源代码包将会由 RPM 自动编译、安装。二进制包常常以 rpm 作为后缀名，源代码包经常以 src.rpm 为后缀名。

【例 6-1】 使用 rpm 命令安装或删除软件包的应用——RPM 包来自 ISO 映像。

（1）将虚拟机的 CD/DVD 的源设置为 ISO 光盘映像。

打开当前虚拟机的虚拟机设置对话框，单击选中【硬件】中的【CD/DVD(IDE)】，按如下步骤设置 CD/DVD，如图 6-2 所示。在【连接】中将 rpm 软件包的安装源指定为【使用 ISO

图 6-2 设置 rpm 软件包来自 ISO 映像文件

映像文件】，单击【浏览(B)】，由 VMware 自动写入 ISO 文件的完整路径。在【设备状态】中，选中【启动时连接（o）】。单击【确定】按钮完成设置。

启动或重启该虚拟机。

（2）接着以普通用户 chen 身份登录 openEuler 系统后启动终端，使用 ll 命令查看 ISO 映像文件的详情，命令如下：

```
[chen@server ~]$ ll /run/media/chen/openEuler-21.03-x86_64/
总用量 469K
dr-xr-xr-x. 2 chen chen 2.0K 3月 30  2021 docs
dr-xr-xr-x. 3 chen chen 2.0K 3月 30  2021 EFI
dr-xr-xr-x. 3 chen chen 2.0K 3月 30  2021 images
dr-xr-xr-x. 2 chen chen 2.0K 3月 30  2021 isoLinux
dr-xr-xr-x. 2 chen chen 2.0K 3月 30  2021 ks
dr-xr-xr-x. 2 chen chen 450K 3月 30  2021 Packages
dr-xr-xr-x. 2 chen chen 4.0K 3月 30  2021 repodata
-r--r--r--. 1 chen chen 2.1K 3月 30  2021 RPM-GPG-KEY-openEuler
-r--r--r--. 1 chen chen 2.2K 3月 30  2021 TRANS.TBL
//这里面最重要的是 Packages 目录，所有的 rpm 包都在该目录下
```

注意：此处如果以其他用户身份（如 Scarlet）登录 openEuler 系统，则应访问的是 /run/media/Scarlet/openEuler-21.03-x86_64/目录。

如果步骤（1）中的设置有误，则这一步查看/run/media 目录时目录将为空。

（3）切换至 rpm 包所在的 Packages 目录。使用 rpm 命令安装 bind 软件包，命令如下：

```
[chen@server ~]$ cd /run/media/chen/openEuler-21.03-x86_64/Packages/
[chen@server Packages]$ rpm -ivh --test bind-9.11.21-9.oe1.x86_64.rpm
Verifying...                          ################################[100%]
准备中...                             ################################[100%]
软件包 bind-32:9.11.21-9.oe1.x86_64 已经安装
//--test 只测试，不真正安装，笔者的 openEuler 系统中已经安装了 bind 软件包
[chen@server Packages]$ su
//切换至 root 用户
[root@server Packages]#rpm -ivh bind-
bind-9.11.21-9.oe1.x86_64.rpm
bind-libs-9.11.21-9.oe1.x86_64.rpm
bind-chroot-9.11.21-9.oe1.x86_64.rpm
bind-libs-lite-9.11.21-9.oe1.x86_64.rpm
bind-dyndb-ldap-11.3-1.oe1.x86_64.rpm
bind-pkcs11-9.11.21-9.oe1.x86_64.rpm
bind-export-libs-9.11.21-9.oe1.x86_64.rpm
bind-utils-9.11.21-9.oe1.x86_64.rpm
//软件包的名字一般较长，不容易记忆
//此处可使用命令补全功能，按下两次【Tab】键
```

```
//系统将把以 bind-为前缀并补全后的所有软件包的名字列出来，帮助用户选择
[root@server Packages]#rpm -ivh bind-9.11.21-9.oe1.x86_64.rpm
Verifying...                         #################################[100%]
准备中...                            #################################[100%]
软件包 bind-32:9.11.21-9.oe1.x86_64 已经安装
//使用 rpm -ivh 命令安装 bind 软件包成功
//由于 rpm 软件包的名字较长，手工输入容易出错，最好使用命令补全功能自动补全
```

注意：bind-9.11.21-9.oe1.x86_64.rpm 软件包是 DNS 相关软件包。读者可自行百度了解更多相关内容。

（4）在软件包 bind-9.11.21-9.oe1.x86_64.rpm 已经安装的情况下仍旧安装该软件包，命令如下：

```
[root@server Packages]# rpm -ivh --replacepkgs bind-9.11.21\
-9.oe1.x86_64.rpm
//\表示下一行还是 rpm -ivh 命令的一部分
Verifying...                         #################################[100%]
准备中...                            #################################[100%]
正在升级/安装...
   1:bind-32:9.11.21-9.oe1            #################################[100%]
//安装成功
```

（5）忽略软件包间的依赖关系，强行安装软件包 bind-chroot-9.11.21-9.oe1.x86_64.rpm，命令如下：

```
[root@server Packages]# rpm -ivh --nodeps bind-chroot-9.11.21\
-9.oe1.x86_64.rpm
//\表示下一行仍然是 rpm -ivh 命令的一部分
Verifying...                         #################################[100%]
准备中...                            #################################[100%]
正在升级/安装...
   1:bind-chroot-32:9.11.21-9.oe1     #################################[100%]
```

事实上，一般不推荐-nodeps 选项，尽管可强行在系统中安装软件包，但很多情况下因为依赖关系问题，该软件包的功能并不能正常使用。

（6）删除 bind-chroot 软件包。使用 rpm -e 命令可以在系统中删除 RPM 软件包，命令如下：

```
[root@server Packages]# rpm -e bind-chroot
//删除软件包时不是使用软件包名称 bind-chroot-9.11.21-9.oe1.x86_64.rpm，而是使用
//软件包名称 bind-chroot
[root@server Packages]#
//删除成功
```

（7）删除 bind 软件包，命令如下：

```
[root@server Packages]# rpm -e bind
错误：依赖检测失败：
        bind = 32:9.11.21-9.oe1 被 (已安装)
python3-bind-32:9.11.21-9.oe1.noarch 需要
        bind-license = 32:9.11.21-9.oe1 被 (已安装)
bind-libs-lite-32:9.11.21-9.oe1.x86_64 需要
        bind-license = 32:9.11.21-9.oe1 被 (已安装)
bind-libs-32:9.11.21-9.oe1.x86_64 需要
//由于依赖问题删除失败
[root@server Packages]# rpm -q bind
bind-9.11.21-9.oe1.x86_64
//查询时 bind 软件包仍然存在
```

可以加上 --nodeps 选项强制删除 bind 的软件包，但不推荐这么做，命令如下：

```
[root@server Packages]# rpm -e –nodeps bind
```

（8）测试安装软件包 httpd，并且事先不知 ISO 映像中的该软件包的版本，命令如下：

```
[root@server Packages]#rpm -ivh --test httpd-
//使用命令补全功能，httpd-后面按下两次【Tab】键，系统会列出所有以 httpd-为前缀的软件包
httpd-2.4.46-3.oe1.x86_64.rpm
httpd-help-2.4.46-3.oe1.noarch.rpm
httpd-filesystem-2.4.46-3.oe1.noarch.rpm
httpd-tools-2.4.46-3.oe1.x86_64.rpm
[root@server Packages]#rpm -ivh --test httpd-2.4.46-3.oe1.x86_64.rpm
//输入 rpm -ivh --test httpd-2 后按下【Tab】键，系统会自动补全该 rpm 包名
错误：依赖检测失败：
        httpd-filesystem 被 httpd-2.4.46-3.oe1.x86_64 需要
        httpd-filesystem = 2.4.46-3.oe1 被 httpd-2.4.46-3.oe1.x86_64 需要
        httpd-tools = 2.4.46-3.oe1 被 httpd-2.4.46-3.oe1.x86_64 需要
        libapr-1.so.0()(64bit) 被 httpd-2.4.46-3.oe1.x86_64 需要
        libaprutil-1.so.0()(64bit) 被 httpd-2.4.46-3.oe1.x86_64 需要
        mod_http2 被 httpd-2.4.46-3.oe1.x86_64 需要
//不符合依赖关系，测试预计使用 rpm -ivh 安装 httpd 软件包将失败
```

2. 升级和刷新 RPM 软件包

将已安装的低版本软件包升级到最高版本，可以使用升级 RPM 软件包的方式，或使用刷新 RPM 软件包的方式。这两种方式之间稍有区别。

1）升级 RPM 软件包

使用 rpm -Uvh 命令可以升级 RPM 包，并且不管该软件包的早期版本是否已经被安装，该软件包都会被安装。例如，升级 bind 软件包，命令如下：

```
[root@server ~]$ rpm -Uvh bind-9.11.21-9.oe1.x86_64.rpm
```

2）刷新 RPM 软件包

使用 rpm -Fvh 命令可以刷新 RPM 包，刷新软件包指的是系统会比较命令中指定的软件包的版本和系统中已经安装的软件包的版本，当 rpm -Fvh 指定的软件包版本比已安装的版本更新时，就会升级到更新的版本。如果软件包先前没有安装，则 rpm -Fvh 命令并不会安装该软件。例如，升级 bind 软件包，命令如下：

```
[root@server ~]$ rpm -Fvh bind-9.11.21-9.oe1.x86_64.rpm
```

3. 查询 RPM 软件包

使用 rpm -q 相关命令可以查询 RPM 软件包的各种信息。下面以在例题中解决实际问题的形式说明 rpm -q 命令的使用。

【例 6-2】 rpm -q 命令的应用。

（1）查询指定 RPM 软件包是否已经安装。

```
[chen@server ~]$ rpm -q httpd
未安装软件包 httpd
//当前系统中没有安装 httpd 软件包
[chen@server ~]$ rpm -q crontabs
crontabs-1.11-22.oe1.noarch
//当前系统中已经安装了 crontabs 软件包，并且版本为 crontabs-1.11-22.oe1.noarch
```

（2）查询系统中所有已经安装的 RPM 软件包中以 cron 开头的软件包，命令如下：

```
[chen@server ~]$ rpm -qa|grep cron
crontabs-1.11-22.oe1.noarch
cronie-1.5.5-2.oe1.x86_64
//rpm -qa 表示查询系统中所有已经安装的 RPM 包，|为管道符号，grep 表示按照 cron 过滤
```

查询显示系统中所有已经安装的 RPM 软件包，命令如下：

```
[chen@server ~]$ rpm -qa
urw-base35-nimbus-sans-fonts-20200910-1.oe1.noarch
gnupg2-2.2.27-1.oe1.x86_64
gstreamer1-plugins-bad-free-1.16.2-2.oe1.x86_64
systemtap-runtime-4.4-1.oe1.x86_64
xkeyboard-config-2.30-1.oe1.noarch
deepin-gtk-theme-17.10.11-2.oe1.noarch
gcc-9.3.1-20210204.16.oe1.x86_64
…
//已安装的 RPM 软件包较多，此处省略，大家会发现这样不容易看结果
[chen@server ~]$ rpm -qa|more
//对上一个命令做改进，使用管道结合 more 命令分屏显示
//此处命令执行结果略
//若要退出分屏显示，则可按快捷键 Ctrl+C，终止命令；或按下 q 键
```

(3) 查询已安装 RPM 包的描述信息。

```
[chen@server ~]$ rpm -qi crontabs
Name          : crontabs
Version       : 1.11
Release       : 22.oe1
Architecture: noarch
Install Date: 2022 年 01 月 17 日星期一 05 时 51 分 24s
Group         : Unspecified
Size          : 20464
License       : Public Domain and GPLv2+
Signature     : RSA/SHA1, 2021 年 03 月 30 日星期二 09 时 23 分 32s, Key ID d557065eb25e7f66
Source RPM    : crontabs-1.11-22.oe1.src.rpm
Build Date    : 2021 年 03 月 30 日星期二 09 时 23 分 31s
Build Host    : ecs-obsworker-0001
Packager      : http://openEuler.org
Vendor        : http://openEuler.org
URL           : https://github.com/cronie-crond/crontabs
Summary       : Root crontab files used to schedule the execution of programs
Description :
A crontab file contains instructions to the cron daemon
of the general form: 'run this command at this time on
this date'. Each user has their own crontab, and com-
mands in any given crontab will be executed as the user
who owns the crontab.
```

(4) 查询指定已安装 RPM 软件包所包含的文件列表。

由步骤 (1) 知系统中已经安装了软件包 crontabs，查询该软件包所包含的文件列表，命令如下：

```
[chen@server ~]$ rpm -ql crontabs
/etc/cron.daily
/etc/cron.hourly
/etc/cron.monthly
/etc/cron.weekly
/etc/crontab
/etc/ima/digest_lists.tlv/0-metadata_list-compact_tlv-crontabs-1.11-22.oe1.noarch
/etc/ima/digest_lists/0-metadata_list-compact-crontabs-1.11-22.oe1.noarch
/etc/sysconfig/run-parts
/usr/bin/run-parts
/usr/share/licenses/crontabs
/usr/share/licenses/crontabs/COPYING
```

（5）查询 RPM 软件包的依赖关系。仍然以 crontabs 为例，命令如下：

```
[chen@server ~]$ rpm -qR crontabs
/bin/bash
config(crontabs) = 1.11-22.oe1
rpmlib(CompressedFileNames) <= 3.0.4-1
rpmlib(FileDigests) <= 4.6.0-1
rpmlib(PayloadFilesHavePrefix) <= 4.0-1
rpmlib(PayloadIsXz) <= 5.2-1
sed
```

（6）查询系统中指定文件属于哪个 RPM 包，命令语法如下：

```
rpm -qf   文件名]
//此处文件名包含文件完整路径
```

例如，分别查询文件/etc/named.conf 和/etc/crontab 属于哪个软件包，命令如下：

```
[chen@server ~]$ rpm -qf /etc/named.conf
bind-9.11.21-9.oe1.x86_64
[chen@server ~]$ rpm -qf /etc/crontab
crontabs-1.11-22.oe1.noarch
//当指定文件时，必须指定文件的完整路径，如/etc/named.conf 和/etc/crontab
```

在前述例子中，是以 ISO 映像为安装源执行 rpm 命令安装 RPM 软件包的。有时，需要从互联网下载一个 RPM 软件包，再安装。下面以 Chrome 软件包为例介绍操作过程。

【例 6-3】 使用 rpm 命令安装或删除软件包的应用——RPM 包来自互联网。

以普通用户 chen 登录 openEuler 系统 deepin 图形界面。在 Firefox 浏览器的网址栏，输入网址 https://www.google.cn/intl/zh-cn/chrome/，访问谷歌提供的 Chrome 下载页面，单击【下载 Chrome】按钮，如图 6-3 所示。在如图 6-4 所示对话框中选择 64 位.rpm（适用于 Fedora/openSUSE），单击【接受并安装】按钮。

图 6-3　下载 Chrome 软件包（步骤 1）

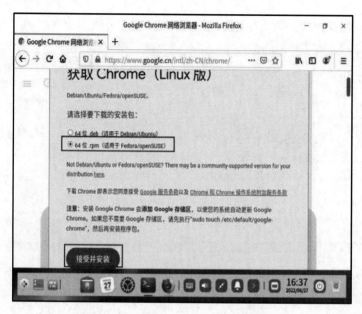

图 6-4 下载 Chrome 软件包（步骤 2）

在如图 6-5 所示对话框中，选择【保存文件】，并单击【确定】按钮，如图 6-6 所示，单击文件夹符号，进入下载目录/home/chen/Downloads，接着右击，在弹出的快捷菜单中选择【在终端打开】菜单项启动终端，终端会显示当前用户 chen，工作目录为 Downloads。

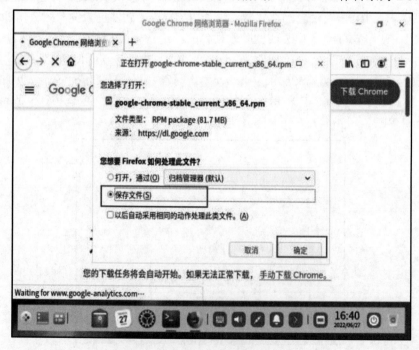

图 6-5 下载 Chrome 软件包（步骤 3）

图 6-6　下载 Chrome 软件包（步骤 4）

切换至 root 用户，试着用 rpm 命令安装当前目录下的 Chrome 软件包，命令如下：

```
[chen@server Downloads]$ su
密码：<--从键盘输入 root 的密码
//切换至 root 用户
[root@server Downloads]# ll
总用量 82M
-rw-r--r--. 1 chen chen 82M 6月 27 16:40
google-chrome-stable_current_x86_64.rpm
[root@server Downloads]# rpm -ivh google-chrome-stable_current_x86_64.rpm
警告：google-chrome-stable_current_x86_64.rpm: 头 V4 DSA/SHA1 Signature, 密钥
ID 7fac5991: NOKEY
错误：依赖检测失败：
        liberation-fonts 被 google-chrome-stable-103.0.5060.53-1.x86_64 需要
        libvulkan.so.1()(64bit) 被 google-chrome-stable-103.0.5060.53-1.x86_64 需要
//安装失败
```

至此直接使用 rpm -ivh 安装 Chrome 失败，因此用 RPM 来管理软件虽然十分方便，但事实上 RPM 无法解决软件的依赖问题。简单来讲，就是用 RPM 来安装软件时可能会出现以下问题：用户要安装软件包 A，RPM 可能会提醒需要先安装软件包 B（A 依赖于软件包 B），B 软件包又可能依赖软件包 C，C 软件包又可能依赖于软件包 D……有的软件包所依赖的其他软件包数量甚至多达上百个，安装起来十分麻烦。

究其原因，正是由于 RPM 软件包是已经打包好的数据，也就是说，里面的数据已经都编译完成，所以安装时一定需要当初安装时的主机环境才能安装，换言之，当初建立这个软

件的安装环境必须也要在当前主机上重现才行。

6.2 在线安装升级软件

6.2.1 使用 yum 管理软件包

yum 是由 Duke University 团队修改 Yellow Dog Linux 的 Yellow Dog Updater 开发而成的，是一个基于 RPM 包管理的软件包管理器。能够从指定的服务器自动下载 RPM 包并且安装，可以处理依赖关系，并且可一次安装所有依赖的软件包，无须烦琐地一次次下载、安装。

在 openEuler 系统中安装和预配置了 yum。yum 的关键之处是要有可靠的软件仓库。软件仓库可以是 HTTP 站点、FTP 站点或者本地软件仓库，但是必须包含 rpm 的 header，header 包括了 RPM 软件包的各种信息，包括描述、功能、提供的文件及依赖关系等。正是收集了这些 header 并加以分析，yum 能自动化完成软件包的安装。

yum 的特点：

（1）可以同时配置多个软件仓库。

（2）简单地配置文件/etc/yum.conf。

（3）自动解决安装或者删除 RPM 软件包时的依赖问题。

1. yum 的默认配置文件

repo 文件是 yum 源（软件仓库）的配置文件，通常一个 repo 文件定义了一个或者多个软件仓库的细节，如从哪里下载需要安装或升级的软件包，repo 文件中的设置内容将被 yum 读取和应用。软件仓库配置文件默认存储在/etc/yum.repos.d 目录中。

openEuler 系统的软件仓库的默认配置文件为/etc/yum.repos.d/openEuler.repo。在该文件的内容中包含了注释和配置信息两大块，其中配置信息是分段表示的，每段设置一个软件源，段和段之间以空行隔开。每段的格式都是一样的。

```
[chen@server ~]$ cat /etc/yum.repos.d/openEuler.repo
//使用 cat 命令查看配置文件 openEuler.repo
//-----下面是 openEuler.repo 文件的内容-----
//以#开头的行是 openEuler.repo 文件中的注释行
#generic-repos is licensed under the Mulan PSL v2.
…
//此处省略若干注释行
#See the Mulan PSL v2 for more details.
//---注释行结束

[OS]
name=OS
baseurl=http://repo.openeuler.org/openEuler-21.03/OS/$basearch/
enabled=1
```

```
    gpgcheck=1
    gpgkey=http://repo.openEuler.org/openEuler-21.03/OS/$basearch/RPM-GPG-KEY
-openEuler

    [everything]
    name=everything
    baseurl=http://repo.openEuler.org/openEuler-21.03/everything/$basearch/
    enabled=1
    gpgcheck=1
    gpgkey=http://repo.openEuler.org/openEuler-21.03/everything/$basearch/RPM
-GPG-KEY-openEuler

    ...
    //此处省略若干配置信息段
    //-----openEuler.repo 文件的内容结束-----
```

注意：Mulan PSL v2 是指中国的木兰开源许可证第 2 版，木兰许可证已经正式成为一个国际化开源软件许可证（或称"协议"）。

下面以第 1 个配置信息段为例说明配置信息的含义。

```
    [OS]
    //方括号里面是软件源的名称
    name=OS
    //定义软件仓库的名称
    baseurl=http://repo.openEuler.org/openEuler-21.03/OS/$basearch/
    //指定 RPM 软件包来源，常用的有 http://、ftp:// 和 file:// 3 种。file:// 是本地源
    enabled=1
    //表示软件仓库中定义的源是否启动，0 表示禁用，1 表示启动
    gpgcheck=1
    //表示这个软件仓库中下载的 RPM 软件包将进行 GPG 校验，以确保该软件包的来源安全有效
    //如果 gpgcheck=0，则表示不进行 GPG 校验
    gpgkey=http://repo.openEuler.org/openEuler-21.03/OS/$basearch/RPM-GPG-KEY
-openEuler
    //定义用于 GPG 校验的密钥。若 gpgcheck=0，则 gpgkey 这一行省略不写
    //为了软件包的来源安全，通常建议设置 gpgcheck=1，并给出 gpgkey 的值
```

若系统能正常联网，读者不需要对 /etc/yum.repos.d/openEuler.repo 做任何改动，即可使用 yum 功能。

2. yum 命令

使用 yum 命令可以安装、更新、删除、显示软件包。

可以使用 yum --help 查看 yum 命令的帮助信息，命令如下：

```
    [chen@server ~]$ yum --help
    usage: yum [options] COMMAND
```

```
...
//使用方法：yum [options] COMMAND 软件包名
//[options]是命令选项，如-y
//command 是指 yum 的子命令，如 install
//软件包名指的是 httpd 这样的软件包的短名称
```

yum 命令的语法格式如下：

```
yum [选项] 子命令 软件包名
```

yum 命令的常用选项及含义见表 6-2。

表 6-2　yum 命令的常用选项及含义

选项	含义
-y	所有问题默认回答 yes
-q	安静模式操作
-v	显示详细信息
-c	指定配置文件路径
-x	排除指定软件包
-nogpgcheck	禁用 GPG 签名检查
-h 或--help	查看帮助信息

yum 命令的常用子命令及含义见表 6-3。

表 6-3　yum 命令的常用子命令及含义

子命令	含义
install	在系统中安装一个或多个软件包
remove	从系统中删除一个或多个软件包
list	列出一个包或者一组包
deplist	列出软件包的依赖
repolist	列出当前配置好的软件仓库
search	按照给出的信息搜索包的细节
provides	给定的文件是由哪个软件包提供的
clean	清除缓存的数据
info	给出一个软件包或者一组软件包的详情

【例 6-4】 yum 命令的应用。

（1）安装 bind 软件包，无须确认，命令如下：

```
[chen@server ~]$ sudo yum -y install bind
    Last metadata expiration check: 5:20:58 ago on 2022 年 07 月 05 日星期二 09 时 56 分 16 秒。
```

```
Dependencies resolved.
================================================================================
 Package              Architecture   Version              Repository   Size
================================================================================
Installing:
 bind                 x86_64         32:9.11.21-9.oe1     OS           2.0 M
Installing dependencies:
 GeoIP                x86_64         1.6.12-6.oe1         OS           105 k
 GeoIP-GeoLite-data   noarch         2018.06-3.oe1        OS           26 M
 bind-libs            x86_64         32:9.11.21-9.oe1     OS           108 k
 bind-libs-lite       x86_64         32:9.11.21-9.oe1     OS           1.9 M
 python3-bind         noarch         32:9.11.21-9.oe1     OS           64 k
 python3-ply          noarch         3.11-2.oe1           OS           90 k

Transaction Summary
================================================================================
Install  7 Packages
//Repository 指使用的软件源，这里 Repository 是 OS
//依赖关系已经解决，一共需要安装 7 个软件包

Total download size: 31 M
Installed size: 65 M
Downloading Packages:
//依次下载 7 个软件包
(1/7): GeoIP-1.6.12-6.oe1.x86_64.rpm                 354 kB/s | 105 kB   00:00
(2/7): bind-libs-9.11.21-9.oe1.x86_64.rpm            1.6 MB/s | 108 kB   00:00
(3/7): bind-libs-lite-9.11.21-9.oe1.x86_64.rpm       2.6 MB/s | 1.9 MB   00:00
(4/7): bind-9.11.21-9.oe1.x86_64.rpm                 1.7 MB/s | 2.0 MB   00:01
(5/7): python3-bind-9.11.21-9.oe1.noarch.rpm         1.1 MB/s |  64 kB   00:00
(6/7): python3-ply-3.11-2.oe1.noarch.rpm             1.4 MB/s |  90 kB   00:00
(7/7): GeoIP-GeoLite-data-2018.06-3.oe1.noarch.rpm   3.8 MB/s |  26 MB   00:06
--------------------------------------------------------------------------------
Total                                                4.4 MB/s |  31 MB   00:06
Running transaction check
Transaction check succeeded.
Running transaction test
Transaction test succeeded.
Running transaction
  Preparing        :                                                       1/1
  Installing       : python3-ply-3.11-2.oe1.noarch                         1/7
  Installing       : GeoIP-GeoLite-data-2018.06-3.oe1.noarch               2/7
  Installing       : GeoIP-1.6.12-6.oe1.x86_64                             3/7
  Running scriptlet: GeoIP-1.6.12-6.oe1.x86_64                             3/7
```

```
  Installing       : python3-bind-32:9.11.21-9.oe1.noarch              4/7
  Running scriptlet: bind-32:9.11.21-9.oe1.x86_64                      5/7
  Installing       : bind-32:9.11.21-9.oe1.x86_64                      5/7
  Running scriptlet: bind-32:9.11.21-9.oe1.x86_64                      5/7
  Installing       : bind-libs-lite-32:9.11.21-9.oe1.x86_64            6/7
  Running scriptlet: bind-libs-lite-32:9.11.21-9.oe1.x86_64            6/7
  Installing       : bind-libs-32:9.11.21-9.oe1.x86_64                 7/7
  Running scriptlet: bind-libs-32:9.11.21-9.oe1.x86_64                 7/7
  Running scriptlet: GeoIP-GeoLite-data-2018.06-3.oe1.noarch           7/7
  Running scriptlet: bind-libs-32:9.11.21-9.oe1.x86_64                 7/7
/usr/lib/tmpfiles.d/firebird.conf:1: Line references path below legacy
directory /var/run/, updating /var/run/firebird → /run/firebird; please update
the tmpfiles.d/ drop-in file accordingly.
/usr/lib/tmpfiles.d/mysql.conf:16: Line references path below legacy
directory /var/run/, updating /var/run/mysqld → /run/mysqld; please update the
tmpfiles.d/ drop-in file accordingly.
  Verifying        : GeoIP-1.6.12-6.oe1.x86_64                         1/7
  Verifying        : GeoIP-GeoLite-data-2018.06-3.oe1.noarch           2/7
  Verifying        : bind-32:9.11.21-9.oe1.x86_64                      3/7
  Verifying        : bind-libs-32:9.11.21-9.oe1.x86_64                 4/7
  Verifying        : bind-libs-lite-32:9.11.21-9.oe1.x86_64            5/7
  Verifying        : python3-bind-32:9.11.21-9.oe1.noarch              6/7
  Verifying        : python3-ply-3.11-2.oe1.noarch                     7/7

Installed:
  GeoIP-1.6.12-6.oe1.x86_64
  GeoIP-GeoLite-data-2018.06-3.oe1.noarch
  bind-32:9.11.21-9.oe1.x86_64
  bind-libs-32:9.11.21-9.oe1.x86_64
  bind-libs-lite-32:9.11.21-9.oe1.x86_64
  python3-bind-32:9.11.21-9.oe1.noarch
  python3-ply-3.11-2.oe1.noarch

Complete!
//安装 bind 成功
```

（2）显示 bind 软件包的详细信息，命令如下：

```
[chen@server ~]$ yum info bind
```

（3）列出 bind 软件包，命令如下：

```
[chen@server ~]$ sudo yum list bind
[sudo] chen 的密码：
```

```
Last metadata expiration check: 5:38:01 ago on 2022 年 07 月 05 日星期二 09 时
56 分 16 秒.
Installed Packages
bind.x86_64                        32:9.11.21-9.oe1                        @OS
Available Packages
bind.src                           32:9.11.21-9.oe1                        source
```

（4）列出 bind 软件包的依赖关系，命令如下：

```
[chen@server ~]$ sudo yum deplist bind
Last metadata expiration check: 5:40:28 ago on 2022 年 07 月 05 日星期二 09 时
56 分 16 秒.
package: bind-32:9.11.21-9.oe1.src
  dependency: autoconf
   provider: autoconf-2.69-30.oe1.noarch
   provider: autoconf-2.69-30.oe1.noarch
   provider: autoconf-2.69-30.oe1.src
  dependency: bind-export-libs
   provider: bind-export-libs-32:9.11.21-9.oe1.x86_64
   provider: bind-export-libs-32:9.11.21-9.oe1.x86_64
...
//此处省略若干行输出
```

（5）显示软件仓库的配置，命令如下：

```
[chen@server ~]$ sudo yum repolist
repo id                              repo name
EPOL                                 EPOL
OS                                   OS
Debuginfo                            Debuginfo
everything                           everything
source                               source
update                               update
```

（6）分屏显示所有已经安装的软件包的信息，命令如下：

```
[chen@server ~]$ sudo yum info installed|more
Installed Packages
Name         : CUnit
Version      : 2.1.3
Release      : 22.oe1
...
//此处省略若干内容
```

（7）查看/etc/named.conf 文件属于哪个软件包，命令如下：

```
[chen@server ~]$ yum provides /etc/named.conf
Last metadata expiration check: 1:59:21 ago on 2022 年 07 月 05 日星期二 15 时
29 分 05 秒.
    bind-32:9.11.21-9.oe1.x86_64 : Domain Name System (DNS) Server (named)
    Repo        : @System
    Matched from:
    Filename    : /etc/named.conf
...
//此处省略若干内容
```

（8）删除 bind 软件包，命令如下：

```
[chen@server ~]$ sudo yum remove bind
//命令执行的详情略
```

（9）显示 yum 的使用历史，命令如下：

```
[chen@server ~]$ yum history
//命令执行详情略
```

（10）清除缓存目录下的软件包和旧的头文件，命令如下：

```
[chen@server ~]$ yum clean all
34 files removed
//34 个缓存文件被清除
```

【例 6-5】 安装 Chrome 软件包。

在 6.1.2 节中，直接使用 rpm 安装 Chrome 软件包由于依赖问题失败了。再次重现失败场景，命令如下：

```
[chen@server Downloads]$ pwd
/home/chen/Downloads
[chen@server Downloads]$ rpm -ivh google-chrome-stable_current_x86_64.rpm
警告：google-chrome-stable_current_x86_64.rpm: 头 V4 DSA/SHA1 Signature, 密钥 ID 7fac5991: NOKEY
错误：依赖检测失败：
        liberation-fonts 被 google-chrome-stable-103.0.5060.53-1.x86_64 需要
        libvulkan.so.1()(64bit) 被 google-chrome-stable-103.0.5060.53-1.x86_64 需要
```

下面使用 yum 解决依赖问题，再尝试安装 Chrome 软件包。

（1）查询依赖检测失败中提示缺失的相关文件属于哪个软件包。

```
[chen@server Downloads]$ yum provides */libvulkan.so.1
Last metadata expiration check: 0:27:27 ago on 2022 年 07 月 05 日星期二 18 时
55 分 50 秒.
vulkan-loader-1.1.92.0-2.oe1.x86_64 : A desktop loader for Vulkan ICD
```

```
Repo           : OS
Matched from:
Filename       : /usr/lib64/libvulkan.so.1

vulkan-loader-1.1.92.0-2.oe1.x86_64 : A desktop loader for Vulkan ICD
Repo           : everything
Matched from:
Filename       : /usr/lib64/libvulkan.so.1
//找到该文件所在的软件包为vulkan-loader-1.1.92.0-2.oe1.x86_64.rpm
[chen@server Downloads]$ yum provides */liberation-fonts
Last metadata expiration check: 0:27:41 ago on 2022 年 07 月 05 日星期二 18 时
55 分 50 秒.
liberation-fonts-1:2.00.5-4.oe1.noarch : Liberation Fonts
Repo           : OS
Matched from:
Filename       : /etc/X11/fontpath.d/liberation-fonts
Filename       : /usr/share/doc/liberation-fonts
Filename       : /usr/share/fonts/liberation-fonts
Filename       : /usr/share/licenses/liberation-fonts

liberation-fonts-1:2.00.5-4.oe1.noarch : Liberation Fonts
Repo           : everything
Matched from:
Filename       : /etc/X11/fontpath.d/liberation-fonts
Filename       : /usr/share/doc/liberation-fonts
Filename       : /usr/share/fonts/liberation-fonts
Filename       : /usr/share/licenses/liberation-fonts
//找到该文件所在的软件包为 liberation-fonts-1:2.00.5-4.oe1.noarch.rpm
```

（2）使用 yum 安装 Chrome 软件包依赖的两个软件包，命令如下：

```
[chen@server Downloads]$ sudo yum -y install liberation-fonts
//安装 liberation-fonts-1:2.00.5-4.oe1.noarch.rpm
//此处使用软件包短名称 liberation-fonts，命令执行详情略
[chen@server ~]$ sudo yum -y install vulkan-loader
//安装 vulkan-loader-1.1.92.0-2.oe1.x86_64.rpm
//此处使用软件包短名称 vulkan-loader，命令执行详情略
```

（3）使用 rpm 命令安装 google-chrome-stable_current_x86_64.rpm 软件包，命令如下：

```
[chen@server Downloads]$ sudo rpm -ivh google-chrome\
-stable_current_x86_64.rpm
[sudo] chen 的密码：<--从键盘输入 chen 的密码
```

```
警告：google-chrome-stable_current_x86_64.rpm: 头V4 DSA/SHA1 Signature, 密钥
ID 7fac5991: NOKEY
    Verifying...                          ####################################[100%]
    准备中...                             ####################################[100%]
    正在升级/安装...
       1:google-chrome-stable-103.0.5060.5
####################################[100%]
//安装google-chrome-stable_current_x86_64.rpm软件包成功
[chen@server ~]$
```

有的读者可能会疑惑，为什么不直接执行 yum install google-chrome-stable 呢？答案是 google-chrome-stable_current_x86_64.rpm 软件包属于第三方软件包，在软件仓库中没有，因此不能直接 yum 安装。

（4）运行 Chrome。

单击启动器→网络应用→Google Chrome 图标，即可启动 Chrome 浏览器了，如图 6-7 所示。Chrome 浏览器启动后的界面如图 6-8 所示。

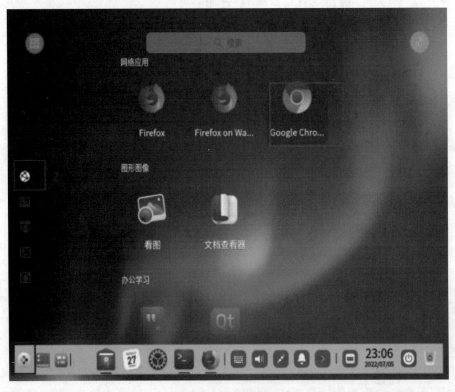

图 6-7　启动 Chrome

图 6-8　Chrome 启动后的界面

6.2.2　搭建本地软件仓库

使用 openEuler 系统的 yum 默认配置文件，安装软件包非常方便，但是存在的问题是，这种方法高度依赖网络。当网络不可用时，软件包无法从 Internet 仓库中下载下来，从而导致安装失败。这时，可以自定义配置文件，搭建本地软件仓库。搭建本地仓库的好处是没有网络照样可以安装软件（前提是本地仓库有那个软件）。

1. 搭建本地软件仓库（将光盘映像挂载至本地目录）

在虚拟机实验环境下搭建本地软件仓库，可将光盘映像挂载到本地目录。下面介绍具体步骤。

（1）将虚拟机的 CD/DVD 的源设置为指定的 ISO 光盘映像后，启动或重启该虚拟机。详细操作可参考例 6-1。

（2）以普通用户 chen 身份登录系统并启动虚拟终端。

（3）切换至 root 用户。创建系统安装光盘映像的挂载点目录，命令如下：

```
[chen@server ~]$ su -
//切换至root用户，工作目录改为root的家目录/root
[root@server ~]# mkdir /myISO
//创建挂载点目录/myISO
```

（4）将光盘映像挂载到挂载点目录/myISO，命令如下：

```
[root@server ~]# mount /dev/cdrom /myISO
mount: /myISO: WARNING: source write-protected, mounted read-only.
//系统提示以只读形式将/dev/cdrom挂载至目录/myISO
```

（5）自定义配置文件并启用本地软件仓库，命令如下：

```
[root@server ~]# vim /etc/yum.repos.d/linux.repo
```

```
//创建自定义配置文件/etc/yum.repos.d/linux.repo
//在 linux.repo 中输入下面几行内容
[Linux]
//软件源名字
name=Linux
//软件仓库名字
baseurl=file:///myISO
//注意，file 后面是//,其中 file:///表示是本地源，/myISO 是带完整路径的本地目录
enable=1
//启用
gpgcheck=0
//不进行 gpgcheck 校验
//完成输入后按 Esc 键，然后输入:wq 命令保存并退出 vim
[root@server ~]# ll /etc/yum.repos.d/
总用量 8.0K
-rw-r--r--. 1 root root   59  7月  4 17:44 linux.repo
-rw-r--r--. 1 root root 1.7K  3月 30  2021 openEuler.repo
//有两个后缀为 repo 的文件，其中一个是默认配置，另一个是新建的 linux.repo
[root@server ~]# cd /etc/yum.repos.d/
//切换至目录/etc/yum.repos.d/
[root@server yum.repos.d]# mv openEuler.repo openEuler.repo.bak
//将文件 openEuler.repo 的文件名修改为 openEuler.repo.bak
[root@server yum.repos.d]# ll
总用量 8.0K
-rw-r--r--. 1 root root   59  7月  4 17:44 linux.repo
-rw-r--r--. 1 root root 1.7K  3月 30  2021 openEuler.repo.bak
//openEuler.repo 文件已经更名为 openEuler.repo.bak
```

（6）使用本地软件仓库，安装一些软件包，命令如下：

```
[root@server yum.repos.d]# yum install gcc
Last metadata expiration check: 1:28:34 ago on 2022 年 07 月 04 日星期一 21 时 18 分 25 秒.
Package gcc-9.3.1-20210204.16.oe1.x86_64 is already installed.
Dependencies resolved.
Nothing to do.
Complete!
//使用本地 yum 安装 gcc 软件包，系统提示该软件包已经安装，无须任何操作
[root@server yum.repos.d]# yum install httpd
//再次使用本地 yum 安装 httpd
Last metadata expiration check: 1:29:32 ago on 2022 年 07 月 04 日星期一 21 时 18 分 25 秒.
Dependencies resolved.
//依赖问题已解决
```

```
=========================================================================
 Package              Architecture    Version           Repository    Size
=========================================================================
Installing:
 httpd                x86_64          2.4.46-3.oe1      Linux         1.3 M
Installing dependencies:
 apr                  x86_64          1.7.0-2.oe1       Linux         109 k
 apr-util             x86_64          1.6.1-11.oe1      Linux         110 k
 httpd-filesystem     noarch          2.4.46-3.oe1      Linux         10 k
 httpd-tools          x86_64          2.4.46-3.oe1      Linux         70 k
 mod_http2            x86_64          1.15.16-1.oe1     Linux         125 k

Transaction Summary
=========================================================================
Install  6 Packages
//Repository 是本地软件仓库 Linux

Total size: 1.7 M
Installed size: 5.5 M
Is this ok [y/N]: <--y
//用户输入 y，表示同意继续安装
//若用户从键盘输入 N，则将会显示 Operation aborted，即安装操作被用户取消，安装失败
…
//此处省略部分安装过程
Installed:
  apr-1.7.0-2.oe1.x86_64                     apr-util-1.6.1-11.oe1.x86_64
  httpd-2.4.46-3.oe1.x86_64                  httpd-filesystem-2.4.46-3.oe1.noarch
  httpd-tools-2.4.46-3.oe1.x86_64            mod_http2-1.15.16-1.oe1.x86_64

Complete!
//使用本地软件仓库 yum 安装 httpd 软件包成功
```

（7）使用本地软件仓库，删除软件包 httpd，命令如下：

```
[root@server yum.repos.d]# yum remove httpd
//命令执行过程略，注意 Repository 仍然是本地软件仓库 Linux
```

如果网络正常了，不想使用本地软件仓库，希望恢复默认配置，则可以按如下步骤操作：首先，将本地软件仓库对应的自定义配置文件 /etc/yum.repos.d/linux.repo 直接删除，或者改名为 /etc/yum.repos.d/linux.repo.bak，并使用 umount 命令卸载 /myISO 目录。接着，将默认配置文件的文件名改回 /etc/yum.repos.d/openEuler.repo，命令如下：

```
[root@server yum.repos.d]# mv linux.repo linux.repo.bak
//将 linux.repo 改名，作为备用文件。删除也可以，将来用到时需要重新创建
```

```
[root@server yum.repos.d]# mv openEuler.repo.bak openEuler.repo
//恢复默认配置文件的文件名
[root@server yum.repos.d]# ll
总用量 8.0K
-rw-r--r--. 1 root root   61 7月  4 21:07 linux.repo.bak
-rw-r--r--. 1 root root 1.7K 3月 30  2021 openEuler.repo
//查看当前/etc/yum.repos.d 目录下的 repo 文件
[root@server yum.repos.d]# umount /myISO
//卸载/myISO 目录
```

2. 搭建本地软件仓库（将 ISO 镜像文件上的软件包复制到本地目录）

将安装 ISO 镜像上的软件包复制到本地目录，并自定义配置文件，从而完成搭建本地软件仓库。这种方法既适合虚拟环境，也适合生产环境。

下面以虚拟环境为例介绍具体步骤。

（1）将虚拟机的 CD/DVD 的源设置为 ISO 光盘映像，启动或重启该虚拟机。详细操作可参考例 6-1。

（2）以普通用户 chen 身份从图形界面 deepin 登录系统。启动虚拟终端，工作目录为用户 chen 的家目录。

（3）安装必要的软件包。

注意：普通用户执行 sudo 表示该用户暂时获取了 root 权限。普通用户 chen 使用 sudo 命令时（或第 1 次使用或隔一段时间又使用）需要输入用户 chen 的密码。

首先保证系统网络正常，yum 默认配置文件/etc/yum.repos.d/openEuler.repo 有效，然后安装软件包 createrepo_c，命令如下：

```
[chen@server ~]$ sudo yum install createrepo_c
//命令执行详情略
```

（4）将软件包复制到指定目录，命令如下：

```
[chen@server ~]$ sudo mkdir /myLinux
//创建/myLinux 目录存放安装光盘中的软件包
[chen@server ~]$ cd /run/media/chen/openEuler-21.03-x86_64/
//由于系统开机后以用户 chen 登录，因此，需要将光盘映像加载至/run/media/chen 目录下
//若开机后以其他用户（如 stu）登录系统，则需要将光盘映像加载至/run/media/stu 下
[chen@server openEuler-21.03-x86_64]$ sudo cp -r * /myLinux
//将当前目录下的所有文件复制至目录/myLinux，*为通配符，表示所有文件。
```

（5）创建软件仓库的配置文件，命令如下：

```
[chen@server openEuler-21.03-x86_64]$ cd
[chen@server ~]$ sudo vim /etc/yum.repos.d/myLinux.repo
//在 myLinux.repo 文件中输入下面几行内容
[openLinux]
```

```
name=openLinux
baseurl=file:///myLinux
enable=1
gpgcheck=0
//输入完毕后，使用:wq 命令保存内容后退出 vim
```

（6）创建软件仓库，命令如下：

```
[chen@server ~]$ sudo createrepo /myLinux
Directory walk started
Directory walk done - 2498 packages
Temporary output repo path: /myLinux/.repodata/
Preparing sqlite DBs
Pool started (with 5 workers)
Pool finished
```

（7）查看/etc/yum.repos.d 目录，将其他后缀为 repo 的文件改名备份，命令如下：

```
[chen@server ~]$ ll /etc/yum.repos.d/
总用量 12K
-rw-r--r--. 1 root root   61 7月  4 21:07 Linux.repo.bak
-rw-r--r--. 1 root root   71 7月  5 10:04 myLinux.repo
-rw-r--r--. 1 root root 1.7K 3月 30  2021 openEuler.repo
[chen@server ~]$ sudo mv /etc/yum.repos.d/openEuler.repo \
/etc/yum.repos.d/openEuler.repo.bak
//将 openEuler.repo 改名备份
```

（8）使用当前本地软件仓库安装 httpd，命令如下：

```
[chen@server ~]$ sudo yum install httpd
openLinux                                 194 MB/s | 3.3 MB     00:00
Last metadata expiration check: 0:00:01 ago on 2022 年 07 月 05 日星期二 10 时
10 分 17 秒.
Dependencies resolved.
================================================================================
 Package              Architecture    Version           Repository       Size
================================================================================
Installing:
 httpd                x86_64          2.4.46-3.oe1      openLinux       1.3 M
Installing dependencies:
 apr                  x86_64          1.7.0-2.oe1       openLinux       109 k
 apr-util             x86_64          1.6.1-11.oe1      openLinux       110 k
 httpd-filesystem     noarch          2.4.46-3.oe1      openLinux        10 k
 httpd-tools          x86_64          2.4.46-3.oe1      openLinux        70 k
 mod_http2            x86_64          1.15.16-1.oe1     openLinux       125 k
```

```
Transaction Summary
================================================================================
Install  6 Packages
//注意，Repository(软件仓库)为 openLinux
...
//此处省略部分安装过程
Complete!
//安装成功
```

（9）使用当前本地软件仓库，删除 httpd，命令如下：

```
[chen@server ~]$ sudo yum remove httpd
//过程略。注意，Repository(软件仓库)为 openLinux
```

如果网络正常了，不想再使用本地软件仓库，希望恢复默认配置，则可以按如下步骤操作：首先，将本地软件仓库对应的自定义配置文件/etc/yum.repos.d/myLinux.repo 改名为/etc/yum.repos.d/myLinux.repo.bak；接着，将默认配置文件的文件名改回/etc/yum.repos.d/openEuler.repo 即可，命令如下：

```
[root@server yum.repos.d]# mv myLinux.repo myLinux.repo.bak
//将 Linux.repo 改名，作为备用文件。删除也可以，将来用到时需要重新创建
[root@server yum.repos.d]# mv openEuler.repo.bak openEuler.repo
//恢复默认配置文件的文件名
```

6.2.3 dnf 命令

dnf 是最新的软件包管理器，用于替代 yum。dnf 与 yum 兼容，支持的选项基本与 yum 相同。在书写命令时，使用 dnf 取代原来命令中的 yum 即可，因此熟悉 yum 的用户可以轻松掌握 dnf。

相对于 yum，dnf 提供了如下改进：dnf 具有更好的性能，内存占用小；dnf 拥有更快、更简单的包管理器；dnf 拥有更小的代码库，可以更好地支持插件。

使用 dnf 安装名为 httpd 的软件包，命令如下：

```
[root@server ~]# dnf install httpd
```

dnf 会自动处理可能需要的任何依赖项，并自动安装软件包，速度比 yum 快。

dnf 也有搜索功能，只要知道名称的一部分，就可以找到包或者提供库的包。例如，查找包含文件 libmpfr.so.*的软件包，命令如下：

```
[root@server ~]# dnf whatprovides libmpfr.so.*
Last metadata expiration check: 0:01:55 ago on 2022 年 07 月 05 日星期二 07 时 48 分 06 秒.
  mpfr-4.1.0-1.oe1.x86_64 : A C library for multiple-precision floating-point computations
```

```
Repo           : @System
Matched from:
Provide        : libmpfr.so.4()(64bit)
Provide        : libmpfr.so.6()(64bit)

mpfr-4.1.0-1.oe1.x86_64 : A C library for multiple-precision floating-point
computations
Repo           : OS
Matched from:
Provide        : libmpfr.so.6()(64bit)
Provide        : libmpfr.so.4()(64bit)
...
//此处省略若干内容
//找到软件包mpfr-4.1.0-1.oe1.x86_64，并且多个软件仓库都可以找到该软件包
```

提供特定功能的软件包聚在一起，称为包组。yum/dnf 提供了很多软件包组以方便系统管理员能够快速安装及设置好所需的环境。例如，安装开发工具软件包组的命令如下：

```
[chen@server ~]$ sudo dnf groupinstall "Development Tools"
```

第 7 章 文件压缩与打包

在 openEuler 系统中，经常要用到文件压缩和打包，本章首先介绍文件的压缩命令 gzip、bzip2 及 xz 的使用方法，然后介绍归档打包命令 tar 命令的基本用法及 tar 命令调用压缩命令等。最后以文件或目录备份和安装 VMware Tools 工具等为例讲述 tar 命令的具体应用。

7.1 文件的压缩命令

在 Linux 系统中，常用的压缩命令有 gzip、bzip2 和 xz，这 3 个命令都可以压缩单个文件。

1. gzip 命令

gzip 命令只能用来压缩文件，不能压缩目录，即便指定了目录，也只能压缩目录内的所有文件。按照惯例，.gz 后缀用于命名 gzip 压缩的文件。

【例 7-1】 gzip 命令的应用。

（1）准备工作。

以普通用户 chen 登录系统，在当前目录/home/chen 下创建目录 program，并切换至该目录，创建 a.c、b.h、d.cpp 共 3 个文件，命令如下：

```
[chen@server ~]$ mkdir program
[chen@server ~]$ cd program/
[chen@server program]$ touch a.c b.h d.cpp
[chen@server program]$ ll
总用量 0
-rw-rw-r--. 1 chen chen 0  6月 20 19:21 a.c
-rw-rw-r--. 1 chen chen 0  6月 20 19:21 b.h
-rw-rw-r--. 1 chen chen 0  6月 20 19:21 d.cpp
```

（2）使用 gzip 命令压缩 program 目录下的文件，命令如下：

```
[chen@server program]$ gzip *
//此处使用了通配符，当前目录下所有文件都被以 gzip 格式单独压缩
[chen@server program]$ ll
```

```
总用量 12K
-rw-rw-r--. 1 chen chen 24 6月 20 19:21 a.c.gz
-rw-rw-r--. 1 chen chen 24 6月 20 19:21 b.h.gz
-rw-rw-r--. 1 chen chen 26 6月 20 19:21 d.cpp.gz
//查看当前目录，a.c、b.h 和 d.app 全部不见了，取而代之的是对应的压缩文件
[chen@server program]$ gzip -l *
         compressed        uncompressed  ratio      uncompressed_name
                 24                   0  0.0%       a.c
                 24                   0  0.0%       b.h
                 26                   0  0.0%       d.cpp
//显示文件的压缩信息
```

（3）使用 gzip 解压文件 program 目录下的 gzip 压缩文件，并显示解压过程。解压后的文件会被保存在当前工作目录下，压缩包会被自动删除。

① 使用 gzip 解压 a.c.gz 文件，命令如下：

```
[chen@server program]$ gzip -dv a.c.gz
a.c.gz:   0.0% -- replaced with a.c
//a.c 取代了 a.c.gz。-d 即--d compress 解压，-v 即--verbose 详细
[chen@server program]$ ll
总用量 8.0K
-rw-rw-r--. 1 chen chen  0 6月 20 19:21 a.c
-rw-rw-r--. 1 chen chen 24 6月 20 19:21 b.h.gz
-rw-rw-r--. 1 chen chen 26 6月 20 19:21 d.cpp.gz
//a.c.gz 不见了，而 a.c 出现了
```

② 使用 gzip 解压 program 目录下的后缀为.gz 的文件，命令如下：

```
[chen@server program]$ gzip -dv *.gz
b.h.gz:   0.0% -- replaced with b.h
d.cpp.gz:       0.0% -- replaced with d.cpp
//解压成功
[chen@server program]$ ll
总用量 0
-rw-rw-r--. 1 chen chen 0 6月 20 19:21 a.c
-rw-rw-r--. 1 chen chen 0 6月 20 19:21 b.h
-rw-rw-r--. 1 chen chen 0 6月 20 19:21 d.cpp
//使用 u 命令查看验证
```

（4）使用 gzip -k 压缩文件 a.c，但不删除该文件，命令如下：

```
[chen@server program]$ gzip -k a.c
//-k 选项实现压缩文件，但是不删除原文件
[chen@server program]$ ll
总用量 4.0K
```

```
-rw-rw-r--. 1 chen chen  0 6月 20 19:21 a.c
-rw-rw-r--. 1 chen chen 24 6月 20 19:21 a.c.gz
-rw-rw-r--. 1 chen chen  0 6月 20 19:21 b.h
-rw-rw-r--. 1 chen chen  0 6月 20 19:21 d.cpp
//a.c 和 a.c.gz 都在
[chen@server program]$ rm a.c.gz
//删除 a.c.gz 文件
```

(5) 尝试使用 gzip 压缩目录 program（注定失败），命令如下：

```
[chen@server program]$ cd ..
//将工作目录切换至/home/chen
[chen@server ~]$ gzip program
gzip: program is a directory - ignored
//gzip 不能压缩目录，更多 gzip 命令的用法可以执行 gzip --help 查看帮助
```

注意：例 7-1、例 7-2 和例 7-3 存在上下文关系。

2. bzip2 命令

bzip2 的使用类似于 gzip，但是采用了不同的压缩算法。与 gzip 相比，bzip2 提供了更好的压缩比，也就是说，同一个文件，一般情况下使用 bzip2 压缩后得到的文件更小。bzip2 命令只能对文件进行压缩（或解压缩），对于目录只能压缩（或解压缩）该目录及子目录下的所有文件。当执行压缩任务完成后，会生成一个以".bz2"为后缀的压缩包。

【例 7-2】 bzip2 的应用。

(1) 使用 bzip2 命令压缩 program 目录下的文件，命令如下：

```
[chen@server ~]$ cd program/
//切换至/home/chen/program 目录下
[chen@server program]$ bzip2 a.c
//使用 bz2 格式压缩 a.c 文件
[chen@server program]$ ll
总用量 8.0K
-rw-rw-r--. 1 chen chen 14 6月 20 19:21 a.c.bz2
-rw-rw-r--. 1 chen chen  0 6月 20 19:21 b.h
-rw-rw-r--. 1 chen chen  0 6月 20 19:21 d.cpp
//压缩成功，a.c 不见了，取而代之的是 a.c.bz2
```

(2) 使用 bzip2 -k 压缩文件 b.h，命令如下：

```
[chen@server program]$ bzip2 -k b.h
//压缩文件 b.h，压缩完成后保留源文件 b.h
[chen@server program]$ ll
总用量 12K
-rw-rw-r--. 1 chen chen 14 6月 20 19:21 a.c.bz2
-rw-rw-r--. 1 chen chen  0 6月 20 19:21 b.h
```

```
-rw-rw-r--. 1 chen chen 14  6月 20 19:21 b.h.bz2
-rw-rw-r--. 1 chen chen 0   6月 20 19:21 d.cpp
//b.h 没有消失，但多了对应的压缩包 b.h.bz2
```

（3）使用 bzip2 解压文件 a.c.bz2，命令如下：

```
[chen@server program]$ bzip2 -d a.c.bz2
//-d 选项，解压
[chen@server program]$ ll
总用量 4.0K
-rw-rw-r--. 1 chen chen 0   6月 20 19:21 a.c
-rw-rw-r--. 1 chen chen 0   6月 20 19:21 b.h
-rw-rw-r--. 1 chen chen 14  6月 20 19:21 b.h.bz2
-rw-rw-r--. 1 chen chen 0   6月 20 19:21 d.cpp
```

（4）使用 bzip2 解压文件 b.h.bz2，命令如下：

```
[chen@server program]$ bzip2 -d b.h.bz2
bzip2: Output file b.h already exists.
//由于文件 b.h 已经存在，解压失败
[chen@server program]$ bzip2 -df b.h.bz2
//加上-f 选项，解压并强制覆盖已经存在的 b.h 文件
[chen@server program]$ ll
总用量 0
-rw-rw-r--. 1 chen chen 0   6月 20 19:21 a.c
-rw-rw-r--. 1 chen chen 0   6月 20 19:21 b.h
-rw-rw-r--. 1 chen chen 0   6月 20 19:21 d.cpp
//解压成功
//bzip2 命令的更多用法，可以执行 bzip2 -h 查询帮助
```

3. xz 命令

xz 是一个通用的数据压缩和解压缩工具。xz 比 gzip、bzip2 的压缩比更大。xz 压缩算法的重要部分公开了，因此 xz 是许多需要压缩的开源项目的流行压缩格式。当使用 xz 命令执行压缩任务完成后，会生成一个以".xz"为后缀的压缩包。

【例 7-3】 xz 命令的应用。

（1）使用 xz 命令压缩文件 a.c，命令如下：

```
[chen@server program]$ xz a.c
//使用 xz 命令压缩 a.c 文件后会得到 a.c.xz 文件，a.c 文件会被删除
[chen@server program]$ ll
总用量 8.0K
-rw-rw-r--. 1 chen chen 32  6月 20 19:21 a.c.xz
-rw-rw-r--. 1 chen chen 0   6月 20 19:21 b.h
-rw-rw-r--. 1 chen chen 0   6月 20 19:21 d.cpp
//压缩成功
```

(2) 使用 xz 命令压缩文件 d.cpp,命令如下:

```
[chen@server program]$ xz -k d.cpp
//使用-k 选项,压缩后可得到 d.cpp.xz 文件,同时保留 d.cpp 文件
[chen@server program]$ ll
总用量 8.0K
-rw-rw-r--. 1 chen chen 32 6月 20 19:21 a.c.xz
-rw-rw-r--. 1 chen chen  0 6月 20 19:21 b.h
-rw-rw-r--. 1 chen chen  0 6月 20 19:21 d.cpp
-rw-rw-r--. 1 chen chen 32 6月 20 19:21 d.cpp.xz
[chen@server program]$ xz -l d.cpp.xz
流  块  压缩大小  解压大小  比例  校验    文件名
1   0   32 B     0 B      ---   CRC64   d.cpp.xz
//使用-l 选项,可看到压缩详情
```

(3) 使用 xz 命令解压文件 a.c.xz,命令如下:

```
[chen@server program]$ xz -d a.c.xz
//-d 选项,解压
[chen@server program]$ ll
总用量 4.0K
-rw-rw-r--. 1 chen chen  0 6月 20 19:21 a.c
-rw-rw-r--. 1 chen chen  0 6月 20 19:21 b.h
-rw-rw-r--. 1 chen chen  0 6月 20 19:21 d.cpp
-rw-rw-r--. 1 chen chen 32 6月 20 19:21 d.cpp.xz
//解压成功,a.c.xz 不见了,但 a.c 出现了
```

(4) 使用 xz 命令解压文件 d.cpp.xz,命令如下:

```
[chen@server program]$ rm d.cpp
//删除 d.cpp 文件
[chen@server program]$ ll
总用量 4.0K
-rw-rw-r--. 1 chen chen  0 6月 20 19:21 a.c
-rw-rw-r--. 1 chen chen  0 6月 20 19:21 b.h
-rw-rw-r--. 1 chen chen 32 6月 20 19:21 d.cpp.xz
[chen@server program]$ xz -d -k d.cpp.xz
//-d 解压,-k 保留原来的文件
[chen@server program]$ ll
总用量 4.0K
-rw-rw-r--. 1 chen chen  0 6月 20 19:21 a.c
-rw-rw-r--. 1 chen chen  0 6月 20 19:21 b.h
-rw-rw-r--. 1 chen chen  0 6月 20 19:21 d.cpp
-rw-rw-r--. 1 chen chen 32 6月 20 19:21 d.cpp.xz
//解压成功
```

7.2 tar 命令

如果经常在 Windows 系统下使用 winRAR 一类压缩工具，读者则会习惯这样一件事情，压缩工具不仅可将多个文件合并成一个文件（称为归档），而且将文件压缩变"小"（称为压缩），但是在 Linux 系统中，这个过程是分开的。tar 命令将多个文件组合成一个大文件，至于下一步是否压缩，以及使用哪个压缩工具，如 gzip 还是 bzip2，用户是可以选择的。

tar 是一种标准的文件打包格式。利用 tar 命令可将要备份的一组文件和目录归档打包成一个文件，以便于保存和网络传输。tar 命令内置了相应的参数选项，以实现对 tar 文件的压缩或解压。

综上，使用 tar 命令可以将文件或目录进行归档或压缩以作备份用。

7.2.1 tar 命令基本用法

使用 tar 命令可以将多个文件或目录打包归档，也可以从归档中还原所需文件。
命令的基本语法格式：

```
tar　[选项]　[文件|目录]
```

tar 命令的常用选项及含义见表 7-1。

表 7-1　tar 命令的常用选项及含义

选　　项	含　　义
-c	创建新的归档
-t	列出归档的内容
-x	从归档中解出文件
-v	详细列出处理的描述信息
-f	用于指定归档文件名
-r	将文件追加至归档文件结尾
-z	调用 gzip，以 gzip 格式压缩或解压缩文件
-j	调用 bzip2，以 bzip2 格式压缩或解压缩文件
-J	使用 xz 过滤归档
-C	释放 tar 包时指定释放的目标的位置
-u	仅追加比归档中副本更新的文件
-a	使用归档后缀名决定压缩程序
-w	每步都需要确认
-? 或--help	显示帮助

【例 7-4】 tar 命令基本用法的应用。
（1）准备工作。

以普通用户 chen 身份登录系统，当前工作目录为该用户的家目录。在当前工作目录下创建目录 logico，并在目录 logico 下创建几个文件，命令如下：

```
[chen@server ~]$ mkdir logico
//创建目录/home/chen/logico，此处使用的是相对目录
[chen@server ~]$ touch logico/{1,2,3,4}
//在/home/chen/logico 目录下创建文件 1、2、3 和 4
[chen@server ~]$ ll -d logico
drwxrwxr-x. 2 chen chen 4.0K  6月 17 21:45 logico
//查看 logico 目录的属性
[chen@server ~]$ ll logico
总用量 0
-rw-rw-r--. 1 chen chen 0  6月 17 21:45 1
-rw-rw-r--. 1 chen chen 0  6月 17 21:45 2
-rw-rw-r--. 1 chen chen 0  6月 17 21:45 3
-rw-rw-r--. 1 chen chen 0  6月 17 21:45 4
//查看 logico 目录
```

（2）归档 logico 目录，命令如下：

```
[chen@server ~]$ tar -cvf logico.tar logico
logico/
logico/4
logico/3
logico/1
logico/2
[chen@server ~]$ ll logico.tar
-rw-rw-r--. 1 chen chen 10K  6月 17 22:03 logico.tar
//查看归档文件 logico.tar 的属性
```

刚刚创建的归档文件 logico.tar 没有进行任何压缩，这些文件和目录仅仅合并为一个归档文件。

注意：在 tar 命令中，通常建议使用相对路径表示文件或目录；如果写成了绝对路径，则执行命令后，系统就会自动转换成相对路径，并提示——tar: 从成员名中删除开头的"/"。另外，在使用 tar 命令指定选项时可以不在选项前面输入"-"，例如 cvf 和 -cvf 的作用是一样的。

（3）列出归档文件 logico.tar 中的文件列表，命令如下：

```
[chen@server ~]$ tar -tf logico.tar
logico/
logico/4
logico/3
logico/1
logico/2
```

```
//-tf 选项表示列出归档文件中的文件列表
[chen@server ~]$ tar -tvf logico.tar
drwxrwxr-x chen/chen        0 2022-06-17 21:45 logico/
-rw-rw-r-- chen/chen        0 2022-06-17 21:45 logico/4
-rw-rw-r-- chen/chen        0 2022-06-17 21:45 logico/3
-rw-rw-r-- chen/chen        0 2022-06-17 21:45 logico/1
-rw-rw-r-- chen/chen        0 2022-06-17 21:45 logico/2
//-tvf 选项表示列出归档文件中的文件详细属性列表
```

(4) 将归档文件解包至指定目录。

① 为了测试解包，先删除此前创建的/home/chen/logico 目录，命令如下：

```
[chen@server ~]$ rm -r logico
//使用 rm -r 删除目录/home/chen/logico
[chen@server ~]$ ll -d logico
ls: 无法访问 'logico': 没有那个文件或目录
//查看确认 logico 目录已经被删除
```

② 使用 tar 命令将 logico.tar 解包，命令如下：

```
[chen@server ~]$ tar -xvf logico.tar
logico/
logico/4
logico/3
logico/1
logico/2
//使用 tar -xvf 将 logico.tar 归档文件解包至当前目录
[chen@server ~]$ ll -d logico
drwxrwxr-x. 2 chen chen 4.0K  6月 17 21:45 logico
//解包重新生成了 logico 目录
```

(5) 向归档文件中添加文件。

① 创建文件/home/chen/logico/5，命令如下：

```
[chen@server ~]$ touch logico/5
//创建名为 logico/5 的空文件
[chen@server ~]$ echo "7 years old" >logico/5
//向文件 logico/5 写入一句话
[chen@server ~]$ cat logico/5
7 years old
//查看文件 logico/5 的内容
[chen@server ~]$ ll logico
总用量 0
-rw-rw-r--. 1 chen chen 0  6月 17 21:45 1
-rw-rw-r--. 1 chen chen 0  6月 17 21:45 2
```

```
-rw-rw-r--. 1 chen chen 0  6月 17 21:45 3
-rw-rw-r--. 1 chen chen 0  6月 17 21:45 4
-rw-rw-r--. 1 chen chen 0  6月 17 22:33 5
```

② 使用 tar 命令将上述文件 logico/5 添加至归档文件 logico.tar 中，命令如下：

```
[chen@server ~]$ tar -rvf logico.tar logico/5
logico/5
//将文件/home/chen/logico/5 添加至归档文件 logico.tar 中
[chen@server ~]$ tar -tvf logico.tar
drwxrwxr-x chen/chen         0 2022-06-17 21:45 logico/
-rw-rw-r-- chen/chen         0 2022-06-17 21:45 logico/4
-rw-rw-r-- chen/chen         0 2022-06-17 21:45 logico/3
-rw-rw-r-- chen/chen         0 2022-06-17 21:45 logico/1
-rw-rw-r-- chen/chen         0 2022-06-17 21:45 logico/2
-rw-rw-r-- chen/chen         0 2022-06-17 22:33 logico/5
//查看归档文件 logico.tar 中的文件，可见 logico/5 已经添加成功
```

（6）更新归档文件中的某个文件。

① 修改文件 logico/5 的内容，命令如下：

```
[chen@server ~]$ echo "Just for the kid of 7 years old" >logico/5
//使用 echo 命令向文件 logico/5 写入一句话
[chen@server ~]$ cat logico/5
Just for the kid of 7 years old
//查看 logico/5 文件的内容
```

② 更新归档文件 logico.tar 中的 logico/5 文件，命令如下：

```
[chen@server ~]$ tar -uvf logico.tar logico/5
logico/5
```

（7）归档时的权限问题。

例如，以普通用户 chen 的身份对目录/etc 进行归档，命令如下：

```
[chen@server ~]$ tar -cvf chen_etc.tar /etc
...
tar: /etc/sudo.conf：无法 open：权限不够
...
tar: 由于前次错误，将以上次的错误状态退出
//提示很多文件因为当前用户的权限不够，无法打开
```

由于普通用户 chen 对/etc 目录下很多文件权限不够，所以归档时会出错。查看 chen_etc.tar，命令如下：

```
[chen@server ~]$ ll -d chen_etc.tar
-rw-rw-r--. 1 chen chen 54M  6月 17 22:54 chen_etc.tar
```

//chen_etc.tar 是/etc 目录的不完整归档

7.2.2　tar 命令调用压缩命令

使用 tar 命令可以在打包或解包的同时调用其他的压缩命令，如 gzip、bzip2、xz 等。

1. tar 调用 gzip

使用 tar 命令的-z 选项可以在归档或者解包的同时调用 gzip。

【例 7-5】 tar 调用 gzip 的应用。

（1）将/home/chen/logico 目录打包压缩成/home/chen/logico.tar.gz 文件，命令如下：

```
[chen@server ~]$ tar zcvf logico.tar.gz logico
logico/
logico/4
logico/5
logico/3
logico/1
logico/2
//tar 命令的-z 选项表示调用 gzip，此处使用的是相对路径
```

（2）查看文件/home/chen/logico.tar.gz 的内容，命令如下：

```
[chen@server ~]$ tar ztvf logico.tar.gz
drwxrwxr-x chen/chen         0 2022-06-17 21:45 logico/
-rw-rw-r-- chen/chen         0 2022-06-17 21:45 logico/4
-rw-rw-r-- chen/chen        32 2022-06-17 22:45 logico/5
-rw-rw-r-- chen/chen         0 2022-06-17 21:45 logico/3
-rw-rw-r-- chen/chen         0 2022-06-17 21:45 logico/1
-rw-rw-r-- chen/chen         0 2022-06-17 21:45 logico/2
//查看 logico.tar.gz 的内容
```

（3）将文件/home/chen/logico.tar.gz 解压缩至 mylogico 目录下。

① 在/home/chen 目录下创建 mylogico 目录。

```
[chen@server ~]$ mkdir mylogico
//在当前目录下创建目录 mylogico，完整路径为/home/chen/mylogico
```

② 将文件/home/chen/logico.tar.gz 解压缩至 mylogico 目录下，命令如下：

```
[chen@server ~]$ tar zxvf logico.tar.gz -C mylogico
logico/
logico/4
logico/5
logico/3
logico/1
logico/2
```

```
//tar命令的-C选项用于指定解压缩的目标目录mylogico
[chen@server ~]$ ll mylogico
总用量 4.0K
drwxrwxr-x. 2 chen chen 4.0K  6月 17 21:45 logico
//查看mylogico目录，确认解压是否成功
[chen@server ~]$ ll mylogico/logico/
总用量 4.0K
-rw-rw-r--. 1 chen chen  0  6月 17 21:45 1
-rw-rw-r--. 1 chen chen  0  6月 17 21:45 2
-rw-rw-r--. 1 chen chen  0  6月 17 21:45 3
-rw-rw-r--. 1 chen chen  0  6月 17 21:45 4
-rw-rw-r--. 1 chen chen 32  6月 17 22:45 5
//查看mylogico/logico目录，确认解压是否成功
```

值得一提的是，tar命令的-C选项指定的目录必须事先存在，否则会出错，命令如下：

```
[chen@server ~]$ tar zxvf logico.tar.gz -C herlogico
tar: herlogico: 无法 open: 没有那个文件或目录
tar: Error is not recoverable: exiting now
//由于herlogico目录不存在，tar命令在执行时出错
```

2. tar调用bzip2

使用tar命令可以在归档或者解包的同时调用bzip2。tar命令中使用-j选项调用bzip2。

【例7-6】 tar调用bzip2的应用。

（1）将/home/chen/logico目录打包压缩成/home/chen/logico.tar.bz2文件，命令如下：

```
[chen@server ~]$ tar jcvf logico.tar.bz2 logico
logico/
logico/4
logico/5
logico/3
logico/1
logico/2
//打包并压缩成logico.tar.bz2文件
[chen@server ~]$ ll logico.tar.bz2
-rw-rw-r--. 1 chen chen 235  6月 18 20:48 logico.tar.bz2
//查看logico.tar.bz2文件的属性
```

（2）查看文件/home/chen/logico.tar.bz2的内容，命令如下：

```
[chen@server ~]$ tar jtvf logico.tar.bz2
drwxrwxr-x chen/chen         0 2022-06-17 21:45 logico/
-rw-rw-r-- chen/chen         0 2022-06-17 21:45 logico/4
-rw-rw-r-- chen/chen        32 2022-06-17 22:45 logico/5
-rw-rw-r-- chen/chen         0 2022-06-17 21:45 logico/3
```

```
-rw-rw-r-- chen/chen         0 2022-06-17 21:45 logico/1
-rw-rw-r-- chen/chen         0 2022-06-17 21:45 logico/2
```

（3）将文件/home/chen/logico.tar.bz2 解压缩出来，命令如下：

```
[chen@server ~]$ rm -r mylogico/logico/
//删除/home/chen/mylogico/logico 目录
[chen@server ~]$ ll mylogico/logico/
ls: 无法访问 'mylogico/logico/': 没有那个文件或目录
//验证 mylogico/logico/目录是否删除成功
[chen@server ~]$ ll mylogico/
总用量 0
//当前 mylogico 目录为空
[chen@server ~]$ tar jxvf logico.tar.bz2 -C mylogico/
logico/
logico/4
logico/5
logico/3
logico/1
logico/2
//-C 选项指定解压缩/home/chen/logico.tar.bz2 至目录/home/chen/mylogico 下
[chen@server ~]$ ll mylogico/
总用量 4.0K
drwxrwxr-x. 2 chen chen 4.0K  6月 17 21:45 logico
//验证是否解压成功
[chen@server ~]$ ll mylogico/logico/
总用量 4.0K
-rw-rw-r--. 1 chen chen  0  6月 17 21:45 1
-rw-rw-r--. 1 chen chen  0  6月 17 21:45 2
-rw-rw-r--. 1 chen chen  0  6月 17 21:45 3
-rw-rw-r--. 1 chen chen  0  6月 17 21:45 4
-rw-rw-r--. 1 chen chen 32  6月 17 22:45 5
//验证是否解压成功
```

3. tar 调用 xz

使用 tar 命令可以在归档或者解包的同时调用 xz。在 tar 命令中使用-J 选项调用 xz。

【例 7-7】 tar 调用 xz 的应用。

（1）将/home/chen/logico 目录归档压缩成/home/chen/logico.tar.xz 文件，命令如下：

```
[chen@server ~]$ tar Jcvf logico.tar.xz logico
logico/
logico/4
logico/5
logico/3
```

```
logico/1
logico/2
//归档打包并压缩成 logico.tar.xz 文件
```

(2) 查看文件/home/chen/logico.tar.xz 的内容，命令如下：

```
[chen@server ~]$ tar Jtvf logico.tar.xz
drwxrwxr-x chen/chen        0 2022-06-17 21:45 logico/
-rw-rw-r-- chen/chen        0 2022-06-17 21:45 logico/4
-rw-rw-r-- chen/chen       32 2022-06-17 22:45 logico/5
-rw-rw-r-- chen/chen        0 2022-06-17 21:45 logico/3
-rw-rw-r-- chen/chen        0 2022-06-17 21:45 logico/1
-rw-rw-r-- chen/chen        0 2022-06-17 21:45 logico/2
//使用-Jtvf 选项查看归档文件内容
```

(3) 将文件/home/chen/logico.tar.xz 在当前目录解压缩出来，命令如下：

```
[chen@server ~]$ rm -r logico
//删除当前目录下的 logico 目录
[chen@server ~]$ ll -d logico
ls: 无法访问 'logico': 没有那个文件或目录
//确认当前目录下的 logico 目录删除成功
[chen@server ~]$ tar Jxvf logico.tar.xz
logico/
logico/4
logico/5
logico/3
logico/1
logico/2
//由于此处没有使用-C 选项指定解压位置，所以解压 logico.tar.xz 至当前目录
[chen@server ~]$ ll -d logico
drwxrwxr-x. 2 chen chen 4.0K  6月 17 21:45 logico
//解压成功，当前目录下又出现了 logico 目录
```

7.3 tar 命令的具体应用

1. 备份

/etc 是系统重要的配置文件目录，服务器一定要定期备份该目录。

【例 7-8】 使用 tar 命令备份/etc 目录。

下面给出了一个 Shell 程序，使用 tar 命令完成上述备份功能。

```
#!/bin/sh
DIRNAME=`ls /root |grep bak`
#获取/root 中名称包含 bak 的文件或目录
```

```
if [ -z "$DIRNAME" ] ;
then
#判断 1 结果为空
    mkdir /root/bak ; cd /root/bak
#创建目录/root/bak 并进入该目录
fi
YY=`date +%y` ;MM=`date +%m` ; DD=`date +%d`
#获取当前时间的年月日
BACKETC=$YY$MM$DD'_etc.tar.gz'
#按照年（2 位）月（2 位）日（2 位）_etc 方式构造压缩文件名
tar zcvf $BACKETC /etc
#压缩 etc 目录并保存在/root/bak 中
echo "filebackfinished!"
```

程序功能：若目录/root/bak 不存在，则创建之，然后将/etc 按日期归档保存于该目录中。

2. tar 包源代码

另外，很多应用软件提供了 tar 包形式的源代码，用户可以下载 tar 包源代码，然后编译安装相应软件。例如，MySQL 就在官网上提供了很多不同版本的 tar 包，如图 7-1 所示。

图 7-1　MySQL 提供的 tar 包源代码下载

3. 安装 VMware Tools 工具

注意：安装 VMware Tools 工具属于虚拟实验环境搭建的一部分，但是完成这个操作，读者要理解并掌握挂载，以及 tar 命令的使用，因此这部分知识放在本章讲解。

现在，读者再考虑一个实际问题。任盈盈同学在做 openEuler 系统下的服务器配置实验，她发现虚拟机窗口无法全屏，另外她习惯使用 Windows 平台下的 WPS 软件书写实验报告，因此她希望复制 openEuler 虚拟机中的一些命令及文字并粘贴到 Windows 平台的 WPS 软件中。可是，她发现，复制粘贴操作无效。

在虚拟机中安装完 openEuler 操作系统后，通常需要安装 VMware Tools 工具。VMware Tools 工具的作用包括在虚拟机上虚拟硬件的驱动、鼠标的无缝移出移入和剪贴板共享等功能，所以如果安装了 VMware Tools 工具，则任盈盈的目标就能够轻松实现了。

1）前提条件

（1）开启虚拟机。

（2）确认 openEuler 操作系统正在运行。

（3）因为 VMware Tools 安装程序是使用 Perl 编写的，所以应确认已在 openEuler 系统中安装了 Perl。在安装 openEuler 系统时，如果【软件选择】所选的基本环境是安装服务器，则默认安装 Perl。

2）过程

为了简化问题，以普通用户 chen 登录系统，在 deepin 桌面环境下的终端中进行操作。具体过程如下：

（1）在 VMware Workstation 菜单栏中选择【虚拟机】→【安装 VMware Tools】，如图 7-2 所示，VMware 将自动加载 VMware Tools 对应的 linux.iso 文件至虚拟机的虚拟光驱 CD-ROM 中。如果虚拟机的虚拟光驱 CD-ROM 中不空，即已经加载了其他 ISO 文件，则会出现如图 7-3 所示对话框，单击对话框中【是】按钮，虚拟机的 CD-ROM 将弹出原有 ISO 文件，改为加载 VMware Tools 的 linux.iso 文件。

图 7-2　安装 VMware Tools

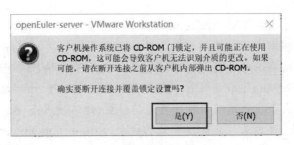

图 7-3　CD-ROM 介质更改

（2）在 deepin 图形桌面上，单击左下角的【启动器】，然后选中单击【终端】启动终端。

（3）切换至 root 用户，并创建/mnt/media 目录，将虚拟机的 cdrom 挂载到/mnt/media 目录，命令如下：

```
[chen@server ~]# su
//使用 su 命令切换至 root 用户
密码：
//在上述"密码："提示符后面输入 root 用户的密码，在输入过程中，密码并不显示
[root@server chen]# mkdir /mnt/media
//创建/mnt/media 目录
[root@server chen]# mount /dev/cdrom /mnt/media
//将 cdrom 挂载到/mnt/media 目录
[root@server chen]# cd /mnt/media
//将当前目录切换至/mnt/media
[root@server media]# ls
//查看/mnt/media 目录下的内容
manifest.txt  VMwareTools-10.3.10-13959562.tar.gz  vmware-tools-upgrader-64
run_upgrader.sh  vmware-tools-upgrader-32
```

（4）将安装程序 VMwareTools-10.3.10-13959562.tar.gz 文件解压缩至/tmp/目录下，命令如下：

```
[root@server media]# tar zxvf VMwareTools-10.3.10-13959562.tar.gz -C /tmp/
//tar 命令，-C 参数用于指定解压缩至/tmp/目录下
```

（5）将当前目录切换至/tmp/vmware-tools-distrib 目录，然后执行./vmware-install.pl 命令，命令如下：

```
[root@server media]# cd /tmp/vmware-tools-distrib
[root@server vmware-tools-distrib]# ./vmware-install.pl
//./vmware-install.pl 命令在执行过程中，不断有交互询问，回答时可遵循下面的原则
//路径相关问题就直接按 Enter 键选择默认路径
//其他问题就按推荐的默认答案，如推荐答案为 yes 就输入 yes，然后按 Enter 键
[root@server vmware-tools-distrib]# umount /dev/cdrom
//卸载 CD-ROM 映像
```

（6）重新启动 X 会话，VMware Tools 便可以生效。

最简单的方法是注销用户，然后重新登录 deepin 桌面环境。重启 X 会话后，试试改变窗口大小，并可试试将终端命令复制后粘贴至 Windows 中的 WPS 文档。

注意：在安装 VMware Tools 之前，需要删除以前的任何 vmware-tools-distrib 目录。

此目录的位置取决于在先前安装期间指定的位置，通常情况下，此目录位于/tmp/vmware-tools-distrib 中。若为上述目录，则删除目录的命令为 rm -r /tmp/vmware-tools-distrib。

第 8 章 sudo 与 ACL 权限

本章首先介绍 sudo 命令，解决多个管理员共管一个系统中出现的现实问题；接着介绍 ACL 权限，包括如何设置 ACL 权限或查看 ACL 权限，使用 ACL 权限弥补 ugo 权限在实际应用中存在的不足。另外，还会特别强调最大有效权限 mask 的概念，如果给用户或用户组赋予了 ACL 权限，则需要和 mask 的权限"相与"才可以得到用户或用户组的真正权限——防止用户在进行 ACL 权限设置时将权限设置得过于宽泛。

8.1 使用 sudo

现实中，由于系统管理的工作比较复杂，经常需要多个管理员共同管理一个系统，如一些大型网站等应用系统，一般采用基于角色的访问控制策略：拥有管理员角色的用户使用自己的用户名和密码登录系统，进行系统管理。

openEuler 系统管理操作需要系统管理员（root）的权限。在前面章节中，通常使用 su 命令将用户切换至 root 进行必要的操作，但是这么做就要给所有拥有管理员角色的用户提供 root 密码，由此带来很多问题。

在这种情况下，sudo 命令提供了一种新思路。sudo 命令可以让普通用户暂时使用 root 的身份来执行命令，且 sudo 命令的执行只需用户自己的密码。为了安全起见，并非所有人都能够执行 sudo，只有在/etc/sudoers 中设置好的用户才能执行 sudo 命令。

使用 root 权限可管理 sudo 的使用权，虽然 sudo 的配置文件为/etc/sudoers，可以使用 vim 查看并编辑该文件，但是建议使用 visudo 命令直接查看并编辑该文件，命令如下：

```
[root@server ~]# visudo
//下面是/etc/sudoer 文件的一部分内容
##Allow root to run any commands anywhere
root    ALL=(ALL)       ALL
//root 拥有最高权限，可以在此行后增加用户，使该用户像 root 一样拥有所有权限，但不推荐
……
//省略了很多行
##Allows people in group wheel to run all commands
%wheel  ALL=(ALL)       ALL
```

```
//加入wheel群组的用户可以使用sudo，推荐这种做法
...
//visudo的用法与vim相同，使用:q命令退出
```

不建议初学者直接修改/etc/sudoers。更安全的做法是将用户加入wheel群组，使该用户具有执行sudo的权限。例如，查看当前用户chen，该用户属于wheel群组。

```
[chen@server ~]$ id chen
用户id=1001(chen) 组id=1001(chen) 组=1001(chen),10(wheel)
//使用id命令查看用户chen，属于两个组，其中一个就是wheel群组
[chen@server ~]$ head /etc/shadow
head: 无法打开'/etc/shadow' 读取数据: 权限不够
//普通用户chen无权查看/etc/shadow文件的内容
[chen@server ~]$ sudo head /etc/shadow
//使用sudo执行 head /etc/shadow命令

我们信任您已经从系统管理员那里了解了日常注意事项。
总结起来无外乎这三点：

    #1) 尊重别人的隐私。
    #2) 输入前要先考虑(后果和风险)。
    #3) 权力越大，责任越大。
//以上是对普通用户使用sudo的风险和责任的提示

[sudo] chen 的密码：<--此处需从键盘输入普通用户chen的密码
root:$6$fu4WFMumK/sllzV2$e6pP9x.WugmnIlwX/n79Ft9VAJF21ReTNIqPcCM9kV2uEsPr
cWgyXdN3EXa/upL1F/d50weVTo7FSnArkm7PN/::0:99999:7:::
bin:*:18716:0:99999:7:::
daemon:*:18716:0:99999:7:::
adm:*:18716:0:99999:7:::
lp:*:18716:0:99999:7:::
sync:*:18716:0:99999:7:::
shutdown:*:18716:0:99999:7:::
halt:*:18716:0:99999:7:::
mail:*:18716:0:99999:7:::
operator:*:18716:0:99999:7:::
//显然，普通用户chen使用sudo获得了查看/etc/shadow文件的权限
```

在本书后续章节中，仍然采用必要时切换至root用户进行操作，而实际上，读者可以以普通用户chen的身份利用sudo命令完成相应操作。

8.2 ACL 权限

ACL 是 Access Control List 的缩写，目的是提供传统的 ugo 权限之外的权限设置。ACL 可以对单个用户、单个文件或目录设置 r、w、x 的权限。

8.2.1 ugo 权限存在的不足

在前面章节中介绍了 ugo 权限，但是 ugo 权限并不完美。

例如，某文件的权限是 rw-rw----，即所有者有 rw 权限，所属组也是 rw 权限，其他人没有任何权限。针对该文件，现在有一个用户需要拥有只读权限。分析发现前面的权限都不适用，无法将该用户归为 u、g、o 任何一类中去。有人可能会想修改该文件的用户或者用户组，并把权限修改为只读就行了，但是这样就破坏了别人的访问权限，原来的用户就无法正常操作该文件了。

下面再来看在具体的业务场景中的两个案例。

【案例 1】 设置实习生的权限

某公司项目组，为工作方便，项目组成员使用一个共享目录，目录所有者为该项目负责人。项目组成员加入同一个群组，目录所属组为该群组。这样按照前面所讲 ugo 权限，可以设定项目负责人（目录所有者）对该目录的权限，以及项目组成员对该目录的权限和其他人对该目录的权限。

但是如果项目组来了一些实习生，则实习生的权限该如何设定？

实习生不可能定义为目录的所有者，这不合理，另外目录所有者只有一个，但是实习生有多个。实习生也不能定义为 other（其他人），权限太小，实习生还是对共享目录要有一定的操作权限的，但是实习生对共享目录的操作权限和项目组成员肯定不一样，因此不能加入目录所属群组。

【案例 2】 设置老板的权限

某公司财务部财务的共享目录要求设置以下权限：

（1）财务总监（cwzj）的账户拥有读写执行（rwx）权限。

（2）财务专员（cwzy）的账户拥有只读执行（rx）权限。

（3）其他人没有权限访问。

但是，有一天，公司的老板心血来潮，想要看财务报表等信息，并且要求拥有所有权限，即需要将老板（boss）的账户设置为拥有读写执行（rwx）权限。行政总监也要看财务报表，即需要设置行政总监（xzzj）的账户拥有只读执行（rx）权限。

依靠 ugo 的基本权限，完全无法实现以上的需求。

从以上案例可知，仅仅依赖 ugo 基本权限，用户对文件的身份不够用了。ACL 权限可以解决这个问题。

8.2.2　ACL 权限介绍

ACL 权限是一个针对文件/目录的访问控制列表。它在 ugo 权限管理的基础上为文件系统提供了一个额外的、更灵活的权限管理机制。它被设计为 UNIX 文件权限管理的一个补充，专门用于解决用户对文件身份权限不足的问题。

ACL 允许为任何的用户或用户组设置任何文件/目录的访问权限。

8.2.3　ACL 权限设置

1. 设置 ACL 权限

使用 setfacl 命令可以设置 ACL 权限。

setfacl 命令的语法格式如下：

```
setfacl [选项] [文件|目录]
```

setfacl 命令的常用选项及含义见表 8-1。

表 8-1　setfacl 命令的常用选项及含义

选项	含义	选项	含义
-m	设定 ACL 权限	-d	设定默认 ACL 权限
-x	删除指定的 ACL 权限	-k	删除默认 ACL 权限
-b	删除所有的 ACL 权限	-R	递归设定 ACL 权限

【例 8-1】　setfacl 命令的应用。

（1）以普通用户 chen 身份登录系统，在/tmp 目录下创建文件 GreatExpectations，命令如下：

```
[chen@server ~]$ cd /tmp
[chen@server tmp]$ touch GreatExpectations
[chen@server tmp]$ ll GreatExpectations
-rw-rw-r--. 1 chen chen 0  6月 22 15:12 GreatExpectations
```

（2）修改文件 GreatExpectations 的权限，命令如下：

```
[chen@server tmp]$ chmod o-r GreatExpectations
[chen@server tmp]$ ll GreatExpectations
-rw-rw----. 1 chen chen 0  6月 22 15:12 GreatExpectations
//
```

（3）针对文件 GreatExpectation 给用户 stu 设置 ACL 权限，命令如下：

```
[chen@server tmp]$ setfacl -m u:stu:r GreatExpectations
//设置 ACL 只读权限
[chen@server tmp]$ ll GreatExpectations
```

```
-rw-rw----+ 1 chen chen 0 6月 22 15:12 GreatExpectations
//使用 ll 命令查看后发现权限最后一位是个 +，表示该文件设置了 ACL 权限
//ll 不能查看具体的 ACL 权限
```

注意：例 8-1、例 8-2 和例 8-3 存在上下文关系。

2. 查看 ACL 权限

使用 getfacl 命令可以查看 ACL 权限。

命令的语法格式如下：

```
getfacl [选项] [文件|目录]
```

getfacl 命令的常用选项及含义见表 8-2。

表 8-2　getfacl 命令的常用选项及含义

选　　项	含　　义
-a	仅显示文件访问控制列表
-d	仅显示默认的访问控制列表
-e	显示所有有效权限
-R	递归显示子目录
-h 或 --help	显示帮助信息

【例 8-2】 getfacl 命令的应用。

（1）使用 getfacl 命令查看文件 GreatExpectations 的 ACL 权限。

```
[chen@server tmp]$ getfacl GreatExpectations
#file: GreatExpectations
#owner: chen
#group: chen
user::rw-
user:stu:r--
group::rw-
mask::rw-
other::---
//由于 r 权限在 mask 权限之内，因此，stu 的真正权限就是 r，参看后文的介绍
[chen@server tmp]$ echo "This is a famous novel written by Charles\
>Dickens!" >GreatExpectations
//由于命令太长，所以分行输入，\表示下一行内容还是该命令的一部分
//>是系统给出的输入提示符
[chen@server tmp]$ cat GreatExpectations
This is a famous novel written by Charles Dickens!
//查看文件 GreatExpectations 的内容
```

（2）以用户 stu 登录，读取文件 GreatExpectations，命令如下：

```
[stu@server ~]$ cd /tmp
//将工作目录修改为/tmp
[stu@server tmp]$ cat GreatExpectations
This is a famous novel written by Charles Dickens!
```

以用户 stu 尝试修改（写）文件 GreatExpectations，命令如下：

```
[stu@server tmp]$ cat >> GreatExpectations
bash: GreatExpectations: 权限不够
//向文件 GreatExpectations 追加内容失败，原因是权限不足
[stu@server tmp]$ vim GreatExpectations
//以下是文件的内容
This is a famous novel written by Charles Dickens!
~
~
"GreatExpectations" [只读] 1L, 51C
//vim 提示文件 GreatExpectations 为只读，不能修改
//使用:q 命令退出 vim
```

综上，用户 stu 可以读文件 GreatExpectations，但是不能写该文件。

3. 最大有效权限 mask

如果新增加了一个用户，对该用户赋予了文件 GreatExpectations 的 ACL 权限。如果这个用户的账号和密码不幸泄露了，系统岂不是很危险？因为黑客可以编辑这个文本文件的内容，写入一段代码，执行这段代码对系统进行破坏。实际上 ACL 权限在设计时考虑到了这一点，完全可以避免这种情况。执行 setfacl 命令指定的 ACL 权限并不一定就是用户的真正权限，还要考虑 mask 的值。

mask 是用来指定最大有效权限的。如果给用户赋予了 ACL 权限，则需要和 mask 的权限"相与"才可以得到用户的真正权限。用户的 ACL 权限、mask 和真正权限（以 r 为例）见表 8-3。

表 8-3 用户的 ACL 权限、mask 和真正权限（以 r 为例）

ACL 权限	mask	真正权限（ACL 权限 and mask）	ACL 权限	mask	真正权限（ACL 权限 and mask）
r	r	r	—	r	—
r	—	—	—	—	—

【例 8-3】 最大有效权限 mask 的应用。

（1）使用 getfacl 命令查看文件 GreatExpectations 的 ACL 权限。

```
[chen@server tmp]$ getfacl GreatExpectations
#file: GreatExpectations
#owner: chen
#group: chen
```

```
user::rw-
user:stu:r--
group::rw-
mask::rw-
other::---
```

分析可知，针对文件 GreatExpectations，用户 stu 的 ACL 权限为 r，mask 的权限为 rw，相与之后，计算得出用户 stu 的真正权限为 r。

（2）将用户 stu 对文件 GreatExpectations 的 ACL 权限修改为 rwx，命令如下：

```
[chen@server tmp]$ setfacl -m u:stu:rwx GreatExpectations
//将用户 stu 对文件 GreatExpectations 的 ACL 权限修改为 rwx
[chen@server tmp]$ getfacl GreatExpectations
#file: GreatExpectations
#owner: chen
#group: chen
user::rw-
user:stu:rwx
group::rw-
mask::rwx
other::---
//查看 GreatExpectations 的 ACL 权限，mask 值更新为 rwx
[chen@server tmp]$ setfacl -m m:rw GreatExpectations
//将文件 GreatExpectations 的 ACL 权限中的 mask 的权限修改为 rw
[chen@server tmp]$ getfacl GreatExpectations
#file: GreatExpectations
#owner: chen
#group: chen
user::rw-
user:stu:rwx            #effective:rw-
//为 stu 设置的 ACL 权限是 rwx，但是 effective 的有效权限或真正权限为 rw
group::rw-
mask::rw-
other::---
//使用 getfacl 命令查看文件 GreatExpectations 的 ACL 权限
```

分析可知，虽然用户 stu 的 ACL 权限被修改为 rwx，但因为 mask 的权限为 rw，相与之后，计算得出 stu 的真正权限为 rw，没有 x（执行）权限。

（3）取消用户 stu 对文件 GreatExpectations 的 ACL 权限，命令如下：

```
[chen@server tmp]$ setfacl -x u:stu GreatExpectations
//setfacl -x 命令取消指定用户的 ACL 权限
[chen@server tmp]$ getfacl GreatExpectations
#file: GreatExpectations
```

```
#owner: chen
#group: chen
user::rw-
group::rw-
mask::rw-
other::---
```
//取消指定用户 stu 对文件 GreatExpectations 的 ACL 权限成功

【例 8-4】 ACL 权限综合应用。

某公司成立了一个项目组，项目组要共同完成一项任务。假设这个项目组成员的用户账号分别为 Tom、Scarlet、Charles 和 Rhett，他们都属于 windgroup 工作组。

（1）创建 windgroup 工作组，命令如下：

```
[chen@server ~]$ sudo groupadd windgroup
[chen@server ~]$ tail -1 /etc/group
windgroup:x:1255:
//由于系统环境不同，读者在做实验时 windgroup 的 GID 不一定是 1255
```

（2）为项目组成员逐一创建账号并设置密码，命令如下：

```
[chen@server ~]$ sudo useradd -G windgroup Tom
//创建用户 Tom，同时将 Tom 加入群组 windgroup
[chen@server ~]$ sudo passwd Tom
更改用户 Tom 的密码。
新的密码： <--从键盘输入密码
重新输入新的密码： <--再次输入密码以确认
passwd：所有的身份验证令牌已经成功更新。
[chen@server ~]$ sudo useradd -G windgroup Scarlet
[chen@server ~]$ sudo passwd Scarlet
//为 Scarlet 设置密码
[chen@server ~]$ sudo useradd -G windgroup Charles
[chen@server ~]$ sudo passwd Charles
//为 Charles 设置密码
[chen@server ~]$ sudo useradd -G windgroup Rhett
[chen@server ~]$ sudo passwd Rhett
//为 Rhett 设置密码
```

注意：在本例中，所有新创建的用户都没有加入 wheel 群组，因此这些用户并不能自由地切换至其他用户，但是用户 chen 属于 wheel 群组，所以必要时均由用户 chen 切换至其他用户。

（3）创建共享目录，命令如下：

```
[chen@server ~]$ sudo mkdir /home/windproject
```

（4）将共享目录的群组修改为 windgroup，命令如下：

```
[chen@server ~]$ sudo chgrp windgroup /home/windproject/
//将/home/windproject 的所属组修改为 windgroup
```

（5）修改共享目录/home/windproject 的权限，命令如下：

```
[chen@server ~]$ sudo chmod g+rwx,o-rwx /home/windproject/
//为 windgroup 组增加对目录/home/windproject/的读写执行权限
//取消 other(其他人)对目录/home/windproject/的读写执行权限
[chen@server ~]$ ll -d /home/windproject/
drwxrwx---. 2 root windgroup 4.0K 6月 23 08:01 /home/windproject/
//查看目录/home/windproject，权限已修改为 770，所属组已修改为 windproject
```

设置 SGID 特殊权限，命令如下：

```
[chen@server ~]$ sudo chmod g+s /home/windproject/
//设置 SGID
```

（6）将共享目录交给项目组组长 Scarlet，即将目录/home/windproject/的所有者修改为 Scarlet，命令如下：

```
[chen@server ~]$ sudo chown Scarlet /home/windproject/
//执行 chown 命令，将目录/home/windproject/的所有者修改为 Scarlet
[chen@server ~]$ ll -d /home/windproject/
drwxrws--- 3 Scarlet windgroup 4.0K 6月 23 09:10 /home/windproject/
//SGID 设置成功，目录的所有者为 Scarlet，所属组为 windgroup
//查看目录/home/windproject/的属性，所有者为 Scarlet，所属组为 windgroup
```

现在，所有属于 windgroup 群组的用户都可以访问和修改目录/home/windproject/中的内容了。其他不属于 windgroup 群组的用户（root 除外）则无法访问该目录。读者可自行进行交叉测试，分别以用户 Scarlet、Tom 身份创建供测试的目录和文件，再以用户 Charles、Rhett 身份访问上述测试目录和测试文件。

（7）创建目录 test，创建文件 tara，供后续设置 ACL 权限测试用，命令如下：

```
[chen@server ~]$ su Tom
密码：<--从键盘输入 Tom 的密码
//切换至 windgroup 组的一个组员的账号 Tom，其他任何组员都可以，效果一样
[Tom@server ~]$ cd /home/windproject/
//将工作目录修改为/home/windproject
[Tom@server windproject]$ mkdir test
//创建目录/home/windproject/test
[Tom@server windproject]$ touch tara
//创建文件/home/windproject/tara
[Tom@server windproject]$ echo "Land is the only thing that lasts!" >tara
//使用 echo 命令向文件 tara 写入一句话
[Tom@server windproject]$ cat tara
```

```
Land is the only thing that lasts!
//使用 cat 命令查看文件 tara 的内容
```

(8) 创建群组 trainee（实习生所属组）。创建两个实习生的账号 Ashley 和 Frank，命令如下：

```
[chen@server ~]$ sudo groupadd trainee
[sudo] chen 的密码：
//新建群组 trainee, trainee 是实习生所属群组
[chen@server ~]$ sudo useradd -G trainee Ashley
//创建一个实习生的账号 Ashley
[chen@server ~]$ sudo passwd Ashley
//为用户 Ashley 设置密码
[chen@server ~]$ sudo useradd -G trainee Frank
//创建另一个实习生账号 Frank
[chen@server ~]$ sudo passwd Frank
//为用户 Frank 设置密码
```

(9) 设置群组 trainee 对目录/home/windproject 的 ACL 权限，命令如下：

```
[chen@server ~]$ sudo setfacl -R -m g:trainee:rx /home/windproject
//设置实习生所属组 trainee 对目录/home/windproject 拥有 rx 权限
//-R 表示递归设置 ACL 权限
[chen@server ~]$ sudo getfacl /home/windproject/
getfacl: Removing leading '/' from absolute path names
#file: home/windproject/
#owner: Scarlet
#group: windgroup
#flags: -s-
user::rwx
group::rwx
group:trainee:r-x
mask::rwx
other::---
//使用 getfacl 查看目录/home/windproject 的 ACL 权限，可以看到 trainee:r-x 设置成功
```

针对命令 sudo setfacl -R -m g:trainee:rx /home/windproject，有两点需要说明：①权限 rx 不能改成 r，因为目录的 x 权限的意义是进入目录，如果没有 x 权限，则实习生无法进入/home/windproject 目录。②-R 选项很重要，如果没有-R 选项，则这里设置的 ACL 权限只对目录/home/windproject 有效，对该目录下的已存在的各层子目录及文件无效。读者自行做实验测试，以便更好地理解这两点。

(10) 设置默认 ACL 权限。

若在/home/windproject 目录中新建一些文件和子目录，则它们是否会继承父目录的 ACL 权限呢？启动一个新的终端，以用户 Rhett 身份执行以下命令进行验证：

```
[chen@server ~]$ su Rhett
[Rhett@server chen]$ cd /home/windproject/
[Rhett@server windproject]$ mkdir R-test
[Rhett@server windproject]$ touch R-bb
[Rhett@server windproject]$ ll
总用量 20K
-rw-rw-r--.  1 Rhett windgroup     0  8月 17 11:35 R-bb
drwxrwsr-x.  2 Rhett windgroup  4.0K  8月 17 11:35 R-test
-rw-rwxr--+  1 Tom   windgroup    35  6月 23 10:00 tara
drwxrwsr-x+  2 Tom   windgroup  4.0K  6月 23 09:31 test
```

可以看到，新建的目录和文件的权限位后面并没有"+"，这表示它们没有继承父目录的 ACL 权限。如果给父目录设定了默认 ACL 权限，则父目录中所有新建的子文件都会继承父目录的 ACL 权限。

下面为/home/windproject 目录针对群组 trainee 设置默认 ACL 权限并测试，命令如下：

```
[Rhett@server windproject]$ setfacl -m d:g:trainee:rx /home/windproject
[Rhett@server windproject]$ getfacl /home/windproject/
getfacl: Removing leading '/' from absolute path names
#file: home/windproject/
#owner: Scarlet
#group: windgroup
#flags: -s-
user::rwx
group::rwx
group:trainee:r-x
mask::rwx
other::---
default:user::rwx
default:group::rwx
default:group:trainee:r-x
default:mask::rwx
default:other::---
//default 指的就是默认权限
[Rhett@myeuler windproject]$ touch R-cc
[Rhett@myeuler windproject]$ mkdir R-test0
[Rhett@myeuler windproject]$ ll
总用量 32K
-rw-rw-r--.  1 Rhett windgroup     0  8月 17 11:35 R-bb
-rw-rw----+  1 Rhett windgroup     0  8月 17 11:53 R-cc
drwxrwsr-x.  2 Rhett windgroup  4.0K  8月 17 11:35 R-test
drwxrws---+  2 Rhett windgroup  4.0K  8月 17 11:54 R-test0
-rw-rwxr--+  1 Tom   windgroup    35  6月 23 10:00 tara
```

```
drwxrwsr-x+ 2 Tom    windgroup 4.0K  6月 23 09:31 test
//R-test0 和 R-cc 权限带 "+"，表示继承了父目录的 ACL 权限
```

（11）使用实习生账号 Frank，测试目录的 ACL 权限，命令如下：

```
[chen@server ~]$ su Frank
//切换至实习生用户账户 Frank
[Frank@server ~]$ cd /home/windproject/
[Frank@server windproject]$ ll
总用量 16K
-rw-rwxr--+ 1 Tom windgroup   35  6月 23 10:00 tara
drwxrwsr-x+ 2 Tom windgroup 4.0K  6月 23 09:31 test
//查看 windproject 目录
[Frank@server windproject]$ cd test
//Frank 可以切换至目录 test 中
[Frank@server test]$ cd ..
//再次将工作目录切换为当前目录的上级目录，即 windproject
[Frank@server windproject]$ cat tara
Land is the only thing that lasts!
//查看 tara 文件的内容
[Frank@server windproject]$ echo "welcome to tara" > tara
bash: tara: 权限不够
//以 Frank 身份写入文件 tara 失败，权限不足
[Frank@server windproject]$ mkdir test/frankdir
mkdir: 无法创建目录 "test/frankdir": 权限不够
//测试符合预期
```

读者可自行测试 Ashley 对目录/home/windproject/的 ACL 权限。

（12）假设一段时间后，该项目组不再接纳实习生。这时要取消 trainee 组的 ACL 权限，命令如下：

```
[chen@server ~]$ sudo setfacl -x g:trainee /home/windproject
//-x 选项取消指定组对目录的 ACL 权限
[chen@server ~]$ sudo getfacl /home/windproject/
getfacl: Removing leading '/' from absolute path names
#file: home/windproject/
#owner: Scarlet
#group: windgroup
#flags: -s-
user::rwx
group::rwx
mask::rwx
other::---
//查看可知，成功地取消了 trainee 组对目录/home/project/的 ACL 权限
```

```
[chen@server ~]$ ll -d /home/windproject/
drwxrws---+ 3 Scarlet windgroup 4.0K  6月 23 09:31 /home/windproject/
//使用 ll 命令查看目录/home/windproject 的属性，发现权限最后还是有 "+"
```

取消目录/home/windproject 的所有 ACL 权限，命令如下：

```
[chen@server ~]$ sudo setfacl -b /home/windproject
//执行 setfacl -b 命令，取消指定目录/home/windproject 的所有 ACL 权限
[chen@server ~]$ ll -d /home/windproject/
drwxrws---. 3 Scarlet windgroup 4.0K  6月 23 09:31 /home/windproject/
//使用 ll 命令查看目录/home/windproject 的属性，发现权限最后的 "+" 已经消失不见了
```

第 9 章 正则表达式与 Shell 脚本

本章首先介绍正则表达式的基本知识，以 grep 命令为例介绍正则表达式的应用。接着介绍 Shell 脚本的入门知识，因为读者已有程序设计基础，这部分重点放在介绍 Shell 脚本特有的语法规则上，并通过提供一些具体的 Shell 脚本程序力图使读者能够快速上手编写简单的 Shell 脚本。

9.1 正则表达式

正则表达式（Regular Expression）是对字符串操作的一种逻辑公式，即用事先定义好的一些特定字符及这些特定字符（元字符）的组合，组成一个规则字符串，这个规则字符串用来表达对字符串的一种过滤逻辑。

给定一个正则表达式和另一个字符串，可以达到如下的目的：
（1）给定的字符串是否符合正则表达式的过滤逻辑，称作匹配。
（2）可以通过正则表达式，从字符串中获取想要的特定部分。

grep 命令、egrep 命令、sed 命令、awk 命令经常结合正则表达式使用。

9.1.1 grep 命令

grep 命令用以在文本中进行关键词搜索，并显示匹配结果。
命令语法如下：

```
grep [选项] [文件]
```

执行 grep --help 命令可查看命令的帮助信息。grep 命令的常用选项及含义见表 9-1。

表 9-1 grep 命令的常用选项及含义

选项	含义	选项	含义
-r	搜索所有文件和子目录	-i	忽略大小写
-c	只打印每个<文件>中的匹配行数目	-n	显示行号
-b	显示匹配的字符字节位置	-v	反向选择，选中不匹配的行

【例 9-1】 grep 命令的应用。

如果要找出 /etc/passwd 中含有 chen 的那行，并且列出行号，则可执行的命令如下：

```
$ grep -n chen /etc/passwd
45:openEuler:x:1001:1001::/home/chen:/bin/bash
//在输出的信息中，最前面多了一个行号 45
```

9.1.2 正则表达式元字符的含义

正则表达式通常用于检查某特定字符串是否满足一定的格式。正则表达式由元字符和普通字符组成，元字符是指在正则表达式中具有特殊含义的专用字符。

grep、egrep、sed、awk 命令经常要用到正则表达式。

常用的正则表达式的元字符见表 9-2。

表 9-2 常用的正则表达式的元字符及说明和范例

元字符	说明和范例
^word	匹配以字符串 word 开始的行，例如 "^#" 表示查找行首是 "#" 的行
word$	匹配以字符串 word 结束的行，例如 "#^" 表示查找行尾是 "#" 的行
.	匹配一个任意字符，换言之，一定有一个任意字符
*	重复匹配 0 个或无穷多个字符，例如多个任意字符则应为 ".*"
\	转义字符，作用是将特殊符号的特殊含义去掉
[list]	表示匹配[]中的任一字符，例如 "b[flu]y" 表示匹配（查找）的字符串可以是 bfy、bly、buy，即[flu]表示 f、l 或 u 的意思
[^list]	表示匹配除去[]中的任一字符，即反向选中。例如 b[^to]y 表示匹配除去字符串 bty 和 boy 的以 b 开头，并以 y 结尾的含 3 个字符的字符串
[n1-n2]	-为减号，表示匹配两个字符之间的所有连续字符，此处的连续与否与 ASCII 编码有关，例如 "[a-z]" 表示匹配所有小写字母
\\{n,m\\}	匹配前面的子表达式 n 到 m 次(m≥n)，例如，mo\\{2,3\\}y 表示 m 和 g 之间有 2~3 个 o 存在的字符串，即 moog、mooog；[0-9]\\{2,3\\}匹配两位到三位数字。注意：egrep（grep-E）、awk 使用{n}、{n,}、{n,m}匹配时 "{}" 前不用加"\\"

9.1.3 正则表达式的应用

先看一个简单的例子。创建一个测试文件，然后使用 grep 命令找到满足条件的行。

（1）创建测试文件 sample.txt。

```
[chen@server ~]$ vim sample.txt
```

sample.txt 文件的内容如下：

```
#hello,openEuler
#hello,world,20204134599
```

```
heello,hat,20205201212
heeello,hot,20206060723
heeeello,hut,20207170000
```

(2)使用 grep 命令找出匹配指定正则表达式的行。

```
[chen@server ~]$ grep "^#" sample.txt
//找出以#开头的行
#hello,openEuler
#hello,world,20204134599
[chen@server ~]$ grep "0$" sample.txt
//找出以$结尾的行
heeeello,hut,20207170000
[chen@server ~]$ grep "2020[4-7]" sample.txt
#hello,world,20204134599
heello,hat,20205201212
heeello,hot,20206060723
heeeello,hut,20207170000
[chen@server ~]$ grep "h[aou]t" sample.txt
heello,hat,20205201212
heeello,hot,20206060723
heeeello,hut,20207170000
[chen@server ~]$ grep "he\{3,4\}" sample.txt
heeello,hot,20206060723
heeeello,hut,20207170000
```

下面以/etc/services 文件为分析的目标对象，读者可自己尝试写出 grep 命令完成下面任务。
（1）找出/etc/services 内含 http 关键字的行。
（2）找出以 http 关键字开头的行。
（3）找出以 http 或 https 关键字开头的行。
（4）找出含有*的行。
（5）找出含有一个数字并紧邻一个大写字母的行。

9.2 Shell 脚本入门

9.2.1 Shell 脚本编写与执行

写 Shell 脚本不需要集成开发环境，文本编辑器即可。推荐使用 vim，vim 支持高亮显示 Shell 语法。

下面以经典的入门程序 Hello World 为例，说明 Shell 脚本的创建与执行过程。首先创建名为 hello.sh 的 Shell 脚本文件。

```
[chen@server ~]$ vim hello.sh
```

hello.sh 文件的内容如下：

```
#! /bin/bash
#filename: hello.sh
echo "Hello World!"
```

1. 对 hello.sh 的几点说明

（1）Shell 脚本程序的第 1 行总是以 "#!" 开头，指明使用的运行环境，本例中使用的是/bin/bash。

（2）以 "#" 开头的行是注释。详细的注释便于多开发者之间沟通和后续 Shell 脚本的维护。通常建议在最前面的注释中写上程序文件的名称及作者的名字。

（3）echo "Hello World!"的功能是将字符串 "Hello World!" 输出到屏幕。

2. 执行 Shell 脚本的两种方法

（1）使用 bash 命令，告诉系统这是一个脚本。这种方法不需要设置脚本文件的可执行权限。

```
[chen@server ~]$ bash hello.sh
Hello World!
```

（2）设置 Shell 脚本文件的可执行权限。输入脚本文件的完整路径执行该 Shell 文件。

```
[chen@server ~]$ ./hello.sh
bash: ./hello.sh: 权限不够
//设置 hello.sh 的可执行权限
[chen@server ~]$ chmod u+x hello.sh
[chen@server ~]$ ./hello.sh
Hello World!
//使用相对路径执行脚本
[chen@server ~]$ pwd
/home/chen/
[chen@server ~]$ /home/chen/hello.sh
Hello World!
//使用绝对路径执行脚本
```

9.2.2　Shell 变量

1. Shell 定义的环境变量

Shell 定义了一些与系统的工作环境有关的变量。常用的 Shell 环境变量见表 9-3。

【例 9-2】　编写 Shell 脚本程序，查看当前用户 Shell 定义的环境变量的值。

```
[chen@server ~]$ vim myENV.sh
```

表 9-3 常用的 Shell 环境变量及说明

Shell 环境变量	说明
HOME	用户家目录的完整路径名
UID	当前用户的 UID
PWD	当前工作目录的绝对路径名
PATH	以冒号分隔的目录路径名，Shell 将按照 PATH 变量中的次序搜索这些目录，找到第 1 个与命令一致的可执行文件将被执行

myENV.sh 文件的内容如下：

```
#!/bin/bash
#function:output the current user's Environment variables.
echo "**The Environment variables of current user** "
echo "The current user'home is: $HOME"
echo "uid is: $UID"
echo "PATH is: $PATH"
```

执行 myENV.sh 文件，结果如下：

```
[chen@server ~]$ sh myENV.sh
//sh 等价于 bash
**The Environment variables of current user**
The current user'home is: /home/chen
uid is: 1001
PATH is: /home/chen/.local/bin:/home/chen/bin:/home/chen/.local/bin:/home/chen/bin:/usr/local/bin:/usr/bin:/bin:/usr/local/sbin:/usr/sbin
```

2. 用户自定义变量

用户可以自定义变量。来看一个简单的程序 myvar.sh，这个程序将定义两个变量，并为变量赋值，最后将其输出。

```
[chen@server ~]$ vim myvar.sh
```

myvar.sh 的内容如下：

```
#!/bin/bash
MYINT=250
MYSTR="Friday"
echo "MYINT is: $MYINT"
echo "MYSTR is: $MYSTR"
```

这个脚本的运行结果如下：

```
[chen@server ~]$ bash myvar.sh
MYINT is: 250
MYSTR is: Friday
```

在 Shell 中使用变量不需要事先声明。MYINT=250 表示将 250 赋值给变量 MYINT，在为变量赋值时等号两边不能留空格。引用变量内容时应在变量名前面加上符号"$"。在编写 Shell 程序时，为了将变量名和命令区分开来，建议所有的变量名都用大写字母表示。

需要特别说明的是，变量只在其所在的脚本中有效。例如，退出上述脚本后，变量 MYINT 和 MYSTR 默认就失效了。

```
[chen@server ~]$ echo $MYINT

//什么也查不到
```

因此在任何脚本中创建的变量都是当前 Shell 的局部变量，默认不能被 Shell 运行的其他命令或其他 Shell 程序利用。使用 source 命令可以强行让一个 Shell 脚本影响其父 Shell 环境；使用 export 命令可以强制一个 Shell 脚本影响其子 Shell 环境。感兴趣的读者可以查阅相关资料，这里不再赘述。

3. Bash 中的引号

在 Shell 脚本中，可以使用的引号有以下 3 种。

（1）双引号：阻止 Shell 对大多数特殊字符（如#）进行解释，但是像"$"仍保持其特殊含义。

（2）单引号：单引号不会对特殊字符进行解释。

（3）反引号：也叫倒引号，这个符号通常位于键盘上 Esc 键的下方。当用反引号括起一个 Shell 命令时，这个命令就会被执行，执行后的输出结果将作为这个表达式的值。

创建脚本 quotationmarks.sh 展示这 3 种引号的不同之处。

```
[chen@server ~]$ vim quotationmarks.sh
```

quotationmarks.sh 脚本的内容如下：

```
#!/bin/bash
MYDAY="Thursday"
echo "Today is $MYDAY"
echo 'Today is $MYDAY'
echo "Today is `date`"
```

注意脚本的最后一行，双引号也会对反引号做出解释，所以会执行命令 date。运行该脚本的结果如下：

```
[chen@server ~]$ sh quotationmarks.sh
Today is Thursday
Today is $MYDAY
Today is 2022 年 07 月 28 日星期四 14:52:12 CST
```

9.2.3 流程控制语句

Shell 提供了流程控制语句，包括条件分支和循环结构，用户可以使用这些语句创建复杂的程序。常用的条件分支语句包括 if 条件语句和 case 条件语句，其中 case 语句常用于多条件分支结构；常用的循环结构语句包括 for 语句和 while 语句。

1. if 条件语句

if 条件语句可以分为有 if-then-fi 语句和 if-then-else-fi 语句两种。

1）if-then-fi 语句

if-then-fi 语句的语法格式如下：

```
if    [条件表达式];
then
     条件表达式成立时执行的代码段;
fi
```

注意：在本章中，所有流程控制语句语法中出现的"代码段"是由各种流程控制语句和命令序列（如 mkdir 命令）组合而成的。

2）if-then-else-fi 语句

if-then-else-fi 语句的语法格式如下：

```
if    [条件表达式];
then
     条件表达式成立时执行的代码段;
else
     条件表达式不成立时执行的代码段;
fi
```

【例 9-3】 为响应落实国家实施的双减政策，学生查询期末成绩不再显示具体的分数，而是显示是否通过。

在该应用场景下，整个业务逻辑可分为两部分：①学生输入学号后可在教务系统中查询到成绩；②教务系统将查询得到的成绩转换为通过或不通过输出至屏幕。下面简化上述问题，实现部分业务逻辑，使用 if-then-else-if 语句创建一个根据分数判断成绩是否通过的 Shell 程序，也就是完成②的一个小 demo（样例程序）。假定成绩范围为 0~100，60 分以上（含 60 分）算通过。

```
[chen@server ~]$ vim score.sh
```

score.sh 脚本的内容如下：

```
#! /bin/bash
#filename:score.sh
#written by  chen
read -p "Please input your score (0~100):" SCORE
```

```
#echo "Your Score is: $SCORE"
if [ $SCORE -gt 100 ]||[ $SCORE -lt 0 ];
then
  echo "Error! The SCORE should be between 0~100"
  exit
fi
if [ $SCORE -ge 60 ];
then
  echo "Congratulations! You pass the exam!"
else
  echo "Sorry! You fail the exam!"
fi
```

代码说明：

（1）这里使用 read 实现交互，read 将用户输入的数据变成 SCORE 变量的值。

（2）[$SCORE -ge 60]是一个条件判断式，属于 Shell 的算术表达式，其中-ge 表示大于或等于，即 SCORE 大于或等于 60。

（3）[$SCORE -gt 100]||[$SCORE -lt 0]则是一个由两个基本算术条件判断式中间通过||连接而成的逻辑表达式。在[$SCORE -gt 100]中，-gt 表示大于，即判断 SCORE 是否大于100；在[$SCORE -lt 0]中，-lt 表示小于，即判断 SCORE 是否小于 0。||表示逻辑或。如果为逻辑与，则使用&&。

（4）有关 Shell 脚本的表达式的知识，本书限于篇幅没有展开描述，读者可参考其他文献了解详情。

下面执行 score.sh 脚本，当用户输入的分数分别为 50 和 70 时，其结果如下：

```
[chen@server ~]$ bash score.sh
Please input your score (0~100):50
Sorry! You fail the exam!
[chen@server ~]$ bash score.sh
Please input your score (0~100):70
Congratulations! You pass the exam!
```

当用户输入的分数分别为-10 和 130 时，其结果如下：

```
[chen@server ~]$ bash score.sh
Please input your score (0~100):-10
Error! The SCORE should be between 0~100.
[chen@server ~]$ bash score.sh
Please input your score (0~100):130
Error! The SCORE should be between 0~100.
```

当用户输入的分数为 who（非数值型数据为非法输入）时，其结果如下：

```
[chen@server ~]$ bash score
```

```
Please input your score (0~100):who
score: 第 4 行: [: who: 需要整数表达式
score: 第 4 行: [: who: 需要整数表达式
score: 第 9 行: [: who: 需要整数表达式
Sorry! You fail the exam!
```

输出显示程序执行时出现了错误。原因是这个 demo 只是整个业务逻辑的一部分，没有做完整的防呆设计，即没有考虑用户输入非数值型数据的处理。

2. case 条件语句

case 语句和 if 类似，也是用来判断的，只不过当判断的条件较多时，使用 case 语句会更加方便。

case 语句的语法格式如下：

```
case $变量名称 in
条件表达式 1)
    执行代码段 1
;;
条件表达式 2)
    执行代码段 2
;;
……
*)
    无匹配后代码段
esac
```

【例 9-4】 在生产环境中，总会遇到一个问题需要根据不同的状况来执行不同的预案，首先要根据可能出现的情况写出对应预案，然后根据选择来加载不同的预案。例如服务器启停脚本，首先要写好启动、停止、重启的预案，然后根据不用的选择加载不同的预案。下面针对这个应用场景，给出一个简化的 demo。

```
[chen@server ~]$ vim case0.sh
```

case0.sh 脚本的内容如下：

```
#! /bin/bash
#filename:case0.sh
#written by chen
#Display the choices
echo
echo "1 start"
echo "2 stop"
echo "3 restart"
echo
echo -n "Enter Choice:"
```

```
   read CHOICE
   case "$CHOICE" in
     1)
            echo "start"
            #①
     ;;
     2)
            echo "stop"
            #②
     ;;
     3)
            echo "restart"
            #③
     ;;
     *)
            echo "Sorry! $CHOICE is not a valid choice"
            exit 1
   esac
```

下面执行该脚本，当用户输入 1 时，结果如下：

```
[chen@server ~]$ bash case0.sh

1 start
2 stop
3 restart

Enter Choice:1
Start
```

当用户输入 9 时，结果如下：

```
[chen@server ~]$ bash case0.sh

1 start
2 stop
3 restart

Enter Choice:9
Sorry! 9 is not a valid choice
```

case0.sh 脚本只是一个简化的方案，将来大家可以修改并完善程序：在代码中①处写上实现启动服务的代码段，在代码中②处写上实现停止服务的代码段，在代码中③处写上实现重启服务的代码段。

3. for 循环语句

for 循环语句的语法格式如下：

```
for 变量名 [in 数值列表]
do
    代码段
done
```

for 循环语句对循环变量可能的值都执行一个代码段或命令序列。循环变量的取值可以在程序中以数值列表的形式提供，也可以在程序外用位置参数的形式提供。

【例 9-5】 使用 for 循环语句创建两个简单的 Shell 程序。

（1）编写 Shell 脚本，采用 for 循环语句实现将循环变量值依次输出，循环变量 i 的值以数值列表形式写在程序中。

```
[chen@server ~]$ vim for00.sh
//在 vim 中输入下面的代码
#!/bin/bash
#filename:for00.sh
for i in 1 2 3 4
do
        echo $i
done
//保存并退出 vim
```

运行 for00.sh 脚本，输出的内容如下：

```
[chen@server ~]$ bash for00.sh
1
2
3
4
```

（2）编写 Shell 脚本，采用 for 循环实现求循环变量的平方的功能，循环变量的值在程序外用位置参数的形式提供。这个题目与（1）相比难度稍大。

```
[chen@server ~]$ vim for01.sh
//在 vim 中输入下面的代码
#!/bin/bash
#filename:for01.sh
#written by chen
for i in $*
do
        num=`expr $i \* $i`
        echo $num
done
```

//保存并退出vim

运行for01.sh脚本，输出的内容如下：

```
[chen@server ~]$ bash for01.sh 2 4 8 12
4
16
64
144
```

说明：

① $0 是一个特殊的变量，它的内容是当前这个 Shell 程序的文件名。

```
[chen@server ~]$ bash for01.sh   2   4   8   12
//                               $0  $1  $2  $3  $4
```

② 程序中的"$*"表示位置参数，但是$0 不是位置参数。位置参数是在调用 Shell 程序时按照各自的位置确定的变量，是在程序名之后输入的参数。位置参数可以有多个，彼此之间默认使用空格分隔。Shell 取第 1 个位置参数替换程序中的$1，以此类推。在本次运行中"$*"包含"$1""$2""$3"和"$4"。

③ 注意，num=`expr $i \* $i`中的"`"是反引号，"\"为转义符，即表达"*"在此处是乘号而不是通配符。如果是加法，则直接写`expr $i + $i`即可，不需要转义符。

【例 9-6】 在实际应用中，管理员有时需要测试当前网络中哪些 IP 地址可用。针对这个应用场景，下面编写一个 Shell 脚本，利用 for 循环执行 ping 命令判断 IP 地址是否可用。假设要测试的 IP 地址范围为 192.168.253.100~192.168.253.254，若网络中已有主机 IP 为 192.168.253.200，则显示 192.168.253.200 is up，否则显示 192.168.253.200 is down（该 IP 空闲可用）。

```
[chen@server ~]$ vim for02.sh
```

for02.sh 脚本的内容如下：

```
#!/bin/bash
#filename:for02.sh
#written by chen
for i in {100..254}
do
      ping -c1 -i0.2 -w1 192.168.253.$i
      if (($?==0));
      then
            echo "192.168.253.$i is up"
      else
            echo "192.168.253.$i is down"
      fi
```

```
done
```

在上述代码中$?表示最近一条命令，即 ping 命令执行后返回的状态，0 表示没有错误，非 0 表示有错误。

运行 for02.sh 脚本，部分执行结果如下：

```
[chen@server ~]$ bash for02.sh
……
--- 192.168.253.220 ping 统计 ---
已发送 5 个包，已接收 0 个包，100% packet loss, time 826ms

192.168.253.220 is down
//IP 192.168.253.220 未被使用
ping 192.168.253.221 (192.168.253.221) 56(84) 比特的数据。
64 比特，来自 192.168.253.221: icmp_seq=1 ttl=64 时间=0.837 毫秒

--- 192.168.253.221 ping 统计 ---
已发送 1 个包，已接收 1 个包，0% packet loss, time 0ms
rtt min/avg/max/mdev = 0.837/0.837/0.837/0.000 ms
192.168.253.221 is up
//IP 192.168.253.221 已经被使用
…
```

说明：笔者的虚拟机使用的是 192.168.253.0 这个网络，因此此处测试的是 192.168.253 开头的 IP 地址是否可用。读者在实验时，需查看自己的虚拟机所在的 NAT 网络的网络号，假设为 192.168.19.0，则应将 for02.sh 代码的所有 IP 中含的 253 改为 19。另外，为了方便测试，最好能开启至少两台虚拟机。

4. while 循环语句

while 语句是用命令的执行状态来控制循环的。while 语句的语法格式如下：

```
while 条件表达式
do
    代码段
done
```

【例 9-7】 有一个猜价格的游戏很流行，要求参与者在最短时间内猜出展示商品的实际价格，当所猜的价格高于或低于实际价格时，主持人给出相应提示。

针对上述场景，设计一个 Shell 脚本，思路如下：通过环境变量 RANDOM 可获得一个随机数，计算其与 1000 的余数即可得到一个介于 0~999 的随机价格，反复猜测操作可以通过以 true 作为测试条件的 while 循环实现；判断猜测价格与实际价格的过程采用 if 语句实现，作为 while 的循环体；使用变量来记录猜测次数，当用户猜中实际价格时执行 exit 0 语句终止循环，以便结束脚本的执行。

```
[chen@server ~]$ vim priceguess.sh
//在 vim 中输入下面的代码
#!/bin/bash
#filename:priceguess.sh
PRICE=$(expr $RANDOM % 1000)
TIMES=0
echo "The price is between 0~999, try to guess?"
while true
do
        read -p "input the price you guessed:" GPRICE
        let TIMES++
        if [ $GPRICE -eq $PRICE ];
        then
                echo "Congratulations, you got it!"
                echo "You have guessed for $TIMES times."
                exit 0
        elif [ $GPRICE -gt $PRICE ];
        then
                echo "higher than the real price"
        else
                echo "lower than the real price"
        fi
done
//保存并退出 vim
```

运行 priceguess.sh 脚本，某一次的输出内容如下：

```
[chen@server ~]$ bash priceguess.sh
The price is between 0~999, try to guess?
input the price you guessed:100
lower than the real price
...
input the price you guessed:805
higher than the real price
input the price you guessed:802
Congratulations, you got it!
You have guessed for 8 times.
```

9.2.4　一个简单的 Shell 脚本例子

在 7.3 节中提供了一个实现备份的 Shell 脚本程序的源代码，并分析了程序代码的功能。下面编辑并执行这个 Shell 脚本，具体如下。

以 root 身份登录系统，并使用 vim 按编程规范编辑 backup.sh 脚本文件，命令如下：

```
[chen@server ~]$ su -
//将用户修改为root，当前工作目录为/root
[root@server ~]#vim backup.sh
//将7.3节的Shell脚本代码略去注释后写入该文件
#!/bin/sh
DIRNAME=`ls /root |grep bak`
if [ -z"$DIRNAME" ] ;
then
        mkdir /root/bak ; cd /root/bak
fi
YY=`date +%y` ;MM=`date +%m` ; DD=`date +%d`
BACKETC=$YY$MM$DD'_etc.tar.gz'
tar zcvf  $BACKETC  /etc
echo "filebackfinished!"
//保存文件并退出vim
```

注意，命令YY=`date +%y` ;MM=`date +%m` ; DD=`date +%d`使用的都是反引号，但是BACKETC=YYMM$DD '_etc.tar.gz'使用的是单引号。

接下来运行backup.sh脚本，结果如下：

```
[root@server ~]# bash backup.sh
……
/etc/libibverbs.d/hfi1verbs.driver
filebackfinished!
//备份成功
```

查看备份文件，命令如下：

```
[root@server ~]# ls /root/bak
220727_etc.tar.gz
```

第 10 章 进程、网络管理和服务环境搭建

本章主要介绍 openEuler 日常管理维护的相关知识，包括进程管理、破解 root 用户密码的一般方法、网络基本配置等，另外，本章还将介绍服务器配置环境搭建，为后面章节的实验提供实践基础。

10.1 进程管理

10.1.1 查看进程信息

1. ps 命令

使用 ps 命令可以查看进程信息。ps 命令的选项非常多，具体使用方法建议查看帮助，帮助命令如下：

```
[chen@server ~]$ ps --help all
```

ps -aux 可以查看进程信息。

```
[chen@server ~]$ ps -aux
USER   PID  %CPU %MEM    VSZ    RSS TTY    STAT  START    TIME COMMAND
root     1   0.0  0.4 103900  14516 ?      Ss    7月31    0:05 /usr/lib/systemd/sys
root     2   0.0  0.0      0      0 ?      S     7月31    0:00 [kthreadd]
root     3   0.0  0.0      0      0 ?      I<    7月31    0:00 [rcu_gp]
root     4   0.0  0.0      0      0 ?      I<    7月31    0:00 [rcu_par_gp]
……
```

每项代表的含义简要说明如下。

USER：该进程属于哪个用户账户。
PID：该进程的进程标识号。
%CPU：该进程所占用的 CPU 资源百分比。
%MEM：该进程所占用的物理内存百分比。

VSZ：该进程所占用的虚拟内存量。
RSS：该进程所占用的固定内存量。
TTY：该进程在哪个终端上运行，若与终端无关，则显示"？"。另外，tty1~tty6 是本机上的登录者进程，若为 pts/0 等，则表示从网络连接到主机的进程。
STAT：该进程当前的状态。

进程的主要状态有以下几种。
R（Running）：该进程正在运行中。
S（Sleep）：该进程当前正处于睡眠状态，但可以唤醒。
D：不可唤醒睡眠状态，通常这个进程可能在等待 I/O，例如打印。
T：停止状态，可能在后台暂停或追踪错误状态。
Z：僵尸状态，这种状态的进程已经停止工作，但还占用内存资源，可人工 kill 掉。
还有一些其他状态，如<表示高优先级、n 表示低优先级、s 表示包含子进程、l 表示多线程、+ 表示位于后台的进程组。

START：该进程被触发启动的时间。
TIME：该进程实际使用 CPU 运行的时间。
COMMAND：该进程的实际命令是什么。

2. top 命令

使用 top 命令可以查看进程的动态信息（几秒更新一次）。

```
[chen@server ~]$ top
top - 22:07:39 up 1 day, 20:58,  3 user,  load average: 0.00, 0.01, 0.03
//当前时间22:07:39，系统开机了1天又20：58，3位用户登录，工作负载为0、0.01和0.03
Tasks: 212 total,   1 running, 211 sleeping,   0 stopped,   0 zombie
//当前共有212个进程，其中1个在运行，211个处于休眠状态，没有停止与僵尸进程
%Cpu(s):  1.3 us,  1.5 sy,  0.0 ni, 96.6 id,  0.0 wa,  0.3 hi,  0.2 si,  0.0 st
//CPU 的使用率百分比，id 是指 idle（空闲），wa 是指 wait（输入/输出等待）
//id 越高代表系统空闲越多，wa 高代表进程卡在读写磁盘或读写网络数据，系统性能会比较差
MiB Mem :   3388.4 total,    632.9 free,   1190.7 used,   1564.7 buff/cache
//实际物理内存的总量与使用量，全部可用内存是空闲内存（free）和缓存（buff/cache）的和
MiB Swap:   2048.0 total,   2048.0 free,      0.0 used.   1823.9 avail Mem
//虚拟内存的总量与使用量
  PID USER      PR  NI    VIRT    RES    SHR S  %CPU  %MEM     TIME+ COMMAND
 1696 root      20   0  534768  86248  53144 S   1.0   2.5   5:19.49 Xorg
  ...
//按下【q】键可以退出 top 命令
```

top 命令执行的状态栏，每个项目的含义如下。
PID：每个进程的标识符。
USER：该进程所属用户。

PR：进程的优先执行顺序，越小则越早被执行。
NI：Nice 的简写，与 PR 有关，也是越小越早被执行。
%CPU：CPU 的使用率。
%MEM：内存的使用率。
TIME+：CPU 使用时间的累加。
COMMAND：命令。

在默认情况下，top 显示的进程以 CPU 使用率排序。当系统发生资源不足或者性能变差时，最便捷的方法就是使用 top 命令，查看并了解进程的情况，找到系统性能的瓶颈。

（1）只显示进程号为 1635 的进程。

```
[chen@server ~]$ top -p 1635
```

（2）只显示 root 用户的进程。

```
[chen@server ~]$ top -u root
```

10.1.2 杀死进程

使用 kill 命令可以杀死进程。
命令语法：

```
kill [选项] [进程号]
```

选项的用法可查看系统帮助。

```
[chen@server ~]$ kill --help
```

如果进程无法被杀死，则可以使用-9 选项将其强制杀死。例如，强制终止 crontab 进程，命令如下：

```
[chen@server ~]$ ps -ef|grep crond
root        1635       1  0 7月31 ?        00:00:00 /usr/sbin/crond -n
chen       10048    6463  0 21:55 pts/1    00:00:00 grep --color=auto crond
//查看 crond 进程的进程号
[chen@server ~]$ kill -9 1635
//强制杀死 1635 进程
```

10.2 破解 root 用户密码

由于服务器长期处于开机状态，若某一天重启服务器，却忘了 root 密码，则无法登录系统。这时可按下面步骤来破解 root 的密码。

启动系统后进入 GRUB 2 启动菜单界面，在该界面上按下键盘上的 e 键编辑 GRUB 配置文件，在如图 10-1 所示处，按空格键后，输入 init=/bin/sh。接着按快捷键 Ctrl+x，进入如

图 10-2 所示的界面。

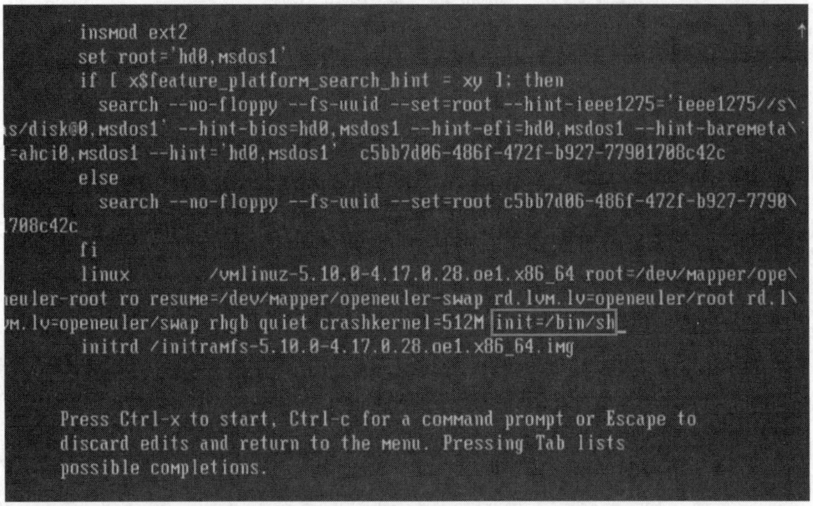

图 10-1　编辑 GRUB 配置文件

按照图 10-2 所示，完成修改 root 密码。注意，若输入 exit 命令并按 Enter 键后系统没有自动重启，用户可通过电源重启虚拟机，测试 root 密码是否修改成功。

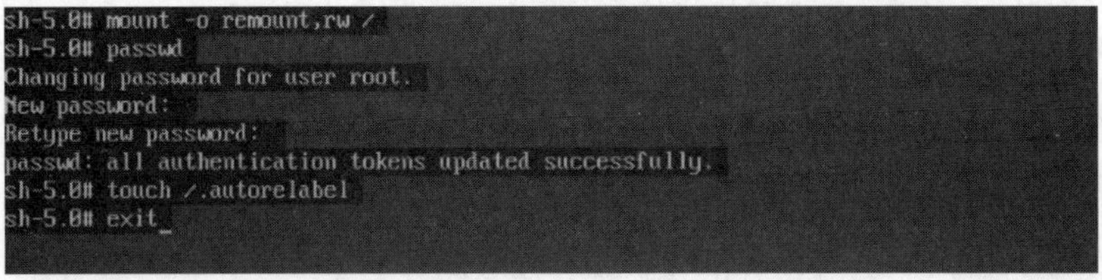

图 10-2　修改 root 密码

说明：

```
mount -o remount,rw /
//以读写的形式重新加载文件系统
touch /.autorelabel
//若系统启动了 SELinux，则 touch /.autorelabel 会保证不出错
```

10.3　网络基本配置

10.3.1　ifconfig 命令

使用 ifconfig 命令可以激活或关闭网络接口，以及配置网络接口（设置 IP 地址、MAC 地址等）。

命令语法：

```
ifconfig [接口] [选项|IP 地址]
```

执行 ifconfig 命令必须有 root 权限。可以使用普通用户身份执行 sudo 来执行 ifconfig，也可以使用 root 身份执行 ifconfig。例如，查看 ifconfig 命令的帮助信息，命令如下：

```
[chen@server ~]$ ifconfig --help
bash: ifconfig：未找到命令
//普通用户看不到 ifconfig 命令
[chen@server ~]$ sudo ifconfig --help
[root@server ~]# ifconfig --help
```

下面做一些练习，练习中的这些操作将改变系统的网络配置，可为系统拍摄虚拟机快照，并命名为 ifconfig。

（1）配置网卡 ens33 的 IP 地址，同时激活该设备。

```
[root@server ~]# ifconfig ens33 192.168.253.5 netmask 255.255.255.0 up
```

（2）配置网卡 ens33 的别名设备 ens33:1 的 IP 地址。激活网卡 ens33:1 设备。

```
[root@server ~]# ifconfig ens33:1  192.168.253.3
[root@server ~]# ifconfig ens33:1 up
```

（3）查看网卡 ens33 设备的配置。

```
[root@server ~]# ifconfig ens33
```

（4）查看已经启用的网卡设备。

```
[root@server ~]# ifconfig
```

（5）查看所有网卡设备。

```
[root@server ~]# ifconfig -a
```

（6）关闭 ens33:1 设备。

```
[root@server ~]# ifconfig ens33:1 down
```

使用 ifconfig 命令设置的网卡 IP 地址在系统重启之后会失效。
完成上述操作后，可恢复到名为 ifconfig 的虚拟机快照，恢复原来的网络配置。

10.3.2　编辑网络配置文件设置 IP 参数

通过编辑网络配置文件也可以完成网络配置工作。网络设备的配置文件保存在 /etc/sysconfig/network-scripts 目录。

```
[root@server ~]# ll /etc/sysconfig/network-scripts
总用量 4.0K
```

```
-rw-r--r--. 1 root root 341  1月 19  2022 ifcfg-ens33
```

其中文件 ifcfg-ens33 包含网卡的配置信息。下面是该文件内容的示例，也是当前所使用的系统的网络配置。

```
TYPE=Ethernet
//表示网络类型
PROXY_METHOD=none
BROWSER_ONLY=no
BOOTPROTO=none
//网卡配置静态还是动态 IP 地址，none：静态自行配置；dhcp 表示通过 dhcp 获得
DEFROUTE=yes
IPV4_FAILURE_FATAL=no
IPV6INIT=yes
IPV6_AUTOCONF=yes
IPV6_DEFROUTE=yes
IPV6_FAILURE_FATAL=no
IPV6_ADDR_GEN_MODE=stable-privacy
NAME=ens33
UUID=0e290be7-1420-4246-8bc5-f30b1369f749
//网卡的 UUID
ONBOOT=yes
IPADDR=192.168.253.136
PREFIX=24
GATEWAY=192.168.253.2
DNS1=192.168.253.2
```

修改该文件即可修改网络配置信息，下面举例说明。

（1）若希望将系统的 IP 设置为 192.168.253.5，其他设置不变，则可执行下面的命令。

```
[root@server ~]# vim /etc/sysconfig/network-scripts/ifcfg-ens33
//修改文件中 IPADDR 的值
IPADDR=192.168.253.5
//保存并退出 vim
[root@server ~]# systemctl restart NetworkManager
//重启网络服务，使新的网络设置生效
```

（2）若希望将系统的 IP 设置为通过 DHCP 获取，则可执行下面的命令。

```
[root@server ~]# vim /etc/sysconfig/network-scripts/ifcfg-ens33
//修改文件中下面一行，即修改 BOOTPROTO 的值
BOOTPROTO=dhcp
//删除文件中以下 4 行内容
IPADDR=192.168.253.136
PREFIX=24
```

```
GATEWAY=192.168.253.2
DNS1=192.168.253.2
//保存并退出 vim
[root@server ~]# systemctl restart NetworkManager
//重启网络服务，使新的网络设置生效
```

10.3.3　主机名的设置

hostname 命令用于显示主机名，或者设置临时主机名。hostnamectl 命令用于设置永久主机名。这两个命令都需要 root 权限。下面首先使用 hostname 命令将主机名修改为 myhost，再使用 hostnamectl 命令将主机名改回 server，命令如下：

```
[root@server ~]# hostname
server
//显示主机名
[root@server ~]# hostname myhost
//临时设置主机名，系统重启后无效
[root@server ~]# su
[root@myhost ~]#
//主机名已经改为 myhost
[root@myhost ~]# hostnamectl set-hostname server
//将主机名修改为 server
[root@myhost ~]# su
[root@server ~]#
//主机名已改成 server
```

10.3.4　ping 命令

使用 ping 命令可以测试本机与目标主机之间网络的连通性。

测试本机与百度 www.baidu.com 之间的网络是否畅通。

```
[root@server ~]# ping www.baidu.com
ping www.a.shifen.com (110.242.68.3) 56(84) 比特的数据。
64 比特，来自 110.242.68.3 (110.242.68.3): icmp_seq=1 ttl=128 时间=27.8 毫秒
64 比特，来自 110.242.68.3 (110.242.68.3): icmp_seq=2 ttl=128 时间=22.9 毫秒
64 比特，来自 110.242.68.3 (110.242.68.3): icmp_seq=3 ttl=128 时间=23.9 毫秒
//网络畅通
//按下快捷键 Ctrl+C 可停止测试
```

测试本机与主机 192.168.253.200 网络的连通性，命令如下：

```
[root@server ~]# ping 192.168.253.200
[root@server ~]# ping -s 128 192.168.253.200
//每次发送的 ICMP 包的大小为 128 字节
```

```
[root@server ~]# ping -c 4 192.168.253.200
//发送 4 个 ICMP 包
```

10.4 服务器配置实验环境搭建

从第 11 章开始，本书将介绍 openEuler 系统中常用服务器的配置。相比前面章节的内容，服务器配置的相关知识更加综合，为了更好地完成这些实验，下面介绍 VMware 的两个功能：快照和克隆。

10.4.1 为 openEuler 虚拟机拍摄快照

VMware 提供了虚拟机快照功能。通过拍摄快照，可以保存虚拟机的状态。

在使用虚拟机时，有时会出现系统出错或系统崩溃，从而造成系统无法继续正常使用；有时因为在部署新的服务器环境时，操作出错而导致部分功能无法使用或者希望还原至服务器初始状态等。针对这些情况，及时地拍摄虚拟机快照是一个非常不错的习惯。

1. 快照管理器

在 VMware 中通常会使用【快照管理器】进行快照的操作和管理。可以在菜单【虚拟机】→【快照】→【快照管理器】中打开，也可以直接使用工具栏上的【管理此虚拟机】快捷图标打开。在快照管理器中，可以对已有的快照进行保存、删除、修改等操作，如图 10-3 所示。

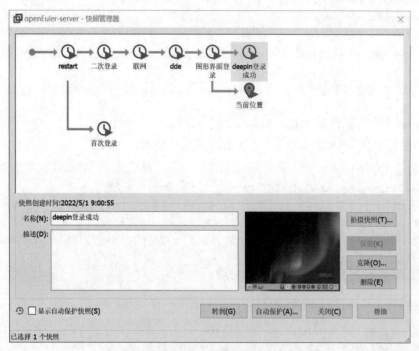

图 10-3　快照管理器

2. 快照创建

可以单击菜单【虚拟机】→【快照】→【拍摄快照】快速进行虚拟机快照的保存操作，也可以单击工具栏上面的【拍摄此虚拟机的快照】图标创建快照。还可以在【快照管理器】中进行快照拍摄操作，只需在管理器中单击【拍摄快照】。推荐使用快照工具栏。快照工具栏中一共提供了 3 个工具：第 1 个工具是拍摄快照，第 2 个工具是还原至当前状态之前的最近的一个快照，第 3 个工具则是打开快照管理器，如图 10-4 所示。

图 10-4　快照工具栏

3. 快照删除

针对已经保存的快照，可以对其执行删除操作，删除方式主要有以下两种。

（1）在【快照管理器】中，选中想要删除的快照后，单击【删除】按钮进行快照的删除操作，如图 10-5 所示。

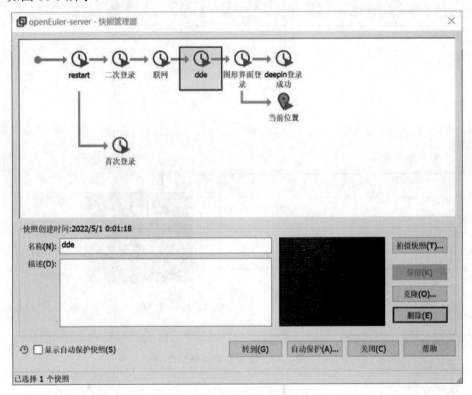

图 10-5　删除快照

（2）在【快照管理器】中，选中快照后右击，在弹出的菜单中单击【删除】进行快照的删除，如图 10-6 所示。需要注意的是，右击菜单中的【删除快照及其子项】会删除选中快照节点之后的所有节点，应慎重使用。

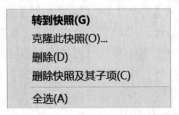

图 10-6　删除快照菜单

4. 快照基本信息修改

针对已经保存的快照，可以在管理器中选中快照之后修改快照的名称和描述信息，如图 10-7 所示。如果快照越来越多，则完善的描述信息和命名机制是有效管理和区分的关键。

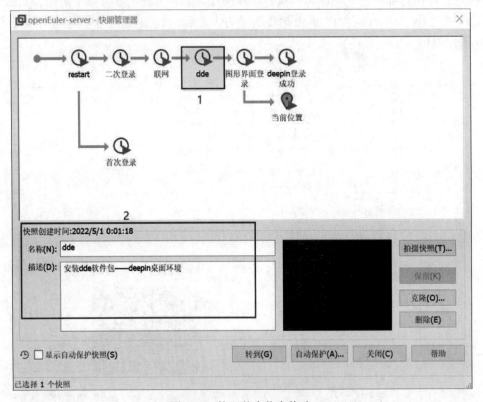

图 10-7　快照基本信息修改

5. 快照恢复

在进行快照恢复时，如图 10-8 所示，除了可以在【快照管理器】中可以通过选中快照后单击【转到】按钮进行快照恢复外，还可以在快照的右击菜单中单击【转到快照】进行恢复。

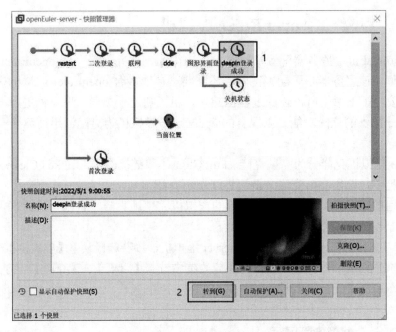

图 10-8 快照恢复

需要注意的是,如果选择了非相邻的快照节点进行恢复,则会出现快照分支节点的情况,在原状态所在路径上的快照并不会被清除,会出现如图 10-9 所示的分支状态。在实际使用中,分支结构会非常方便,但是如果确定原分支没有用,则可以将其删除。

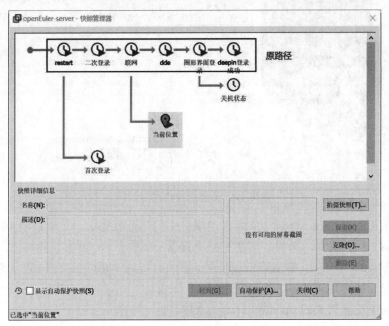

图 10-9 快照分支

10.4.2 克隆一台 openEuler 虚拟机

在进行 openEuler 服务器配置实验时，首先需要创建并部署一台 openEuler 虚拟机作为服务器，为测试该服务器是否配置正确，还需要一台或多台 openEuler 虚拟机扮演客户机角色。如果还按照第 1 章中所讲述的过程创建客户机，则过于烦琐。另一种更简便的方法便是利用 VMware 提供的克隆功能，以现有的 openEuler 虚拟机为克隆源迅速克隆一台或多台虚拟机作为客户机。

VMware 虚拟机克隆分为完整克隆（Full Clone）和链接克隆（Linked Clone）两种方式。在本书的实验中，选用完整克隆，链接克隆不再介绍。

下面使用前述名为 openEuler-server 的虚拟机完整地克隆一台虚拟机，确保 openEuler-server 虚拟机保持关闭状态。具体步骤如下：

（1）在 VMware 库中选中 openEuler-server 虚拟机，接着选择菜单【虚拟机】→【管理】→【克隆】（或者右击 openEuler-server，在快捷菜单中选择【管理】→【克隆】），打开如图 10-10 所示对话框。单击【下一页】按钮。

图 10-10　克隆虚拟机向导（1）

（2）如图 10-11 所示，选择【克隆自虚拟机中的当前状态】，单击【下一页】按钮。

（3）如图 10-12 所示，选择【创建完整克隆】，单击【下一页】按钮。

（4）如图 10-13 所示，设置克隆得到的虚拟机的名字和所在路径，单击【完成】按钮，开始执行克隆操作，如图 1-14 所示界面表示克隆成功。这时，在 VMware 主界面最左侧的库中，便出现了克隆得到的 openEuler-client 虚拟机。

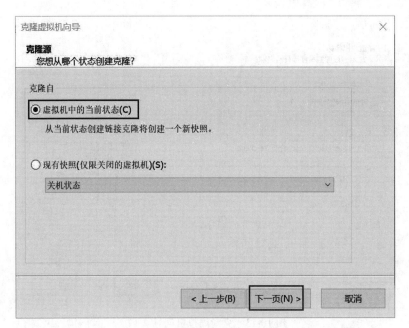

图 10-11　克隆虚拟机向导（2）

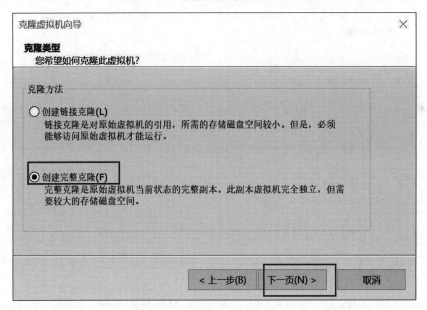

图 10-12　克隆虚拟机向导（3）

注意：完整克隆的虚拟机不依赖源虚拟机，是完全独立的虚拟机，它的性能与被克隆虚拟机相同。由于完整克隆不与父虚拟机共享虚拟磁盘，所以创建完整克隆所需的时间比链接克隆更长。如果涉及的文件较大，则完整克隆可能需要数分钟才能创建完成。完整克隆只复制克隆操作时的虚拟机状态，因此无法访问父虚拟机的快照。

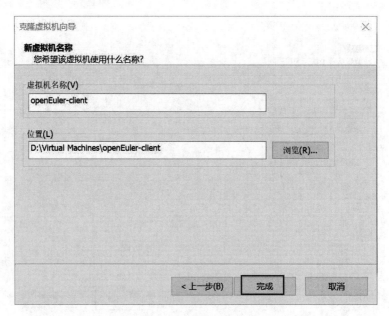

图 10-13　克隆虚拟机向导（4）

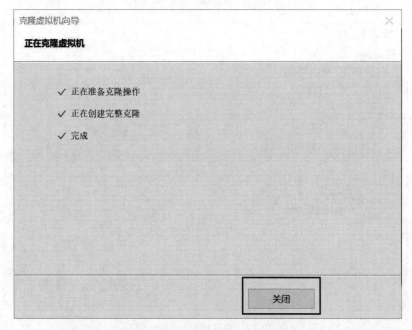

图 10-14　克隆虚拟机向导（5）

若需要多台同样配置的虚拟机，则可以重复上述过程，克隆多台虚拟机。掌握了 VMware 的克隆和快照功能后，就可以开始做服务器配置实验了。

第 11 章 SSH 服务器配置

本章旨在介绍 openEuler 操作系统环境下的基于 SSH 协议的远程连接服务器的配置和使用。本章首先介绍 SSH 的相关概念，接着介绍在 openEuler 操作系统环境下基于口令认证的 OpenSSH 服务器和基于密钥认证的 OpenSSH 服务器的配置，在此基础上介绍客户端连接使用 SSH 服务的方法。本章最后介绍在配置 OpenSSH 服务器的过程中如何排查一些常见的错误。

11.1 基础概述

11.1.1 SSH 简介

1. 什么是 SSH

SSH 是 Secure Shell 的简写，是由 IETF（The Internet Engineering Task Force）制定的安全网络通信协议，也称为安全外壳协议。它是专为远程登录会话和其他网络服务（如 FTP 等）提供安全通信的协议。通过 SSH 可以把传输的数据进行加密，并防止 DNS 和 IP 欺骗。此外，SSH 传输的数据是经过压缩的，所以还可以提高传输的速度。

2. SSH 的简单历史

早期的互联网主机之间都直接以明文的方式进行通信，一旦信息被截获，内容就暴露了。为了提高通信安全性，1995 年，芬兰赫尔辛基工业大学研究员 Tatu Ylonen 设计了 SSH 协议的第 1 个版本 SSH1，同时写出了实现方法，将远程登录信息全部加密。当时，Tatu Ylonen 所在的大学网络经常遭受密码嗅探攻击，他一直思考希望解决这个问题，为服务器设计一个更加安全的登录方式，于是 SSH 诞生了。之后，Tatu Ylonen 将 SSH 公开，允许其他人免费使用。SSH 因此成为互联网安全的一个基本解决方案，迅速在全世界获得推广，目前已经成为 Linux 系统的标准配置。

1996 年，SSH2 协议诞生，弥补了 SSH1 存在的一些漏洞。大约两年后又推出了 SSH2 实现，但是官方 SSH2 不再免费，同时 SSH1 的一些功能 SSH2 没有提供。

1999 年，OpenBSD 的开发人员决定写一个 SSH2 的开源实现，这就是 OpenSSH 项目。OpenSSH 最初基于 SSH1 最后的一个开源版本进行开发，但是后来走出了自己的路线，在众多开发者参与及支持下，OpenSSH 成为最流行的 SSH 实现。当前，SSH2 协议有多种实现，有免费的，也有收费的商业实现方案。本章内容主要采用 OpenSSH。

由于 SSH 协议使用极为广泛，SSH 也成了远程连接服务的代名词，业界经常将采用 SSH 协议通信的服务器称为 SSH 服务器，将采用该协议建立的连接称为 SSH 连接，将实现了 SSH 协议并用于连接 SSH 服务器的软件称为 SSH 客户端。

3. SSH 连接基本原理

SSH 服务器运行一个服务守护进程（demon），用于监听来自 SSH 客户端的连接，当有客户端连接时，服务器端会开一个新的线程进行服务，服务器端和客户进行基于 SSH 协议的远程通信。在进行数据通信前，客户端和服务器端一般要进行公钥交换，以便数据通信进行加密/解密。如 OpenSSH 实现中，服务器端的守护进程名称为 sshd，该进程负责实时监听客户端的请求，服务监听的端口默认为 22，其中，服务器端由两部分组成，分别是 openssh 和 openssl，前者用于提供服务，后者用于提供数据加密/解密。SSH 通信数据加密是基于非对称加密技术的。

11.1.2 非对称加密技术简介

非对称加密是相对于对称加密而言的。所谓对称加密，指加密/解密使用同一套密钥。对称加密的加密强度高，很难破解，但是在实际应用过程中不得不面临一个棘手的问题，即如何安全地保存密钥，尤其是考虑到数量庞大的客户端，很难保证密钥不被泄露。一旦一个客户端的密钥被窃取，相当于使用同一套密钥的所有客户的密钥全部泄露，那么整个系统的安全性也就不复存在了。和对称加密技术不同，非对称加密技术用于加密的密钥和用于解密的密钥不一样。

非对称加密技术算法实现上有两个密钥，即公开密钥和私有密钥，简称公钥和私钥。如果用公钥对数据进行加密，则只有用对应的私钥才能解密，反之亦然。非对称加密算法实现机密信息交换的基本过程是通信甲方生成一对密钥并将公钥公开，乙方使用该公开密钥对机密信息进行加密后再发送给甲方，甲方用私有密钥对信息进行解密。同样乙方也有一对公钥和私钥。

非对称加密技术和对称加密相比，其密钥管理更容易，但是也有加解密速度相对慢、算法相对复杂的特点。非对称加密解密依赖于非对称加解密算法，目前已有很多成熟的非对称加解密算法，如 RSA、Elgamal、背包算法、Rabin、D-H、ECC 等。

非对称加密技术安全性高，因此得到了广泛使用，SSH 数据安全通信中就采用了非对称加密技术。

11.1.3 SSH 两种级别的安全验证

从客户端角度看，SSH 提供了两种级别的安全验证。

1. 基于口令的验证

基于口令的验证相对简单，用户只要知道账号和口令（俗称登录密码），就可以从客户端登录到服务器，并且所有传输的数据也会被加密。这种验证方式的优点是简单、快捷，缺点是可能会有攻击者冒充真正的服务器，即存在"中间人"攻击风险，认证安全性相对较弱。基于口令的验证通信数据的简要流程如图 11-1 所示。

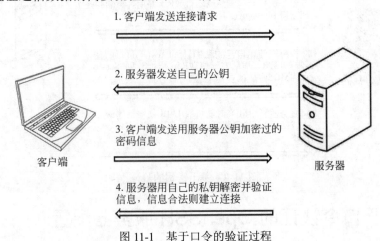

图 11-1　基于口令的验证过程

从上面的描述可以看出，关键问题在于如何对服务器的公钥进行认证。在口令认证中是由客户端自己对服务器公钥进行确认。当客户端第 1 次连接服务器时，会提示服务器的公钥指纹（Fingerprint）而非公钥，因为公钥较长，询问客户端是否继续，如果选择继续就可以输入口令登录服务器，并且服务器的公钥会保存到客户端的~/.ssh/known_hosts 文件中，为后续安全通信使用。输入口令后的通信过程如图 11-1 所示。

因为私钥是服务器端独有的，这就保证了客户端的登录信息即使在网络传输过程中被窃取，也没有对应的私钥可以进行解密，保证了数据的安全性，显然这充分利用了非对称加密的特性。

基于口令的验证所面临的挑战在于，客户端无法保证收到的公钥来自目标服务器端。如果一个攻击者 hacker 中途拦截客户端的登录请求，并向其发送自己的公钥，客户端用攻击者 hacker 的公钥进行数据加密，攻击者接收到加密信息后再用自己的私钥进行解密，这样就伪造了一个 SSH 服务器。攻击者进一步将会轻而易举地窃取客户端的登录信息，并利用该信息转而攻击真正的 SSH 服务器。这就是所谓的"中间人"攻击，因此，基于口令的验证安全级别不够高。

2. 基于密钥的验证

基于密钥验证的前提是客户端需要生成一对密钥，包括一个公钥和一个私钥，将公钥放到需访问的远程服务器上。攻击者 hacker 不能冒充真正的服务器，因为要冒充必须获得客户端生成的公钥。这种验证的优点是避免了"中间人"攻击，缺点是验证过程需要较长时间。基于密钥的验证过程如图 11-2 所示。

手动将客户端的公钥添加到服务器端的authorized_key中

1. 客户端发送连接请求，并发送客户端公钥

2. 验证本地存储的客户端公钥和发过来的公钥，如果两个公钥相同，则生成随机数R，并用客户端的公钥加密得到pubkey(R)，回送

3. 客户端使用自己的私钥对pubkey(R)进行解密，得到随机数R，然后对随机数R和本次会话的SessionKey利用MD5生成摘要1，发送给服务器端

4. 服务器利用MD5对随机数R和本次会话的SessionKey生成摘要2，若摘要1和摘要2相同，则完成认证，建立连接

客户端

服务器

图 11-2　基于密钥的验证

11.2　基于口令认证的 OpenSSH 服务器配置

本节以实践的方式阐述 OpenSSH 服务器的配置过程，基本思路如下：

首先说明搭建 OpenSSH 服务器的流程，给出一个具体的服务配置整体规划。接着介绍如何搭建 OpenSSH 服务器，最后介绍在客户机连接测试 OpenSSH 服务器。

搭建 OpenSSH 服务器的大致流程如下：

（1）安装 openssh-server、openssh 等相关软件包。

（2）按照事先规划配置服务，即修改 sshd 对应的主配置文件/etc/ssh/ sshd_config。

（3）启动 sshd 服务并开放防火墙。

因为基于口令认证的 OpenSSH 服务器较简单，初学者可以从基于口令认证的 OpenSSH 服务器开始，探索配置服务器。

假设，某公司需要配置一台 OpenSSH 服务器，为承担公司内部门户网站开发的工程师科研团队提供远程 SSH 登录服务。规划的 SSH 服务器的固定 IP 是 192.168.253.136，子网掩码为 255.255.255.0，默认网关和 DNS 都为 192.168.253.2。其他要求如下：

（1）OpenSSH 服务器监听端口为端口 22。

（2）使用口令认证。

（3）不允许空口令用户登录。

（4）不允许 root 用户远程登录。

（5）禁止用户 lisi 登录。

为达到上述目标，实验环境包括一台 openEuler 虚拟机服务器，一台 openEuler 虚拟机客户机，联网方式均为 NAT。openEuler 服务器使用固定 IP，openEuler 客户机使用 VMware

自带的 DHCP 分配 IP。使用宿主机 Windows 系统充当 Windows 客户机，宿主机使用原有的 IP，保证虚拟网卡 VMnet8 正常启动。openEuler 服务器使用名为 stu 的普通用户，openEuler 客户机使用 openeuler 普通用户。

11.2.1 服务器端配置

1．准备工作

1）为服务器配置网络服务

以普通用户 stu 身份登录终端，切换至 root 用户，将服务器主机名修改为 server。主目录切换至/root，命令如下：

```
[stu@192 ~]$ su -
密码：
[root@192 ~]# pwd
/root
//pwd 命令查看当前目录
[root@192 ~]# hostname server
//临时将主机名修改为 server
[root@192 ~]# su
//执行 su，将前面的修改反映到终端
[root@server ~]#
```

设置服务器使用固定 IP，IP 为 192.168.253.136，子网掩码为 255.255.255.0，默认网关和 DNS 都为 192.168.253.2。初学者可使用 deepin 图形界面设置 IP 等网络信息，如图 11-3 所示。

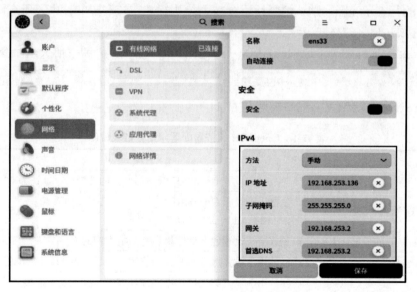

图 11-3　设置网络服务

注意：在做服务器配置实验时，应使用你的计算机上 VMware 默认 NAT 模式的子网号。若你的机器上 NAT 子网号为 192.128.64.0，则可以将服务器 IP 改设为 192.168.64.136，子网掩码改设为 255.255.255.0，网关和 DNS 改设为 192.168.64.2。

2）安装 OpenSSH 服务器软件包

首先查看 openssh-server、openssh、openssh-clients 软件包是否已安装，通常系统默认已经安装了这些软件包。如果没有安装，则可使用 yum 或 dnf 安装。对于服务器而言，openssh-server 软件包必须安装，openssh-clients 软件包并非一定要安装，但是通常也要装上，目的是进行本机测试。查看软件包是否安装的命令如下：

```
[root@server ~]# rpm -qa|grep openssh
openssh-clients-8.2p1-9.oe1.x86_64
openssh-server-8.2p1-9.oe1.x86_64
openssh-8.2p1-9.oe1.x86_64
//命令的执行结果显示这3个软件包系统都已经安装
```

如果 rpm -qa|grep openssh 命令执行结果为空，则说明服务器当前没有安装这些软件包，需要单独安装。安装命令如下：

```
[root@server ~]# dnf install openssh-servers
//安装 openssh-servers 软件包
[root@server ~]# dnf install openssh-clients
//安装 openssh-clients 软件包
```

3）保存服务器的默认配置

OpenSSH 服务器的主配置文件是/etc/ssh/sshd_config。在/etc/ssh/sshd_config 配置文件中，以#号开头的行表示注释，默认注释行不会被系统执行。在该配置文件中，所有配置参数都以"配置选项 值"的格式表示。

要了解配置文件中每个选项的含义，应该使用 man 命令，查阅手册页，命令如下：

```
[root@server ~]# man sshd_config
```

OpenSSH 服务器配置常用参数见表 11-1。

表 11-1 OpenSSH 服务器配置常用参数及说明

配置参数	说 明
Port 22	该参数用于设置 OpenSSH 服务器监听的端口号，默认为 22
ListenAddress IP	该参数用于设置 OpenSSH 服务器绑定的 IP 地址。 例如 ListenAddress 192.168.253.136
HostKey /etc/ssh/ssh_host_key	该参数用于设置包含计算机私有主机密钥的文件
ServerKeyBits 1024	该参数用于设置服务器密钥的位数。最小值为 512，默认值为 1024
LoginGraceTime 2m	该参数用于设置如果用户不能成功登录，则在切断连接之前服务器需要等待的时间

续表

配置参数	说明
PermitRootLogin yes	该参数用于设置 root 用户是否能够使用 ssh 登录
IgnoreRhosts yes	该参数用于设置 RhostsRSA 验证和 Hostbased 验证时是否使用.rhosts 和.shosts 文件
IgnoreUserKnownHosts no	该参数用于设置 sshd 是否在进行 RhostsRSAAuthentication 安全验证时忽略用户的~/.ssh/known_hosts
StrictModes yes	该参数用于设置 ssh 在接收登录请求之前是否检查用户主目录和 rhosts 文件的权限和所有权。避免初学者将自己的目录和文件设置成任何人都有写入权限
PrintMotd yes	该参数用于设置 sshd 是否在用户登录时显示/etc/motd 文件中的信息
LogLevel INFO	该参数用于设置记录 sshd 日志消息的级别
RhostsRSAAuthentication no	该参数用于设置是否允许用 rhosts 或/etc/hosts.equiv 加上 RSA 进行安全验证
RSAAuthentication yes	该参数用于设置是否允许 RSA 安全验证
PasswordAuthentication yes	该参数用于设置是否允许口令验证
PermitEmptyPasswords no	该参数用于设置是否允许用户口令为空字符串的账户登录
AllowGroups	该参数用于设置允许连接的组群
AllowUsers	该参数用于设置允许连接的用户
DenyGroups	该参数用于设置拒绝连接的组群
DenyUsers 如 DenyUsers li@192.168.236.5	该参数用于设置拒绝连接的用户。如果写成 USER@HOST 格式，则限制某用户在某主机上连接 OpenSSH 服务器。li@192.168.236.5 表示拒绝用户 li 在主机 192.168.236.5 上连接 OpenSSH 服务器
MaxSessions 10	该参数用于指定允许每个网络连接打开的最大会话数，默认值为 10
ClientAliveCountMax 3	该参数用于指定从客户端断开连接之前，在没有接收到响应时能够发送客户端活跃消息的次数。这个参数设置允许超时的次数
MaxStartups 10:30:100	该参数用于指定 SSH 守护进程未经身份验证的并发连接的最大数量。默认值为 10:30:100。10:30:100 表示的意思是，从第 10 个连接开始，以 30%的概率（递增）拒绝新的连接，直到连接数达到 100

  无论是生产环境还是实验环境，都需要保存服务器的默认配置。在生产环境中，通过备份默认配置文件保存服务器的默认配置。在 VMware 虚拟实验环境中，保存服务器的默认初始配置的方法有两种，一种是备份默认配置文件；另一种是拍摄虚拟机快照。

  （1）备份默认配置文件。利用 cp 命令备份默认配置文件为 sshd_config.bak。必要时可恢复该默认配置文件。在生产环境中推荐这么做。

```
[root@server ~]# cp /etc/ssh/sshd_config /etc/ssh/sshd_config.bak
```

  （2）拍摄虚拟机快照。拍摄 OpenSSH 服务器当前状态快照，将快照命名为 SSH 默认配置，如图 11-4 所示。必要时可恢复到该快照，还原至 SSH 服务器默认配置状态。这种方法的好处在于避免了多个实验之间的相互干扰，适合初学者。

图 11-4　拍摄快照保存 SSH 服务器默认配置

2. 配置服务器
1）修改配置文件
使用 vim 修改配置文件，命令如下：

```
[root@server ~]# vim /etc/ssh/sshd_config
//在配置文件中，以#开始的行是注释，默认不起作用。本例中应修改以下几行
Port 22
ListenAddress 192.168.253.136
//侦听 IP 为 192.168.253.136 的服务器的 22 端口
PermitRootLogin no
//不允许 root 用户远程登录
PermitEmptyPasswords no
//不允许空口令
PasswordAuthentication yes
//启用口令认证模式
DenyUsers lisi
//拒绝 lisi 登录
//修改完毕后保存，然后退出 vim
```

2）创建普通用户 lisi

```
[root@server ~]# useradd lisi
```

```
//创建普通用户 lisi
[root@server ~]# passwd lisi
//为 lisi 设置密码
```

3）启动 sshd 服务

查看 sshd 服务的状态，命令如下：

```
[root@server ~]# systemctl status sshd
```

如果 sshd 服务处于停止状态，则启动该服务，命令如下：

```
[root@server ~]# systemctl start sshd
```

查看 sshd 服务的状态，若为 active（running）状态，则表示服务已经启动。为了使配置生效，修改配置后需要重启 sshd 服务。重启 sshd 服务的命令如下：

```
[root@server ~]# systemctl restart sshd
```

注意：这几个命令为一组命令，常常搭配在一起使用。
systemctl start sshd：启动 sshd 服务。
systemctl statu ssshd：查看 sshd 服务状态。
systemctl restart sshd：重启 sshd 服务。
systemctl stop sshd：停止 sshd 服务。

4）设置开机自动启动 sshd 服务

使用以下命令可在重新引导系统时自动启动 sshd 服务，这样可以免去每次开机手动启动 SSH 服务。

```
[root@server ~]# systemctl enable sshd
[root@server ~]# systemctl is-enabled sshd
enabled
```

5）设置防火墙

默认情况下，服务器的防火墙一般已经允许 SSH 连接。如果没有允许，则应设置防火墙允许 SSH，否则客户端无法连接 SSH 服务器端。设置防火墙开放 SSH 服务，命令如下：

```
[root@server ~]# firewall-cmd --permanent --zone=public --add-service=ssh
success
[root@server ~]# firewall-cmd -reload
success
```

11.2.2 客户机端配置

1. openEuler 客户机端

1）准备工作

（1）将客户机 IP 配置为使用 VMware 自带的 DHCP 自动分配，如图 11-5 所示。

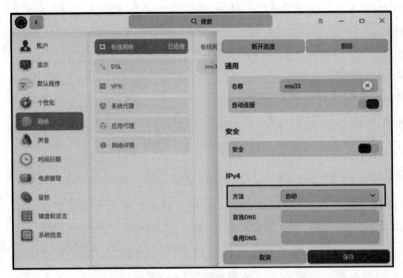

图 11-5　自动获取 IP

（2）修改主机名，将客户端主机名更改为 client，命令如下：

```
[openeuler@192 ~]$ su -
密码：
[root@192 ~]# pwd
/root
[root@192 ~]# hostname client
[root@192 ~]# su
[root@client ~]#
```

（3）安装 openssh-clients 等软件包。安装客户端软件包前，首先需要查询是否安装了 openssh 和 openssh-clients 软件包，命令如下：

```
[root@client ~]# rpm -qa|grep openssh
openssh-clients-8.2p1-9.oe1.x86_64
openssh-8.2p1-9.oe1.x86_64
```

这里默认已经安装。若没有安装，则可使用 yum 或 dnf 安装，命令如下：

```
[root@client ~]# dnf install openssh-clients
```

（4）将终端切换回普通用户 openeuler。在客户机测试连接 OpenSSH 服务器时，不需要客户机端以 root 用户登录，所以可以切换回普通用户 openeuler，命令如下：

```
[root@client ~]# su - openeuler
```

（5）利用虚拟机快照保存客户机端状态。为 openEuler 客户机拍摄快照保存当前状态，快照命名为 SSH 客户端基本配置。未来需要时可随时还原快照。因为 SSH 初次登录和后续登录略有不同，为了保持实验间的相互独立，能和 11.3 节实验做一个对比，建议读者在此一定要拍摄快照。

2）使用 ssh 命令登录远程 OpenSSH 服务器

ssh 命令的语法如下：

```
ssh [选项] [用户@]服务器主机名|服务器IP [命令]
```

（1）测试 root 用户。

以 root 用户登录远程连接服务器，命令如下：

```
[openeuler@client ~]$ ssh 192.168.253.136
The authenticity of host '192.168.253.136 (192.168.253.136)' can't be established.
ECDSA key fingerprint is SHA256:E2YsxKpMgZvuhML89+ZFS0yMBQzGoyD4fR66oqf1ACA.
Are you sure you want to continue connecting (yes/no/[fingerprint])? yes
Warning: Permanently added '192.168.253.136' (ECDSA) to the list of known hosts.

Authorized users only. All activities may be monitored and reported.
root@192.168.253.136's password:
Permission denied, please try again.
```

第 1 次尝试连接时，由于 ssh 程序从来没有连接过指定的服务器（远程主机），所以服务器（远程主机）会给出指纹信息，输入 yes 表示接受服务器（远程主机）身份，一旦建立连接，会提示输入用户密码。

ssh 命令后没有写用户名，意味着使用 root 用户登录。提示信息中出现了 Permission denied，表示 root 用户访问被拒绝，拒绝原因是服务器设置了不允许 root 远程登录。注意，为了安全，在生产环境中，一般不允许 root 用户远程登录。

注意：之所以用 fingerprint 指纹代替公钥，主要是公钥过长（RSA 算法生成的公钥有 1024 位），很难直接比较，所以对公钥进行 hash 生成一个 128 位的指纹，这样就方便比较了。

（2）测试 stu 用户。

以 stu 用户身份登录远程连接服务器，命令如下：

```
[openeuler@client ~]$ ssh stu@192.168.253.136
```

如果出现下面的提示符，则表示 stu 登录服务器 server 成功，开启远程 Shell 对话。

```
[stu@server ~]$
```

注意，上述 stu 账户是服务器端 server 上的账户，而不是客户端 client 上的账户，client 上有没有名叫 stu 的账户无关紧要。登录成功后，远程 Shell 对话将一直开启，直到账户输入 exit 命令断开与服务器（远程主机）连接。一旦断开和服务器的连接，本地 Shell 对话就会恢复，命令如下：

```
[stu@server ~]$ exit
注销
Connection to 192.168.253.136 closed.
[openeuler@client ~]$
```

（3）测试 lisi 用户。

以 lisi 身份登录远程连接服务器，命令如下：

```
[openeuler@client ~]$ ssh lisi@192.168.253.136

Authorized users only. All activities may be monitored and reported.
lisi@192.168.253.136's password: <--输入 lisi 密码
Permission denied, please try again.
//lisi 登录被拒绝，符合预期。lisi 密码输入正确，也会被拒绝
```

在配置文件中，有一项配置为 DenyUsers lisi，因此以 lisi 身份登录远程连接服务器被拒绝。如果希望允许 lisi 用户登录，则需要修改服务器端配置，并重启服务。

3）使用 scp 命令传输文件

使用 scp 命令可以用来通过安全、加密的连接在不同主机之间传递文件。scp 类似于 cp，但是 cp 只能在本机进行复制而不能跨服务器，scp 传输是加密的。

scp 命令的语法如下：

```
scp [选项] [原路径] [目标路径]
```

常用的选项为-r，表示递归复制整个目录。

下面用 3 个例子说明 scp 的使用方法，首先在服务器端准备用于复制的目录和文件，在服务器 server 上执行的命令如下：

```
[root@server ~]# touch /home/stu/server_file
[root@server ~]# mkdir -p /home/stu/server/s_test
[root@server ~]# touch /home/stu/server/file_s
```

在客户机 client 上准备目录和文件，执行的命令如下：

```
[openeuler@client ~]$ mkdir -p /home/openeuler/client/c_test
[openeuler@client ~]$ touch /home/openeuler/client/file_c
```

【例 11-1】 使用 stu 用户将服务器（远程主机）server 的/home/stu/server_file 文件传输到客户机 client 的/home/openeuler/目录下，并改名为 client_file。

```
[openeuler@client ~]$ scp stu@192.168.253.136:/home/stu/server_file \
> /home/openeuler/client_file

Authorized users only. All activities may be monitored and reported.
```

```
stu@192.168.253.136's password: <--输入 stu 密码
server_file                              100%    0    0.0KB/s   00:00
[openeuler@client ~]$ ls /home/openeuler
abc.txt  client_file  Desktop  Documents  Downloads  mm.txt  Music  Pictures
Videos
```

【例 11-2】使用 stu 用户将客户机 client 的目录/home/openeuler/client 及目录下所有文件和子目录传送到服务器（远程主机）server 的/home/stu/ 目录下。

```
[openeuler@client ~]$ scp -r /home/openeuler/client stu@192.168.253.136:\
> /home/stu

Authorized users only. All activities may be monitored and reported.
stu@192.168.253.136's password: <--输入 stu 密码
file_c
```

在服务器 server 上查看，可以看到 client 目录复制成功。

```
[root@server ~]#ls /home/stu
aa  client  Desktop  Documents  Downloads  Music  Pictures  server  server_
file  Videos
[root@server ~]#ls /home/stu/client
c_test  file_c
```

【例 11-3】使用 stu 用户将服务器（远程主机）server 上的/home/stu/server 目录传送到本地主机目录/home/openeuler 下。

```
[openeuler@client ~]$ scp -r stu@192.168.253.136:/home/stu/server\
> /home/openeuler/

Authorized users only. All activities may be monitored and reported.
stu@192.168.253.136's password: <--输入 stu 密码
file_s                                   100%    0    0.0KB/s   00:00
[openeuler@client ~]$ ls /home/openeuler
abc.txt  client_file  Desktop  Documents  Downloads  mm.txt  Music  Pictures
server  Videos
[openeuler@client ~]$ ls /home/openeuler/server
file_s  s_test
```

2. Windows 客户机端

在 Windows 系统中，可以使用 Xshell 或者 PuTTY 等软件工具进行远程连接测试。下面以 PuTTY 为例连接服务器。

打开 PuTTY，输入 Hostname 或者 IP 地址和 Port 端口号，选中 connection type 为 SSH，然后单击 Open 按钮尝试连接 OpenSSH 服务器，如图 11-6 所示。

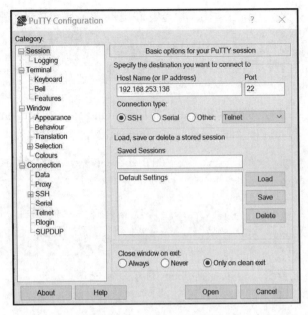

图 11-6　PuTTY 登录界面

连接成功会出现提示符 login as:，输入本次登录的用户名和密码，验证通过后将出现终端提示符，如图 11-7 所示。

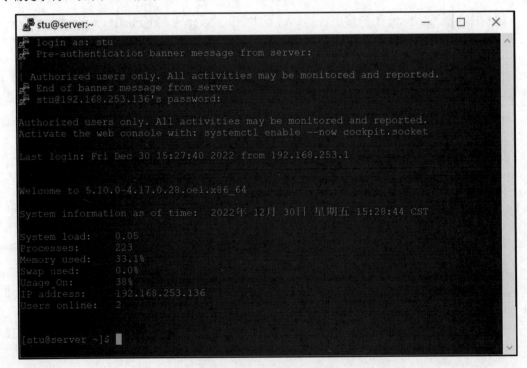

图 11-7　使用 PuTTY 连接 OpenSSH 服务器成功

11.3 基于密钥认证的 OpenSSH 服务器配置

某公司要配置一台 OpenSSH 服务器，为承担公司内部门户网站开发的高校科研团队提供远程 SSH 登录服务。本来使用基于口令认证的 OpenSSH 服务器解决了这个问题，但是有一天，客户端连接访问 OpenSSH 服务器时遭遇了中间人攻击，被中间人劫持，没有连接到真正的 OpenSSH 服务器。

针对上述需求，负责 OpenSSH 服务器运维的工作人员考虑改为搭建一台基于密钥认证的 OpenSSH 服务器。服务器使用固定 IP：192.168.253.136，子网掩码为 255.255.255.0，默认网关和 DNS 都为 192.168.253.2。其他要求如下：

（1）OpenSSH 服务器监听端口是 22。
（2）禁止口令认证。
（3）使用密钥认证。
（4）禁止 root 远程登录。

实验环境包括一台 openEuler 虚拟机服务器，一台 openEuler 虚拟机客户机，联网方式均为 NAT。openEuler 服务器使用固定 IP，openEuler 客户机使用 VMware 自带的 DHCP 分配 IP。使用宿主机 Windows 系统充当 Windows 客户机，宿主机使用原有的 IP，不需要另外设置，但需要保证虚拟网卡 VMnet8 可正常启动。实验中，openEuler 服务器使用名为 stu 的普通用户，openEuler 客户机使用 openeuler 普通用户。

11.3.1 服务器端配置

1. 准备工作

参看 11.2.1 节中的准备工作。如果已经完成 11.2 节的实验，则可以还原默认配置文件或还原快照。

1）还原默认配置文件

使用 cp 命令还原默认配置文件：

```
[root@server ~]# cp /etc/ssh/sshd_config.bak /etc/ssh/sshd_config
```

2）还原至名为 SSH 默认配置的快照

在对应虚拟机的快照管理器找到名为 SSH 默认配置的快照，双击即可。或者选中该快照，然后单击【转到】按钮。

2. 配置服务器

1）修改配置文件

使用 vim 修改配置文件，命令如下：

```
[root@server ~]# vim /etc/ssh/sshd_config
//本例中应修改以下几行
Port 22
```

```
ListenAddress 192.168.253.136
PermitRootLogin no
//不允许 root 用户远程登录
PermitEmptyPasswords no
PasswordAuthentication no
//不允许口令登录
//修改完毕后保存，然后退出 vim
```

2）启动服务或者重启服务

检查 sshd 服务状态，使用的命令如下：

```
[root@server ~]# systemctl status sshd
```

如果之前 sshd 服务没有启动，则可执行的命令如下：

```
[root@server ~]# systemctl start sshd
```

如果之前 sshd 服务已经启动，则可执行的命令如下：

```
[root@server ~]# systemctl restart sshd
```

3）设置防火墙

默认情况下，服务器的防火墙已经允许 SSH 连接。如果没有允许，则需要将防火墙设置为允许 SSH，执行的命令如下：

```
[root@server ~]# firewall-cmd --permanent --zone=public --add-service=ssh
success
[root@server ~]# firewall-cmd -reload
success
```

11.3.2　客户机端配置

1. openEuler 客户机端

1）准备工作

参考 11.2.2 节完成准备工作。若已经完成 11.2 节的实验，则可以将 openEuler 客户机还原至虚拟机快照 SSH 客户端基本配置。

2）测试过程

（1）生成一对密钥。

使用 ssh-keygen 命令生成客户机的密钥对，并查看公钥和私钥，命令如下：

```
[openeuler@client ~]$ ssh-keygen
Generating public/private rsa key pair.
Enter file in which to save the key (/home/openeuler/.ssh/id_rsa):<--按 Enter 键
Created directory '/home/openeuler/.ssh'.
Enter passphrase (empty for no passphrase): <--按 Enter 键 不设置密码或输入密码
```

```
Enter same passphrase again: <--按 Enter 键或再次输入密码
//说明：passphrase 是用来对密钥对的私钥进行加密的密码，可以直接按 Enter 键设置为空，
//但不建议设置为空
Your identification has been saved in /home/openeuler/.ssh/id_rsa
Your public key has been saved in /home/openeuler/.ssh/id_rsa.pub
//私钥和公钥文件存储位置
The key fingerprint is:
SHA256:XeD34XS0x8pCwr34PbmY//UhCEUM8HdI2NXuZWsXYXE openeuler@client
//指纹
The key's randomart image is:
+---[RSA 3072]----+
|       ...*o....E|
|       .+o=. *o  |
|       .++=.=.=  |
|       .o*.* *+  |
|       S.o o *.+ |
|        ...o =.  |
|        ...=.o   |
|         o.o+    |
|         o.o.o   |
+----[SHA256]-----+
//图形化表示
[openeuler@client ~]$ ls /home/openeuler/.ssh/
id_rsa  id_rsa.pub
//查看生成的一对密钥
```

（2）将 ch 中生成的公钥文件传送至 OpenSSH 服务器。

```
[openeuler@client ~]$ ssh-copy-id stu@192.168.253.136
//把客户机生成的公钥文件传送至 OpenSSH 服务器，使用 stu 用户
/usr/bin/ssh-copy-id: INFO: Source of key(s) to be installed: "/home/openeuler/.ssh/id_rsa.pub"
/usr/bin/ssh-copy-id: INFO: attempting to log in with the new key(s), to filter out any that are already installed
/usr/bin/ssh-copy-id: INFO: 1 key(s) remain to be installed -- if you are prompted now it is to install the new keys

Authorized users only. All activities may be monitored and reported.
stu@192.168.253.136's password: //此处输入远程服务器 stu 用户的密码

Number of key(s) added: 1

Now try logging into the machine, with:  "ssh 'stu@192.168.253.136'"
and check to make sure that only the key(s) you wanted were added.
```

（3）测试 stu 用户使用密钥认证登录 OpenSSH 服务器。

```
[openeuler@client ~]$ ssh stu@192.168.253.136
//在客户机上尝试使用 stu 用户远程登录到服务器，此时无须输入密码也可成功登录

Authorized users only. All activities may be monitored and reported.
Enter passphrase for key '/home/openeuler/.ssh/id_rsa':
//输入此前设置的 passphrase

Authorized users only. All activities may be monitored and reported.
Activate the web console with: systemctl enable --now cockpit.socket

Last failed login: Sat Jan 29 00:18:23 CST 2022 from 192.168.253.146 on ssh:notty
There were 6 failed login attempts since the last successful login.


Welcome to 5.10.0-4.17.0.28.oe1.x86_64

System information as of time:  2022 年 01 月 29 日星期六 00:27:48 CST

System load:    0.28
Processes:      215
Memory used:    27.2%
Swap used:      0.0%
Usage On:       38%
IP address:     192.168.253.136
IP address:     192.168.122.1
Users online:   2


[stu@server ~]$
```

注意，登录时需要输入生成密钥对时设置的 passphrase，passphrase 是用来对密钥对的私钥进行加密的密码。主机名显示为 server，IP 显示为 192.168.253.136，说明已成功登录到了远程服务器 server 上。

2. Windows 客户机端

在 Windows 客户机上，可以使用 PuTTY 连接基于密钥认证的 OpenSSH 服务器。步骤如下：①使用 PuTTYgen 制作密钥。保存密钥至指定目录；复制公钥。②修改 OpenSSH 服务器配置，设置密钥认证，不使用 PAM 认证。③拷贝公钥信息至服务器端特定文件中 ~/.ssh/authorized-keys，其中~表示所用用户主目录。④使用 PuTTY 采用密钥形式登录。

具体配置可参考 https://blog.csdn.net/hktkfly6/article/details/122519338，这里不再详述。

11.4 排查错误

1. OpenSSH 服务器配置常见错误

（1）OpenSSH 服务器和客户机之间网络不通。

（2）OpenSSH 服务器端或者客户机端的网络服务未启动。这是一个低级错误，但是实践中发现这种错误偶有发生。

（3）OpenSSH 服务器的防火墙没有允许 SSH。

（4）OpenSSH 服务器配置文件出现语法错误。

（5）OpenSSH 服务器配置文件出现语义逻辑错误。

（6）OpenSSH 服务器配置文件路径不正确。

（7）sshd 服务没能正常启动。

（8）修改了配置文件 sshd.conf，忘记重启 sshd 服务。只有成功重启 sshd 服务后，新的配置才能生效。

（9）OpenSSH 服务器端没有安装必要的相关软件包。

（10）openEuler 客户机没有安装必要的相关软件包。

（11）出现错误提示 Host key verification failed。

（12）目录的权限设置不正确。

2. 一些排查方法

在配置 OpenSSH 服务器时，错误多种多样，建议可从如下几方面考虑排查错误：

（1）使用 ping 命令测试网络。

使用 ping 命令测试服务器和客户机间网络是否畅通。一般可进行双向测试，在客户机端通过 ping 测试 OpenSSH 服务器，在 OpenSSH 服务器端 ping 客户机。若使用主机名为 client 的 openEuler 客户机测试配置 IP 地址为 192.168.253.136 的 OpenSSH 服务器，命令如下：

```
[root@client ~]# ping 192.168.253.136
```

假设前述 openEuler 客户机端 IP 为 192.168.253.5，从 OpenSSH 服务器端 ping 该客户机，命令如下：

```
[root@server ~]# ping 192.168.253.5
ping 192.168.253.5 (192.168.253.5) 56(84) 比特的数据。
来自 192.168.253.136 icmp_seq=1 目标主机不可达
来自 192.168.253.136 icmp_seq=2 目标主机不可达
来自 192.168.253.136 icmp_seq=3 目标主机不可达
^C
--- 192.168.253.5 ping 统计 ---
已发送 4 个包，已接收 0 个包，+3 错误，100% packet loss, time 3081ms
pipe 4
//按下快捷键 Ctrl+c 强制退出 ping 命令
```

上述代码提示目标主机不可达，表示 OpenSSH 服务器 ping 不通 IP 为 192.168.253.5 的客户机。

Windows 客户机端 ping 服务器，在开始菜单中找到命令提示符，输入的命令如下：

```
C:\Users\jiasir803>ping 192.168.253.136

正在 ping 192.168.253.136 具有 32 字节的数据:
来自 192.168.253.1 的回复: 无法访问目标主机。
请求超时。
```

提示无法访问目标主机，表示 Windows 客户机 ping 不通 OpenSSH 服务器，此时需要检查网络是否畅通。

（2）本机测试。

在 OpenSSH 服务器上安装 openssh-clients 软件包，这样服务器自己可以扮演客户机角色测试服务器的服务是否运行正常。

若本机测试无法通过，则说明可能是服务器配置不正确。若本机测试通过，但是客户机端无法连接服务器，往往是服务器防火墙问题或网络问题。

使用服务器主机名进行本机测试，命令如下：

```
[root@server ~]# ssh stu@server
```

使用服务器 IP 进行本机测试，命令如下：

```
[root@server ~]# ssh stu@192.168.253.136
```

（3）执行 journalctl -xe 命令，查看日志。

配置文件内容较多，修改时很容易出现语法错误。例如，在修改配置文件时，不小心将 no 写作了 npo，则重启 sshd 服务就会失败。journalctl -xe 命令可以查看日志，以便定位错误位置。如下启动 sshd 服务时，提示执行 journalctl -xe 命令查看详情，输入该命令很容易发现错误原因是第 63 行出现了不支持的项 npo。

```
[root@server ~]# systemctl restart sshd
Job for sshd.service failed because the control process exited with error code.
See "systemctl status sshd.service" and "journalctl -xe" for details.
[root@server ~]# journalctl -xe
1月 27 22:42:16 server sshd[7662]: /etc/ssh/sshd_config line 63: unsupported option "npo".
1月 27 22:42:16 server systemd[1]: sshd.service: Main process exited, code=exited,
```

（4）提示 No route to host 错误。

在执行 ssh 命令时，如果出现 No route to host 提示，则一般是由于服务器端没有开机或是网络不通。造成该错误的原因很多，可能是网线没有插好，也可能是网卡 down 了。如果是网卡 down 了，则可以重启相应的网卡。

（5）提示 Connection refused 错误。

在执行 ssh 命令时，如果出现 Connection refused 提示，则表示服务连接被拒绝。通常是服务器的 sshd 服务没有开，服务器开启 sshd 服务即可。

（6）提示 Host key verification failed 错误。

如果出现 Host key verification failed 提示，则表示主机密钥验证失败，如果可以确认连接的是受信任的机器，则可能是由于密钥过期，删除旧密钥即可。

① 手动删除旧密钥。

在 SSH 服务器中，旧的密钥存储在~/ .ssh / known_hosts 文件中。客户端/服务器中的每个用户在其主目录中都有其自己的 known_hosts，只需删除目标服务器的特定用户文件中的条目。该文件中每行前面的信息，有可能是 host 名字，或者 IP 地址，这样可以分辨出删除哪一行。

② 使用 ssh-keygen 命令删除旧密钥。

使用 ssh-keygen 命令删除旧密钥的命令如下：

```
ssh-keygen -R IP
```

删除旧密钥后，可以再次执行 ssh 命令，一般会提示将新的密钥添加到~/.ssh/known_host 文件中。关于该命令的更多用法，可以使用 man 命令进行查询，这里不再详细说明。

第 12 章 FTP 服务器配置

本章主要介绍 openEuler 操作系统环境下的 FTP 服务器的配置,首先介绍 FTP 的相关概念,接着介绍在 openEuler 操作系统环境下基于 vsftpd 的几种 FTP 服务器的配置方法,包括匿名 FTP 服务器、认证 FTP 服务器和虚拟用户 FTP 服务器的配置,同时介绍客户端测试 FTP 服务的方法。本章最后介绍在配置 FTP 服务器的过程中如何排查一些常见的错误。

12.1 FTP 概述

FTP 是文件传输协议,FTP 服务器是文件存储服务器。在企业中,可以将文件存储在 FTP 服务器上的目录中,用户可以通过 FTP 客户端连接 FTP 服务器,访问远程主机上的文件,逻辑上好像是在访问本地服务器一样,客户端和服务器端通过文件传输协议进行文件传输访问。

12.1.1 FTP 的概念

文件传输协议(File Transfer Protocol,FTP)诞生于 1971 年。利用 FTP 可以在网络中传输文档、图像、视频和应用程序等多种类型文件。

vsftpd 是 FTP 的具体实现,是一种流行的 FTP 服务器软件。通过 vsftpd 可以配置 FTP 服务器,用户可以将文件从自己的计算机上传到 FTP 服务器,也可以从 FTP 下载文件。一般情况下,用户更多地是从 FTP 服务器上下载文件。

一个完整的 FTP 文件传输需要建立两种类型的连接:一种为控制文件传输的命令,称为控制连接;另一种为实现真正的文件传输,称为数据连接。

1. 控制连接

当客户端希望与 FTP 服务器建立上传下载的数据传输时,它首先向服务器 TCP 的 21 端口发起一个建立连接的请求;FTP 服务器接受来自客户端的请求,完成连接的建立过程,这样的连接就称为 FTP 控制连接。

2. 数据连接

FTP 控制连接建立之后,即可开始传输文件,传输文件的连接称为 FTP 数据连接。FTP

数据连接就是 FTP 传输数据的过程，它有主动传输和被动传输两种传输模式。

12.1.2 FTP 的传输模式

FTP 支持两种传输模式。一种模式叫作主动模式，也叫 Standard 模式或 PORT 模式；另一种叫作被动模式，也叫 Passive 模式，或简称 PASV 模式。在主动模式下 FTP 的客户端将 PORT 命令发送到 FTP 服务器。在被动模式下 FTP 的客户端将 PASV 命令发送到 FTP 服务器。

1. 主动模式

在主动模式下，FTP 客户端首先从临时端口（大于 1024）和 FTP 服务器的命令端口（TCP 21 端口）建立连接，通过这个通道发送命令，当客户端需要接收数据时在这个通道上发送 PORT 命令。PORT 命令包含客户端用什么端口接收数据。在传送数据时，由服务器端通过自己的数据端口（TCP 20 端口）连接至客户端的指定端口发送数据。也就是 FTP 服务器必须和客户端建立一个新的连接，用来传送数据，并且在此过程中，FTP 服务器可以视作主动方。

主动模式存在一些小问题。如果通过代理上网，就不能用主动模式，因为服务器敲的是上网代理服务器的门，而不是敲客户端的门，而且有时客户端也不是轻易就开门的，因为有防火墙阻挡，除非客户端开放大于 1024 的高端端口。

2. 被动模式

被动模式在建立控制通道时和主动模式类似，但建立连接后发送的不是 PORT 命令，而是 PASV 命令。FTP 服务器收到 PASV 命令后，随机打开一个临时端口，并且通知客户端在这个端口上传送数据的请求，客户端连接 FTP 服务器的此端口，然后 FTP 服务器将通过这个端口进行数据的传送。在这个过程中，由客户端启动到服务器提供的端口和 IP 地址的数据连接，因此服务器可以被视作是数据通信中的被动方。

被动模式也存在一些问题。很多防火墙在设置时不允许接受外部发起的连接，所以许多位于防火墙后或内网的 FTP 服务器不支持 PASV 模式，因为客户端无法穿过防火墙打开 FTP 服务器的高端端口。

为解决 FTP 与防火墙的相关问题，一些防火墙专门为 FTP 实现了应用程序级别代理，以便追踪 FTP 请求，在需要时打开相应的 FTP 服务器高端端口。

12.1.3 FTP 用户

通常，用户需要先经过认证才能登录 FTP 服务器，然后才能访问、传输 FTP 服务器上的文件。FTP 用户可分为三大类：匿名用户、本地用户和虚拟用户。不同的 FTP 用户适用场景、访问权限和操作方式不同。

1. 匿名用户

如果用户在远程 FTP 服务器上没有 openEuler 操作系统的本地账户，则称此用户为匿名用户。若 FTP 服务器提供匿名访问功能，则匿名用户可以通过输入账户 anonymous 或 ftp 进行登录。当匿名用户登录系统后，可以访问 FTP 服务器上的一些公开的资源。一般情况下，匿名 FTP 服务器只提供下载功能，不提供上传服务。

2．本地用户

如果用户拥有 FTP 服务器的 openEuler 操作系统的本地账户，则称此用户为本地用户。本地用户使用 openEuler 操作系统的本地账户授权登录 FTP 服务器。默认情况下，本地用户登录 FTP 服务器将进入自己的家目录。使用本地用户访问 FTP 服务器的安全性较低。

3．虚拟用户

虚拟用户的账户和密码只能用于登录 FTP 服务器，不能登录 FTP 服务器的 openEuler 操作系统。虚拟用户通过数据库映射为 FTP 服务器 openEuler 操作系统的一个本地账户。当授权访问的虚拟用户登录系统后，其登录目录是 vsftpd 为其指定的目录。使用虚拟用户访问 FTP 服务器大大提高了服务器的安全性。

12.2　匿名 FTP 服务器配置

本节和 12.3 节、12.4 节将分别以案例的形式讲述 FTP 服务器的配置。讲解思路如下：

首先提出具体的 FTP 服务器的配置需求，给出实验的整体规划。接着介绍如何一步一步地搭建相应的 FTP 服务器，最后介绍如何在客户机测试 FTP 服务器。

显然搭建 FTP 服务器是配置过程中的重点和难点。搭建 FTP 服务器的大致流程如下：

（1）安装 vsftpd 软件包。

（2）按照事先规划修改 vsftpd 对应的主配置文件/etc/vsftpd/vsftpd.conf，要求路径必须正确，否则配置无效。

（3）启动 vsftpd 服务并开放防火墙，设置 SELinux 等。

为了方便读者理解运用，与 vsftpd 相关的一些必要的理论知识将结合实践在 FTP 服务器配置案例中进行介绍。配置的一些小细节分布在不同的案例中，如怎么设置才可允许哪些用户访问，拒绝哪些用户访问；又如怎么设置才可使某个用户拥有上传文件权限，如何锁定用户在家目录等。读者完成基本实验之后，还可以根据表 12-1 中 vsftpd 的基本配置选项，参照实际需求进行拓展实验。

事实上，FTP 服务器安装 vsftpd 软件包后，配置文件不做任何修改即可启动 vsftpd 服务，这就是所谓的开箱即用。openEuler 服务器安装 vsftpd 软件包后，默认不允许匿名访问，但因为匿名 FTP 服务器最简单，应用又非常广泛，下面就从匿名 FTP 服务器开始，探索配置服务器，以及从客户端测试服务器的全过程。

某大学某研究团队，团队成员包括教师、一些本科生、硕士生甚至博士生。团队成员需要共同使用一些软件和一些数据，这些软件和数据并不需要保密，但是个别团队成员自己的数据需要保密。这时就可以搭建一台匿名的 FTP 服务器，方便大家下载相关资源。

针对上述需求，搭建一台匿名 FTP 服务器，服务器的 IP 为 192.168.253.136，子网掩码为 255.255.255.0，默认网关和 DNS 都为 192.168.253.2。该匿名服务器要求：
（1）允许匿名用户和本地用户登录。
（2）匿名用户的登录名为 anonymous 或 ftp，口令为空。
（3）匿名用户不能离开匿名服务器目录/var/ftp，并且只能下载而不能上传。
（4）本地用户的登录名为本地用户名，口令为此本地用户的口令。
（5）本地用户可以离开自己的家目录切换至有权访问的其他目录，并在权限范围允许的情况下进行上传/下载。

整体规划：使用虚拟机实验，环境包括一台 openEuler 虚拟机服务器，一台 openEuler 虚拟机客户机，一台 Windows 操作系统虚拟机客户机，联网方式均为 NAT。openEuler 服务器使用固定 IP，openEuler 客户机使用 VMware 自带的 DHCP 分配 IP。Windows 虚拟机使用 VMware 自带的 DHCP 服务分配 IP。此处，Windows 客户机也可以是宿主机 Windows 系统。若使用宿主机 Windows 系统，则不需要设置 IP，但需要保证虚拟网卡 VMnet8 正常启动。

12.2.1 服务器端配置

1．准备工作

1）为服务器配置网络服务

以普通用户身份登录终端，切换至 root 用户，将服务器主机名修改为 server。将主目录切换至/root。设置服务器使用固定 IP。IP 为 192.168.253.136，子网掩码为 255.255.255.0，默认网关和 DNS 都为 192.168.253.2。

注意：在做实验时，应使用自己的计算机上 VMware 默认 NAT 模式的子网号。

2）安装 FTP 服务器软件包

首先，使用 rpm 命令查看 FTP 服务器 vsftpd 软件包是否已安装，命令如下：

```
[root@server ~]# rpm -qa|grep vsftpd
```

如果上述命令执行的结果为空，则说明服务器当前没有安装 vsftpd 软件包，需要安装 vsftpd 软件包。安装命令如下：

```
[root@server ~]# dnf install vsftpd
```

安装完毕后，需要再次查看并确认 vsftpd 软件包是否全部成功安装，命令如下：

```
[root@server ~]# rpm -qa|grep vsftpd
vsftpd-3.0.3-33.oe1.x86_64
//如果命令执行结果列表中出现 vsftpd-3.0.3-33.oe1.x86_64，则说明安装成功
```

vsftpd 配置文件和目录简介。

/usr/sbin/vsftpd：主 vsftpd 可执行文件。

/etc/vsftpd/vsftpd.conf：vsftpd 的主配置文件。

/etc/vsftpd/ftpusers：文本文件，存储不允许登录到 FTP 服务器的用户列表，PAM（可插

入身份验证模块）引用该文件。

/etc/vsftpd/user_list：文本文件，用于允许或拒绝所列用户的访问。

/var/ftp：FTP 服务器的默认工作目录。

/var/ftp/pub：该目录通常用于存放匿名用户可访问的 FTP 服务器文件。

3）保存服务器的默认初始配置

FTP 服务器的主配置文件是/etc/vsftpd/vsftpd.conf。一般无须修改该文件就可以启动 vsftpd 服务器并使用，这就是前面曾经提到过的所谓开箱即用。在/etc/vsftpd/vsftpd.conf 配置文件中，以#号开头的行表示注释，默认注释行不会被系统执行。在该配置文件中，所有配置参数都是以"配置选项=值"的格式表示的。

要了解在配置文件中每个选项的含义，应该使用 man 命令，查阅手册页，命令如下：

```
[root@server ~]# man vsftpd.conf
```

vsftpd 配置常用配置参数及说明见表 12-1。

表 12-1　vsftpd 配置常用配置参数及说明

配置参数	说　　明
anonymous_enable=YES	该参数用于设置是否允许匿名用户登录，YES 表示允许，NO 表示不允许
local_enable=YES	该参数用于设置是否允许本地用户登录，YES 表示允许，NO 表示不允许
write_enable=YES	该参数用于设置是否允许用户有写入权限，YES 表示允许，NO 表示不允许
local_umask=022	该参数用于设置本地用户新建文件时的 umask 值
local_root=/home	该参数用于设置本地用户的根目录
anon_upload_enable=YES	该参数用于设置是否允许匿名用户上传文件，YES 表示允许，NO 表示不允许
anon_mkdir_write_enable=YES	该参数用于设置是否允许匿名用户有创建目录的权限，YES 表示允许，NO 表示不允许
anon_other_write_enable=NO	该参数用于设置是否允许匿名用户有重命名和删除文件权限，YES 表示允许，NO 表示不允许
anon_world_readable_only=YES	该参数用于设置是否允许匿名用户下载可读的文件，YES 表示允许，NO 表示不允许
dirmessage_enable=YES	该参数用于设置是否显示目录说明文件，默认为 YES，但需要手工创建.message 文件，允许为目录配置显示信息，显示每个目录下的 message_file 文件内容
message_file=.message	该参数用于设置提示信息文件名，该参数只有在 dirmessage_enable 启动时才有效
download_enable=YES	该参数用于设置是否允许下载，YES 表示允许，NO 表示不允许

续表

配 置 参 数	说　　　明
chown_upload=YES	该参数用于设置是否允许修改上传文件的用户所有者，YES 表示允许，NO 表示不允许
chown_username=whoever	该参数用于设置想要修改的上传文件的用户所有者
idle_session_timeout=600	该参数用于设置用户会话空闲超过指定时间后断开连接，单位为秒
data_connection_timeout=600	该参数用于设置数据连接空闲超过指定时间后断开连接，单位为秒
accept_timeout=60	该参数用于设置客户端空闲超过指定时间自动断开连接，单位为秒
connect_timeout=60	该参数用于设置客户端空闲断开连接后在指定时间自动激活连接，单位为秒
max_clients=100	该参数用于设置允许连接客户端的最大数量，0 表示不限制最大连接数
max_per_ip=5	该参数用于设置每个 IP 地址的最大连接数，0 表示不限制最大连接数
anon_max_rate=51200	该参数用于设置匿名用户传输数据的最大速度，单位为字节/秒
local_max_rate=5120000	该参数用于设置本地用户传输数据的最大速度，单位为字节/秒
pasc_min_port=0	该参数用于设置在被动模式连接 vsftpd 服务器时，服务器响应的最小端口号，0 表示任意
pasv_max_port=0	该参数用于设置在被动模式连接 vsftpd 服务器时，服务器响应的最大端口号，0 表示任意
chroot_local_user=YES	该参数用于设置是否将本地用户锁定在自己的家目录中
chroot_list_enable= YES	该参数用于设置是否锁定用户在自己的家目录中
chroot_list_file=/etc/vsftpd/chroot_list	该参数是指被列入该文件的用户，在登录后在自己的家目录中锁定用户
ascii_upload_enable= YES	该参数用于设置是否使用 ASCII 模式上传文件，YES 表示使用，NO 表示不使用
ascii_download_enable=YES	该参数用于设置是否使用 ASCII 模式下载文件，YES 表示使用，NO 表示不使用
ftp_banner=Welcome to FTP	该参数用于定制欢迎信息，若设置了 banner_file，则此设置无效
banner_file=/etc/vsftpd/banner	该参数用于设置登录信息文件的位置
xferlog_enable=YES	该参数用于设置是否使用传输日志文件记录详细的下载和上传信息
xferlog_file=/var/log/xferlog	该参数用于设置传输日志文件的路径和文件名，默认为 /var/log/xferlog
xferlog_std_format=YES	该参数用于设置传输日志文件是否写入标准的 xferlog 格式
guest_enable=NO	该参数用于设置是否启用虚拟用户，YES 表示启用，NO 表示不启用
guest_username=本地用户名	该参数用于设置虚拟用户映射的系统的本地用户名

续表

配 置 参 数	说 明
userlist_enable=YES	该参数用于设置是否允许由 user_list 文件中指定的用户登录 vsftpd 服务器。YES 表示允许
userlist_file=/etc/vsftpd/user_list	该参数用于设置当 userlist_enable 选项激活时加载的文件的名称
userlist_deny=YES	该参数用于设置是否允许由 userlist_file 文件中指定的用户登录 vsftpd 服务器，YES 表示不允许
listen=NO	值为 YES 时 vsftpd 以独立运行方式启动；值为 NO 时以 xinetd 方式启动
listen_port=21	控制连接的监听端口号，默认为 21
listen_address=192.168.253.136	该参数用于设置 vsftpd 服务器监听的 IP 地址
pam_service_name=vsftpd	该参数用于设置使用 PAM 模块进行验证时的 PAM 配置文件名
ftp_username=ftp	该参数用于设置匿名用户所使用的本地用户名

无论是生产环境还是实验环境，安装完 vsftpd 软件包后都需要保存服务器的默认初始配置。在生产环境中，通过备份默认配置文件保存服务器的默认配置。在 VMware 虚拟实验环境中，保存服务器的默认初始配置的方法有两种，一种是备份默认配置文件；另一种是拍摄虚拟机快照。

（1）备份默认配置文件。

利用 cp 命令将默认配置文件备份为 vsftpd.conf.bak。必要时可恢复该默认配置文件。在生产环境中推荐这么做。

```
[root@server ~]# cp /etc/vsftpd/vsftpd.conf /etc/vsftpd/vsftpd.conf.bak
```

（2）拍摄虚拟机快照。

拍摄 FTP 服务器当前状态快照，命名为 FTP 默认配置。必要时可恢复到该快照，还原至 FTP 服务器默认配置状态。这种方法的好处在于避免了多个实验之间的相互干扰，适合初学者。

2．配置服务器

1）修改配置文件

openEuler 服务器安装完 vsftpd 后，默认的配置是不允许匿名访问的。下面使用 vim 修改配置文件/etc/vsftpd/vsftpd.conf，设置为允许匿名访问，并保存退出，命令如下：

```
[root@server ~]# vim /etc/vsftpd/vsftpd.conf
//修改配置
anonymous_enable=YES
//修改后保存并退出 vim
```

注意：推荐使用 vim 编辑配置文件，也可以使用其他编辑器编辑配置文件。

2）创建测试文件，生成目录信息文件

默认情况下，vsftpd 服务器匿名用户下载的目录 /var/ftp/pub 内没有任何文件，为了方便测试，在该目录下创建文件 abc.txt 供匿名用户下载，命令如下：

```
[root@server ~]# ls /var/ftp/pub
//ls 命令列出当前目录下的文件，列表为空
[root@server ~]# touch /var/ftp/pub/abc.txt
//touch 命令创建 abc.txt 文件
```

3）启动 vsftpd 服务

如果这是读者做的关于 FTP 服务器配置的第 1 个实验，执行到这一步时，当然 vsftpd 服务是处于未启动状态的，但是考虑到如果是生产环境，或者读者前面已经做了一些 FTP 的实验，则可按下面方法做，避免失误。

（1）查看 vsftpd 服务状态，如果服务未启动，则可启动 vsftpd 服务，命令如下：

```
[root@server ~]# systemctl status vsftpd
//查看服务状态
● vsftpd.service - Vsftpd ftp daemon
    Loaded:   loaded   (/usr/lib/systemd/system/vsftpd.service;   disabled;
vendor preset: disabled)
    Active: inactive (dead)

1月 20 23:01:03 192.168.253.136 systemd[1]: Starting Vsftpd ftp daemon...
1月 20 23:01:03 192.168.253.136 systemd[1]: Started Vsftpd ftp daemon.
2月 18 16:25:55 server systemd[1]: Stopping Vsftpd ftp daemon...
2月 18 16:25:55 server systemd[1]: vsftpd.service: Succeeded.
2月 18 16:25:55 server systemd[1]: Stopped Vsftpd ftp daemon.
//dead 说明 vsftpd 服务未启动
[root@server ~]# systemctl start vsftpd
//使用 systemctl 命令启动服务
[root@server ~]#
//vsftpd 服务启动成功
```

注意，若配置文件有错误，则启动 vsftpd 服务时一定会失败。错误提示如下：

```
[root@server ~]# systemctl start vsftpd
Job for vsftpd.service failed because the control process exited with error code.
    See "systemctl status vsftpd.service" and "journalctl -xe" for details.
```

（2）查看 vsftpd 服务状态，若服务已经启动，因为上一步修改了配置文件，所以应重启 vsftpd 服务，以便使新的配置生效，命令如下：

```
[root@server ~]# systemctl status vsftpd
● vsftpd.service - Vsftpd ftp daemon
```

```
        Loaded:  loaded   (/usr/lib/systemd/system/vsftpd.service;  disabled;
vendor preset: disabled)
        Active: active (running) since Fri 2022-02-18 16:40:59 CST; 5s ago
       Process:  12106   ExecStart=/usr/sbin/vsftpd   /etc/vsftpd/vsftpd.conf
(code=exited, status=0/SUCCESS)
     Main PID: 12107 (vsftpd)
        Tasks: 1 (limit: 21460)
       Memory: 420.0K
       CGroup: /system.slice/vsftpd.service
           └─12107 /usr/sbin/vsftpd /etc/vsftpd/vsftpd.conf

2月 18 16:40:59 server systemd[1]: Starting Vsftpd ftp daemon...
2月 18 16:40:59 server systemd[1]: Started Vsftpd ftp daemon.
//active(running)说明vsftpd服务已经启动，正常运行中
[root@server ~]# systemctl restart vsftpd
[root@server ~]#
//重启vsftpd服务成功
```

注意，如果刚刚修改过的配置文件有语法错误，则重启vsftpd服务也一定会失败。错误提示如下：

```
[root@server ~]# systemctl restart vsftpd
Job for vsftpd.service failed because the control process exited with error code.
See "systemctl status vsftpd.service" and "journalctl -xe" for details.
```

有时，需要先停止vsftpd服务，然后重启服务，停止vsftpd服务的命令如下：

```
[root@server ~]# systemctl stop vsftpd
```

注意：这几个命令为一组命令，常常搭配在一起使用。

systemctl start vsftpd：启动vsftpd服务。

systemctl status vsftpd：查看vsftpd服务状态。

systemctl restart vsftpd：重启vsftpd服务。

systemctl stop vsftpd：停止vsftpd服务。

4）vsftpd服务开机自启动

在虚拟实验环境中，这个步骤可有可无，不是特别重要，但是在生产环境中，如果不将vsftpd服务设置开机自启动，重启系统之后，默认vsftpd服务是不会自动启动的，需要执行systemctl start vsftpd命令启动服务。

将vsftpd服务设置为开机自启动，命令如下：

```
[root@server ~]# systemctl enable vsftpd
```

测试vsftpd服务是否能够开机自启动，命令如下：

```
[root@server ~]# systemctl is-enabled vsftpd
enabled
//enabled 表示已经设置为开机自启动,如果执行结果为 disabled,则表示没有设置为开机自启动
```

拓展:设置只允许匿名的 FTP 服务器。

完成本节实验后,大家可尝试设置只允许匿名的 FTP 服务器,即只支持匿名访问,但不允许本地用户访问。该类服务器适用于一般公众可通过 FTP 访问文件的大型站点。使用 vim 编辑配置文件/etc/vsftpd/vsftpd.conf。确保至少有下面列出的配置信息。

```
listen=NO
listen_ipv6=YES
xferlog_enable=YES
xferlog_std_format=YES
anonymous_enable=YES
local_enable=NO
write_enable=NO
```

其中,local_enable=NO 表示不允许本地用户访问。修改完毕后重启 vsftpd 服务即可。读者可自行尝试并使用客户端测试。

5)设置防火墙

设置 FTP 服务器的防火墙开放 FTP 服务,打开相应的服务器 TCP 端口。如果防火墙不开放 FTP 服务,则客户机无法访问服务器,命令如下:

```
[root@server ~]# firewall-cmd --zone=public –permanent --add-service=ftp
success
[root@server ~]# firewall-cmd –reload
success
```

需要注意,设置防火墙需要两条命令,第 1 条命令是开放 FTP,第 2 条命令是重新加载防火墙,使新设置生效。这两条命令必须都执行成功防火墙才算设置完成。

12.2.2 客户机端配置

在 openEuler 系统中配置的 vsftpd 服务器可以支持 openEuler 等 Linux 客户端和非 Linux 客户端(如 Windows 系统)访问 FTP 站点。

1. openEuler 客户机端

通常使用 ftp 命令访问 vsftpd 服务器上的资源。

1)准备工作

(1)设置客户机网络服务和主机名。

以普通用户 openeuler 登录终端,切换至用户 root,将当前目录修改为/root。使用 VMware 的 NAT 模式下的自带 DHCP 服务自动获得 IP,将主机名修改为 client。

(2)安装 FTP 软件包。

查看 FTP 软件包是否安装，命令如下：

```
[root@client ~]# rpm -qa|grep ftp
```

如果 FTP 软件包没有安装，则应先安装该软件包，命令如下：

```
[root@client ~]# yum install ftp
```

安装完毕后，再次查看 FTP 软件包是否成功安装，命令如下：

```
[root@client ~]# rpm -qa|grep ftp
ftp-0.17-80.oe1.x86_64
```

（3）切换用户和当前目录。

访问 FTP 服务器并不需要客户机处于 root 用户会话中。改为普通用户 openeuler 登录，并切换至 /home/openeuler/Downloads 目录（特别注意：切换至其他目录也可以，但是在 FTP 匿名下载时，有可能因为目录权限不足而导致下载失败），命令如下：

```
[root@client ~]# su - openeuler
[openeuler@client ~]$ ls
abc.txt  client  client_file  Desktop  Documents  Downloads  mm.txt  Music
Pictures  server  Videos
[openeuler@client ~]$ cd Downloads/
[openeuler@client Downloads]$ pwd
[openeuler@client Downloads]$ /home/openeuler/Downloads
```

（4）利用虚拟机快照保存客户机端状态。

为 openEuler 客户机拍摄快照保存当前状态，将快照命名为 FTP 客户端基本配置。未来需要时可随时还原快照。客户机端的操作相对简单，如果读者头脑清楚，逻辑严谨，则可以不拍客户机端快照。实验之间的相互影响并不大。

2）创建测试文件

在当前目录创建一个文本文件 test.txt，以便在下一步中做 FTP 服务器匿名上传测试，命令如下：

```
[openeuler@client Downloads]$ touch test.txt
```

3）测试匿名用户登录 FTP 服务器

使用 ftp 命令连接 FTP 服务器。FTP 常用子命令描述见表 12-2，其他子命令的用法可以通过"？子命令"获得。

表 12-2　FTP 常用子命令

子命令	功　　能
cd	更改远程工作目录
bye	结束 FTP 会话并退出 FTP，和 quit 子命令一样

续表

子命令	功能
dir	列出远程服务器目录内容
exit	退出 FTP 会话
get	接收文件，即下载文件
ls	列出远程目录内容
quit	结束 FTP 会话并退出
pwd	显示远程服务器上的工作目录
mkdir	在远程服务器上创建目录
put	发送一个文件，即上传一个文件
passive	切换到被动传输模式
reget	断点接收文件
mget	获取多个文件
delete	删除远程服务器上的文件
?	显示本地帮助信息

下面使用 ftp 命令测试匿名用户登录，命令如下：

```
[openeuler@client Downloads]$ ftp 192.168.253.136
Connected to 192.168.253.136 (192.168.253.136).
220 (vsFTPd 3.0.3)
Name (192.168.253.136:openeuler): anonymous
331 Please specify the password.
Password:
230 Login successful.
Remote system type is UNIX.
Using binary mode to transfer files.
ftp>
//登录成功
ftp> ls
//列出 vsftpd 服务器目录
227 Entering Passive Mode (192,168,253,136,211,248).
150 Here comes the directory listing.
drwxr-xr-x    2 0        0            4096 Feb 01 07:09 pub
226 Directory send OK.
ftp> cd pub
//进入 vsftpd 服务器下载目录
250-Hi FTP
//显示/var/ftp/pub/.message 文件内容 Hi FTP
250 Directory successfully changed.
ftp> ls
```

```
//显示/var/ftp/pub目录内容
227 Entering Passive Mode (192,168,253,136,100,17).
150 Here comes the directory listing.
-rw-r--r--    1 0        0               0 Jan 20 15:00 abc.txt
226 Directory send OK.
ftp> get abc.txt
local: abc.txt remote: abc.txt
227 Entering Passive Mode (192,168,253,136,33,195).
150 Opening BINARY mode data connection for abc.txt (0 Bytes).
226 Transfer complete.
//利用get命令下载文件abc.txt成功,将abc.txt保存到客户机当前会话
//的当前目录/home/openEuler/Downloads中
ftp> put test.txt
local: test.txt remote: test.txt
227 Entering Passive Mode (192,168,253,136,170,106).
550 Permission denied.
//上传test.txt,上传失败。test.txt位于客户机当前会话的当前目录。执行此操作,必须保证
//文件事先已经存在。否则会提示找不到文件。此处上传失败的原因是匿名FTP服务器不支持上传
ftp> bye
221 Goodbye.
```

ftp子命令很多,一定要学会使用帮助。在ftp提示符">"后输入问号"?"即可查看所有ftp子命令。另外,还可以查看单个ftp子命令的用法,命令如下:

```
ftp> ?
Commands may be abbreviated.  Commands are:

!               Debug           mdir            sendport        site
$               dir             mget            put             size
account         disconnect      mkdir           pwd             status
append          exit            mls             quit            struct
ascii           form            mode            quote           system
bell            get             modtime         recv            sunique
binary          glob            mput            reget           tenex
bye             hash            newer           rstatus         tick
case            help            nmap            rhelp           trace
cd              idle            nlist           rename          type
cdup            image           ntrans          reset           user
chmod           lcd             open            restart         umask
close           ls              prompt          rmdir           verbose
cr              macdef          passive         runique         ?
delete          mdelete         proxy           send
ftp> ?send
?Invalid command
```

```
//这种写法不对，问号和命令之间必须有空格
ftp> ? send
send            send one file
//查看子命令 send 的用法
ftp> ? mget
mget            get multiple files
//查看子命令 mget 的用法
ftp> ? lcd
lcd             change local working directory
//查看子命令 lcd 的用法
```

4）测试本地用户登录 FTP 服务器

下面测试本地用户 stu 登录 FTP 服务器。注意，stu 是 FTP 服务器 server 的普通用户。

```
[openeuler@client Downloads]$ ftp 192.168.253.136
Connected to 192.168.253.136 (192.168.253.136).
220 (vsFTPd 3.0.3)
Name (192.168.253.136:openeuler): stu
331 Please specify the password.
Password: <--输入 stu 密码
230 Login successful.
Remote system type is UNIX.
Using binary mode to transfer files.
//登录成功
ftp> ls
//列出 vsftpd 服务器目录
227 Entering Passive Mode (192,168,253,136,145,114).
150 Here comes the directory listing.
drwxr-xr-x    2 1003     1003         4096 Jan 16 21:20 Desktop
drwxr-xr-x    2 1003     1003         4096 Mar 29  2021 Documents
drwxr-xr-x    2 1003     1003         4096 Mar 29  2021 Downloads
drwxr-xr-x    2 1003     1003         4096 Mar 29  2021 Pictures
drwxr-xr-x    2 1003     1003         4096 Mar 29  2021 Videos
226 Directory send OK.
ftp> pwd
257 "/home/stu" is the current directory
//本地用户 stu 默认登录到的目录为 stu 的家目录
ftp> cd /home
250 Directory successfully changed.
ftp> put test.txt
local: test.txt remote: test.txt
227 Entering Passive Mode (192,168,253,136,145,173).
553 Could not create file.
//本地用户 stu 可以离开自己的家目录切换至/home 目录，但是不能上传客户机的 test.txt
```

```
ftp> cd /home/stu
250 Directory successfully changed.
ftp> put test.txt
local: test.txt remote: test.txt
227 Entering Passive Mode (192,168,253,136,124,29).
150 Ok to send data.
226 Transfer complete.
//切换至本地用户 stu 的家目录,可以成功地将客户机的 test.txt 文件上传到/home/stu 目录下
ftp>bye
```

另外,也可以使用 openEuler 操作系统中 deepin 图形界面下的浏览器 Mozilla Firefox 访问 FTP 服务器。在 Mozilla Firefox 浏览器中,输入地址 ftp://192.168.253.136,打开如图 12-1 所示的页面匿名访问 FTP 站点。

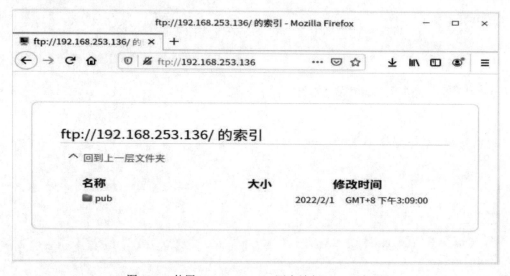

图 12-1 使用 Mozilla Firefox 匿名访问 FTP 服务器

2. Windows 客户机端

使用宿主机 Windows 系统或者 Windows 虚拟机作为 Windows 客户端测试 FTP 站点。在 Windows 系统下可以使用浏览器、CuteFTP、FileZilla 等方式访问 FTP 服务器上的资源。

下面以 FileZilla 为例,测试访问 FTP 服务器。

(1) 使用 FileZilla 测试匿名登录 FTP 服务器。因为是匿名登录,所以只需写明主机(服务器)IP,而无须输入用户名和密码,单击"快速连接"按钮即可,如图 12-2 所示。

(2) 使用 FileZilla 测试本地用户 stu 登录 FTP 服务器,如图 12-3 所示。注意此处需要输入密码。

从图 12-3 可以看到,本地用户 stu 成功登录 FTP 服务器之后,进入的是自己的主目录。

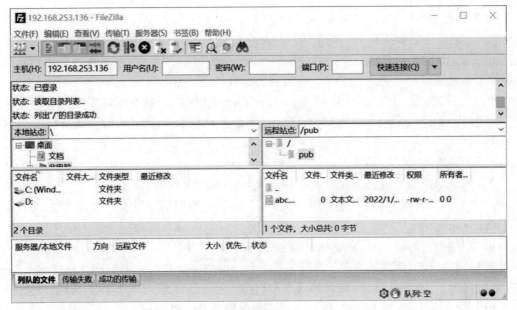

图 12-2　FileZilla 匿名访问 FTP 服务器

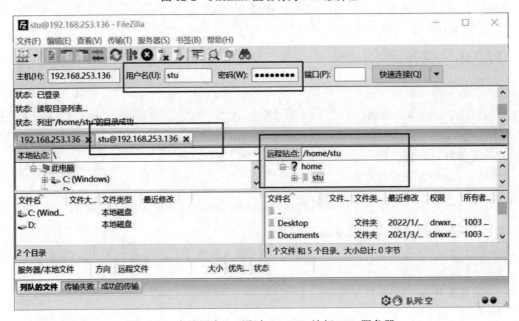

图 12-3　本地用户 stu 通过 FileZilla 访问 FTP 服务器

12.3　认证 FTP 服务器配置

某大学计算机与人工智能学院的学生，因为疫情原因，不能按时返校，但是他们需要在学校的服务器上上传程序或数据完成相应的实验。使用 FTP 服务器可以解决这个问题。学生在家通过登录学校的 FTP 服务器提交程序和数据，但是匿名 FTP 服务器就不合适了。原因有二，一通常匿名服务器不支持上传，因为匿名上传不安全；二学生之间的程序数据希望能互相独立。这时可以搭建一台需要认证的 FTP 服务器：给每个学生分配一个本地账户，学生使用本地账户登录 FTP 服务器，不允许匿名登录。

针对上述需求，现搭建一台需要认证的 FTP 服务器，服务器使用固定 IP。IP 为 192.168.253.136，子网掩码为 255.255.255.0，默认网关和 DNS 都为 192.168.253.2。该服务器要求：

（1）不允许匿名用户登录，只允许本地用户登录。
（2）本地用户的登录名为本地用户名，口令为此本地用户的口令。
（3）将本地用户限制在他自己的家目录中，只能访问自己的家目录，不能访问别的目录，但是 zhangsan 和 lisi 这两个用户例外。
（4）拒绝指定用户 chen 连接 FTP 服务器。

整体规划：使用虚拟机实验，环境包括一台 openEuler 虚拟机服务器，一台 openEuler 虚拟机客户机，一台 Windows 操作系统虚拟机客户机，联网方式均为 NAT。openEuler 服务器使用固定 IP，openEuler 客户机使用 VMware 自带的 DHCP 分配 IP。Windows 虚拟机使用 VMware 自带的 DHCP 服务分配 IP。此处，Windows 客户机也可以是宿主机 Windows 系统。若为宿主机 Windows 系统，则不需要设置 IP，但需要保证虚拟网卡 VMnet8 正常启动。

12.3.1 服务器端配置

1. 准备工作

参看 12.2.1 节中的准备工作。如果已经完成 12.2 节的实验，则可以还原默认配置文件或还原快照。

1）还原默认配置文件

使用 cp 命令还原默认配置文件：

```
[root@server ~]# cp /etc/vsftpd/vsftpd.conf.bak /etc/vsftpd/vsftpd.conf
```

2）还原至名为 FTP 默认配置的快照

在对应虚拟机的快照管理器找到名为 FTP 默认配置的快照，双击即可。或者选中该快照，单击【转到】按钮。

2. 配置服务器

1）创建用户

若系统中已存在用户 zhangsan、lisi、chen，则直接使用即可；否则，需创建 zhangsan 等 3 个普通用户账户，并设置口令，命令如下：

```
[root@server ~]# useradd zhangsan
[root@server ~]# passwd zhangsan
//创建用户 zhangsan
```

```
[root@server ~]# useradd lisi
[root@server ~]# passwd lisi
//创建用户 lisi
[root@server ~]# useradd chen
[root@server ~]# passwd chen
//创建用户 chen
```

2）修改配置文件/etc/vsftpd/vsftpd.conf

分析：在 12.2 节中，本地用户可以切换到自己的家目录以外的目录中进行浏览，并在权限许可范围内进行上传/下载文件。这样的设置对于 FTP 服务器是不安全的，如果希望用户登录后不能切换到自己的家目录以外的目录，则可设置 chroot 选项。

仅允许/etc/vsftpd/chroot_list 文件中列出的用户切换到自己的家目录以外的目录，其他用户都被限制在其自己的家目录中。

```
[root@server ~]# vim /etc/vsftpd/vsftpd.conf
//在配置文件末尾添加如下配置行
//以下 4 行用于配置本地用户，使其限制在家目录
chroot_local_user=YES
chroot_list_enable=YES
chroot_list_file=/etc/vsftpd/chroot_list
allow_writeable_chroot=YES
//以下 3 行配置用于拒绝某些指定用户登录
userlist_enable=YES
userlist_deny=YES
userlist_file=/etc/vsftpd/user_list
//修改后保存并退出 vim
```

特别注意：如果在配置文件中不写 allow_writeable_chroot=YES，则将出错。错误信息如下：

```
500 OOPS: vsftpd: refusing to run with writable root inside chroot()
Login failed.
421 Service not available, remote server has closed connection
```

原因是，从 vsftpd2.3.5 版本后，vsftpd 增强了安全检查，如果用户被限制在其主目录下，则该用户的主目录不能再具有写入权限。如果检查发现还有写入权限，就会报送错误，要修复该错误，可以在配置文件中增加 allow_writeable_chroot=YES 一项。

3）创建配置文件/etc/vsftpd/chroot_list

创建配置文件/etc/vsftpd/chroot_list，并添加不被限制在自己家目录的用户，命令如下：

```
[root@server ~]# vim /etc/vsftpd/chroot_list
//在文件中添加如下行
zhangsan
lisi
```

//修改完成后保存退出

4) 拒绝指定用户连接 FTP 服务器

在配置文件/etc/vsftpd/vsftpd.conf 中,添加下面 3 行限制指定的本地用户不能访问,而其他本地用户可以访问,命令如下:

```
[root@server ~]# vim /etc/vsftpd/vsftpd.conf
//在文件中添加如下行
userlist_enable=YES
userlist_deny=YES
userlist_file=/etc/vsftpd/user_list
//修改完成后保存退出
```

userlist_deny=YES 也可以写成 userlist_deny=NO。

当 userlist_enable=YES 时且 userlist_deny=YES 时:user_list 是一个黑名单,即所有出现在名单中的用户都会被拒绝登入。

当 userlist_enable=YES 时且 userlist_deny=NO 时:user_list 是一个白名单,即只有出现在名单中的用户才会被准许登入(user_list 之外的用户都被拒绝登入);另外需要特别提醒的是:使用白名单后,匿名用户将无法登入,除非显式地在 user_list 中加入一行:anonymous。

在本次配置中,user_list 是一个黑名单。

```
[root@server ~]# vim /etc/vsftpd/etc/vsftpd/user_list
//在文件中添加如下行
chen
//本地用户 chen 在黑名单中,chen 将不被允许登录当前 FTP 服务器
//修改完成后保存退出
```

5) 启动 vsftpd 服务

首先查询 vsftpd 服务的状态,命令如下:

```
[root@server ~]# systemctl status vsftpd
```

若 vsftpd 服务未启动,则需启动 vsftpd 服务,命令如下:

```
[root@server ~]# systemctl start vsftpd
```

若 vsftpd 服务已经启动,因为刚刚修改了配置文件,所以需要重启 vsftpd 服务,以便使配置生效,命令如下:

```
[root@server ~]# systemctl restart vsftpd
```

6) vsftpd 服务开机自启动

将 vsftpd 服务设置为开机自启动,命令如下:

```
[root@server ~]# systemctl enable vsftpd
```

测试 vsftpd 服务是否能够开机自启动，命令如下：

```
[root@server ~]# systemctl is-enabled vsftpd
```

7）设置防火墙

设置防火墙允许 ftp 服务，命令如下：

```
[root@server ~]# firewall-cmd --zone=public --add-service=ftp
success
[root@server ~]# firewall-cmd -reload
success
```

12.3.2 客户机端配置

1. openEuler 客户机端

1）准备工作

参照 12.2.2 节中的 1.openEuler 客户机端下的 1）准备工作中内容完成准备工作。若已经完成 12.2 节的实验，则可以直接将 openEuler 客户机还原到名为 FTP 客户端基本配置的快照。

2）测试本地用户 stu 登录 FTP 服务器

下面测试本地用户 stu 登录 FTP 服务器，注意，stu 是 FTP 服务器 server 的普通用户，命令如下：

```
[openeuler@client Downloads]$ ftp 192.168.253.136
Connected to 192.168.253.136 (192.168.253.136).
220 (vsFTPd 3.0.3)
Name (192.168.253.136:openeuler): stu
331 Please specify the password.
Password: <--输入 stu 密码
230 Login successful.
Remote system type is UNIX.
Using binary mode to transfer files.
ftp> ls
227 Entering Passive Mode (192,168,253,136,55,213).
150 Here comes the directory listing.
drwxr-xr-x    2 1003     1003         4096 Jan 16 21:20 Desktop
drwxr-xr-x    2 1003     1003         4096 Mar 29  2021 Documents
drwxr-xr-x    2 1003     1003         4096 Mar 29  2021 Downloads
drwxr-xr-x    2 1003     1003         4096 Mar 29  2021 Pictures
drwxr-xr-x    2 1003     1003         4096 Mar 29  2021 Videos
-rw-r--r--    1 1003     1003            0 Feb 01 13:45 test.txt
226 Directory send OK.
ftp> pwd
257 "/" is the current directory
```

```
//虽然在使用pwd命令查看当前路径时为"/"，但用ls命令查看可知实际所处位置是/home/stu
//这样，就将stu这个用户完全锁定在该目录下，即使账户被人盗用，也不会对FTP服务器造成大
//的危害，大大提高了系统安全性
ftp> cd /home
550 Failed to change directory.
//无法切换至家目录以外的目录
ftp>bye
```

代码分析：stu 登录 FTP 服务器后被限制在自己的家目录，无法切换至家目录以外的目录，符合预期。

3）测试本地用户登录 FTP 服务器

这里 zhangsan 和 lisi 都是 FTP 服务器 server 的普通本地用户。下面测试本地用户 lisi 登录 FTP 服务器，命令如下：

```
[openeuler@client Downloads]$ ftp 192.168.253.136
Connected to 192.168.253.136 (192.168.253.136).
220 (vsFTPd 3.0.3)
Name (192.168.253.136:openEuler): lisi
331 Please specify the password.
Password: <--输入lisi密码
230 Login successful.
Remote system type is UNIX.
Using binary mode to transfer files.
ftp> pwd
257 "/home/lisi" is the current directory
ftp> cd /home
250 Directory successfully changed.
ftp> pwd
257 "/home" is the current directory
ftp>bye
```

lisi 登录 FTP 服务器后，并没有被限制在自己的家目录，可以切换到家目录以外的目录，符合预期。zhangsan 和 lisi 的配置一样，读者可自行测试 zhangsan 登录 FTP 服务器，这里不再赘述。

4）测试本地用户 chen 登录 FTP 服务器

下面测试本地用户 chen 登录 FTP 服务器，这里 chen 是 FTP 服务器 server 的普通用户，命令如下：

```
[openeuler@client Downloads]$ ftp 192.168.253.136
Connected to 192.168.253.136 (192.168.253.136).
220 (vsFTPd 3.0.3)
Name (192.168.253.136:openeuler): chen
530 Permission denied.
```

```
Login failed.
```

显然，chen 登录失败了，符合预期。

另外，也可以使用 openEuler 操作系统中的浏览器 Mozilla Firefox 来测试访问 FTP 服务器，如图 12-4 所示，在网址栏输入 ftp://192.168.253.136，使用本地用户账户 stu 和对应口令登录认证。读者可在 Mozilla Firefox 中分别使用本地账户 zhangsan、lisi 和 chen 测试 FTP 服务器。

图 12-4　本地用户 stu 访问认证的 FTP 服务器

2. Windows 客户机端

在 Windows 客户机端，使用浏览器，或者 FTP 客户端软件（如 FileZilla）测试 FTP 服务器，读者可自行尝试，不再赘述。

12.4　虚拟用户 FTP 服务器配置

某大学计算机与人工智能学院的学生，因为疫情原因，不能按时返校，但是他们需要在学校的服务器上上传程序或数据完成相应的实验。本来使用 12.3 节中认证的 FTP 服务器解决了这个问题，但是有一天，非常不幸，一名同学的本地账户不小心被盗用了。FTP 服务器受到了攻击。显然，使用本地账户还是不够安全。

针对上述需求，负责 FTP 服务器运维的工作人员改为考虑搭建一台虚拟用户 FTP 服务器。服务器使用固定 IP：192.168.253.136，子网掩码为 255.255.255.0，默认网关和 DNS 都为 192.168.253.2。要求：

（1）不支持匿名登录。启用虚拟用户登录。

（2）针对一个本地用户设置两个虚拟用户，登录后限制在每个用户的家目录，不能随意切换目录，但都可以上传和下载文件。

（3）其中一个虚拟用户可以在服务器上创建目录，另一个虚拟用户不可以。

整体规划：使用虚拟机实验，环境包括一台 openEuler 虚拟机服务器，一台 openEuler 虚拟机客户机，一台 Windows 操作系统虚拟机客户机，联网方式均为 NAT。openEuler 服务器使用固定 IP，openEuler 客户机使用 VMware 自带的 DHCP 分配 IP。Windows 虚拟机使用 VMware 自带的 DHCP 服务分配 IP。此处，Windows 客户机也可以是宿主机 Windows 系统。若为宿主机 Windows 系统，则不需要设置 IP，但需要保证虚拟网卡 VMnet8 可正常启动。

12.4.1 服务器端配置

1. 准备工作

参看 12.2.1 节中的准备工作。如果已经完成 12.2 节的实验，则可以还原默认配置文件或还原快照。

1）还原默认配置文件

使用 cp 命令还原默认配置文件：

```
[root@server ~]# cp /etc/vsftpd/vsftpd.conf.bak /etc/vsftpd/vsftpd.conf
```

2）还原至名为 FTP 默认配置的快照

在对应虚拟机的快照管理器找到名为 FTP 默认配置的快照，双击即可。或者选中该快照，单击【转到】按钮。

2. 配置服务器

1）修改配置文件

根据要求，编辑配置文件/etc/vsftpd/vsftpd.conf，命令如下：

```
[root@server ~]# vim /etc/vsftpd/vsftpd.conf
//修改或添加配置
guest_enable=YES
pam_service_name=vsftpd.vu
guest_username=vuser_ftp
user_config_dir=/etc/vsftpd/vuserconf
chroot_local_user=YES
allow_writeable_chroot=YES
//注意 pam_service_name 一项为修改，其他项为添加
//修改后保存并退出 vim
```

说明：guest_enable=YES 表示启动虚拟用户；pam_service_name=vsftpd.vu 表示将虚拟用户登录验证使用的 PAM 配置文件指定为 vsftpd.vu；guest_username=vuser_ftp 表示将虚拟用户映射到名为 vuser_ftp 的本地用户；user_config_dir=/etc/vsftpd/vuserconf 表示指定每个虚拟用户配置文件的目录。

2）创建虚拟用户映射的本地用户 vuser_ftp

创建本地用户 vuser_ftp，将虚拟用户映射到该用户，也就是虚拟用户登录 FTP 服务器之后，以 vuser_ftp 用户身份访问 openEuler 操作系统中的各种资源。这里特别地将本地用户

vuser_ftp 的家目录指定为/srv/ftp/virtual。

```
[root@server ~]# useradd -d /srv/ftp/virtual vuser_ftp
//指定用户vuser_ftp家目录
```

3）创建虚拟用户登录验证使用的 PAM 配置文件

虚拟用户登录验证需要使用 PAM 模块。创建虚拟用户登录验证使用的 PAM 配置文件，命令如下：

```
[root@server ~]# vim /etc/pam.d/vsftpd.vu
//添加配置
auth required pam_listfile.so item=user sense=deny
file=/etc/vsftpd/ftpusers onerr=succeed
auth required pam_userdb.so db=/etc/vsftpd/logins
account required pam_userdb.so db=/etc/vsftpd/logins
//修改完成后保存并退出vim
```

4）创建虚拟用户口令文件，并生成 DB 数据库

虚拟用户的用户名和对应口令存储在/etc/vsftpd/logins.txt 文件中，文件格式为第 1 行为用户名，第 2 行为口令，以此类推，命令如下：

```
[root@server ~]# vim /etc/vsftpd/logins.txt
//添加虚拟用户信息，一行为用户名，紧接着下一行为该用户对应的口令，以此类推
linlin
P4ssW0rd2022
huahua
P455W0rd2010
//修改完成后保存并退出vim
```

注意：为了方便读者练习，这里仅创建了两个虚拟用户 linlin 和 huahua。如果为真实场景下的虚拟用户 FTP 服务器配置，则需要根据需要设置多个虚拟用户，并为每个虚拟用户指定个性化配置。

接着，将/etc/vsftpd/logins.txt 文件生成数据库，命令如下：

```
[root@server ~]#db_load -T -t hash -f /etc/vsftpd/logins.txt \
< /etc/vsftpd/logins.db
```

最后，为 logins.txt 和 logins.db 两个文件设置权限，命令如下：

```
[root@server ~]# chmod 600 /etc/vsftpd/logins.*
```

5）创建虚拟用户的登录目录

执行下面两条命令，分别为两个虚拟用户创建登录目录，需要注意的是这里使用了 su 命令将用户变更为 vuser_ftp 并在执行 mkdir 指令后退出，变回原使用者 root，目的是使创建所得目录的所属群组和所属用户为 vuser_ftp。

```
[root@server ~]# su - vuser_ftp -c 'mkdir /srv/ftp/virtual/linlin'
[root@server ~]# su - vuser_ftp -c 'mkdir /srv/ftp/virtual/huahua'
```

使用 ll 命令查看 /srv/ftp/virtual/linlin 和 /srv/ftp/virtual/huahua 两个目录的所属群组和所属用户，命令如下：

```
[root@server ~]# ll /srv/ftp/virtual/linlin
[root@server ~]# ll /srv/ftp/virtual/huahua
```

6）创建虚拟用户 linlin 的配置文件

为虚拟用户 linlin 创建个性化配置文件，命令如下：

```
[root@server ~]# mkdir /etc/vsftpd/vuserconf
[root@server ~]# vim /etc/vsftpd/vuserconf/linlin
//添加配置
local_root=/srv/ftp/virtual/linlin
anon_world_readable_only=NO
anon_upload_enable=YES
anon_mkdir_write_enable=YES
anon_other_write_enable=YES
//修改完成后保存并退出 vim
```

7）创建虚拟用户 huahua 的配置文件

```
[root@server ~]# vim /etc/vsftpd/vuserconf/huahua
//添加配置
local_root=/srv/ftp/virtual/huahua
anon_world_readable_only=NO
anon_upload_enable=YES
//修改完成后保存并退出 vim
```

8）启动或重新启动 vsftpd 服务

查看 vsftpd 服务的状态，命令如下：

```
[root@server ~]# systemctl status vsftpd
```

若服务没有启动，则可执行的命令如下：

```
[root@server ~]# systemctl start vsftpd
```

若服务已经启动，重新启动，执行的命令如下：

```
[root@server ~]# systemctl restart vsftpd
```

9）创建可下载的测试文件

为两个虚拟用户各设一个测试文本文件，命令如下：

```
[root@server ~]# touch /srv/ftp/virtual/linlin/test_lin.txt
```

```
[root@server ~]# touch /srv/ftp/virtual/huahua/test_hua.txt
```

10）设置防火墙

```
[root@server ~]# firewall-cmd --zone=public --add-service=ftp
success
[root@server ~]# firewall-cmd -reload
success
```

11）设置 SELinux

当 SELinux 为 enforcing 时，虚拟用户向 FTP 服务器上传文件将失败。执行以下命令可临时关闭 SELinux。

```
[root@server ~]# setenforce 0
```

至此，这台虚拟用户 FTP 服务器端就配置好了。接下来即可使用客户端进行测试。

通过前面的配置实验，大家都已经了解了 FTP 服务器的匿名用户、本地用户和虚拟用户的用法。3 类 FTP 用户的比较见表 12-3。

表 12-3　比较 3 类 FTP 用户

项　目	匿 名 用 户	本 地 用 户	虚 拟 用 户
激活用户选项	anonymous_enable=YES	local_enable=YES	guest_enable=YES
登录用户名	anonymous 或 ftp	本地用户名	虚拟用户名
用户口令	空	本地用户口令	虚拟用户口令
登录映射的本地用户名	ftp_username 指定的本地用户名，默认为 ftp	本地用户名	guest_username 指定的用户名
登录后进入的目录	ftp_username 指定的目录，默认为/var/ftp	本地用户的家目录	guest_username 对应的本地用户的家目录或 locale_root 指定的目录
对登录后的目录是否可浏览	ano_world_readable_only=NO 时可以	可以	ano_world_readable_only=NO 时可以
对登录后的目录是否可以上传	write_enable=YES，同时 anon_up_load_enable=YES 时可以	write_enable=YES 时可以	write_enable=YES，同时 anon_up_load_enable=YES 时可以
对登录后的目录是否可创建目录	write_enable=YES，同时 anon_mkdir_write_enable=YES 时可以	write_enable=YES 时可以	write_enable=YES，同时 anon_mkdir_write_enable=YES 时可以
对登录后的目录是否可改名和删除	write_enable=YES，同时 anon_other_write_enable=YES 时可以	write_enable=YES 时可以	write_enable=YES，同时 anon_other_write_enable=YES 时可以
是否能切换到登录目录之外的目录	不能	chroot_local_user=NO 时能，其值为 YES 时不能	不能，默认设置是 chroot_local_user=YES

拓展：设置自定义虚拟用户 FTP 服务器。

完成 12.4 节所有实验内容后，大家可尝试设置自定义虚拟用户 FTP 服务器。也就是在本节服务器配置的基础上，再增加一个虚拟用户，为该虚拟用户设置个性化配置，个性化配置由读者自己定义（如有无上传权限等）。设置完毕后，重启服务。最后从客户机端测试该服务器，查看能否达到预期。

12.4.2 客户机端配置

1. openEuler 客户机端

通常使用 ftp 命令访问 vsftpd 服务器上的资源。

1）准备工作

参照 12.2.2 节中的 1.openEuler 客户机端下的 1）准备工作中内容完成准备工作。若已经完成 12.2 节的实验，则可以直接将 openEuler 客户机还原到名为 FTP 客户端基本配置的快照。

2）创建测试文件

在当前目录创建测试文件 test.txt。如果 test.txt 文件已存在，则这一步可以省略。

```
[openeuler@client Downloads]$ touch test.txt
```

3）测试虚拟用户 linlin 登录 FTP 服务器

下面测试虚拟用户 linlin 登录 FTP 服务器，注意，linlin 并不是 FTP 服务器 server 的普通本地用户，而是映射到普通本地用户 vuser_ftp，命令如下：

```
[openeuler@client Downloads]$ ftp 192.168.253.136
Connected to 192.168.253.136 (192.168.253.136).
220 (vsFTPd 3.0.3)
Name (192.168.253.136:openeuler): linlin
331 Please specify the password.
Password: <--输入linlin密码
230 Login successful.
Remote system type is UNIX.
Using binary mode to transfer files.
//虚拟用户linlin登录成功
ftp> pwd
257 "/" is the current directory
ftp> ls
227 Entering Passive Mode (192,168,253,136,45,148).
150 Here comes the directory listing.
-rw-r--r--    1 0        0               0 Feb 02 08:44 test_lin.txt
226 Directory send OK.
//查看linlin登录之后所在目录
ftp> get test_lin.txt
```

```
local: test_lin.txt remote: test_lin.txt
227 Entering Passive Mode (192,168,253,136,235,254).
150 Opening BINARY mode data connection for test_lin.txt (0 Bytes).
226 Transfer complete.
//将文件 test_lin.txt 下载到客户机成功
ftp> cd /srv/ftp/virtual
550 Failed to change directory.
//切换目录失败，不允许离开虚拟用户的家目录
ftp> put test.txt
local: test.txt remote: test.txt
227 Entering Passive Mode (192,168,253,136,72,44).
150 Ok to send data.
226 Transfer complete.
//客户机端当前会话的当前目录下文件 test.txt 上传成功
ftp> mkdir up
257 "/up" created
//创建子目录 up 成功
ftp> ls
227 Entering Passive Mode (192,168,253,136,181,203).
150 Here comes the directory listing.
-rw-------    1 1006     1006            0 Feb 02 09:11 test.txt
-rw-r--r--    1 0        0               0 Feb 02 08:44 test_lin.txt
drwx------    2 1006     1006         4096 Feb 02 09:12 up
226 Directory send OK.
ftp> bye
221 Goodbye.
```

代码分析：linlin 可成功登录 FTP 服务器，并可以上传/下载文件，但不能离开自己的家目录，还能在自己的家目录中创建子目录，符合预期。

4）测试虚拟用户 huahua 登录 FTP 服务器

读者可自行尝试以虚拟用户 huahua 身份登录测试 FTP 服务器。linlin 和 huahua 的区别仅在于 linlin 可以在服务器自己的家目录中创建子目录，而 huahua 不能。

2. Windows 客户机端

在 Windows 客户机端，使用浏览器，或者 FTP 客户端软件（如 FileZilla）测试 FTP 服务器，读者可自行尝试，不再赘述。

12.5 排查错误

1. FTP 服务器配置常见错误

在基于 vsftpd 的 FTP 服务器配置过程中，常见的错误有以下几类。

1）网络错误

（1）服务器和客户机之间网络不通。

（2）服务器端或者客户机端的网络服务未启动。这是一个低级错误，但是实践中发现这种错误时有发生。

（3）服务器的防火墙没有允许 FTP。

2）配置文件错误

（1）配置文件出现语法错误。例如，在配置文件中的配置选项或者值拼写出错；vsftpd.conf 文件中的选项、等号和值之间不能出现空格却出现了空格等。

（2）配置文件出现语义逻辑错误。在配置文件中的配置选项的值之间逻辑上矛盾，或者所做配置不能实现预期目标。

3）权限设置错误

（1）服务器端目录或文件权限设置不正确。

（2）客户机端的目录或文件权限设置不正确。

4）服务启动错误

（1）vsftpd 服务没能正常启动。

（2）修改了配置文件 vsftpd.conf，却忘记重启 vsftpd 服务。只有成功重启 vsftpd 服务后，新的配置才能生效。

5）没有安装必要的软件包

这属于低级错误，但初学者往往因为又是服务器又是客户机，常常顾此失彼，犯这个错误。

（1）服务器端没有安装 vsftpd 软件包。

（2）客户机端没有安装 ftp 软件包。

没有安装 ftp 软件包，执行 ftp 命令连接服务器时将出现的提示信息如下：

```
[openeuler@client Download]$ ftp 192.168.253.136
bash: ftp：未找到命令
```

6）SELinux 错误

SELinux 一般需要设置为 permissive 模式。

7）虚拟网卡错误

虚拟实验环境中，如果使用 Windows 宿主机访问虚拟机中的服务器，则还要去控制面板检查虚拟网卡 VMnet8 是否可正常启用。如果做实验用的是自己的 PC 机，一般虚拟网卡默认为正常启用，但是在一些公共机房，特别是学校的公共机房，网络管理员会将虚拟网卡全部禁掉，避免由于学生误用了 VMware 的桥接模式，而影响机房的网络。

还要检查子网号是否一致。强烈建议在做实验时，使用 VMware 安装后自动生成的 NAT 网络子网号。注意，NAT 子网号是可以修改的，但是修改时需要改好几个地方，应保持一致，否则会出错。

2. 排查错误的思路

在配置 FTP 服务器时,错误信息多种多样,令初学者眼花缭乱。可从如下几方面考虑排查错误。

1)根据连接错误信息提示判定

执行 ftp 192.168.253.136 命令,如果连接不成功,则会出现错误提示信息。需要分析错误提示信息,找出来可能出错的原因。例如,下面这条错误提示信息,本质上提示的是一个语法错误,即把 enable 错拼成了 enalbe。

```
500 OOPS: unrecognised variable in config file: anon_other_write_enalbe
Login failed.
```

但是,有些时候,根据错误提示信息并不能判定具体是哪里出了问题,还需要详细分析测试。例如,下面这条错误提示,没有到主机的路由。造成这种情况的原因很多,可能是 vsftpd 服务没有启动,也可能是防火墙的问题等。

```
[openeuler@client Download]$ ftp 192.168.253.136
ftp: connect: 没有到主机的路由
```

有时,错误信息并不一定意味着配置出错。如果执行 ftp 192.168.253.136 命令,则连接不成功时访问会被拒绝,出现的提示信息如下:

```
530 Permission denied.
```

表示当前用户没有权限访问 FTP 服务器,这时需要分析是不是正常的输出,以及是否符合预期。

如果出现的提示信息如下:

```
550 Permission denied.
```

往往是写入服务器被拒绝,这时就要检查服务器端文件或目录权限设置是否正确,以及是否符合预期。

2)使用 ping 命令测试网络

使用 ping 命令测试服务器和客户机间网络是否畅通。

一般可进行双向测试,在客户机端 ping FTP 服务器,再在 FTP 服务器端 ping 客户机,命令如下:

```
[root@client ~]# ping 192.168.253.136
ping 192.168.253.136 (192.168.253.136) 56(84) 比特的数据。
64 比特,来自 192.168.253.136: icmp_seq=1 ttl=64 时间=0.789 毫秒
64 比特,来自 192.168.253.136: icmp_seq=2 ttl=64 时间=0.941 毫秒
64 比特,来自 192.168.253.136: icmp_seq=3 ttl=64 时间=1.62 毫秒
64 比特,来自 192.168.253.136: icmp_seq=4 ttl=64 时间=1.72 毫秒
^C
--- 192.168.253.136 ping 统计 ---
```

```
已发送 4 个包，已接收 4 个包，0% packet loss, time 3010ms
rtt min/avg/max/mdev = 0.789/1.267/1.722/0.407 ms
//按下快捷键 Ctrl+c 强制退出 ping 命令
```

上述代码表示，客户机端可以 ping 通 IP 为 192.168.253.136 的服务器。

假设前述 openEuler 客户机端 IP 为 192.168.253.5，从 FTP 服务器端 ping 该客户机，命令如下：

```
[root@server ~]#ping 192.168.253.5
ping 192.168.253.5 (192.168.253.5) 56(84) 比特的数据。
来自 192.168.253.136 icmp_seq=1 目标主机不可达
来自 192.168.253.136 icmp_seq=2 目标主机不可达
来自 192.168.253.136 icmp_seq=3 目标主机不可达
^C
--- 192.168.253.5 ping 统计 ---
已发送 4 个包，已接收 0 个包，+3 错误, 100% packet loss, time 3081ms
pipe 4
//按下快捷键 Ctrl+C 强制退出 ping 命令
```

上述代码表示，FTP 服务器 ping 不通 IP 为 192.168.253.5 的客户机。

Windows 客户机端 ping 服务器，在开始菜单中找到命令提示符，命令如下：

```
C:\Users\jiasir803>ping 192.168.253.136

正在 ping 192.168.253.136 具有 32 字节的数据：
来自 192.168.253.1 的回复：无法访问目标主机。
请求超时。
```

显然，Windows 客户机 ping 不通 FTP 服务器。

3）使用 vsftpd 命令检查配置文件语法错误

vsftpd.conf 配置文件修改完毕后，可以执行 vsftpd 命令检查在配置文件中是否存在语法错误，然后根据错误提示改正错误，命令如下：

```
[root@server ~]# vsftpd
```

（1）当在配置文件中配置项和等号、值之间出现不该有的空格时，系统会报错。

例如，在配置文件中下面语句：

```
anonymous_enable=YES
```

如果等号和值之间出现空格，错写成：

```
anonymous_enable=YES
```

将出现错误提示：

```
500 OOPS: bad bool value in config file for: anonymous_enable
```

如果配置项和等号之间出现空格，错写成：

```
anonymous_enable=YES
```

将出现错误提示：

```
500 OOPS: unrecognised variable in config file: anonymous_enable
```

（2）当在配置文件中，配置项或值出现拼写错误时，系统会报错。

例如，下面的错误提示意味着配置项 write_enable 拼写错误。

```
[root@server ~]# vsftpd
500 OOPS: unrecognised variable in config file: writ_enable
```

如果在配置文件中将配置语句写成了 write_enable=Y0ES，即 YES 拼写错误，错写成了 Y0ES，则将出现错误提示：

```
500 OOPS: bad bool value in config file for: write_enable
```

需要说明的是 vsftpd 命令只能检查出来语法错误，而不能检查提示语义逻辑错误。

4）本机测试

在 FTP 服务器上安装 FTP 软件包，FTP 服务器就可以扮演双重角色了——既是服务器又是客户机。本机测试就是 FTP 服务器自身充当客户机测试 FTP 服务是否运行正常。

若本机测试无法通过，则说明错误比较严重，可能是服务器配置不正确。若本机测试通过，但是客户机端无法连接服务器，往往是服务器防火墙问题、网络问题或者客户机端的问题。

使用服务器 IP 进行本机测试：

```
[root@server ~]# ftp 192.168.253.136
```

5）启动或重启 vsftpd 服务失败，查看日志

当启动或重新启动 vsftpd 服务失败时，往往提示查看日志，可以通过查看日志找到错误所在。

```
[root@server ~]# systemctl restart vsftpd
Job for vsftpd.service failed because the control process exited with error code.
See "systemctl status vsftpd.service" and "journalctl -xe" for details.
```

查看日志，命令如下：

```
[root@server ~]#journalctl -xe
░ Support: https://lists.freedesktop.org/mailman/listinfo/systemd-devel
░
░ vsftpd.service 单元已开始启动。
2月 18 16:42:36 server vsftpd[12118]: 500 OOPS: bad bool value in config file
```

```
for: write_enable
    2月 18 16:42:36 server systemd[1]: vsftpd.service: Control process exited,
code=exited, status=2/INVALIDARGUM>
    ░ Subject: Unit process exited
    ░ Defined-By: systemd
    ░ Support: https://lists.freedesktop.org/mailman/listinfo/systemd-devel
    ░
    ░ An ExecStart= process belonging to unit vsftpd.service has exited.
```

从日志中很容易找到错误原因：500 OOPS: bad bool value in config file for: write_enable，write_enable 的值写错了。

6）针对具体问题，综合分析

有时，需要综合分析才能找到问题在哪里。例如，当客户机端连接 FTP 服务器成功，但上传或下载文件失败，这时要考虑：

（1）配置文件可能存在逻辑错误。仔细梳理审查在配置文件中各配置选项之间的逻辑关系是否有问题。

（2）权限不足也会导致上传/下载失败，检查服务器端目录或客户机端的目录文件权限是否恰当。

（3）要上传或下载的文件是否确实存在，否则会出错。

（4）SELinux 限制。如果权限正确，并且要上传的文件确实存在，但仍然上传失败，则可考虑是不是 SELinux 的问题。

最后，出现错误不要慌乱，要像一个侦探一样，认真分析，抽丝剥茧，逐一排查，还要多多上网查询，学习他人经验。

第 13 章 MySQL 数据库服务器配置

本章旨在介绍 openEuler 操作系统环境下的 MySQL 服务器的配置。首先介绍 MySQL 的相关概念，接着介绍在 openEuler 操作系统环境下 MySQL 服务器的配置方法和客户端测试 MySQL 服务的方法。最后介绍在配置 MySQL 服务器的过程中如何排查一些常见的错误。

13.1 MySQL 简介

13.1.1 MySQL 的发展历史

MySQL 是一种非常流行的关系数据库管理系统，由瑞典 MySQL AB 公司开发。提到 MySQL，不能不提 MySQL 之父 Monty Windenius。

1962 年，Monty Windenius 出生于芬兰。16 岁时，他用暑假打工铺沥青赚的钱给自己买了第一台计算机，从此他就迷上了编程，并沉醉其中。1985 年，Monty Windenius 创立了自己的 TCX DataKonsult AB 数据仓库公司，主要业务是研发数据的存储。他一直谋划写出一个出色的数据库管理系统，历经 10 年的准备，到 1995 年，他开始着手开发新一代关系数据库 MySQL，同年 MySQL AB 公司在瑞典成立。

1996 年，MySQL 1.0 发布，这个版本当时只是在一小部分人群内部发布。很快，1996 年 10 月，MySQL 3.11.1 发布了。起初的 MySQL 版本只能运行在 Solaris 系统下，紧接着发布的 MySQL 版本很快可以运行在 Linux 系统环境下了。

在接下来的两年里，MySQL 被移植到了多个平台下。MySQL 发布时，采用的许可策略有些与众不同：允许免费商用，但是不能将 MySQL 与自己的产品绑定在一起发布。如果想一起发布，就必须使用特殊许可，特殊许可意味着要付费。这种特殊许可为 MySQL 带来了一些收入，从而为它的持续发展打下了良好的基础。

从诞生之初，MySQL 3.22 应该是一个标志性的版本，提供了基本的 SQL 支持，即支持关系数据管理。MySQL 关系数据库于 1998 年 1 月发行了第 1 个版本。

MySQL 还使用系统核心提供的多线程机制提供完全的多线程运行模式，提供了面向 C、C++、Eiffel、Java、Perl、PHP、Python 等编程语言的编程接口（APIs），支持多种字段类型并且提供了完整的操作符，以便支持查询中的 SELECT 和 WHERE 操作。

1999 年，MySQL AB 公司与 Sleepycat 合作，开发出了 Berkeley DB 引擎，简称 BDB。BDB 支持事务处理，从此 MySQL 开始支持事务处理。

2000 年 4 月，MySQL 对旧的存储引擎进行了整理，命名为 MyISAM。

2001 年，Heikiki Tuuri 向 MySQL 提出建议，希望能集成存储引擎 InnoDB，这个引擎同样支持事务处理，还支持行级锁。MySQL 与 InnoDB 的正式结合版本是 4.0。

2003 年 12 月，MySQL 5.0 开始支持 View 和存储过程等。

2008 年，MySQL 被 Sun 公司收购。虽然 MySQL 被卖给了 Sun 公司，但是 Monty Windenius 还在担任 MySQL 的首席技术官，依然在推动 MySQL 的发展。

2009 年，Oracle 收购 Sun 公司并有意想要提高 MySQL 的商业使用价格。Monty Windenius 因为担心 Oracle 会控制 MySQL 的发展，离开了 Sun 公司，他将 MySQL 分出了一个新的分支，命名为 MariaDB。

时至今日，在企业界尤其是互联网行业，MySQL 仍然是非常流行的关系数据库管理系统，占据了相当大的市场份额。

13.1.2 MySQL 工作原理

1. MySQL 架构

MySQL 架构如图 13-1 所示。

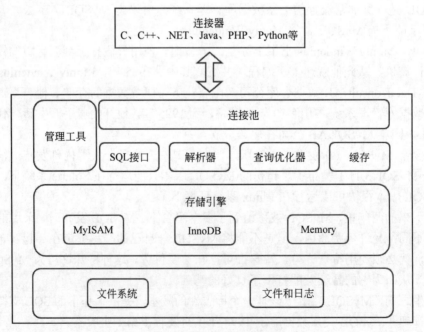

图 13-1　MySQL 架构

（1）连接器，即 MySQL 向外提供的交互接口（Connectors）。连接器是 MySQL 向外提供的交互组件，如 Java、.Net、PHP 等语言可以通过连接器来操作 SQL 语句，实现与 SQL 的交互。

（2）管理工具，即管理服务组件和工具组件（Management Services& Utilities）。管理工具提供对 MySQL 的集成管理，如备份（Backup）、恢复（Recovery）、安全管理（Security）等。

（3）连接池（Connection Pool）负责存储和维护客户端和数据库之间的连接，一个线程对应一个连接。连接池负责监听客户端向 MySQL Server 端的各种请求，接受请求，将请求转发到目标模块。每个成功连接 MySQL 服务的客户请求都会被创建或分配一个线程，该线程负责客户端与 MySQL 服务器端的通信，接收客户端发送的命令，传递服务器端的结果信息等。

（4）SQL 接口（SQL Interface）负责接收用户 SQL 命令，如 DML、DDL 和存储过程等，并将最终结果返给用户。

（5）解析器（Parser）负责对 SQL 进行语法语义分析，并生成一棵语法树。查询分析器首先分析 SQL 命令语法的合法性，并尝试将 SQL 命令分解成数据结构，若分解失败，则提示 SQL 语句不合理。

（6）查询优化器（Optimizer）的主要任务是对 SQL 命令按照标准流程进行优化分析，即将语法树转换为执行计划，并与具体的存储引擎进行交互。

（7）缓存（Caches & Buffers）指的是对 SQL 语句、结果集等进行缓存，由于 MySQL 中的数据经常变化，每次数据变了还需要维护缓存，维护成本高，不适合使用缓存，高版本将移除缓存模块。

（8）存储引擎负责存储和提取 MySQL 中的数据，与底层文件系统进行交互。MySQL 中的存储引擎是插件式的，SQL 接口通过存储引擎接口与具体的存储引擎进行通信，接口屏蔽了不同存储引擎之间的差异。MySQL 支持很多存储引擎，各有各的特点与使用场景，最常用的是 InnoDB 和 MyISAM，其中 MySQL 默认的存储引擎为 InnoDB。

（9）文件系统（File System），负责管理不同的存储文件。

（10）文件和日志（Files & Logs）负责将数据和日志存储在文件系统上，与存储引擎进行交互，主要包括数据文件、日志文件、配置文件、Socket 文件等。

2. MySQL 存储引擎

在 MySQL 中，表的创建、数据的存储、检索、更新等都由 MySQL 存储引擎完成，因此 MySQL 存储引擎扮演着重要角色。

了解 SQL Server 和 Oracle 的读者可能会清楚，这两种数据库管理系统的存储引擎都只有一个，但是 MySQL 的存储引擎种类比较多，有 MyISAM 存储引擎、InnoDB 存储引擎、NDB 存储引擎、Archive 存储引擎、Federated 存储引擎、Memory 存储引擎、Merge 存储引擎、Parter 存储引擎、Community 存储引擎和 Custom 存储引擎等。

不同种类的存储引擎，在存储表时的存储引擎表机制也有所不同。通常 MySQL 存储引擎可以分为两大类：官方存储引擎和第三方存储引擎。由于 MySQL 开源，所以允许第三方基于 MySQL 架构，开发适合自己业务需求的存储引擎。

其中，比较常用的存储引擎包括 InnoDB 存储引擎、MyISAM 存储引擎和 Momery 存储引擎。

（1）MyISAM 是 MySQL 的默认存储引擎，从 MySQL 诞生即存在，查询速度较 InnoDB 更快，但不支持事务、行级锁、页级锁。

（2）InnoDB 是 MySQL 常用的存储引擎。支持事务、行级锁及外键约束等功能，相对于 MyISAM 更慢。将数据存储在表空间中，表空间由一系列的数据文件组成，由 InnoDB 管理支持每个表的数据和索引存放在单独文件中(innodb_file_per_table)；支持事务，采用 MVCC 来控制并发，并实现标准的 4 个事务隔离级别，支持外键。索引基于聚簇索引建立，对主键查询有较高性能。数据文件的平台无关性，支持数据在不同的架构平台移植能够通过一些工具支持真正的热备份，如 XtraBackup 等；内部进行自身优化，如采取可预测性预读，能够自动在内存中创建 bash 索引等。

（3）Memory 存储引擎运行在内存中，使用 hash 索引，数据存取速度非常快，但是数据不能持久化，适用于缓存。

3. MySQL 运行机制

来自应用程序的请求会通过 MySQL 的 connectors 与其进行交互。请求连接成功后，会暂时存放在连接池（Connection Pool）中并由管理工具（Management Services & Utilities）管理。当该请求从等待队列进入处理队列时，管理器会将该请求发送给 SQL 接口（SQL Interface）。SQL 接口接收到请求后，它会将请求进行 hash 处理并与缓存中的结果进行对比，如果完全匹配，则通过缓存直接返回处理结果，否则需要执行如下流程：

（1）由 SQL 接口发送给解析器（Parser），上面已经说到，解析器会判断 SQL 语句正确与否，若正确，则将其转换为数据结构。

（2）解析器处理完后将结果发送给优化器（Optimizer），优化器会产生多种执行计划，最终数据库将选择一种最优化的方案去执行，并尽快返回结果。

（3）确定最优执行计划后，SQL 语句此时便可以交由存储引擎（Engine）处理，存储引擎将会到后端的存储设备中取得相应的数据，并原路返给应用程序。

13.2 MySQL 数据库服务器配置

MySQL 有很多版本，生产环境下 MySQL 5.7 使用较多，也有一些企业选用了 MySQL 8。

本章主要以 MySQL 5.7 为例进行 MySQL 服务器配置实验，其他版本的 MySQL 服务器的配置大同小异，读者可以举一反三。具体的配置实验思路如下：

首先给出具体的 MySQL 数据库服务器配置需求，根据需求进行实验的整体规划。接着分步骤搭建和配置相应的 MySQL 数据库服务器，最后通过客户机测试 MySQL 数据库服务器。搭建 MySQL 数据库服务器是配置过程中的重点和难点，搭建 MySQL 数据库服务器的大致流程如下：
(1) 安装 MySQL 数据库服务器所必需的软件包。
(2) MySQL 服务初始化。
(3) 启动 MySQL 服务并开放防火墙等。
(4) 根据实际需求，创建具体的数据库。
(5) 分别建立不同的数据库用户管理不同的数据库。

13.2.1　应用案例分析与相关实验环境搭建

某大学二级学院重组，新成立了一个计算机和人工智能学院。计算机和人工智能学院为发展需要建设学院的网站，所需 WWW 服务器使用 Apache，网站后台数据库服务器选用 MySQL。针对上述需求，搭建一台 MySQL 数据库服务器。服务器的 IP 为 192.168.253.136，子网掩码为 255.255.255.0，默认网关和 DNS 都为 192.168.253.2。网站测试数据库名为 testdb。该服务器数据库要求：

(1) 支持中文。
(2) 不允许 MySQL 用户 root 远程登录服务器。
(3) 创建一个数据库用户 chen。chen 拥有 MySQL 数据库服务器上数据库 testdb 的所有操作权限。允许 chen 远程登录该服务器。
(4) 创建一个数据库用户 liu，供一些外部服务调用。liu 拥有 MySQL 数据库服务器上数据库 testdb 的只读权限。允许 liu 远程登录该服务器。

实验环境：使用虚拟机实验，包括一台 openEuler 虚拟机服务器，一台 openEuler 虚拟机客户机，联网方式均为 NAT 方式。openEuler 服务器使用固定 IP，openEuler 客户机使用 VMware 自带的 DHCP 分配 IP。使用宿主机 Windows 系统充当 Windows 客户机，宿主机使用原有的 IP，不进行另外设置，但需要保证虚拟网卡 VMnet8 可正常启动。openEuler 服务器需要使用名为 stu 的普通用户，openEuler 客户机使用普通用户 openeuler。

13.2.2　服务器端配置

1. 准备工作

配置网络，将这台服务器的 IP 设置为 192.168.253.136，子网掩码为 255.255.255.0，默认网关和 DNS 均为 192.168.253.2，主机名为 server。以上过程可参考前面章节的内容完成。

下面以 stu 用户身份登录系统，启动终端后切换至 root 用户。将当前目录切换至 root 主目录，命令如下：

```
[stu@server ~]# su -
[root@server ~]#
```

2. 下载 MySQL 软件包

在终端使用 wget 命令下载 MySQL 的安装包，命令如下：

```
[root@server ~]# wget https://cdn.mysql.com/archives/mysql-\
> 5.7/mysql-5.7.25-1.el7.x86_64.rpm-bundle.tar
//上述 wget 命令比较长,一行写不下,因此在第 1 行的行尾用了转义符\
//表示下一行还是 wget 命令的一部分
```

使用 ls 命令查看当前目录,确认 MySQL 安装包已经下载至当前目录,命令如下:

```
[root@server ~]# ls
```

3. 使用 tar 命令解包

使用 tar 命令将 MySQL 安装包解包至当前目录,命令如下:

```
[root@server ~]# tar -xvf mysql-5.7.25-1.el7.x86_64.rpm-bundle.tar
mysql-community-libs-5.7.25-1.el7.x86_64.rpm
mysql-community-libs-compat-5.7.25-1.el7.x86_64.rpm
mysql-community-embedded-devel-5.7.25-1.el7.x86_64.rpm
mysql-community-embedded-5.7.25-1.el7.x86_64.rpm
mysql-community-client-5.7.25-1.el7.x86_64.rpm
mysql-community-server-5.7.25-1.el7.x86_64.rpm
mysql-community-embedded-compat-5.7.25-1.el7.x86_64.rpm
mysql-community-test-5.7.25-1.el7.x86_64.rpm
mysql-community-devel-5.7.25-1.el7.x86_64.rpm
mysql-community-common-5.7.25-1.el7.x86_64.rpm
//以上软件包并非都需要安装
```

4. 检查安装环境

(1) 检查当前系统是否已经安装 MySQL 软件包,命令如下:

```
[root@server ~]# rpm -qa|grep mysql
```

如果 mysql-community-server 软件包已经安装,则可卸载该软件包,命令如下:

```
[root@server ~]# dnfremove mysql-community-server
```

如果存在 mysql-libs 的旧版本,则应先卸载该软件包,命令如下:

```
[root@server ~]# rpm -q mysql-libs
//查询 openEuler 系统中是否已经安装了 mysql-libs
[root@server ~]# rpm -e --nodeps mysql-libs
//卸载已经存在的 mysql-libs 的旧版本
```

(2) 检查当前 MySQL 依赖环境。

检查是否存在 libaio 包,命令如下:

```
[root@server ~]# rpm -qa|grep libaio
libaio-0.3.112-1.oe1.x86_64
```

此处存在 libaio 包,所以可直接进行下一步;如果没有 libaio 包,则需要安装,命令如下:

```
[root@server ~]# dnf install libaio
```

检查是否存在 net-tools 包，命令如下：

```
[root@server ~]# rpm -qa|grep net-tools
net-tools-2.0-0.55.oe1.x86_64
```

此处存在 net-tools 包，所以可直接进行下一步；如果没有 net-tools 包，则需要安装，命令如下：

```
[root@server ~]# dnf install net-tools
```

（3）检查/tmp 目录的权限。

由于 MySQL 安装过程中会通过 MySQL 用户在/tmp 目录下创建 tmp_db 文件，所以应给/tmp 较大的权限，命令如下：

```
[root@server ~]# chmod -R 777 /tmp
```

5．安装

在 MySQL 的安装目录下执行 rpm 命令，软件包之间存在依赖关系，注意必须按次序安装，否则将出错。

```
[root@server ~]# rpm -ivh mysql-community-common-5.7.25-1.el7.x86_64.rpm
[root@server ~]# rpm -ivh mysql-community-libs-5.7.25-1.el7.x86_64.rpm
[root@server ~]# rpm -ivh mysql-community-client-5.7.25-1.el7.x86_64.rpm
[root@server ~]# rpm -ivh mysql-community-server-5.7.25-1.el7.x86_64.rpm
```

6．验证是否安装成功

可以通过验证查看安装版本，以便验证 MySQL 是否安装成功，命令如下：

```
[root@server ~]# mysqladmin --version
mysqladmin  Ver 8.42 Distrib 5.7.25, for Linux on x86_64
```

7．初始化 MySQL 服务

为了保证数据库目录与文件所有者是 MySQL 登录的用户，如果以 root 身份运行 MySQL 服务，则需要执行下面的命令进行初始化。

```
[root@server ~]# mysqld --initialize --user=mysql
```

其中，--user 选项的作用是指定以 openEuler 系统中的哪个用户来执行 mysqld 进程（运行 mysql server）。例如，指定了--user=mysql 之后，那么通过 mysqld 创建的文件或者目录都是被 mysql 用户拥有的（mysql 创建的文件，目录的用户权限是 mysql），即相当于 mysql 用户创建的文件。以 openEuler 系统中的 root 用户初始化 MySQL 服务，需要指定--user 选项。--initialize 选项表示默认以"安全"模式来初始化，所以执行完该命令后会为 root 用户生成一个密码并将该密码标记为过期。登录之后需要设置一个新的密码。

查看密码，命令如下：

```
[root@server ~]# cat /var/log/mysqld.log
```

在该文件中找到"root@localhost:"，冒号后面就是初始化的密码，密码可以被复制。

8. MySQL 服务的启动/停止

启动 MySQL 服务，命令如下：

```
[root@server ~]# systemctl start mysqld
```

如果要查看 MySQL 的服务状态，则可执行的命令如下：

```
[root@server ~]# systemctl status mysqld
```

当状态为 active（running）时，说明服务已经正常启动。

如果想停止 MySQL 服务，则可执行的命令如下：

```
[root@server ~]# systemctl stop mysqld
```

对 MySQL 配置文件进行修改，若要使修改生效，则必须重启 MySQL 服务：

```
[root@server ~]# systemctl restart mysqld
```

注意：这几个命令为一组命令，常常搭配在一起使用。

systemctl start mysqld 启动 mysqld 服务

systemctl status mysqld 查看 mysqld 服务状态

systemctl restart mysqld 重启 mysqld 服务

systemctl stop mysqld 停止 mysqld 服务

9. 首次登录

首次登录通过命令 mysql -uroot -p 进行登录，在 Enterpassword：后录入初始化密码后按 Enter 键（密码可以复制粘贴，注意密码是不显示的。出现 mysql>提示符即说明登录成功。

```
[root@server ~]# mysql -uroot -p
Enter password: <--输入初始化密码
Welcome to the MySQL monitor.  Commands end with ; or \g.
Your MySQL connection id is 2
Server version: 5.7.25

Copyright (c) 2000, 2019, Oracle and/or its affiliates. All rights reserved.

Oracle is a registered trademark of Oracle Corporation and/or its
affiliates. Other names may be trademarks of their respective
owners.

Type 'help;' or '\h' for help. Type '\c' to clear the current input statement.

mysql>
```

因为初始化密码默认为过期的，所以查看数据库会报错。

```
mysql> show databases;
ERROR 1820 (HY000): You must reset your password using ALTER USER
statement before executing this statement.
```

修改密码，将新密码设置为 open2023#，执行的命令如下：

```
mysql> alter user 'root'@'localhost' identified by 'open2023#';
Query OK, 0 rows affected (0.01 sec)

mysql> quit
Bye
```

修改密码时，如果新密码太简单，系统则会报错。在 mysql>提示符后输入 quit 即可退出 mysql 返回终端。现在数据库用户 root 可以使用新密码 open2023#登录，并且可以正常使用数据库了。

MySQL 密码忘记紧急处理：如果不小心忘记了 MySQL 的 root 密码，怎么办？网络上有一些工具可以帮助对 MySQL 数据库进行恢复，但如果是初学者，已经创建的数据库内容（测试中）无关紧要，删掉也无所谓，则可以将 MySQL 关闭后，将/var/lib/mysql/*目录中的数据删除，然后重新启动 MySQL，这时 MySQL 数据库会重建，root 也没有密码了。

10. 开机启动 MySQL 服务

MySQL 服务 mysqld 是一个后台服务程序，一般在开机时设置为自动启动，这样可以免去每次手工启动 MySQL 服务的麻烦。开机启动 MySQL 服务需要进行必要的设置，设置前一般会查看 MySQL 服务是否已经配置为开机自动启动，查看命令如下：

```
[root@server ~]# systemctl list-unit-files|grep mysqld
```

如果上述命令显示为 enabled，则表示开机自动启动 MySQL 服务，否则开机需要手工启动 MySQL 服务。mysqld 服务开机自启动的设置命令如下：

```
[root@server ~]# systemctl enable mysqld
```

在上述命令中，如果将 enable 改成 disable，则表示设置 mysqld 服务开机不自动启动。

11. 中文支持配置

MySQL 5.7.25 版本默认不支持中文，插入中文数据会报错或出现乱码。可按下面的步骤进行设置，以使 MySQL 数据支持中文字符。

（1）修改配置文件。

在配置文件/etc/my.cnf 中对字符集配置项 character_set_server 进行配置，以使 MySQL 支持更多语言和编码，一般设置成 utf8 字符编码，以便支持中文。可以通过 vim 编辑器编辑配置文件进行设置，命令如下：

```
[root@server ~]# vim /etc/my.cnf
//在文件的最后添加上字符集 utf8
character_set_server=utf8
//修改完毕后保存并退出 vim
```

(2) 重启 mysqld 服务。

重启 mysqld 服务，这样才能使修改后的配置生效。重启 mysqld 服务的命令如下：

```
[root@server ~]# systemctl restart mysqld
```

注意：已经生成的库或者表字符集如何变更为 utf8？可参考下面的两个例子。

例 1：修改数据库 mydb 的字符集：

```
mysql> alter database mydb character set 'utf8';
```

例 2：修改数据库表 mytb1 的字符集：

```
mysql> alter table mytb1 convert to character set 'utf8';
```

12. 防火墙设置

开放防火墙 tcp 3306 端口，允许客户机通过该端口访问 MySQL 服务器，命令如下：

```
[root@server ~]# firewall-cmd --permanent --zone=public -add-port=3306/tcp
success
[root@server ~]# firewall-cmd -reload
success
```

以上两条命令必须按次序都执行，并且只有出现 success 提示，防火墙才算设置成功。

13. 关于 root 用户权限

为安全考虑，默认情况下不允许 MySQL 的 root 用户远程登录 MySQL 数据库服务器。若直接连接，则会出现错误 1130,"Host 'xxxx' is not allowed to connect to this MySQL server"。

若为了学习方便，希望 root 用户能远程登录 MySQL 服务器，则可做如下设置：

```
[root@server ~]# mysql -uroot -p
//以 root 用户身份登录 MySQL 服务器
Enter password: <--输入 root 密码（MySQL 的 root 用户）
//输入 root 用户密码
mysql> use mysql;
Database changed
//将数据库 mysql 设置为当前数据库
mysql> update user set host='%' where user='root';
//将数据库 mysql 中的 user 表中 user 字段值修改为 root 的数据行对应的 host 字段值为%，
//%表示任意主机
Query OK, 1 row affected (0.00 sec)
//Query OK 表示 update 语句执行成功
Rows matched: 1  Changed: 1  Warnings: 0
```

```
mysql> flush privileges;
//刷新权限,使刚才的修改生效
Query OK, 0 rows affected (0.01 sec)
```

其中,%表示任意主机,flush privilege 表示刷新权限,使之生效。

生产环境中,不建议 root 远程登录。通常会创建某数据库用户,并为该用户赋予某数据库的一定的操作权限,设置允许该用户远程登录数据库服务器。

14. 创建数据库,设置用户权限

注意:在 MySQL 生产环境中,通常可针对一个数据库设置两个不同的数据库用户。一个数据库用户拥有该数据库的全部权限;另一个数据库用户仅拥有该数据库的只读权限,该用户供外部服务调用使用。虽然 MySQL 提供了非常完整的权限控制功能,但是在实际中,一个应用系统的权限控制细节不由 MySQL 来鉴权,而是由应用服务器来鉴权或者使用微服务架构鉴权。读者务必了解这一点。

使用 MySQL 的 root 用户连接本机 MySQL 服务。这一步也算是进行本机测试。如果连接成功,则创建 testdb 数据库,创建普通 MySQL 用户 chen 和 liu 并设置权限,命令如下:

```
//使用 MySQL 的 root 用户连接本机 MySQL 服务
[root@server ~]# mysql -uroot -p
Enter password: <--输入 root 密码
Welcome to the MySQL monitor.  Commands end with ; or \g.
Your MySQL connection id is 16
Server version: 5.7.25 MySQL Community Server (GPL)

Copyright (c) 2000, 2019, Oracle and/or its affiliates. All rights reserved.

Oracle is a registered trademark of Oracle Corporation and/or its
affiliates. Other names may be trademarks of their respective
owners.

Type 'help;' or '\h' for help. Type '\c' to clear the current input statement.


//创建测试数据库 testdb
mysql> create database testdb;
Query OK, 1 row affected (0.00 sec)

//root 用户可以看到数据库服务器上的系统表
mysql> show databases;
+--------------------+
| Database           |
+--------------------+
| information_schema |
```

```
| mysql              |
| performance_schema |
| sys                |
| testdb             |
+--------------------+

//切换至 testdb 数据库,创建表 dt,并插入一行数据供测试用
mysql> use testdb;
Database changed

mysql> create table dt ( id int, name char(20));
//创建数据库表 dt
Query OK, 0 rows affected (0.04 sec)

mysql> insert into dt values(1,'lele');
//为数据库表 dt 插入一行数据
Query OK, 1 row affected (0.01 sec)

//创建数据库用户 chen,赋予用户 chen 数据库 testdb 所有操作权限
mysql> create user chen identified by 'hichina';
//创建 MySQL 数据库用户 chen,密码为 hichina
Query OK, 0 rows affected (0.01 sec)

mysql> grant all on testdb.* to chen;
//赋予 MySQL 数据库用户 chen 数据库 testdb 所有操作权限
Query OK, 0 rows affected (0.01 sec)

//创建数据库用户 liu,赋予用户 liu 数据库 testdb 只读权限
mysql> create user liu identified by 'secret2021';
//创建 MySQL 数据库用户 liu,密码为 secret2021
Query OK, 0 rows affected (0.01 sec)

mysql> grant select on testdb.* to liu;
//赋予 MySQL 数据库用户 liu 数据库 testdb 只读权限
Query OK, 0 rows affected (0.01 sec)
```

注意:到此为止,搭建了一台符合要求的最基本的 MySQL 服务器。如果未来网站系统上线,则还要根据吞吐量等需求对这台 MySQL 服务器性能调优。

13.2.3 客户机端配置

1. openEuler 客户机端

客户机使用 VMware 提供的 DHCP 服务自动获取 IP,将主机名设置为 client。

openEuler 客户机需要安装 mysql-community-client-5.7.25-1.el7.x86_64.rpm 软件包及其他该软件包依赖的软件包，注意不需要安装 mysql-community-server-5.7.25-1.el7.x86_64.rpm 软件包。

（1）下载软件包。

前文在配置服务器时，是在终端通过 wget 命令下载软件包的，这里同样可以使用 wget 命令。另外，客户端一般装有图形界面，所以也可以在 deepin 图形界面使用浏览器 Firefox 下载软件包，图形化界面下载更简单且易上手。

方法一：wget 下载。

以普通用户 openeuler 身份登录后打开终端，命令如下：

```
[openeuler@192 ~]$ cd /home/openEuler/Downloads
[openeuler@192 Downloads]$ pwd
/home/openeuler/Downloads
[openeuler@192 Downloads]$ su
password:
[root@192 Downloads]# wget https://cdn.mysql.com/archives/mysql-\
> 5.7/ mysql-community-libs-5.7.25-1.el7.x86_64.rpm
[root@192 Downloads]# wget https://cdn.mysql.com/archives/mysql-\
> 5.7/ mysql-community-common-5.7.25-1.el7.x86_64.rpm
[root@192 Downloads]# wget https://cdn.mysql.com/archives/mysql-\
> 5.7/mysql-community-client-5.7.25-1.el7.x86_64.rpm
```

若上述命令执行成功，则这 3 个软件包即已经下载并保存在 /home/openeuler/Downloads 目录下。

方法二：在 deepin 图形界面，下载相关软件包。

以普通用户 openeuler 身份登录系统。

启动 Firefox，访问网址 https://downloads.mysql.com/archives/community/ 即可。找到 MySQL 5.7.25 版本的对应相关软件包，如图 13-2 和图 13-3 所示。

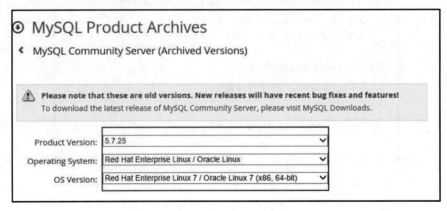

图 13-2　MySQL 5.7.25 软件包下载（1）

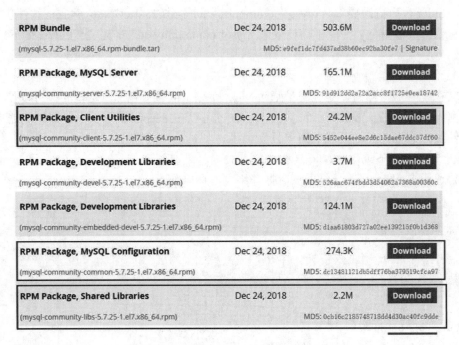

图 13-3　MySQL 5.7.25 软件包下载（2）

在如图 13-3 所示的列表中，找到 mysql-community-client-5.7.25-1.el7.x86_64.rpm 软件包，单击该软件包列表信息中对应的 download 按钮，打开如图 13-4 所示对话框，选择保存文件并按"确定"按钮即可。按照上述同样的方法下载 mysql-community-libs-5.7.25-1.el7.x86_64.rpm 和 mysql-community-common-5.7.25-1.el7.x86_64.rpm 两个软件包。

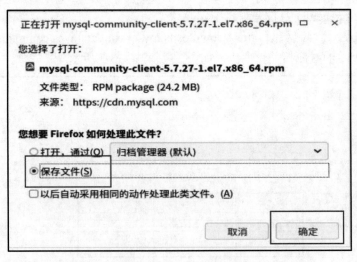

图 13-4　将 MySQL 的 client 软件包保存到本地

刚刚下载的软件包保存到哪里去了呢？如图 13-5 所示，单击 Firefox 中的下载图标，找到下载列表，然后单击文件目录符号，进入下载目录（Downloads 目录）。该目录的绝对路径为/home/openEuler/Downloads。至此读者可以在该 Downloads 目录中右击并在快捷菜单中选择启动终端。终端启动后，在终端执行 su 命令切换至 root 用户。

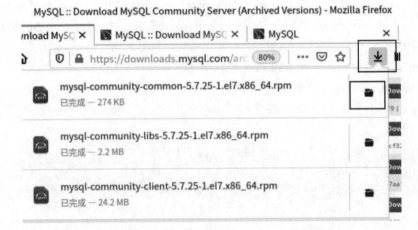

图 13-5　如何找到已经下载的 MySQL 客户端相关软件包

（2）将主机名设置为 client，命令如下：

```
[root@192 Downloads]# hostname client
[root@192 Downloads]# su
[root@client Downloads]#
```

（3）安装软件包。执行 rpm 命令，依次安装下载好的 3 个软件包。软件包之间存在依赖关系，注意安装次序不能错，命令如下：

```
[root@client Downloads]# rpm -ivh mysql-community-common-5.7.25-\
> 1.el7.x86_64.rpm
[root@client Downloads]# rpm -ivh mysql-community-libs-5.7.25-\
> 1.el7.x86_64.rpm
[root@client Downloads]# rpm -ivh mysql-community-client-5.7.25-\
> 1.el7.x86_64.rpm
```

注意：在上述代码中的"\"表示当前行的命令没有写完，下一行继续。下一行中的">"为系统自动生成的提示符。

（4）MySQL 客户端软件包安装成功后即可测试能否成功连接 MySQL 服务器。

首先测试 MySQL 的 root 用户。按照本节服务器配置，不允许 root 用户远程连接 MySQL 服务器，命令如下：

```
[root@client Downloads]# mysql -uroot -h 192.168.253.136 -p
Enter password: <--输入 root 密码
```

```
ERROR 1045 (28000): Access denied for user 'root'@'192.168.253.60' (using
password: YES)
```

由上述代码可知，客户端使用 MySQL 的 root 用户远程连接访问 MySQL 服务器被拒绝，符合预期。

注意：openEuler 操作系统（Linux）的 root 用户和 MySQL 的 root 用户是不同的概念。MySQL 的 root 用户和 openEuler 操作系统的账户 root 完全无关。因为 MySQL 也是多用户的操作环境，MySQL 的管理者账户也恰好被命名为 root 而已。另外，MySQL 客户端登录不需要 openEuler 系统的当前用户为 root 用户。

连接 MySQL 服务器并不需要 openEuler 客户机终端处于 root 会话中，因此下面将终用户端修改为普通用户 openeuler，接着测试 MySQL 用户 chen 远程连接 MySQL 服务器 server，命令如下：

```
[root@client Downloads]# su openeuler
[openeuler@client Downloads]$ mysql -uchen -h 192.168.253.136 -p
Enter password: <--输入 chen 的密码（MySQL 的用户 chen）
Welcome to the MySQL monitor.  Commands end with ; or \g.
Your MySQL connection id is 11
Server version: 5.7.25 MySQL Community Server (GPL)

Copyright (c) 2000, 2019, Oracle and/or its affiliates. All rights reserved.

Oracle is a registered trademark of Oracle Corporation and/or its
affiliates. Other names may be trademarks of their respective
owners.

Type 'help;' or '\h' for help. Type '\c' to clear the current input statement.

//查看 MySQL 服务器上的数据库，查询结果列表中有数据库 testdb
mysql> show databases;
+--------------------+
| Database           |
+--------------------+
| information_schema |
| testdb             |
+--------------------+
2 rows in set (0.00 sec)

//切换到 testdb 数据库，查询数据库表 dt，向 dt 表中插入一行数据
mysql> use testdb;
//切换至 testdb 数据库
Database changed
```

```
mysql> select * from dt;
//查询数据库表 dt 中的记录
+------+------+
| id   | name |
+------+------+
|    1 | lele |
+------+------+
1 row in set (0.00 sec)

mysql> insert into dt values (2,'mingming');
//使用 insert 向 dt 插入一行数据
Query OK, 1 row affected (0.01 sec)
```

从命令执行结果看，MySQL 用户 chen 也从客户机成功连接到了 MySQL 服务器，而且可以看到数据库 testdb。读者对照 13.2.2 节中用户 root 看到的数据库表和这里用户 chen 看到的数据库表不一样。用户 chen 看不到系统表。用户 chen 成功向 testdb 数据库的 dt 表中插入了一行数据。

最后测试 MySQL 用户 liu 远程连接 MySQL 服务器 server，命令如下：

```
[openeuler@client Downloads]$ mysql -uliu -h 192.168.253.136 -p
Enter password: <--输入用户 lin 的密码
Welcome to the MySQL monitor.  Commands end with ; or \g.
Your MySQL connection id is 22
Server version: 5.7.25 MySQL Community Server (GPL)

Copyright (c) 2000, 2019, Oracle and/or its affiliates. All rights reserved.

Oracle is a registered trademark of Oracle Corporation and/or its
affiliates. Other names may be trademarks of their respective
owners.

Type 'help;' or '\h' for help. Type '\c' to clear the current input statement.

//查看数据库，在结果列表中能看到 testdb，但看不到系统数据库
mysql> show databases;
+--------------------+
| Database           |
+--------------------+
| information_schema |
| testdb             |
+--------------------+
2 rows in set (0.00 sec)
```

```
//切换到 testdb 数据库，查询数据库表 dt，向 dt 表中插入一行数据
mysql> use testdb;
//切换至 testdb 数据库
Database changed
mysql> select * from dt;
//查询数据库表 dt 中的记录
+------+----------+
| id   | name     |
+------+----------+
|    1 | lele     |
|    2 | mingming |
+------+----------+
2 rows in set (0.00 sec)

mysql> insert into dt values (3,'xinxin');
ERROR 1142 (42000): INSERT command denied to user 'liu'@'192.168.253.60' for table 'dt'
//使用 insert 向 dt 插入一行数据
//由于 MySQL 用户 liu 针对数据库 testdb 只有只读权限，所以插入失败
mysql>
```

从命令执行结果看，数据库用户 chen 和数据库用户 liu 权限不同。用户 liu 不能向数据库 testdb 写入数据，符合预期。

2. Windows 客户机端

此处使用宿主机 Windows 系统作为客户机。也可以专门安装一台 Windows 虚拟机来测试。Windows 客户机需要安装 MySQL 的 Windows 版，并安装 navicat 客户端软件。安装过程略。读者可自行完成。navicat 软件的版本很多，选择 navicat 10、navicat 11 或 navicat 12 等均可。本章测试使用的是 navicat 12。

在宿主机的 Windows 系统使用 cmd 命令进行测试。如测试 MySQL 的 root 用户连接 MySQL 服务器，命令如下：

```
Microsoft Windows [版本 10.0.19044.1586]
(c) Microsoft Corporation。保留所有权利。

C:\Users\jiasir803>mysql -uroot 192.168.253.136 -p
Enter password: *********
ERROR 1045 (28000): Access denied for user 'root'@'localhost' (using password: YES)
//root 访问被拒绝
```

在 Windows 系统中使用 navicat 测试连接 MySQL 服务器更方便。启动 navicat 12，使用 MySQL 的用户 root 进行连接测试，如图 13-6 所示，然后使用 MySQL 的用户 chen 进行连接测试，如图 13-7 所示。

第13章 MySQL数据库服务器配置

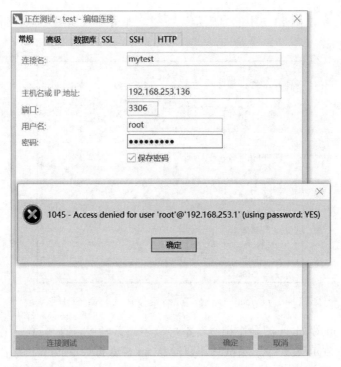

图 13-6 使用 navicat 测试数据库用户 root 连接 MySQL 服务器

图 13-7 使用 navicat 测试数据库用户 chen 连接 MySQL 服务器

测试成功后，单击图 13-7 中的"确定"按钮，即可进入如图 13-8 所示界面进行各种数据库操作了。

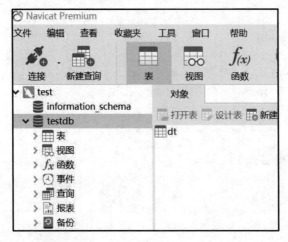

图 13-8　navicat 中以用户 chen 连接登录上 MySQL 服务器

数据库用户 liu 和 chen 的操作类似，不再赘述。读者可自行测试使用数据库用户 liu 在 navicat 下连接 MySQL 数据库。测试时需要注意 liu 在数据库 testdb 上的用户权限。

注意：本章使用 MySQL 5.7 完成了整个实验。读者可尝试换成 MySQL 8.0 做一遍实验。在 openEuler 系统中安装 MySQL 8.0 相对简单，执行命令#dnf install mysql-server 即可。

13.3　排查错误

1. MySQL 服务器配置常见错误

（1）MySQL 服务器和客户机之间网络不通。
（2）MySQL 服务器端或者客户机端的网络服务未启动。
（3）服务器的防火墙没有允许 MySQL。
（4）mysqld 服务没能正常启动。
（5）修改了配置文件，却忘记重启 mysqld 服务。只有成功重启 mysqld 服务后，新的配置才能生效。
（6）没有安装必要的 MySQL 相关软件包。
（7）数据库合法用户无法通过远程主机连接到数据库服务器。
（8）输入中文字符后系统报错。

2. 排查错误的思路

（1）使用 ping 命令测试网络。
使用 ping 命令测试服务器和客户机间网络是否畅通。
一般可进行双向测试，在客户机端 ping MySQL 服务器，再在 MySQL 服务器端 ping 客户机。若使用主机名为 client 的 openEuler 客户机 ping 本节中配置的 MySQL 服务器，该服务器 IP 为 192.168.253.136，则命令如下：

```
[root@client ~]# ping 192.168.253.136
```

假设前述 openEuler 客户机端 IP 为 192.168.253.5，从 DHCP 服务器端 ping 该客户机，命令如下：

```
[root@server ~]# ping 192.168.253.5
ping 192.168.253.5 (192.168.253.5) 56(84) 比特的数据。
来自 192.168.253.136 icmp_seq=1 目标主机不可达
来自 192.168.253.136 icmp_seq=2 目标主机不可达
来自 192.168.253.136 icmp_seq=3 目标主机不可达
^C
--- 192.168.253.5 ping 统计 ---
已发送 4 个包，已接收 0 个包，+3 错误，100% packet loss, time 3081ms
pipe 4
//按下快捷键Ctrl+c强制退出ping命令
```

上述代码表示，MySQL 服务器 ping 不通 IP 为 192.168.253.5 的客户机。

Windows 客户机端 ping 服务器，在开始菜单中找到命令提示符，命令如下：

```
C:\Users\jiasir803>ping 192.168.253.136

正在ping 192.168.253.136 具有 32 字节的数据：
来自 192.168.253.1 的回复：无法访问目标主机。
请求超时。
```

显然，Windows 客户机 ping 不通 MySQL 服务器。

（2）参照 13.2.1 节检查服务器配置的每个步骤。

例如，检查服务器 mysqld 服务是否正常启动。如果没能正确安装 MySQL 服务器软件包，则会导致数据库连接不上；安装好数据库后，如果 mysqld 服务没有启动，则要启动 mysqld 服务。检查服务器是否开放了防火墙 3306 端口。检查服务器配置更改后，mysqld 服务是否成功重新启动，以便使新的配置生效。

若为虚拟机实验，如果使用 Windows 宿主机访问虚拟机中的 MySQL 服务器，则还要去控制面板检查虚拟网卡 VMnet8 是否可正常启用。

（3）根据错误提示，逐一排查错误原因。

例如，连接数据库出现错误提示 1045：access denied……。1045 通常是因为数据库服务器或数据库用户名或数据库名或数据库密码错误而导致不能连接，这个比较常见，仔细检查所填信息是否正确，填写正确一般就可以解决此问题。

例如，错误 1130, "Host 'xxxx' is not allowed to connect to this MySQL server"。提示这个错误往往是权限设置问题。通常出现在远程连接 MySQL 服务器时。

（4）在 MySQL 数据库中，输入中文字符出现错误提示——Error：1366（HY000）：Incorrect string value: '\XD6\XD0...' for column。1366 错误表示数据库的字符设置不支持输入中文字符。默认数据库的字符设为 Latin，将字符集改成 utf8 才能支持中文。

（5）当前数据库用户无法远程连接到数据库服务器。连接数据库出现错误提示 2003：Can't connect to MySQL server on …(10060 "unknown error")。10060 错误的原因很多，可能是 MySQL 服务没有启动，或者客户端连接的这台服务器根本没有配置 MySQL 服务。或者 MySQL 服务器的防火墙没有允许 MySQL 服务通过，未开放 3306 端口。若是 MySQL 服务器更改了 MySQL 的端口，则要检查相应的端口。

最后，出现错误不要慌乱，要像一个侦探一样，认真分析，抽丝剥茧，逐一排查，还可上网查询，学习他人经验。

第 14 章 DHCP 服务器配置

本章旨在介绍 openEuler 操作系统环境下的 DHCP 服务器的配置，首先介绍 DHCP 的相关概念，接着介绍在 openEuler 操作系统环境下单区域 DHCP 服务器和多区域 DHCP 服务器的配置，同时介绍客户端测试 DHCP 服务的方法。本章最后将介绍在配置 DHCP 服务器的过程中如何排查一些常见的错误。

14.1 DHCP 简介

在一个大型的局域网内，手工分别为每台计算机分配和设置 IP 地址、子网掩码和默认网关等网络信息是一件麻烦事，不但耗时耗力，一不小心还会产生 IP 地址冲突，而使用 DHCP 服务器可以实现自动配置局域网内计算机的 IP 地址，减少管理工作量。

14.1.1 DHCP 工作原理

动态主机配置协议（Dynamic Host Configuration Protocol）是一种用于简化计算机 IP 地址配置管理的标准。通过 DHCP 标准，可以使用 DHCP 服务器为网络上的计算机分配、管理 IP 地址等网络配置信息。

当将客户端配置为使用 DHCP 自动获取 IP 地址时，DHCP 客户端软件启动后，它会向网络广播一个 IP 地址的请求——以 DHCP 请求的形式请求地址。DHCP 服务器侦听客户端的请求。一旦接收到请求，DHCP 服务器便会检查本地地址列表并发出适当的响应。响应可以包括 IP 地址、子网掩码和默认网关等信息。客户端接受来自服务器的响应并完成其本地网络配置。

DHCP 服务器维护它可以发出的地址列表。DHCP 服务器向某客户端发出的地址中会包含一个关联的租约，租约规定了该客户端允许使用该地址的时间。当租约到期时，客户端将不能使用该地址，而 DHCP 服务器则认为该地址已经空闲可用，可用于重新分配给其他客户端。DHCP 服务器还可以指定向特定客户端发出特定 IP 地址。

DHCP 对于配置移动互联网设备类客户机（如采用无线网卡的笔记本电脑、智能手机、iPad 等）也很有用。用户从一个地方到另一个地方，在子网间移动时，不但旧的 IP 地址会自动释放以便再次使用,而且会自动获取新的 IP 地址,保持联网状态。

DHCP 服务并非完美,也存在一些问题:

(1)DHCP 服务器不能发现网络上非 DHCP 客户机已经在使用的 IP 地址。

(2)当网络中存在多个 DHCP 服务器时,一个 DHCP 服务器不能查出已经被其他服务器租出去的 IP 地址。

14.1.2 openEuler 中的 DHCP 服务

1. 相关文件

openEuler 操作系统支持 DHCP。

在 openEuler 系统中安装了与 DHCP 服务相关的软件包后,系统中将产生如表 14-1 所示的与 DHCP 服务相关的文件。

表 14-1 与 DHCP 服务相关的一些文件

分 类	文 件	说 明
systemd 的服务配置单元	usr/lib/systemd/system/dhcpd.service	dhcpd 服务单元配置文件
	/usr/lib/systemd/system/dhcpd6.service	dhcpd6 服务单元配置文件
配置文件	/etc/dhcp/dhcpd.conf	主配置文件(IPv4)
	/etc/dhcp/dhcpd6.conf	主配置文件(IPv6)
租约文件	/var/lib/dhcpd/dhcpd.leases	DHCP 的租约文件(IPv4)
	/var/lib/dhcpd/dhcpd6.leases	DHCP 的租约文件(IPv6)
租约的备份文件	/var/lib/dhcpd/dhcpd.leases~	DHCP 的租约备份文件(IPv4)
配置模板文件	dhcpd6.conf.example	主配置文件模板(IPv6)

2. 配置文件

DHCP 服务器配置文件通常包含 3 部分,分别是声明、参数和选项部分。

(1)声明部分也用来描述网络的布局、描述客户端,提供客户端的 IP 地址,或把一组参数应用到一组声明中。DHCP 在配置文件中的常用声明和解释见表 14-2。

表 14-2 DHCP 在配置文件中的声明

声 明	说 明
shared-network	用于告知 DHCP 服务器一些子网共享同一个物理网络,也就是超级作用域
subnet	提供足够的信息来说明一个 IP 地址是否属于该子网
range	在任何一个需要动态分配 IP 地址的 subnet 语句中,至少要有一个 range 语句,用于说明要分配的动态 IP 地址的范围
host	用于为特定的 DHCP 客户机提供 IP 网络参数
group	用于为一组参数提供声明

（2）DHCP 服务在配置文件中的参数部分表明如何执行任务，是否执行任务或将哪些网络配置选项发送给客户。DHCP 在配置文件中的参数和说明见表 14-3。

表 14-3　DHCP 在配置文件中的参数和说明

参　　数	说　　明	参　数　示　例
ddns-update-style	该参数用于设置动态 DNS 更新模式，none 表示不支持动态 DNS 更新，interim 表示 DNS 动态更新，ad-hoc 表示特殊 DNS 更新	ddns-update-style　none; //不支持动态 DNS 更新
default-lease-time	该参数用于指定缺省客户端 IP 地址租约的时间长度，单位为秒	default-lease-time　600; //默认 IP 地址租期为 600s
max-lease-time	该参数用于指定最长的客户端 IP 地址租约的时间长度，单位为秒	max-lease-time 7200; //最长 IP 地址租期为 7200s

hardware	该参数用于指定网卡接口类型和 MAC 地址	hardware ethernet 08:00:07:35:D0:d5;
		//将网卡指定为以太网且
		//MAC 地址为 08:00:07:35:D0:d5

fixed-address	该参数用于为客户端指定一个固定的 IP 地址	fixed-address 192.168.253.100; //指定固定 IP 地址 192.168.253.100

（3）DHCP 服务的选项部分全部用 option 关键字作为开始，常用的选项见表 14-4。

表 14-4　DHCP 在配置文件中的选项

选　　项	说　　明	选　项　示　例
subnet-mask	为客户端指定子网掩码	option subnet-mask 255.255.255.0; //将子网掩码指定为 255.255.255.0
domain-name	为客户端指定 DNS 域名	option domain-name "euler.com"; //将 DNS 域名指定为 euler.com
domain-name-servers	为客户端指定 DNS 服务器的 IP 地址	option domain-name-servers 192.168.253.2; //将 DNS 服务器 IP 地址指定为 192.168.253.2
host-name	为客户端指定主机名称	option host-name myopenEuler; //将主机名指定为 myopenEuler
routers	为客户端指定默认网关	option routers 192.168.253.2; //将默认网关指定为 192.168.253.2
broadcast-address	为客户端指定广播地址	option broadcast-address 192.168.253.255; //将广播地址指定为 192.168.253.255

ntp-server	为客户端指定网络时间服务器（NTP 服务器）的 IP 地址	option ntp-server 192.168.253.110;
		//将 NTP 服务器 IP 指定为 192.168.253.110
		//若为多个 IP，IP 之间用逗号隔开

time-offset	为客户端指定和格林尼治时间的偏移时间，单位为秒	option time-offset 32000; //和格林尼治时间的偏移时间为 32000s

14.2 单区域 DHCP 服务器配置

本节和 14.3 节将分别以案例的形式讲述 DHCP 服务器配置。讲解思路如下：

首先提出具体的 DHCP 服务器配置需求，给出实验的整体规划。接着介绍如何一步一步地搭建相应的 DHCP 服务器，最后介绍如何在客户机测试 DHCP 服务器。

显然，搭建 DHCP 服务器是配置过程中的重点和难点。搭建 DHCP 服务器的大致流程如下：

（1）安装 dhcpd 软件包。

（2）按照事先规划修改 dhcpd 对应的主配置文件/etc/dhcpd/dhcpd.conf，要求路径必须正确，否则配置无效。

（3）启动 dhcpd 服务并开放防火墙等。

读者完成基本实验之后，还可以根据 14.2 节中的内容，参照实际需求进行拓展实验。

因为单区域 DHCP 服务器较简单，应用又非常广泛，所以下面就从单区域 DHCP 服务器开始探索如何配置服务器，以及客户端测试服务器的全过程。

某大学计算机与人工智能学院，为了学科发展需要，新建立了一个实验室供学生上机实验使用，实验室大概可容纳 80 台计算机。现需要搭建一台 DHCP 服务器，为这个实验室的所有计算机提供自动分配 IP 服务。要求如下：

（1）分配 IP 地址池：192.168.253.20~192.168.253.120。

（2）子网掩码：255.255.255.0。

（3）网关地址：192.168.253.2。

（4）DNS：192.168.253.2。

（5）默认租约有效期：1 天（86 400s）。

（6）最大租约有效期：7 天（604 800s）。

（7）给主机名为 Myhost 的客户机（MAC 地址为 00:0C:29:79:BB:1D）保留使用 IP 地址 192.168.253.180，这台机器可充当教师机。

（8）支持客户机动态更新模式。

（9）忽略客户机更新 DNS 记录。

整体规划：使用虚拟机实验，环境包括一台 openEuler 虚拟机服务器，两台 openEuler 虚拟机客户机，一台 Windows 虚拟机客户机，联网方式均为 NAT，其中，openEuler 服务器使用固定 IP。禁掉 VMware 软件自带的 DHCP 服务，所有客户机通过本次配置的 DHCP 服务器获得 IP 地址。

在本节 DHCP 服务器配置实验中，必须使用 Windows 虚拟机客户机测试 DHCP 服务器，不能使用宿主机 Windows 系统充当 Windows 客户机。还有一点，当物理机性能不够好时，同时运行 2~3 台或 3 台以上虚拟机，要么速度太慢，要么系统会崩溃。如果物理机不能满足同时开多台虚拟机，则可以这么做，客户机依次串行启动分别测试，也就是每次同时只开两台虚拟机，即一台服务器，一台客户机。一台客户机测试完毕关机或者挂起，再测另一台客户机。

注意：在做虚拟实验时，主机名为 Myhost 的客户机的 MAC 地址应改成所指定的客户机的 MAC 地址；或者将这台虚拟机客户机的 MAC 地址修改为 00:0C:29:9B:EF:4E，总之 MAC 地址要一致。如果是在生产环境中，主机名为 Myhost 的客户机的 MAC 地址应改成指定的客户机的 MAC 地址。

14.2.1 服务器端配置

1. 准备工作

1）为服务器配置网络服务

以普通用户身份登录终端，切换至 root 用户，将服务器主机名修改为 server。将主目录切换至/root。设置服务器使用固定 IP。IP 为 192.168.253.136，子网掩码为 255.255.255.0，默认网关和 DNS 都为 192.168.253.2。

注意：在做实验时，应使用自己的计算机上 VMware 默认 NAT 模式的子网号。

2）安装 DHCP 服务器软件包

首先，使用 rpm 命令查看 DHCP 服务器 dhcp 软件包是否已经安装，命令如下：

```
[root@server ~]# rpm -qa|grep dhcp
dhcp-4.4.2-5.oe1.x86_64
//如果命令执行结果列表中出现 dhcp-4.4.2-5.oe1.x86_64，则说明系统已经安装 dhcp 软件包
```

如果上述命令执行结果列表为空，则说明服务器当前没有安装 dhcp 软件包，需要安装 dhcp 软件包，命令如下：

```
[root@server ~]# dnf install dhcp
//使用 dnf 安装 dhcp 软件包
```

安装完毕后，需要再次查看并确认 dhcp 软件包是否全部成功安装，命令如下：

```
[root@server ~]# rpm -qa|grep dhcp
dhcp-4.4.2-5.oe1.x86_64
//如果命令执行结果列表中出现 dhcp-4.4.2-5.oe1.x86_64，则说明系统已经安装 dhcp 软件包
```

3）保存服务器的默认初始配置

DHCP 服务器的主配置文件是/etc/dhcp/dhcpd.conf。在/etc/dhcp/dhcpd.conf 配置文件中，以#号开头的行表示注释，默认注释行不会被系统执行。

无论是生产环境还是实验环境，安装完 dhcp 软件包后都需要保存服务器的默认初始配置。在生产环境中，通过备份默认配置文件保存服务器的默认配置。在 VMware 虚拟实验环境中，保存服务器的默认初始配置的方法有两种，一种是备份默认配置文件；另一种是拍摄虚拟机快照。

（1）备份默认配置文件。

利用 cp 命令将默认配置文件备份为 dhcpd.conf.bak。必要时可恢复该默认配置文件。在生产环境中推荐这么做。

```
[root@server ~]# cp /etc/dhcp/dhcpd.conf /etc/dhcp/dhcpd.conf.bak
```

（2）拍摄虚拟机快照。

拍摄 DHCP 服务器当前状态快照，并命名为 DHCP 默认配置。必要时可恢复到该快照，还原至 DHCP 服务器默认配置状态。这种方法的好处在于避免了多个实验之间的相互干扰，适合初学者。

2. 配置服务器

1）修改配置文件

DHCP 默认配置文件只有注释行。配置文件的语法格式可以参考 DHCP 模板文件。DHCP 模板文件的路径为/usr/share/doc/dhcp-server/dhcpd6.conf.example。

下面根据需求使用 vim 命令修改配置文件，命令如下：

```
[root@server ~]# vim /etc/dhcp/dhcpd.conf
//修改内容如下
ddns-update-style interim;
//DNS 动态更新
ignore client-updates;
//忽略客户机更新 DNS 记录
subnet 192.168.253.0 netmask 255.255.255.0 {
//子网网络号为 192.168.253.0，子网掩码为 255.255.255.0
  option routers 192.168.253.2;
//为客户端指定默认网关 192.168.253.2
  option subnet-mask 255.255.255.0;
//为客户端指定子网掩码 255.255.255.0
  option domain-name-servers 192.168.253.2;
//为客户端指定 DNS 服务器 IP 地址为 192.168.253.2
  option broadcast-address 192.168.253.255;
//为客户端指定广播地址为 192.168.253.255
  option time-offset -18000;
//为客户端指定和格林尼治时间的偏移时间
  range 192.168.253.20  192.168.253.120;
//分配 IP 的范围为 192.168.253.20~192.168.253.120
  default-lease-time 86400;
//默认 IP 地址的租期为 86400s
  max-lease-time 604800;
//最长 IP 地址的租期为 604800s
}

host Myhost {
  hardware ethernet 00:0C:29:79:BB:1D;
```

```
//将网卡类型指定为以太网 ethernet，将 MAC 地址指定为 00:0C:29:79:BB:1D
    fixed-address 192.168.253.180;
//使用指定固定 IP：192.168.253.180
}
//修改完毕后保存并退出 vim
```

2）启动 dhcpd 服务

查看 dhcpd 服务的状态，命令如下：

```
[root@server ~]# systemctl status dhcpd
```

如果 dhcpd 服务是停止状态，则启动该服务，命令如下：

```
[root@server ~]# systemctl start dhcpd
```

如果 dhcpd 服务已经处于 active（running）状态，则需要重启 dhcpd 服务。命令如下：

```
[root@server ~]# systemctl restart dhcpd
```

注意：这几个命令为一组命令，常常搭配在一起使用。

systemctl start dhcpd 启动 dhcpd 服务。
systemctl status dhcpd 查看 dhcpd 服务状态。
systemctl restart dhcpd 重启 dhcpd 服务。
systemctl stop dhcpd 停止 dhcpd 服务。

3）设置 dhcpd 服务开机自启动

在虚拟实验环境中，这个步骤可有可无，不是特别重要，但是在生产环境中，如果不设置 dhcpd 服务开机自启动，则重启系统之后，默认 dhcpd 服务是不会自动启动的，需要执行 systemctl start dhcpd 命令启动服务。

设置 dhcpd 服务开机自启动，命令如下：

```
[root@server ~]# systemctl enable dhcpd
```

查看 dhcpd 服务是否已经是开机自启动，命令如下：

```
[root@server ~]# systemctl is-enabled dhcpd
enabled
//enabled 表示已经设置为开机自启动，如果执行结果为 disabled，则表示没有设置开机自启动
```

4）防火墙

设置 DHCP 服务器的防火墙开放 DHCP 服务，打开相应的服务器端口。如果防火墙不开放 DHCP 服务，则客户机无法访问服务器，命令如下：

```
[root@server ~]# firewall-cmd --permanent --zone=public --add-service=dhcp
success
[root@server ~]# firewall-cmd --reload
success
```

需要注意，设置防火墙需要两条命令，第 1 条命令是开放 DHCP 服务，第 2 条命令是重新加载防火墙，使新设置生效。这两条命令必须都执行成功防火墙才算设置完成。

5）将 VMware 自带的 DHCP 服务禁掉

在生产环境中配置 DHCP 服务器时可忽略这一步。在虚拟环境中做实验，必须禁掉 VMware 自带的 DHCP 服务。

以 Windows 系统管理员身份（必须是 Windows 系统管理员身份才能执行成功）单击 VMware 的编辑菜单，在弹出的子菜单中找到并单击虚拟网络编辑器，会出现如图 14-1 对话框。在该对话框中单击【更改设置】按钮，打开如图 14-2 所示对话框。按照图中提示，完成以下操作：

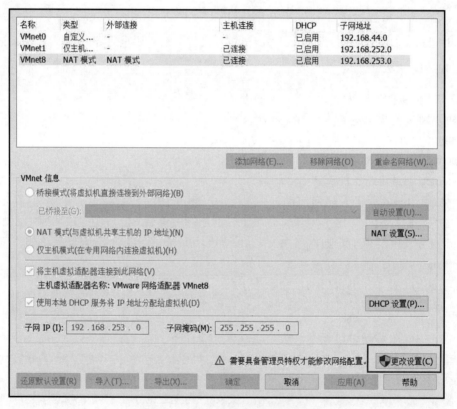

图 14-1　VMware 的虚拟网络编辑器

（1）选中 VMnet8。在本实验中，所有的虚拟机都使用 NAT 模式，因此在虚拟网卡列表中，选中 NAT 模式下使用的虚拟网卡，即选中 VMnet8。

（2）取消选中使用本地 DHCP 服务将 IP 地址分配给虚拟机。

（3）单击【应用】按钮，使设置生效，即将 VMware 自带的 DHCP 服务禁掉。

（4）单击【确定】按钮，确认退出。

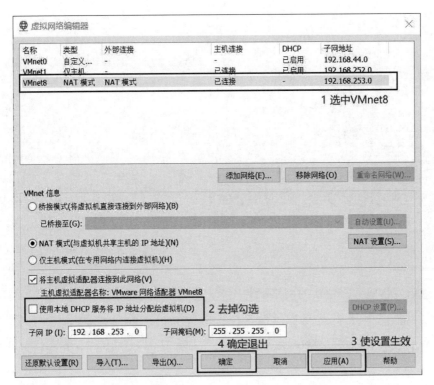

图 14-2　取消 VMware 自带的本地 DHCP 服务

14.2.2　客户机端配置

测试上述 DHCP 服务器需要两类客户机，其中一类做动态分配测试，另一类做固定 IP 分配使用。具体地，在此使用一台 openEuler 虚拟机（将主机名设为 client）做动态分配测试，另一台 openEuler 虚拟机（主机名为 Myhost，MAC 地址为 00:0C:29:9B:EF:4E）做固定 IP 测试。

1. openEuler 客户机端

有两种方式配置客户机，一种是用命令，另一种是在图形界面操作。相比较而言，图形界面更加简单。除为指定 MAC 地址的客户机分配固定的 IP，其他客户机将被动态分配 IP。

1）方法一：命令方式

（1）修改网络配置文件。

使用 vim 命令修改网络配置文件/etc/sysconfig/network-scripts/ifcfg-ens33，命令如下：

```
[root@client ~]# vim /etc/sysconfig/network-scripts/ifcfg-ens33
//修改文件的内容如下
TYPE=Ethernet
PROXY_METHOD=none
BROWSER_ONLY=no
BOOTPROTO=dhcp
```

```
//其中最关键的是将 BOOTPROTO 改为 dhcp
DEFROUTE=yes
IPV4_FAILURE_FATAL=no
IPV6INIT=yes
IPV6_AUTOCONF=yes
IPV6_DEFROUTE=yes
IPV6_FAILURE_FATAL=no
IPV6_ADDR_GEN_MODE=stable-privacy
NAME=ens33
UUID=0e290be7-1420-4246-8bc5-f30b1369f749
//UUID 是系统层面的全局唯一标识符号，读者系统中的 UUID 可能与此不一样，不需要修改成和
//这里一样
DEVICE=ens33
ONBOOT=yes
//修改完成后保存并退出 vim
```

（2）重启网络服务，使新的网络配置生效，命令如下：

```
[root@client ~]# systemctl restart NetworkManager
```

（3）使用 ifconfig 命令查询获得的 IP 地址，判断是否成功从 DHCP 服务器获得 IP，命令如下：

```
[root@client ~]# ifconfig
```

2）方法二：图形界面方式

openEuler 客户机端如果安装了 deepin 图形界面，则可使用图形界面测试 DHCP 服务器。

（1）为 openEuler 客户机设置自动 DHCP。

在 deepin 图形界面，找到启动器，选择【启动器】→【控制中心】→【网络】，如图 14-3 所示，设置 IPv4 的方法为自动。

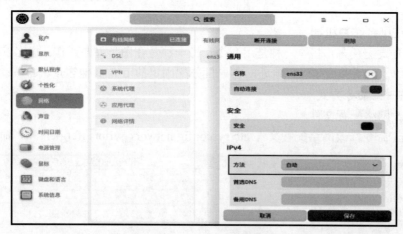

图 14-3　使用 DHCP 获取 IP

(2)自动或手动重启网络服务。

修改网络配置后,通常 deepin 默认会自动重启网络服务。查看网络详情中新获得的 IP 地址,若该 IP 地址在 DHCP 服务器 IP 范围内,则说明该客户机从 DHCP 服务器获取 IP 成功。

如图 14-4 所示,一台 openEuler 客户机在测试时,使用自动 DHCP 获取 IP,成功获取的 IP 地址为 192.168.253.20,如图 14-5 所示,另一台 MAC 地址为 00:0C:29:79:BB:1D 的 openEuler 客户机获得了指定的固定 IP:192.168.253.180。以上情况均符合预期。

按照上述测试方案,需要至少两台客户机进行测试。若要测试更多客户机怎么办?同时开多台虚拟机测试对物理机性能要求较高,因此这种方法不可行。

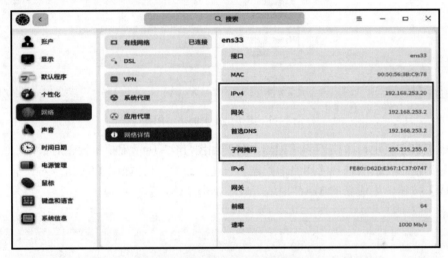

图 14-4 openEuler 客户机通过 DHCP 服务器获得了 IP 地址

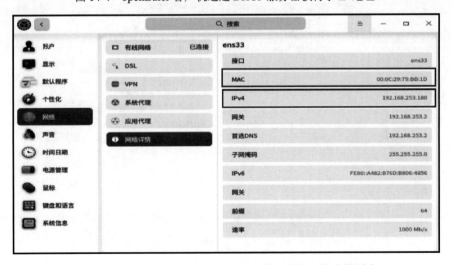

图 14-5 openEuler 客户机通过 DHCP 服务器获得了指定的固定 IP

实际上，还可以利用一台虚拟机模拟多台客户机，通过修改 openEuler 客户机的虚拟机 MAC 地址再进行测试。修改 openEuler 客户机虚拟机 MAC 地址的步骤如下：①首先将虚拟机中的 openEuler 操作系统关机。②在 VMware 虚拟机列表中找到该虚拟机名字，打开该虚拟机主页，如图 14-6 所示。

图 14-6　虚拟机主页网络适配器

在虚拟机主页上，单击网络适配器，打开如图 14-7 所示虚拟机设置对话框。③在虚拟机设置对话框中，依次选择【网络适配器】→【高级】，打开如图 14-8 所示对话框，然后单击【生成】按钮，生成新的 MAC 地址。最后单击【确定】按钮退出。

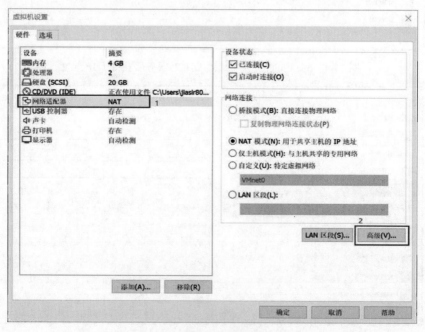

图 14-7　虚拟机设置

openEuler 客户机虚拟机的 MAC 地址生效后，即可作为一台新的客户机测试 DHCP 服务器，每个 MAC 地址模拟一台客户机。注意，修改 MAC 地址必须在虚拟机内操作系统关机后进行，否则修改不能生效。

2. Windows 客户机端

Windows 客户机端的配置较简单，只需按控制面板→网络和 Internet→网络和共享中心，单击正在使用的网络连接，在对话框中单击【属性】按钮，打开如图 14-9 所示 WLAN 属性对话框（网络连接不同，此处稍有不同）所示界面，单击选中 Internet 协议版本 4（TCP/IPv4）后按【确定】按钮，打开如图 14-10 所示对话框，选中自动获取 IP 地址，单击【确定】按钮即可。

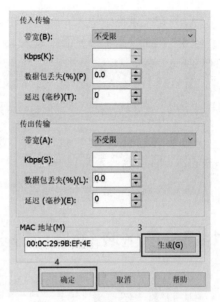

图 14-8　生成新的 MAC 地址

图 14-9　网络连接属性对话框

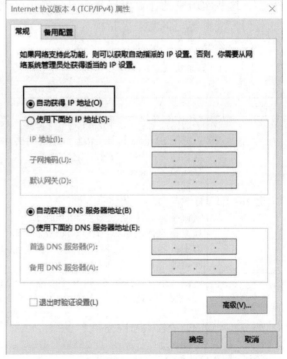

图 14-10　Windows 自动获得 IP 地址

验证 Windows 客户机所获得 IP 地址是否正确的步骤如下：

（1）单击【开始】菜单。

(2)在搜索栏中输入 cmd，单击运行 cmd，打开命令提示符界面。
(3)在命令提示符界面中输入 ipconfig，这样就可以看到 IP 了。

```
Microsoft Windows [版本 10.0.19044.1526]
(c) Microsoft Corporation。保留所有权利。

C:\Users\jiasir803>ipconfig
```

如果 Windows 客户机不再需要从 DHCP 服务器处获取的 IP 地址，则可以使用 ipconfig/release 命令释放该 IP 地址，命令如下：

```
C:\Users\jiasir803>ipconfig/release
```

14.3 多区域 DHCP 服务器配置

多区域 DHCP 服务器指的是 DHCP 服务器可以配置多个网段的 IP。

某 IT 技术公司为了发展的需要，研发部门新招聘了很多实习生。公司新建了几个实验室供研发部门的实习生使用。新建实验室一共有 400 台计算机。现需要搭建一台 DHCP 服务器，为这些实验室的计算机提供自动分配 IP 服务。DHCP 服务器支持多区域，规划如下：

(1)支持客户机动态更新模式。
(2)忽略客户机更新 DNS 记录。
(3)子网规划见表 14-5。

表 14-5 子网规划

子网	配置
子网 1 192.168.4.0	子网网络号：192.168.4.0 子网掩码：255.255.255.0 可分配 IP 地址范围：192.168.4.3~192.168.4.167 和 192.168.4.169~192.168.4.254 默认网关：192.168.4.2 默认域名：test.com 广播地址：192.168.4.255 DNS：192.168.4.168 默认租约有效期：1 天（86 400s） 最大租约有效期：7 天（604 800s） 给主机名为 test 的客户机（MAC 地址为 aa:aa:aa:aa:aa:aa） 保留使用 IP 地址 192.168.253.180
子网 2 192.168.17.0	子网网络号：192.168.17.0 子网掩码：255.255.255.0 可分配 IP 地址范围：192.168.17.3~192.168.17.167 和 192.168.17.169~192.168.17.254 默认网关：192.168.17.2 默认域名：test1.com 广播地址：192.168.17.255 DNS：192.168.17.168 默认租约有效期：1 天（86 400s） 最大租约有效期：7 天（604 800s） 给主机名为 test1 的客户机（MAC 地址为 aa:aa:aa:aa:aa:aa） 保留使用 IP 地址 192.168.17.199

整体规划：使用虚拟机实验，环境包括一台 openEuler 虚拟机服务器，两台 openEuler 虚拟机客户机，一台 Windows 虚拟机客户机，联网方式均为 NAT，其中，openEuler 服务器使用固定 IP。禁掉 VMware 软件自带的 DHCP 服务，所有客户机通过本次配置的 DHCP 服务器获得 IP 地址。

在本节 DHCP 服务器配置实验中，必须使用 Windows 虚拟机客户机测试 DHCP 服务器，不能使用宿主机 Windows 系统充当 Windows 客户机。

注意：在做虚拟实验时，主机名为 test 和 test1 的客户机的 MAC 地址应改成所指定的客户机的 MAC 地址。

14.3.1 服务器端配置

服务器的基本设置可以参看 14.2 节完成。也可以直接将虚拟机还原到 14.2 节中所拍摄的名为 dhcp 默认配置的虚拟机快照状态。

1. 准备工作

参看 14.2.1 节中的准备工作。如果已经完成 14.2 节的实验，则可以还原默认配置文件或还原快照。

1）还原默认配置文件

使用 cp 命令还原默认配置文件：

```
[root@server ~]# cp /etc/dhcpd/dhcpd.conf.bak /etc/dhcpd/dhcpd.conf
```

2）还原至名为 DHCP 默认配置的快照

在对应虚拟机的快照管理器找到名为 DHCP 默认配置的快照，双击即可。或者选中该快照，单击【转到】按钮。

2. 配置服务器

1）修改配置文件

DHCP 默认配置文件只有注释行。配置文件的语法格式可以参考 DHCP 模板文件。DHCP 模板文件的路径为/usr/share/doc/dhcp-server/dhcpd6.conf.example。

下面根据需求使用 vim 命令修改配置文件，命令如下：

```
[root@server ~]#vim /etc/dhcp/dhcpd.conf
//修改内容如下
ddns-update-style interim;
//DNS 动态更新
ignore client-updates;
//忽略客户机更新 DNS 记录
shared-network test{
 subnet 192.168.4.0 netmask 255.255.255.0{
    range 192.168.4.3 192.168.4.167;
    range 192.168.4.169 192.168.4.254;
```

```
//若为了方便测试,则可以删除上述两行range,改写为一行 range 192.168.4.3 192.168.4.3
//即这个网络中只设一台虚拟机
    option routers 192.168.4.2;
    option subnet-mask 255.255.255.0;
    option broadcast-address 192.168.4.255;
    option domain-name "test.com";
    option domain-name-servers 192.168.4.168;
    default-lease-time 86400;
    max-lease-time 604800;
    host test{
        hardware ethernet aa:aa:aa:aa:aa:aa;
//做实验时,使用指定的虚拟机的MAC地址替代aa:aa:aa:aa:aa:aa
        fixed-address 192.168.4.199;
    }
}
 subnet 192.168.17.0 netmask 255.255.255.0{
        range 192.168.17.3 192.168.17.167;
        range 192.168.17.169 192.168.17.254;
        option routers 192.168.17.2;
        option subnet-mask 255.255.255.0;
        option broadcast-address 192.168.17.255;
        option domain-name "test1.com";
        option domain-name-servers 192.168.17.168;
        default-lease-time 86400;
        max-lease-time 604800;
        host test1{
        hardware ethernet aa:aa:aa:aa:aa:aa;
//做实验时,使用指定的虚拟机的MAC地址替代aa:aa:aa:aa:aa:aa
        fixed-address 192.168.17.199;
    }
 }
}
//修改完毕后保存并退出vim
```

2)启动dhcpd服务

若dhcpd服务已处于active(running)状态,则需重启dhcpd服务,命令如下:

```
[root@server ~] systemctl restart dhcpd
```

3)设置防火墙

设计DHCP服务器的防火墙开放DHCP服务,命令如下:

```
[root@server ~]# firewall-cmd --permanent --zone=phblic --add-service=dhcp
[root@server ~]# firewall-cmd --reload
```

14.3.2 客户机端配置

和单区域 DHCP 服务器配置实战中的客户机端配置一样，不再赘述。为了测试方便，可以修改服务器中各网络中 IP 的数量，例如将第 1 个网络中 IP 的个数改成一个，那么少数几个客户机就可以测试多区域了。

14.4 排查错误

1. DHCP 服务器配置常见错误

（1）服务器和客户机之间网络不通。

（2）服务器端或者客户机端的网络服务未启动。这是一个低级错误，但是实践中发现这种错误偶有发生。

（3）服务器的防火墙没有允许 DHCP。

（4）DHCP 服务器配置文件出现语法错误。

（5）DHCP 服务器配置文件出现语义逻辑错误。

（6）DHCP 服务器配置文件路径不正确。这是一个低级错误，但是有时，在创建或者用 cp 命令配置文件时确实有人会出错。

（7）dhcpd 服务没能正常启动。

（8）修改了配置文件 dhcpd.conf，忘记重启 dhcpd 服务。只有成功重启 dhcpd 服务后，新的配置才能生效。

（9）没有安装必要的与 DHCP 相关的软件包。

（10）忘记禁掉 VMware 自带的本地 DHCP 服务。

注意：还要检查子网号是否一致，强烈建议大家在做实验时，服务器 IP 使用 VMware 安装后自动生成的 NAT 网络子网号。

2. 排查错误的思路

在配置 DHCP 服务器时，错误多种多样，建议可从如下几方面考虑排查错误：

（1）使用 ping 命令测试网络。

使用 ping 命令测试服务器和客户机间网络是否畅通。

一般可进行双向测试，在客户机端 ping DHCP 服务器，再在 DHCP 服务器端 ping 客户机。若使用主机名为 client 的 openEuler 客户机 ping 本节中配置的 DHCP 服务器，该服务器 IP 为 192.168.253.136，则命令如下：

```
[root@client ~]# ping 192.168.253.136
```

假设前述 openEuler 客户机端的 IP 为 192.168.253.5，从 DHCP 服务器端 ping 该客户机，命令如下：

```
[root@server ~]# ping 192.168.253.5
```

```
ping 192.168.253.5 (192.168.253.5) 56(84) 比特的数据。
来自 192.168.253.136 icmp_seq=1 目标主机不可达
来自 192.168.253.136 icmp_seq=2 目标主机不可达
来自 192.168.253.136 icmp_seq=3 目标主机不可达
^C
--- 192.168.253.5 ping 统计 ---
已发送 4 个包，已接收 0 个包，+3 错误, 100% packet loss, time 3081ms
pipe 4
//按下快捷键 Ctrl+C 强制退出 ping 命令
```

上述代码表示，DHCP 服务器 ping 不通 IP 为 192.168.253.5 的客户机。

Windows 客户机端 ping 服务器，在开始菜单中找到命令提示符，命令如下：

```
C:\Users\jiasir803>ping 192.168.253.136

正在 ping 192.168.253.136 具有 32 字节的数据：
来自 192.168.253.1 的回复：无法访问目标主机。
请求超时。
```

显然，Windows 客户机 ping 不通 DHCP 服务器。

（2）使用 dhcpd 命令检查配置文件语法错误。

dhcpd.conf 配置文件修改完毕后，可以执行 dhcpd 命令检查在配置文件中是否存在语法错误，然后根据错误提示改正错误，命令如下：

```
[root@server ~]# dhcpd
```

注意：执行 dhcpd 命令需要 root 权限。

在终端执行 dhcpd 命令，能够找出来配置文件内容是否符合语法结构，如少了分号或者参数写错等，示例如下：

```
[root@server ~]# dhcpd
Internet Systems Consortium DHCP Server 4.4.2
Copyright 2004-2020 Internet Systems Consortium.
All rights reserved.
For info, please visit https://www.isc.org/software/dhcp/
/etc/dhcp/dhcpd.conf line 15: semicolon expected.
option
      ^
Configuration file errors encountered -- exiting
```

从上述代码中找到错误提示信息/etc/dhcp/dhcpd.conf line 15: semicolon expected 可知在 dhcpd.conf 文件中的第 15 行缺少了一个分号。

值得注意的是，有时系统提示的错误并不十分准确，示例如下：

```
[root@server ~]# dhcpd
```

```
Internet Systems Consortium DHCP Server 4.4.2
Copyright 2004-2020 Internet Systems Consortium.
All rights reserved.
For info, please visit https://www.isc.org/software/dhcp/
/etc/dhcp/dhcpd.conf line 17: semicolon expected.
rang 192.
     ^
Configuration file errors encountered -- exiting
```

从上述代码中找到错误提示信息：/etc/dhcp/dhcpd.conf line 17: semicolon expected，其中，配置文件的第 17 行出错是对的，但是真实的错误原因不是缺少分号，而是 range 一词错写成了 rang。

如果出现类似这样的错误提示信息：/etc/dhcp/dhcpd.conf line 19: unexpected end of file，错误原因往往是缺少了右侧的花括号。

（3）启动或重启 dhcpd 服务失败，查看日志。

当启动或重新启动 dhcpd 服务失败时，往往提示查看日志，可以通过查看日志找到错误所在。

```
[root@server ~]# systemctl restart dhcpd
Job for dhcpd.service failed because the control process exited with error code.
See "systemctl status dhcpd.service" and "journalctl -xe" for details.
```

查看日志，从日志中，试试找错误原因，命令如下：

```
[root@server ~]# journalctl -xe
```

（4）当 DHCP 服务器和客户机之间网络畅通，DHCP 服务器的配置文件也没有语法错误时，这时要考虑配置文件可能存在语义逻辑错误，但是语义逻辑错误比较隐蔽。这类错误的特点是符合语法规则，使用 dhcpd 命令无法找出来。需要细心对照检查。例如，声明的子网和子网掩码是否一致。

最后，出现错误不要慌乱，要像一个侦探一样，认真分析，抽丝剥茧，逐一排查，还可上网查询，学习他人经验。

第 15 章 Samba 服务器配置

本章旨在介绍 openEuler 操作系统环境下 Samba 服务器的配置，首先介绍 Samba 的相关概念，接着分别介绍 openEuler 操作系统环境下匿名和用户级别 Samba 服务器配置，以及客户端测试连接 Samba 服务的方法。本章最后将介绍在配置 Samba 服务器的过程中可能出现的一些常见错误及进行排查的方法。

15.1 Samba 简介

15.1.1 Samba 基本知识

1. 什么是 Samba

Samba 是 SMB 协议的实现，SMB 协议的全称为 Server Message Block，是由微软和英特尔公司 1987 年共同制定的用于 Microsoft 网络的通信协议。后来微软又提出了通用网络文件系统协议（Common Internet File System，CIFS），CIFS 本质上是 SMB 的升级版本，本章后文将称为 SMB/CIFS 协议。

依据 https://www.samba.org/官网介绍，Samba 是 Linux 和 UNIX 的标准 Windows 互操作性程序套件。通俗地讲，Samba 能够毫无障碍地把 Windows 主机包含到 Linux 系统的网络中，通过 Samba，可在 Linux 和 Windows 系统主机之间进行文件系统互操作。Samba 包含一个服务器端和若干客户机端程序。安装在 Linux 主机上的 Samba 服务器端程序向 Windows 客户机提供共享资源，Windows 主机则不需要为此安装任何其他特殊的工具。Samba 的客户端程序可以获取 Windows 主机的共享资源。

自 1992 年以来，Samba 为所有使用 SMB/CIFS 协议的客户机提供了安全、稳定和快速的文件和打印服务，基本支持所有版本的 DOS 和 Windows、OS/2、Linux 等系统。

Samba 是将 Linux /UNIX 服务器和客户机无缝集成到 Active Directory 环境中的重要组件。它既可以作为域控制器，也可以作为常规域成员。

Samba 是根据 GNU 通用公共许可证授权的自由软件，Samba 项目是软件自由保护协会的成员。

总之，Samba 是在 Linux/UNIX 系统中实现的 SMB/CIFS 网络协议，可以使跨平台的文件共享变得更加容易。特别是在部署有 Windows、Linux/UNIX 等多种操作系统混合平台的企业环境时，选用 Samba 可以很好地解决不同系统之间的文件互访问题。

2．历史溯源

1991 年，一位名叫 Andrew Tridgell 的澳大利亚大学生，使用逆向工程实现了 SMB 协议。Tridgell 原本打算将自己的这个软件包命名为 SMBServer，但是，他被告知 SMB 是没有意义的文字，不能注册为商标。Andrew Tridgell 思考再三决定，Samba 这个词刚好含 S、M、B 三个字母，又是热情的拉丁舞蹈"桑巴舞"的名称，是个不错的选择。这就是今天所使用的 Samba 名称的由来。

1992 年，Tridgell 公布了 Samba 的完整代码，从此这个项目得到了开源社区的大力支持。直到现在，Samba 的功能仍然在不断增强和完善，而 Tridgell 被人们尊称为"Samba 之父"。

3．基本工作原理

Samba 的核心是 nmbd 和 smbd 两个守护进程。在服务器启动后这两个进程持续运行。nmbd 和 smbd 使用的全部配置信息都保存在/etc/samba/smb.conf 文件中。smbd 进程的作用是进行客户机和服务器间的协商，管理 Samba 主机分享的目录、文件与打印机。nmbd 的作用是使客户机能浏览 Samba 服务器的共享资源。

15.1.2　配置文件详细讲解

Samba 的主配置文件是/etc/samba/smb.conf。该配置文件的内容由全局设置（Global Settings）和共享定义（Share Definitions）两部分构成。全局设置部分主要用以设置 Samba 服务器整体运行环境，而共享定义部分用来设置文件共享资源和打印共享资源等。安装 Samba 服务器软件包后，默认初始状态下，主配置文件 smb.conf 的内容如下：

```
#See smb.conf.example for a more detailed config file or
#read the smb.conf manpage.
#Run 'testparm' to verify the config is correct after
#you modified it.

[global]
        workgroup = SAMBA
        security = user

        passdb backend = tdbsam

        printing = cups
        printcap name = cups
        load printers = yes
        cups options = raw

[homes]
```

```
        comment = Home Directories
        valid users = %S, %D%w%S
        browseable = No
        read only = No
        inherit acls = Yes

[printers]
        comment = All Printers
        path = /var/tmp
        printable = Yes
        create mask = 0600
        browseable = No

[print$]
        comment = Printer Drivers
        path = /var/lib/samba/drivers
        write list = @printadmin root
        force group = @printadmin
        create mask = 0664
        directory mask = 0775
```

注意：在/etc/samba/smb.conf 文件中，以"#"开头的注释行，主要作用是解释配置参数，默认不会被系统执行；以";"开头的注释行则是 Samba 的配置范例，默认也不会被系统执行；若将";"去掉并对范例进行设置，则该语句将会被系统执行，不再是注释。

配置文件 smb.conf 中含有多个段，每个段由段名开始，直到下个段名。每个段名放在方括号中间，如[global]。每个段内包含多个配置项，每个项的内容格式为配置参数名=值。在配置文件中无论是段名还是配置参数都各占一行，段名和参数名不分大小写。除了[global]段外，所有的段都可以看作一个共享资源，段名是该共享资源的名字，段里的配置参数是该共享资源的属性。

在修改配置文件/etc/samba/smb.conf 时可以参考样例文件/etc/samba/smb.conf.example。在该样例文件中给出了非常完整的注释信息，这些信息对于用户配置服务器很有帮助。

下面从全局设置和共享定义设置来讲述/etc/samba/smb.conf 文件。这里无法面面俱到地进行介绍，完整的选项设置读者可以参考 Samba 官方网站 www.samba.org 中的相关文档，或者参考样例文件/etc/samba/smb.conf.sample 中的注释。

全局设置用于定义 Samba 服务器的整体行为，例如工作组、主机名和采用什么样的身份验证方式等。共享定义则用于设置具体的共享目录或者设备等，如打印机等。

1. 全局参数

全局参数用来设置 Samba 服务器的整体运行环境。常见的全局配置参数和说明见表 15-1。

表 15-1　常用的全局配置参数

序号	配置参数和说明（单行说明使用//开头；多行说明使用/*开头，*/结尾）
1	config file = /usr/local/samba/lib/smb.conf.%m /* 说明：config file 可以让你使用另一个配置文件来覆盖缺省的配置文件。如果文件不存在，则该项无效。这个参数很有用，可以使 Samba 配置更灵活，可以让一台 Samba 服务器模拟多台不同配置的服务器。例如，你想让 yale（主机名为 yale）这台计算机在访问 Samba Server 时使用它自己的配置文件，那么先在/etc/samba/host/下配置一个名为 smb.conf.yale 的文件，然后在 smb.conf 文件中加入如下配置行： config file = /etc/samba/host/smb.conf.%m 这样当 yale 请求连接 Samba Server 时，smb.conf.%m 就被替换成 smb.conf.yale。这样，对于 yale 来讲，它所使用的 Samba 服务就是由 smb.conf.yale 定义的，而其他机器访问 Samba Server 则还是应用 smb.conf。*/
2	workgroup = WORKGROUP //说明：该参数用于设置 Samba Server 所要加入的工作组或者域
3	server string = Samba Server Version %v /*该参数用于设置 Samba Server 的注释，可以是任何字符串，也可以不填。宏%v 表示显示 Samba 的版本号*/
4	netbios name = smbserver /*该参数用于设置 Samba Server 的 NetBIOS 名称。如果不填，则默认会使用该服务器的 DNS 名称的第一部分。netbios name 和 workgroup 名字不要设置成一样。*/
5	interfaces = lo eth0 192.168.12.2/24 192.168.13.2/24 //该参数用于设置 Samba Server 监听哪些网卡，可以使用网卡接口的名称，也可以使用该网卡的 IP 地址
6	hosts allow = 127. 192.168.253. 192.168.17.10 /*该参数用于设置允许连接到 Samba Server 的网络地址、主机地址及域，多个匹配条件间用空格隔开。hosts deny 与 hosts allow 刚好相反。例如 ① hosts allow=172.17.3. EXCEPT 172.17.3.80 表示容许来自 172.17.3.*的主机连接，但排除 172.17.3.80 ② hosts allow=172.17.3.0/255.255.0.0 表示容许来自 172.17.3.0/255.255.0.0 子网中的所有主机连接 ③ hosts allow=192.168.17.10 表示容许来自主机 192.168.17.10 连接 ④ hosts allow=@xieq 表示容许来自 xieq 网域的所有计算机连接 */
7	hosts deny = 127. 192.168.0. 192.168.18.0 /*该参数用于设置不允许连接到 Samba Server 的网络地址、主机地址及域，多个匹配条件间用空格隔开。hosts deny 与 hosts allow 刚好相反。不再举例说明*/
8	max connections = 0 /*说明：max connections 用来指定连接 Samba Server 的最大连接数目。如果超出连接数目，则新的连接请求将被拒绝。0 表示不限制。*/

续表

序号	配置参数和说明（单行说明使用//开头；多行说明使用/*开头，*/结尾）
9	deadtime = 0 /*说明：deadtime 用来设置断掉一个没有打开任何文件的连接的时间。单位是分钟，0 代表 Samba Server 不自动切断任何连接。*/
10	log file = /var/log/samba/log.%m /*说明：设置 Samba Server 日志文件的存储位置及日志文件名称。在文件名后加个宏%m（主机名），表示对每台访问 Samba Server 的机器都单独记录一个日志文件。如果主机名为 yale 的客户机访问过 Samba Server，就会在/var/log/samba 目录下留下 log.yale 的日志文件。*/
11	max log size = 50 //该参数设置 Samba Server 日志文件的最大容量，单位为 KB，0 代表不限制
12	security = user /*该参数用于设置用户访问 Samba Server 的验证方式，一共有 4 种验证方式。 ① share：用户访问 Samba Server 不需要提供用户名和口令，安全性能较低。 ② user：Samba Server 共享目录只能被授权的用户访问，由 Samba Server 负责检查账号和密码的正确性。账号和密码要在本 Samba Server 中建立。 ③ server：依靠其他 Windows NT 或 Samba Server 来验证用户的账号和密码，是一种代理验证。此种安全模式下，系统管理员可以把所有的 Windows 用户和口令集中到一个 NT 系统上，使用 Windows NT 进行 Samba 认证，远程服务器可以自动认证全部用户和口令，如果认证失败，Samba 则将使用用户级安全模式作为替代的方式。 ④ domain：域安全级别，使用主域控制器(PDC)来完成认证。*/

13	passdb backend = tdbsam
	/*说明：passdb backend 就是用户后台的意思。目前有 3 种后台：smbpasswd、tdbsam 和 ldapsam。sam 应该是 security account manager（安全账户管理）的简写。
	① smbpasswd：该方式是使用 smb 自己的工具 smbpasswd 来给系统用户（真实用户或者虚拟用户）设置一个 Samba 密码，客户端就用这个密码访问 Samba 的资源。smbpasswd 文件默认在/etc/samba 目录下，不过有时要手工建立该文件。
	② tdbsam：该方式则是使用一个数据库文件来建立用户数据库。数据库文件名 passdb.tdb，默认在/etc/samba 目录下。passdb.tdb 用户数据库可以使用 smbpasswd –a 来建立 Samba 用户，不过要建立的 Samba 用户必须先是系统用户。也可以使用 pdbedit 命令来建立 Samba 账户。pdbedit 命令的参数很多，下面列出几个主要的。
	  pdbedit –a username：新建 Samba 账户。
	  pdbedit –x username：删除 Samba 账户。
	  pdbedit –L：列出 Samba 用户列表，读取 passdb.tdb 数据库文件。
	  pdbedit –Lv：列出 Samba 用户列表的详细信息。
	  pdbedit –c "[D]" –u username：暂停该 Samba 用户的账号。
	  pdbedit –c "[]" –u username：恢复该 Samba 用户的账号。
	③ ldapsam：该方式则是基于 LDAP 的账户管理方式来验证用户。首先要建立 LDAP 服务。*/

14	encrypt passwords = yes /*该参数用于设置是否将认证密码加密。因为现在 Windows 操作系统都使用加密密码，所以一般要开启此项。不过配置文件默认已开启。*/

续表

序号	配置参数和说明（单行说明使用//开头；多行说明使用/*开头，*/结尾）
15	smb passwd file = /etc/samba/smbpasswd //说明：用来定义 Samba 用户的密码文件
16	username map = /etc/samba/smbusers /*说明：用来定义用户名映射，例如可以将 root 换成 administrator、admin 等。不过要事先在 smbusers 文件中定义好。例如 root = administrator admin，这样就可以用 administrator 或 admin 这两个用户来代替 root 登录 Samba Server，更贴近 Windows 用户的习惯。*/
17	guest account = nobody //说明：用来设置 guest 用户名
18	socket options = TCP_NODELAY SO_RCVBUF=8192 SO_SNDBUF=8192 //说明：用来设置服务器和客户端之间会话的 Socket 选项，可以优化传输速度
19	domain master = yes //说明：设置 Samba 服务器是否要成为网域主浏览器，网域主浏览器可以管理跨子网域的浏览服务
20	local master = no /*说明：local master 用来指定 Samba Server 是否试图成为本地网域主浏览器。如果设为 no，则永远不会成为本地网域主浏览器，但是即使设置为 yes，也不等于该 Samba Server 就能成为主浏览器，还需要参加选举。*/
21	preferred master = no /*说明：设置 Samba Server 一开机就强迫进行主浏览器选举，可以提高 Samba Server 成为本地网域主浏览器的机会。如果该参数指定为 yes，则最好把 domain master 也指定为 yes。使用该参数时要注意：如果在本 Samba Server 所在的子网有其他的机器（不论是 Windows NT 还是其他 Samba Server）也被指定为首要主浏览器，则这些机器将会因为争夺主浏览器而在网络上大发广播，影响网络性能。通常设置为 no。*/
22	os level = 200 /*设置 Samba 服务器的参加主浏览器选举优先级。如果将 os level 设置为 0，则意味着 Samba Server 将失去浏览选择。如果想让 Samba Server 成为 PDC，则可将它的 os level 值设得大些。*/
23	domain logons = yes/no /*说明：设置 Samba Server 是否要作为本地域控制器。主域控制器和备份域控制器都需要开启此项。*/
24	logon . = %u.bat /*该参数用于设置启用指定登录脚本*/
25	wins support = yes //说明：设置 Samba 服务器是否提供 wins 服务，yes 表示提供，no 表示不提供
26	wins server = wins 服务器 IP 地址 //说明：设置 Samba Server 是否使用别的 wins 服务器提供 wins 服务
27	wins proxy = yes //说明：设置 Samba Server 是否开启 wins 代理服务，yes 表示开启，no 表示不开启

续表

序号	配置参数和说明（单行说明使用//开头；多行说明使用/*开头，*/结尾）
28	dns proxy = yes //说明：设置 Samba Server 是否开启 dns 代理服务，yes 表示开启，no 表示不开启
29	load printers = yes //说明：设置是否在启动 Samba 时就共享打印机。yes 表示共享，no 表示不共享
30	printcap name = /etc/printcap //说明：设置共享打印机的配置文件路径
31	printing = cups /*说明：设置 Samba 共享打印机的类型。现在支持的打印系统有 bsd、sysv、plp、lprng、aix、hpux、qnx */

2. 共享参数

共享定义用于设置具体的共享目录或者设备等。常用共享参数见表 15-2。

表 15-2　常用共享参数

序号	配置参数和说明（单行说明使用//开头；多行说明使用/*开头，*/结尾）
1	comment = 任意字符串 //说明：comment 是对该共享的描述，可以是任意字符串
2	path = 共享目录路径 /*说明：path 用来指定共享目录的路径。可以用%u、%m 这样的宏来代替路径里的 UNIX 用户和客户机的 Netbios 名，用宏表示主要用于[homes]共享域。例如如果不打算用 home 段作为客户的共享，而是在/home/share/下为每个 Linux 用户以他的用户名建个目录，作为他的共享目录，这样 path 就可以写成：path = /home/share/%u；用户在连接到这个共享时具体的路径会被他的用户名代替，要注意这个用户名路径一定要存在，否则客户机在访问时会找不到网络路径。同样，如果不是以用户来划分目录，而是以客户机来划分目录，为网络上每台可以访问 Samba 的机器都各自建个以它的 Netbios 名的路径，作为不同机器的共享资源，就可以这样写：path = /home/share/%m。*/
3	browseable = yes //说明：browseable 用来指定该共享是否可以浏览。yes 表示可以浏览，no 表示不可以浏览
4	writable = yes //说明：writable 用来指定该共享路径是否可写。yes 表示允许，no 表示不允许
5	available = yes/no //说明：available 用来指定该共享资源是否可用
6	admin users = 该共享的管理者 /*说明：admin users 用来指定该共享的管理员（对该共享具有完全控制权限）。在 Samba 3.0 中，如果将用户验证方式设置成"security=share"，则此项无效。 例如 admin users =bobyuan, jane（多个用户中间用逗号隔开）。*/
7	valid users = 允许访问该共享的用户 /*说明：valid users 用来指定允许访问该共享资源的用户。 例如 valid users = bobyuan, @bob, @tech（多个用户或者组中间用逗号隔开，如果要加入一个组就用"@+组名"表示。）*/

续表

序号	配置参数和说明（单行说明使用//开头；多行说明使用/*开头，*/结尾）
8	invalid users = 禁止访问该共享的用户 /*说明：invalid users 用来指定不允许访问该共享资源的用户。 例如 invalid users = root，@bob（多个用户或者组中间用逗号隔开。）*/
9	write list = 允许写入该共享的用户 /*说明：write list 用来指定可以在该共享下写入文件的用户。 例如 write list = bobyuan，@bob */
10	public = yes/no //说明：public 用来指定该共享是否允许匿名账户访问。yes 表示允许，no 表示不允许。只有当设置参数 security=share 时此项才起作用
11	guest ok = yes //说明：意义同 public

15.2 匿名 Samba 服务器配置

假设，某公司需要配置一台 Samba 服务器，为公司网络内的客户端计算机提供匿名的 Samba 服务。规划的 Samba 服务器使用固定 IP，IP 为 192.168.253.136，子网掩码为 255.255.255.0，默认网关和 DNS 都为 192.168.253.2，其他要求如下。

（1）允许访问 Samba 服务器的网络：192.168.253.0。

（2）日志文件路径：/var/log/samba/%m.log。

（3）日志文件大小：50000KB。

（4）共享目录：/pub_resource。

（5）访问权限：读/写权限。

整体规划：使用虚拟机实验。实验环境包括一台 openEuler 虚拟机服务器，一台 openEuler 虚拟机客户机，联网方式均为 NAT。openEuler 服务器使用固定 IP，openEuler 客户机使用 VMware 自带的 DHCP 分配 IP。使用宿主机 Windows 系统充当 Windows 客户机，宿主机使用原有的 IP，不需要另外设置，但需要保证虚拟网卡 VMnet8 可正常启动。实验中，openEuler 服务器使用名为 stu 的普通用户，openEuler 客户机使用 openEuler 普通用户。

15.2.1 服务器端配置

1. 准备工作

1）为服务器配置网络服务

以普通用户身份登录终端，切换至 root 用户，将服务器主机名修改为 server。将主目录切换至/root。设置服务器使用固定 IP。IP 为 192.168.253.136，子网掩码为 255.255.255.0，默认网关和 DNS 都为 192.168.253.2。

注意：在做实验时，使用自己的计算机上 VMware 默认 NAT 模式的子网号。

2）安装 Samba 服务器相关软件包

首先，使用 rpm 命令查询 Samba 及其相关软件包是否已安装，命令如下：

```
[root@server ~]# rpm -qa|grep samba
```

如果上述命令的执行结果为空，则说明服务器当前没有安装与 Samba 相关的软件包，需要安装这些软件包。安装命令如下：

```
[root@server ~]# dnf install samba
```

安装完毕后，需要再次查看确认 Samba 等软件包是否全部成功安装，命令如下：

```
[root@server ~]# rpm -qa|grep samba
samba-common-4.12.5-3.oe1.x86_64
samba-common-tools-4.12.5-3.oe1.x86_64
samba-client-4.12.5-3.oe1.x86_64
samba-libs-4.12.5-3.oe1.x86_64
samba-4.12.5-3.oe1.x86_64
//说明安装成功
```

3）保存 Samba 服务器的默认初始配置

无论是生产环境还是实验环境，安装完 Samba 服务器软件包后都需要保存服务器的默认初始配置。在生产环境中，通过备份默认配置文件保存服务器的默认配置。在 VMware 虚拟实验环境中，保存服务器的默认初始配置的方法有两种，一种是备份默认配置文件，另一种是拍摄虚拟机快照。

（1）备份默认配置文件。

利用 cp 命令将默认配置文件备份为 smb.conf.bak。必要时可恢复该默认配置文件。在生产环境中推荐这么做。

```
[root@server ~]# cp /etc/samba/smb.conf /etc/samba/smb.conf.bak
```

（2）拍摄虚拟机快照。

将当前虚拟机状态利用 VMware 提供的快照功能保存下来。具体做法为拍摄 Samba 服务器当前状态快照，命名为 Samba 默认配置。必要时可恢复到该快照，还原至 Samba 服务器默认配置状态。这种方法的好处在于避免了多个实验之间的相互干扰，适合初学者。

2. 配置匿名 Samba 服务器

1）创建共享目录并修改权限

创建共享目录/pub_resource，递归地将该目录的权限修改为 757。

```
[root@server ~]# mkdir /pub_resource
[root@server ~]# chmod -R o+w /pub_resource
[root@server ~]# ll -d /pub_resource
drwxr-xrwx. 2 root root 4.0K 2月  4 19:58 /pub_resource
```

2）编辑配置文件/etc/samba/smb.conf

使用 vim 编辑配置文件/etc/samba/smb.conf。

```
[root@server ~]# vim /etc/samba/smb.conf
//配置文件的内容如下
[global]
      workgroup = workgroup
      security = user
      map to guest=Bad User

      interfaces = lo ens33 192.168.253.136/24
      hosts allow = 127. 192.168.253.
      log file = /var/log/samba/%m.log
      max log size = 50000

[pub_resource]
      comment = pub_resource
      path = /pub_resource
      public = yes
      writeable = yes
//保存修改并退出 vim
```

3）启动或重启 smb 服务

执行以下命令查看 smb 服务的状态。

```
[root@server ~]# systemctl status smb
```

如果 smb 服务没有启动，则启动服务时可执行的命令如下：

```
[root@server ~]# systemctl start smb
```

如果 smb 服务已经启动，修改配置文件后必须重启服务，这样修改才能生效。

```
[root@server ~]# systemctl restart smb
```

4）开机自启动 smb 服务

```
[root@server ~]# systemctl enable smb
[root@server ~]# systemctl is-enabled smb
```

5）设置防火墙

设置防火墙允许 Samba 服务通过，命令如下：

```
[root@server ~]# firewall-cmd --permanent --add-service=samba
success
[root@server ~]# firewall-cmd --reload
success
```

6）设置 SELinux

SELinux 默认工作在 enforcing 模式，禁止网络上对 Samba 服务器上的共享目录进行写操作，即使在 smb.conf 文件中允许了这项操作。

执行如下命令可使 SELinux 工作在 permissive 模式。

```
[root@server ~]# setenforce 0
```

15.2.2 客户机端配置

1. openEuler 客户机端

1）准备工作

（1）将客户机 IP 配置为使用 VMware 自带的 DHCP 自动分配。

（2）修改主机名，将客户端主机名更改为 client，命令如下：

```
[openeuler@192 ~]$ su -
密码：
[root@192 ~]# hostname client
[root@192 ~]# su
[root@client ~]#
```

（3）安装 samba-client 等软件包。安装客户端软件包前，首先需要查询是否已经安装，命令如下：

```
[root@client ~]# rpm -qa|grep samba
```

如果没有安装，则可使用 yum 或 dnf 安装，命令如下：

```
[root@client ~]# yum insall samba-client
```

安装完毕后，再次查询是否安装成功。

```
[root@client ~]# rpm -qa|grep samba
samba-common-4.12.5-3.oe1.x86_64
samba-client-4.12.5-3.oe1.x86_64
```

（4）终端切换回普通用户 openeuler。在客户机测试连接 Samba 服务器时，不需要客户机端为 root 用户登录，所以可以切换回普通用户 openEuler，命令如下：

```
[root@client ~]# su - openeuler
```

（5）利用虚拟机快照保存客户机端状态。为 openEuler 客户机拍摄快照保存当前状态，将快照命名为 Samba 客户端基本配置。未来需要时可随时还原快照。

2）访问 Samba 服务器

使用 smbclient 命令可访问 Samba 服务器资源。

（1）使用 smbclient 命令显示共享目录。

使用选项-L 列出指定 IP 地址所提供的共享文件夹。因为是匿名访问，所以无须输入密码，直接按 Enter 键，命令如下：

```
[openeuler@client ~]$ smbclient -L 192.168.253.136
Enter SAMBA\openeuler's password: <--按下 Enter 键

        Sharename       Type      Comment
        ---------       ----      -------
        pub_resource    Disk      pub_resource
        IPC$            IPC       IPC Service (Samba 4.12.5)
SMB1 disabled -- no workgroup available15.2.2.1 Windows 客户机端
```

（2）使用 smbclient 连接 Samba 服务器。

像 FTP 客户端一样使用 smbclient。执行 smbclient 命令成功后，进入 smbclient 环境，会出现提示符：smb:/>。这里有许多命令和 ftp 命令相似，如 cd、lcd、get、mget、put、mput 等。通过这些命令，可以访问远程主机的共享资源，命令如下：

```
[openeuler@client ~]$ smbclient //192.168.253.136/pub_resource
Enter SAMBA\openeuler's password: <--按下 Enter 键
Try "help" to get a list of possible commands.
smb: \> help
?               allinfo         altname         archive         backup
blocksize       cancel          case_sensitive  cd              chmod
chown           close           del             deltree         dir
du              echo            exit            get             getfacl
geteas          hardlink        help            history         iosize
lcd             link            lock            lowercase       ls
l               mask            md              mget            mkdir
more            mput            newer           notify          open
posix           posix_encrypt   posix_open      posix_mkdir     posix_rmdir
posix_unlink    posix_whoami    print           prompt          put
pwd             q               queue           quit            readlink
rd              recurse         reget           rename          reput
rm              rmdir           showacls        setea           setmode
scopy           stat            symlink         tar             tarmode
timeout         translate       unlock          volume          vuid
wdel            logon           listconnect     showconnect     tcon
tdis            tid             utimes          logoff          ..
!
smb: \> dir
  .                                   D        0  Fri Feb  4 19:58:53 2022
  ..                                  D        0  Fri Feb  4 19:58:53 2022

                17410832 blocks of size 1024. 10251720 blocks available
```

```
smb: \> pwd
Current directory is \\192.168.253.136\pub_resource\
smb: \> mkdir aa
smb: \> ls
  .                                   D        0  Fri Feb  4 20:32:06 2022
  ..                                  D        0  Fri Feb  4 19:58:53 2022
  aa                                  D        0  Fri Feb  4 20:32:06 2022

            17410832 blocks of size 1024. 10251712 blocks available
smb: \> exit
//输入 exit 或 quit 命令退出
[openeuler@client ~]$
```

2. Windows 客户机端

在 Windows 系统中，在任务栏中找到搜索，搜索"运行"找到并打开【运行】工具，输入 Samba 服务器的 UNC 路径，如图 15-1 所示，单击【确定】按钮后即可访问 Samba 服务器上的共享资源，如图 15-2 所示。

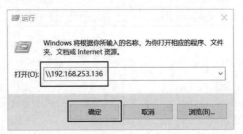

图 15-1 使用【运行】工具访问匿名 Samba 资源

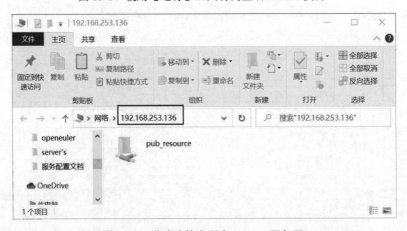

图 15-2 成功连接上匿名 Samba 服务器

如果 SELinux 没有设置正确，双击 pub_resource 目录，则将会提示权限不足而无法打开目录。

15.3 用户级 Samba 服务器基本配置

匿名 Samba 服务器相当于将资源慷慨地共享给了全世界，这种做法值得称赞，但是不够安全。在更多情况下，需要赋予特定的用户访问 Samba 服务器及使用共享资源的权利，并且要设置不同的权限。为了拒绝未授权用户的访问，Samba 服务器应保证开启用户身份验证功能，即在 Samba 的配置文件中加入（或取消注释）下面这一行：

```
security = user
```

假设，某公司需要配置一台 Samba 服务器，为公司网络内的客户端计算机提供 user 级别的 Samba 服务。规划的 Samba 服务器使用固定 IP，IP 为 192.168.253.136，子网掩码为 255.255.255.0，默认网关和 DNS 都为 192.168.253.2，要求如下。

（1）Samba 服务器所在工作组：workgroup。
（2）Samba 服务器描述信息：Samba Server。
（3）Samba 服务器 NetBIOS 名称：euler。
（4）允许访问 Samba 服务器的网络：192.168.253。
（5）日志文件路径：/var/log/samba/%m.log。
（6）日志文件大小：50000KB。
（7）Samba 服务器安全模式：user。
（8）对 Samba 密码加密，密码数据库类型：tdbsam。
（9）设置用户访问自己的主目录。
（10）设置共享目录/opt/share，/opt/share 目录的用户所有者和组群所有者为 staff，并且赋予 staff 用户该共享目录写权限。

实验环境包括一台 openEuler 虚拟机服务器，一台 openEuler 虚拟机客户机，联网方式均为 NAT。openEuler 服务器使用固定 IP，openEuler 客户机使用 VMware 自带的 DHCP 分配 IP。使用宿主机 Windows 系统充当 Windows 客户机，宿主机使用原有的 IP，不需要另外设置，但需要保证虚拟网卡 VMnet8 正常启动。实验中，openEuler 服务器使用名为 stu 的普通用户，openEuler 客户机使用 openeuler 普通用户。

15.3.1 服务器端配置

1. 准备工作

参看 15.2.1 节中的准备工作。如果已经完成 15.2 节的实验，则可以还原默认配置文件或还原快照。

1) 还原默认配置文件

使用 cp 命令还原默认配置文件，命令如下：

```
[root@server ~]# cp /etc/samba/smb.conf.bak /etc/samba/smb.conf
```

2）还原至名为 Samba 默认配置的快照

在快照管理器中，双击名为 Samba 默认配置的快照。或者选中该快照，单击【转到】按钮。

注意：还原到默认配置，上述两种方式都可以，还原快照更适合初学者。

2. 配置 Samba 服务器

1）创建 Samba 账户 staff 和 swan

由于 Windows 的口令的工作方式和 openEuler 系统存在本质区别，因此需要使用 smbpasswd 工具创建 Samba 账户。创建 Samba 账户之前必须先创建同名系统账户。

创建系统账户 staff，并为 staff 创建 Samba 账户，命令如下：

```
[root@server ~]# useradd staff
[root@server ~]# passwd staff
//如果staff用户不需要直接登录openEuler系统，则passwd staff这条命令可以忽略
更改用户 staff 的密码。
新的密码：<--输入staff 密码
重新输入新的密码：<--再次输入密码确认
passwd：所有的身份验证令牌已经成功更新。
[root@server ~]# smbpasswd -a staff
New SMB password: <--输入staff SMB密码
Retype new SMB password: <--再次输入staff SMB密码确认
Added user staff.
```

创建系统账户 swan，并为 swan 创建 Samba 账户，命令如下：

```
[root@server ~]# useradd swan
[root@server ~]# passwd swan
//如果swan用户不需要直接登录openEuler系统，则passwd swan这条命令可以忽略
[root@server ~]#smbpasswd -a swan
New SMB password: <--输入swan SMB密码
Retype new SMB password: <--再次输入swan SMB密码
Added user swan.
//swan账户用来做测试
```

2）创建共享目录

创建共享目录/opt/share，并将该目录的所有者和所属群组设置为 staff，命令如下：

```
[root@server ~]# mkdir /opt/share
//创建共享目录/opt/share
[root@server ~]# chown staff:staff /opt/share
//将opt/share的所有者和群组均更改为staff
[root@server ~]# ll -d /opt/share
//查看/opt/share目录的权限可知staff群组的权限为rx
drwxr-xr-x. 2 staff staff 4.0K 3月  6 09:21 /opt/share
```

3）编辑/etc/samba/smb.conf 文件

按照事先规划，编辑 Samba 服务的配置文件，命令如下：

```
[root@server ~]# vim /etc/samba/smb.conf
//修改/etc/samba/smb.conf 文件的内容如下
#read the smb.conf manpage.
#Run 'testparm' to verify the config is correct after
#you modified it.

[global]
      workgroup = workgroup
      server string = Samba Server
      netbios name = euler
      unix charset = UTF8
      security = user
      log file = /var/log/samba/log.%m
      max log size = 50

      passdb backend = tdbsam
      encrypt passwords = true


[homes]
//设置主目录共享
      comment = Home Directory
      browseable = no
      writable = yes
      create mask = 0700
      directory mask = 0700
      valid users = %S
//%S 指代任何登录进来的 Samba 用户，valid users = %S 保证用户只能登录到自己的主目录中
[share]
      comment = openEuler Staff Share
      path = /opt/share
      public = no
      writable = yes
      browseable = no
      guest ok = no
      create mask = 0664
      directory mask = 0775
//修改完毕后保存并退出 vim
```

针对上述配置文件的[global]段，说明如下：

① netbios name = euler 表示设置在 Windows 客户机上显示的名字为 euler。

② encrypt passwords = true 表示确保 Samba 打开了口令加密功能，否则口令将会以明码形式在网络上传输。明码太不安全了。

③ unix charset = UTF8 表示将 Samba 服务器编码模式设置为 UTF8。文件名的编码问题虽然是个小问题，但是为了避免乱码，很好地解决中文显示问题，建议使用 UTF8。如果设置为 UTF8，仍然存在中文乱码，则可以改用 GBK 编码（有些古老的 Windows 系统版本不支持 Unicode 编码）。使用的配置命令如下：

```
dos charset = cp936
```

④ security = user 表示要求用户提供账户信息供服务器验证，即使用 user 验证。

⑤ log file = /var/log/samba/log.%m 表示设置 Samba 日志文件名称和位置。Samba 将每个试图连接服务器的行为都记录下来并存放在日志中。%m 指代了客户端主机的主机名或 IP 地址。定期查看日志文件是非常必要的。查看日志有助于管理员掌握最新的系统安全状况，并及时做出反应。

针对上述配置文件的[share]段，说明如下：

① writable = yes 表示赋予用户对共享目录的写权限，但是在配置文件中写上这一行并不意味着用户真的有写权限了。如果服务器上的这个目录对用户不可写，则 writable = yes 只能沦为一张空头支票。

② browseable = no 不允许客户端看到该共享资源。需要说明的是是否开启这一选项完全取决于具体环境。

③ guest ok = no 屏蔽了匿名用户对这个目录的访问。

④ create mask 设置了用户在共享目录中创建文件所使用的权限。0664 是文件权限的八进制表示法，表示所有者（属主）和所属群组（属组）用户可读写，其他用户只读。

⑤ directory mask 针对的是目录，功能和 create mask 类似。0775 表示用户创建的目录权限被设置为对所有者和所属群组用户完全开放，其他用户拥有进入目录权限。

4）启动 smb 服务

启动 smb 服务，命令如下：

```
[root@server ~]# systemctl start smb
```

查看 smb 服务状态，命令如下：

```
[root@server ~]# systemctl status smb
● smb.service - Samba SMB Daemon
    Loaded: loaded (/usr/lib/systemd/system/smb.service; disabled; vendor preset: disabled)
    Active: active (running) since Sun 2022-03-06 10:10:43 CST; 11s ago
……
```

若为 active（running）状态，表示 smb 服务已经正常启动。否则说明 smb 服务没有启动，需要查明哪里出了问题。

如果需要停止 smb 服务，则可执行的命令如下：

```
[root@server ~]# systemctl stop smb
```

如果在 smb 处于启动状态时修改了 Samba 配置文件，则必须重启 smb 服务才能使最新的配置生效，重启 smb 的命令如下：

```
[root@server ~]# systemctl restart smb
```

5）设置防火墙

设置防火墙允许 Samba 服务，并重新加载防火墙，命令如下：

```
[root@server ~]# firewall-cmd --permanent --add-service=samba
success
[root@server ~]# firewall-cmd --reload
```

以上两条命令必须全部执行成功，防火墙才算设置好。

6）设置 SELinux

将 SELinux 修改为 Permissive 状态，命令如下：

```
[root@server ~]# Setenforce 0
//将 SELinux 修改为 Permissive
[root@server ~]# getenforce
//查看 SELinux
Permissive
```

7）开机自动启动 smb 服务

使用以下命令可在重新引导系统时自动启动 Samba 服务，这样可以免去每次开机手动启动 Samba 服务。

```
[root@server ~]# systemctl enable smb
[root@server ~]# systemctl is-enabled smb
//查看是否已经设为开机自启动
enabled
```

15.3.2　客户机端配置

1. openEuler 客户机端

1）准备工作

参照 15.2.2 节中的内容完成准备工作。若已经完成 15.2 节中的实验，则可以还原到名为 Samba 客户端基本配置的快照。

2）使用 smbclient 命令访问 Samba 服务器

下面对 Samba 服务器进行测试。

（1）执行 smbclient 命令，openEuler 用户没有对应的 Samba 账户，因此作为 guest 用户

处理，命令如下：

```
[openeuler@server ~]$ smbclient -L //192.168.253.136
WARNING: The "encrypt passwords" option is deprecated
Enter WORKGROUP\openeuler's password:

    Sharename       Type      Comment
    ---------       ----      -------
    IPC$            IPC       IPC Service (Samba Server)
SMB1 disabled -- no workgroup available
```

openEuler 用户看不到 share 目录，符合预期。

（2）针对 share 目录进行测试。

首先以 Samba 账户 staff 访问 Samba 服务器上的 share 目录，命令如下：

```
[openeuler@client ~]$ smbclient //192.168.253.136/share -U staff
Enter SAMBA\staff's password: <--输入 staff 的 SMB 密码
Try "help" to get a list of possible commands.
smb: \> ls
  .                                   D        0  Sun Mar  6 10:37:25 2022
  ..                                  D        0  Sun Mar  6 09:21:07 2022
  hi                                  D        0  Sun Mar  6 10:37:21 2022

            17410832 blocks of size 1024. 10236076 blocks available
smb: \> mkdir liu
//创建目录
smb: \> ls
  .                                   D        0  Mon Mar  7 18:49:55 2022
  ..                                  D        0  Sun Mar  6 09:21:07 2022
  liu                                 D        0  Mon Mar  7 18:49:55 2022
  hi                                  D        0  Sun Mar  6 10:37:21 2022

            17410832 blocks of size 1024. 10236064 blocks available
smb: \> quit
[openeuler@client ~]$
```

接着，以 Samba 账户 swan 访问 share 目录，命令如下：

```
[openeuler@client ~]$ smbclient //192.168.253.136/share -U swan
Enter SAMBA\swan's password: <--输入 swan 的 SMB 密码
Try "help" to get a list of possible commands.
smb: \> ls
  .                                   D        0  Mon Mar  7 18:49:55 2022
  ..                                  D        0  Sun Mar  6 09:21:07 2022
  liu                                 D        0  Mon Mar  7 18:49:55 2022
```

```
            hi                           D        0  Sun Mar  6 10:37:21 2022
                17410832 blocks of size 1024. 10236064 blocks available
smb: \> mkdir swan_dir
NT_STATUS_ACCESS_DENIED making remote directory \swan_dir
```

从代码执行情况可知，staff 对 share 目录可读可写，而 swan 对 share 目录只可读不可写。实际上，拥有 Samba 账户的所有用户都可以访问 Samba 服务器上的 share 目录资源。

（3）测试用户访问自己的家目录，即测试配置文件 /etc/samba/smb.conf 中 [homes] 段的配置。

首先测试 swan 用户访问自己的家目录，命令如下：

```
[openeuler@client ~]$ smbclient //192.168.253.136/swan -U swan
Enter SAMBA\swan's password: <--输入 swan 的 SMB 密码
Try "help" to get a list of possible commands.
smb: \> ls
//列出当前所登录的目录中的内容，从内容可知 swan 登录的正是自己的家目录
  .                                  D        0  Mon Mar  7 14:04:50 2022
  ..                                 D        0  Mon Mar  7 18:34:01 2022
  ss2                                D        0  Mon Mar  7 14:04:50 2022
  Desktop                            D        0  Mon Jan 17 05:20:06 2022
  .bash_logout                       H       75  Fri Jan 10 16:00:58 2020
  .bashrc                            H      138  Fri Jan 10 16:00:58 2020
  Downloads                          D        0  Mon Mar 29 22:40:17 2021
  Documents                          D        0  Mon Mar 29 22:40:17 2021
  Music                              D        0  Mon Jan 17 05:20:06 2022
  sss                                D        0  Mon Mar  7 13:55:31 2022
  .bash_profile                      H       71  Thu Mar 19 15:59:40 2020
  .mozilla                          DH        0  Mon Jan 17 05:20:20 2022
  .icons                            DH        0  Mon Jan 17 05:20:06 2022
  Pictures                           D        0  Mon Mar 29 22:40:17 2021
  Videos                             D        0  Mon Mar 29 22:40:17 2021
  .config                           DH        0  Mon Jan 17 05:20:06 2022
                17410832 blocks of size 1024. 10236060 blocks available
smb: \> rmdir ss2
//删除目录 ss2
smb: \> rmdir sss
//删除目录 sss
smb: \> ls
//查看目录可知，目录 ss2 和目录 sss 删除成功
  .                                  D        0  Mon Mar  7 19:29:04 2022
  ..                                 D        0  Mon Mar  7 18:34:01 2022
```

```
       Desktop                         D         0  Mon Jan 17 05:20:06 2022
       .bash_logout                    H        75  Fri Jan 10 16:00:58 2020
       .bashrc                         H       138  Fri Jan 10 16:00:58 2020
       Downloads                       D         0  Mon Mar 29 22:40:17 2021
       Documents                       D         0  Mon Mar 29 22:40:17 2021
       Music                           D         0  Mon Jan 17 05:20:06 2022
       .bash_profile                   H        71  Thu Mar 19 15:59:40 2020
       .mozilla                       DH         0  Mon Jan 17 05:20:20 2022
       .icons                         DH         0  Mon Jan 17 05:20:06 2022
       Pictures                        D         0  Mon Mar 29 22:40:17 2021
       Videos                          D         0  Mon Mar 29 22:40:17 2021
       .config                        DH         0  Mon Jan 17 05:20:06 2022

            17410832 blocks of size 1024. 10236076 blocks available
smb: \> mkdir littleswan
//创建新目录并命名为 littleswan
smb: \> ls
//查看目录 littleswan 是否创建成功
       .                               D         0  Mon Mar  7 19:31:26 2022
       ..                              D         0  Mon Mar  7 18:34:01 2022
       Desktop                         D         0  Mon Jan 17 05:20:06 2022
       .bash_logout                    H        75  Fri Jan 10 16:00:58 2020
       .bashrc                         H       138  Fri Jan 10 16:00:58 2020
       Downloads                       D         0  Mon Mar 29 22:40:17 2021
       Documents                       D         0  Mon Mar 29 22:40:17 2021
       Music                           D         0  Mon Jan 17 05:20:06 2022
       littleswan                      D         0  Mon Mar  7 19:31:26 2022
       .bash_profile                   H        71  Thu Mar 19 15:59:40 2020
       .mozilla                       DH         0  Mon Jan 17 05:20:20 2022
       .icons                         DH         0  Mon Jan 17 05:20:06 2022
       Pictures                        D         0  Mon Mar 29 22:40:17 2021
       Videos                          D         0  Mon Mar 29 22:40:17 2021
       .config                        DH         0  Mon Jan 17 05:20:06 2022

            17410832 blocks of size 1024. 10236068 blocks available
smb: \> quit
//退出 Samba 服务器
[openeuler@client ~]$
//返回终端
```

接下来测试 staff 用户访问自己的家目录,命令如下:

```
[openeuler@client ~]$ smbclient //192.168.253.136/staff -U staff
Enter SAMBA\staff's password: <--输入 staff 的 SMB 密码
```

```
Try "help" to get a list of possible commands.
smb: \> ls
```
//查看staff登录的目录，由内容可知正是staff的家目录
```
  .                                   D        0  Mon Mar  7 14:04:25 2022
  ..                                  D        0  Mon Mar  7 18:34:01 2022
  ff                                  D        0  Mon Mar  7 14:04:25 2022
  Desktop                             D        0  Mon Jan 17 05:20:06 2022
  .bash_logout                        H       75  Fri Jan 10 16:00:58 2020
  .bashrc                             H      138  Fri Jan 10 16:00:58 2020
  Downloads                           D        0  Mon Mar 29 22:40:17 2021
  Documents                           D        0  Mon Mar 29 22:40:17 2021
  Music                               D        0  Mon Jan 17 05:20:06 2022
  .bash_profile                       H       71  Thu Mar 19 15:59:40 2020
  .mozilla                           DH        0  Mon Jan 17 05:20:20 2022
  .icons                             DH        0  Mon Jan 17 05:20:06 2022
  Pictures                            D        0  Mon Mar 29 22:40:17 2021
  Videos                              D        0  Mon Mar 29 22:40:17 2021
  .config                            DH        0  Mon Jan 17 05:20:06 2022

              17410832 blocks of size 1024. 10236068 blocks available
smb: \> rmdir ff
```
//删除目录ff
```
smb: \> mkdir star
```
//创建目录star
```
mb: \> ls
```
//查看目录ff是否删除成功，以及目录star是否创建成功
```
  .                                   D        0  Mon Mar  7 19:40:24 2022
  ..                                  D        0  Mon Mar  7 18:34:01 2022
  Desktop                             D        0  Mon Jan 17 05:20:06 2022
  .bash_logout                        H       75  Fri Jan 10 16:00:58 2020
  .bashrc                             H      138  Fri Jan 10 16:00:58 2020
  Downloads                           D        0  Mon Mar 29 22:40:17 2021
  Documents                           D        0  Mon Mar 29 22:40:17 2021
  Music                               D        0  Mon Jan 17 05:20:06 2022
  star                                D        0  Mon Mar  7 19:40:24 2022
  .bash_profile                       H       71  Thu Mar 19 15:59:40 2020
  .mozilla                           DH        0  Mon Jan 17 05:20:20 2022
  .icons                             DH        0  Mon Jan 17 05:20:06 2022
  Pictures                            D        0  Mon Mar 29 22:40:17 2021
  Videos                              D        0  Mon Mar 29 22:40:17 2021
  .config                            DH        0  Mon Jan 17 05:20:06 2022

              17410832 blocks of size 1024. 10236068 blocks available
```

```
smb: \> quit
//退出 Samba
[openeuler@client ~]$
//返回终端
```

从命令执行结果可知,无论是 swan 和 staff 都可以直接登录到自己的家目录,并且在该目录中的权限为既可读又可写。由于[homes]中的配置,所有拥有 Samba 账户的用户在访问此 Samba 服务器时都和这两个用户一样,可以直接登录自己的家目录进行读写操作。

2. Windows 客户机端

本节中所配置的为 user 级别的 Samba 服务器,不允许匿名登录。

在 Windows 系统的任务栏中找到搜索,搜索"运行"找到并打开【运行】工具,输入 Samba 服务器的 UNC 路径,如图 15-3 所示,单击【确定】按钮,接着在如图 15-4 所示的【输入网络凭据】对话框中输入 Samba 的用户名和密码,最后单击【确定】按钮即可访问 Samba 资源,如图 15-5 所示。

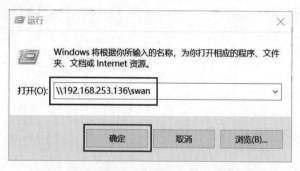

图 15-3　使用【运行】访问 Samba 资源

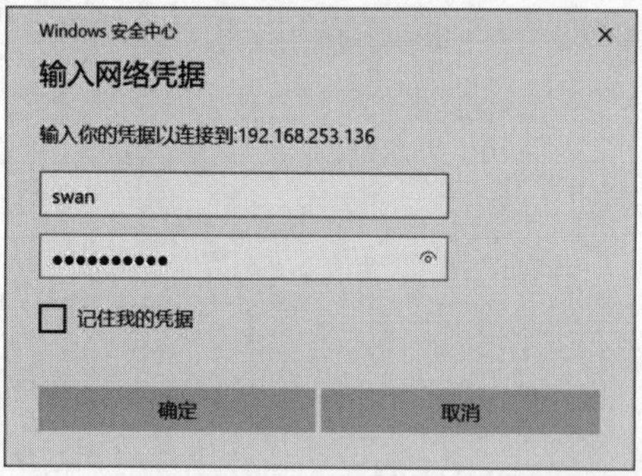

图 15-4　输入网络凭据(也就是 Samba 用户名和密码)

如果由于某种原因(例如想测试多个 Samba 账户),要换另一个 Samba 账户登录 Samba 服务器,则必须删掉前一次的 Samba 网络连接记录才可以。

打开 Windows 的 cmd 窗口,查看 Samba 网络连接记录,并将其删除,命令如下:

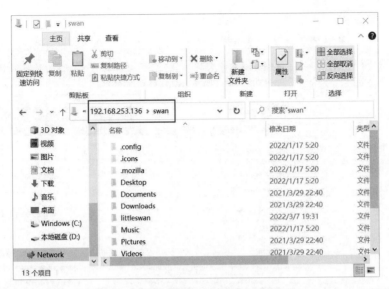

图 15-5　通过网络访问 Samba 共享资源

```
Microsoft Windows [版本 10.0.19044.1526]
(c) Microsoft Corporation。保留所有权利。
C:\Users\jiasir803>net use
会记录新的网络连接。


状态本地远程网络

-------------------------------------------------------------------------------
OK                  \\192.168.253.136\swan    Microsoft Windows Network
命令成功完成。



C:\Users\jiasir803>net use \\192.168.253.136\swan /del
\\192.168.253.136\swan 已经删除
Microsoft Windows [版本 10.0.19044.1526]
(c) Microsoft Corporation。保留所有权利。


C:\Users\jiasir803>net use \\192.168.253.136 /del
\\192.168.253.136 已经删除
```

或者通过控制面板设置，按照控制面板\用户账号\凭据管理器→Windows 凭证，删除之前的 Windows 凭证，再重新使用新的 Samba 账户测试登录 Samba 服务器。凭据管理器的界面如图 15-6 所示。

图 15-6　Windows 凭据管理器

15.3.3　用户级别 Samba 服务器配置进阶

本节的实验内容在 15.3.1 和 15.3.2 节的基础上进行。鉴于读者已经熟悉了操作步骤，一些内容将简写。

注意：本节代码略去终端的完整提示，#表示当前用户为 root，$表示当前用户为普通用户。本节代码的注释按照以下规则书写：标题性注释在代码之前，功能性注释在代码之后。本节所有例子，凡是涉及修改 Samba 的配置文件，皆可以在 15.3 节完成的配置文件后直接追加新的段。

1. 为指定用户配置 Samba 共享

提示：为某用户设置私有的 Samba 共享，并且指定目录（不再是用户的家目录）。

```
//1.创建 Samba 账户
# useradd fangfang
# passwd fangfang
//若 fangfang 无须本机 Shell 登录，则可忽略 passwd 命令
# smbpasswd -a fangfang
//创建 Samba 账户
//2.创建本地共享目录，并更改目录所有者（属主）
# mkdir -p /opt/samba/fangfang
# chown fangfang.fangfang /opt/samba/fangfang
//3.修改配置文件
# vim /etc/samba/smb.conf
//为用户 fangfang 添加续写共享，将对应配置段添加至配置文件末尾，配置段内容如下
```

```
[fangfangdir]
    comment = FangFang's Service
    path = /opt/samba/fangfang
    valid users = fangfang
    writable = yes
//修改完毕后保存并退出 vim
//4.重新启动 Samba 服务器
#systemctl restart smb
```

在客户端测试时，注意既要测试 Samba 账户 fangfang 能否正常访问 Samba 服务器上的共享资源 fangfangdir，还要测试其他 Samba 账户，如在 15.3 节中创建的 swan 或 staff 能否访问该共享资源。

2. 为多个用户配置 Samba 读写共享

提示：用户 jia 和 zhou 要共享资源。

```
//1.创建 Samba 账户
# useradd jia
# useradd zhou
# smbpasswd -a jia
# smbpasswd -a zhou
//2.创建本地共享目录并设置权限
# mkdir /opt/samba/jiazhou
# setfacl -R -m d:u:jia:rwx /opt/samba/jiazhou
# setfacl -R -m d:u:zhou:rwx /opt/samba/jiazhou
# setfacl -R -m u:jia:rwx /opt/samba/jiazhou
# setfacl -R -m u:zhou:rwx /opt/samba/jiazhou
//设置 ACL 权限
//3.修改 Samba 配置文件
# vim /etc/samba/smb.conf
//为用户 jia 和 zhou 添加读写共享，将对应配置段添加至配置文件末尾，配置段内容如下
[jiazhou]
    comment = jiazhou's Share
    path = /opt/samba/jiazhou
    valid users = jia zhou
    writable = yes
//修改完毕后保存并退出 vim
//4.重新启动 Samba 服务器
# systemctl restart smb
```

在客户端测试时，注意 jia 和 zhou 应该是等同的。还需要针对该共享目录测试一个其他的 samba 账户，以便查看设置是否正确。

3. 为指定组配置读写共享

提示：下面的配置使 project 组中的所有成员针对共享目录均具有读写权限。

```
//1.创建project组群和属于该组的用户并为这些用户创建Samba账户
# groupadd project
# useradd -G project xiaoli
# useradd -G project xiaoliu
# useradd -G project xiaochen
# smbpasswd -a xiaoli
# smbpasswd -a xiaoliu
# smbpasswd -a xiaochen
//2.创建本地共享目录并设置权限
# mkdir /opt/samba/project
# chown .project /opt/samba/project
# chmod 2770 /opt/samba/project
//3.修改Samba配置文件
# vim /etc/samba/smb.conf
//为project组添加共享资源,将对应配置段添加至配置文件末尾,配置段内容如下
[project]
    comment = Project Share
    path = /opt/samba/project
    writabel = yes
    write list = @project
//修改完成后保存并退出vim
//4.重新启动Samba服务器
# systemctl restart smb
```

客户端测试时,测试xiaoli等Samba账户,还要测试不属于project群组的用户的Samba账户,例如,可以使用前文中的swan用户测试。读者可自行完成测试,此处不再赘述。

15.4　排查错误

1. Samba服务器配置常见错误

(1) Samba服务器网络服务配置错误,如IP配置错误。
(2) Samba服务器和客户机之间网络不通。
(3) Samba服务器端或者客户机端的网络服务未启动。
(4) Samba服务器的防火墙没有允许Samba。
(5) Samba服务器配置文件出现语法错误。
(6) Samba服务器配置文件出现语义逻辑错误。
(7) Samba服务器配置文件路径不正确。
(8) Samba服务没能正常启动。
(9) Samba服务器端没有安装必要的相关的软件包。
(10) openEuler客户机没有安装必要的相关软件包。

(11) 修改了配置文件/etc/samba/smb.conf，却忘记重启 Samba 服务。只有成功重启 Samba 服务后，新的配置才能生效。

(12) 共享目录的权限设置不正确。

2. 一些错误排查方法

在配置 Samba 服务器时，错误多种多样，建议可从如下几方面考虑排查错误：

(1) 使用 ping 命令测试网络。

使用 ping 命令测试服务器和客户机间网络是否畅通。一般可进行双向测试，在客户机端通过 ping 测试 Samba 服务器，在 Samba 服务器端 ping 客户机。若使用主机名为 client 的 openEuler 客户机测试配置 IP 地址为 192.168.253.136 的 Samba 服务器，则可执行的命令如下：

```
[root@client ~]# ping 192.168.253.136
```

假设前述 openEuler 客户机端 IP 为 192.168.253.5，从 Samba 服务器端 ping 该客户机，命令如下：

```
[root@server ~]# ping 192.168.253.5
```

若提示目标主机不可达，则表示 Samba 服务器 ping 不通 IP 为 192.168.253.5 的客户机。Windows 客户机端 ping 服务器，在开始菜单中找到命令提示符，输入的命令如下：

```
C:\Users\jiasir803>ping 192.168.253.136

正在 ping 192.168.253.136 具有 32 字节的数据：
来自 192.168.253.1 的回复：无法访问目标主机。
请求超时。
```

提示无法访问目标主机，表示 Windows 客户机 ping 不通 Samba 服务器，此时需要检查网络是否畅通。

(2) 本机测试。

在 Samba 服务器上安装 Samba 客户端的软件包，这样服务器自己可以扮演客户机角色测试服务器的服务是否运行正常。

若本机测试无法通过，则说明可能是服务器配置不正确。若本机测试通过，但是客户机端无法连接服务器，则往往是服务器防火墙问题或网络问题。

使用服务器主机名进行本机测试，命令如下：

```
[root@server ~]# smbclient -L //localhost
```

使用服务器 IP 进行本机测试，命令如下：

```
[root@server ~]# smbclient //192.168.253.136/share -U staff
```

(3) 使用 testparm 命令检查/etc/samba/smb.conf 的语法错误。

Samba 提供了 testparm 命令帮助检查在配置文件中的语法错误，命令如下：

```
[root@server ~]# testparm
Load smb config files from /etc/samba/smb.conf
WARNING: The "encrypt passwords" option is deprecated
Unknown parameter encountered: "writeble"
Ignoring unknown parameter "writeble"
Unknown parameter encountered: "browserable"
Ignoring unknown parameter "browserable"
Loaded services file OK.
WARNING: The 'netbios name' is too long (max. 15 chars).

Server role: ROLE_STANDALONE

Press enter to see a dump of your service definitions
```

从上述命令的执行结果可以看出，类似于这样的错误提示 unknown parameter "writeble"，或者 Unknown parameter encountered: "browserable"表明是配置参数拼写错误。像 The 'netbios name' is too long (max. 15 chars)，则表示起的名字太长了，最多允许 15 个字符，因此，要根据 testparm 命令的错误提示斟酌到底是哪里错了，以及怎么改。

（4）在 Windows 客户端访问 Samba 共享资源时，出现了如图 15-7 所示的错误提示。这个错误表示当前 Samba 账户没有权限访问共享资源，或者表示已经以另一个 Samba 账户的身份登录了 Samba 服务器，不允许多个 Samba 账户连接共享资源。

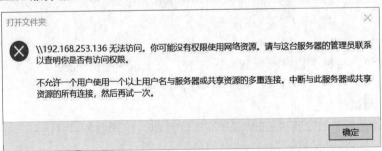

图 15-7　Windows 访问 Samba 共享资源的错误提示

（5）在一次本机测试中，发现这样的错误提示：Connection to 192.168.253.136 failed (Error NT_STATUS_HOST_UNREACHABLE)。后来发现是服务器的 IP 没有配置正确。当时的测试命令和执行结果如下：

```
[root@server ~]# smbclient -L 192.168.253.136
WARNING: The "encrypt passwords" option is deprecated
do_connect: Connection to 192.168.253.136 failed (Error NT_STATUS_HOST_
UNREACHABLE)
```

（6）在 Windows 系统中访问 Samba 共享资源时出现如图 15-8 所示的错误，这种情况并不能推定是什么原因造成的，需要逐一排除。

图 15-8　网络错误

（7）防火墙未设置对造成连接 Samba 共享资源失败，命令和执行结果如下：

```
[openeuler@client Downloads]$ smbclient -L 192.168.253.136
do_connect: Connection to 192.168.253.136 failed (Error NT_STATUS_HOST_UNREACHABLE)
```

细心的读者会发现，这个错误和上面的一个错误的错误提示一样，但是需要注意，错误原因不一样。

（8）当 Samba 服务无法启动或无法重启成功时，可以查看日志。

（9）还有一些配置文件的逻辑错误，不容易发现。需要事先认真规划，配置完成后，在客户机进行多方测试，尽量避免逻辑错误，搭建出一台满足访问权限控制要求的 Samba 服务器。

第 16 章 WWW 服务器配置

本章旨在介绍 openEuler 操作系统环境下 WWW 服务器的配置。首先介绍 WWW 服务器的相关概念，接着介绍在 openEuler 操作系统环境下 WWW 服务器的基本配置方法、虚拟目录、认证授权和虚拟主机（包括基于 IP 的虚拟主机、基于 TCP 端口的虚拟主机和基于域名的虚拟主机），以及客户机测试 WWW 服务的方法。最后介绍在配置 WWW 服务器过程中如何排查一些常见的错误。

16.1 WWW 服务器简介

16.1.1 发展历史

World Wide Web（WWW），或称万维网，也叫 Web，是由英国人 Tim Berners-Lee 发明的。1989 年，Tim Berners-Lee 在欧洲粒子物理实验室（CERN）工作，当时 CERN 的科学家想找到更好的方法在全球的高能物理研究领域交流他们的科学论文和数据，在此背景下 Tim Berners-Lee 开发出了超文本服务器程序代码，并使之适用于互联网。

Tim Berners-Lee 把他设计的超文本链接的 HTML 文件构成的系统称为 WWW。WWW 迅速在科学研究领域普及开来，但在此领域之外，几乎没有人有可以读取 HTML 文件的软件。1993 年，伊利诺斯大学的 Marc Andreessen 带领一群学生写出了 Mosaic，这是第 1 个可以读取 HTML 文件的程序，它用 HTML 超文本链接在因特网上的任意计算机页面之间实现自由遨游。Mosaic 是第 1 个广泛用于个人计算机的 WWW 浏览器。

时至今日，WWW 网站数目的增长速度甚至超过了因特网自身的发展速度。据估计，全球的 WWW 网站已超过亿万家，WWW 文件数可能已经不计其数。

16.1.2 Apache 简介

常见的 WWW 服务器有 Apache 和 Nginx[①]。本章以 Apache 为例介绍 WWW 服务器。

---

① Nginx 是由伊戈尔·赛索耶夫为俄罗斯访问量第二的 Rambler.ru 站点开发的轻量级 Web 服务器。源代码以类 BSD 许可证的形式发布，因它的稳定性、丰富的功能集、简单的配置文件和低系统资源的消耗而闻名。

Apache HTTP Server（简称 Apache）是 Apache 软件基金会的一个开放源代码的 WWW 服务器。由于支持多平台，并且具有较好的安全性，Apache 在实际应用中被广泛使用，是最流行的 Web 服务器端软件之一。它快速、可靠并且可通过简单的 API 扩展将 Perl 和 Python 等解释器编译到服务器中。

16.1.3　基本工作原理

WWW 服务器使用的是 HTTP。HTTP 是一种客户机/服务器协议。在服务器端，有一个守护进程监听 80 端口（或其他指定端口），处理来自客户机浏览器的请求。浏览器向 WWW 服务器发出 HTTP 请求（Request），请求位于某个特定 URL 的数据。服务器收到浏览器的请求数据后经过分析处理，向浏览器输出响应数据（Response）。浏览器收到服务器的响应数据后经过分析处理，将最终结果显示在浏览器中。如果发生错误，服务器则会返回特定的错误信息，例如请求的内容不存在，则显示 404 NOT Found。

16.1.4　Apache 配置文件简介

1. 主配置文件和 Include 命令

Apache 的主配置文件为/etc/httpd/conf/httpd.conf，但是当对 Apache 做较复杂的配置时，为了避免主配置文件内容过多，逻辑上不容易理解，可以使用 Include 或者 IncludeOptional 附加其他配置文件。

读者可以看到在 Apache 主配置文件/etc/httpd/conf/httpd.conf 中包含如下配置：

```
Include conf.modules.d/*.conf
IncludeOptional conf.d/*.conf
```

显然，在/etc/httpd/conf.modules.d/和/etc/httpd/conf.d 目录下所有以.conf 为后缀的文件都被包含进了主配置文件，通常用于添加对主服务的额外配置或添加对虚拟主机的一些配置。Include 和 IncludeOptional 的区别在于：Include 包含的文件必须存在，否则会报错，而 IncludeOptional 包含的文件可以不存在。

另外，管理员也可以在/etc/httpd/conf.d 目录下添加自己的配置文件。对于初学者而言，可从仅完成 Apache 的主配置文件开始，之后再慢慢探索复杂的配置方法。

2. 基于目录的配置文件

除了可以使用主配置文件外，Apache 还可以使用分布在整个网站的目录树中的特殊文件进行分散配置。这样的特殊配置文件称为基于目录的配置文件。这些特殊的文件名默认含有.htaccess。

3. 配置文件的基本语法

（1）每行包含一个配置参数，在行尾使用反斜杠"\"可以表示续行。

（2）配置文件中的配置参数选项区分大小写。

（3）以#开头的行是注释行。注释起解释作用，不实际执行。另外，请注意注释不能出现在指令后边。

（4）空白行和指令前的空白字符在执行时也会被忽略，因此可以使用缩进排版以保持配置文件内容层次清晰。

无论是主配置文件还是 Include 语句包含的配置文件或者.htaccess 配置文件，都遵从上述基本语法。

注意：查看官方在线文档，可以获取对 Apache 配置的详细帮助。官方在线文档的网址为 https://httpd.apache.org/docs/2.4/。

4．配置参数介绍

下面分别从全局环境设置、主服务器配置设置和虚拟主机设置三方面讲述配置文件/etc/httpd/conf/httpd.conf 的参数。

1）全局环境设置

常用的全局环境设置的配置参数及说明见表 16-1。

表 16-1　全局环境设置

配置参数	说　明
ServerRoot　"/etc/httpd "	该参数用于设置 Apache 服务器的根目录，即服务器主配置文件和日志文件的位置
PidFile　"/run/httpd/httpd.pid "	该参数用于设置运行 Apache 时使用的 PID 文件的位置。用来记录 httpd 进程执行时的 PID
Timeout　60	该参数用于设置超时时间，单位为秒。如果在指定时间内没有收到或发出任何数据，则断开连接
KeepAlive　Off	该参数用于设置是否启用保持连接。值为 On 表示启动，这样客户一次请求连接能响应多个文件；值为 Off 表示不启用，客户一次请求连接只能响应一个文件。建议设置为 On 来提高访问性能
MaxKeepAliveRequests　100	该参数用于设置在启用 KeepAlive On 时，限制客户一次请求连接能响应的文件数量。若将该参数值设置为 0，则表示不限制
KeepAliveTimeout　5	该参数用于设置在启用 KeepAlive On 时，相邻的两个请求连接的最大时间间隔。如果超出指定时间，则断开连接
Listen　80	该参数用于设置服务器的监听端口
IncludeOptional　conf.d/*.conf	该参数用于设置将/etc/httpd/conf.d 目录下的以 conf 结尾的配置文件都包含进来
ExtendedStatus　On	该参数用于设置服务器是否生成完整的状态信息。值为 On：生成完整信息；值为 Off：仅仅生成基本信息
User apache	该参数用于设置运行 Apache 服务器的用户
Group apache	该参数用于设置运行 Apache 服务器的用户组群

2）主服务器配置设置

在/etc/httpd/conf/httpd.conf 配置文件中可以添加和修改的主服务器配置参数见表 16-2。

表 16-2 主服务器配置设置

配 置 参 数	说 明
ServerAdmin root@localhost	该参数用于设置 Apache 服务器管理员的电子邮件地址，如果 Apache 有问题，则会发送邮件通知管理员
ServerName www.example.com:80	该参数用于设置 Apache 服务器主机名称，如果没有域名，则可以直接写 IP 地址
UseCanonicalName Off	该参数值为 Off 时，需要在指向本身的链接时使用 ServerName:Port 作为主机名；该参数值为 On 时，则需要使用 Port 将主机名和端口号隔开
DocumentRoot "/var/www/html"	该参数用于设置 Apache 服务器中存放网页内容的根目录位置
Options Indexes FollowSymLinks	该参数用于设置在目录中找不到 DirectoryIndex 列表中指定的文件时列出当前目录的文件列表
DirectoryIndex index.html	该参数用于设置网站默认文档的首页名称
AccessFileName .htaccess	该参数用于设置保护目录配置文件的名称
TypesConfig /etc/mime.types	该参数用于指定负责处理 MIME 对应格式的配置文件的存储位置
HostnameLookups Off	该参数用于设置记录连接 Apache 服务器的客户端的 IP 地址还是主机名。值为 Off：记录客户端 IP 地址；值为 On：记录客户端主机名
ErrorLog "/logs/error_log"	该参数用于设置错误日志文件的保存位置
LogLevel warn	该参数用于将要记录的错误信息的等级设置为 warn
ServerSignature On	该参数用于设置服务器是否在自动生成 Web 页中加上服务器的版本和主机名。值为 On：表示加上；值为 Off：表示不加上
Options Indexes MultiViews FollowSymlinks	该参数用于设置使用内容协商功能决定被发送的网页的性质
ReadmeName README.html	该参数用于当服务器自动列出目录列表时，在所生成的页面之后显示 README.html 的内容
HeaderName HEADER.html	该参数用于当服务器自动列出目录列表时，在所生成的页面之前显示 HEADER.html 的内容

3）虚拟主机配置设置

常用的虚拟主机配置设置见表 16-3。

表 16-3 虚拟主机配置设置

配 置 参 数	说 明
NameVirtualHost *:80	该参数用于设置基于域名的虚拟主机
ServerAdmin webmaster@dummy-host.example.com	该参数用于设置虚拟主机管理员的电子邮件地址
DocumentRoot /www/docs/dummy-host.example.com	该参数用于设置虚拟主机的根文档目录
ServerName dummy-host.example.com	该参数用于设置虚拟主机的名称和端口号

续表

配 置 参 数	说　　明
ErrorLog logs/dummy-host.example.com-error_log	该参数用于设置虚拟主机的错误日志文件
CustomLog logs/dummy-host.example.com-access_log common	该参数用于设置虚拟主机的访问日志文件

16.2　默认配置

A 公司刚刚成立，需要建立一个门户网站，即公司官网，用于对外宣传。针对此需求，在 A 公司内部配置一台 Apache 服务器，为客户端计算机提供能通过域名访问的 Apache Web 网站，具体参数如下。

（1）Apache 服务器 IP 地址：192.168.253.136。

（2）Web 网站域名：www.myeuler.com。

（3）Apache 服务器默认首页文档名称：index.html 和 index.htm。

（4）Apache 服务器中存放网页内容的根目录位置：/var/www/html。

（5）Apache 服务器监听端口：80。

（6）默认字符集：UTF-8。

（7）运行 Apache 服务器的用户和组：apache。

（8）管理员邮件地址：root@myeuler.com。

整体规划：使用虚拟机实验，环境包括一台 openEuler 虚拟机服务器，一台 openEuler 虚拟机客户机，一台 Windows 操作系统虚拟机客户机，联网方式均为 NAT。openEuler 服务器使用固定 IP，openEuler 客户机使用 VMware 自带的 DHCP 分配 IP。Windows 虚拟机使用 VMware 自带的 DHCP 服务分配 IP。此处，Windows 客户机也可以是宿主机 Windows 系统。若使用宿主机 Windows 系统，则不需要设置 IP，但需要保证虚拟网卡 VMnet8 正常启动。为了简化问题，openEuler 服务器不仅被配置为 WWW 服务器，也扮演 DNS 服务器的角色。

16.2.1　服务器端配置

1．为服务器配置网络服务等

以普通用户身份登录终端，切换至 root 用户，将服务器主机名修改为 server。将主目录切换至/root。设置服务器使用固定 IP。IP 为 192.168.253.136，子网掩码为 255.255.255.0，默认网关和 DNS 都为 192.168.253.2。

2．配置 DNS 服务器

在生产环境中，DNS 服务器和 WWW 服务器通常是不同的主机，但是为了简化问题，方便读者学习，这里将 IP 为 192.168.253.136 的 openEuler 虚拟机同时配置为 DNS 服务器和 WWW 服务器。本书没有专门开辟章节介绍 DNS 服务的配置。读者可以按照本节的步骤，配置 DNS 服务。

配置 DNS 服务的过程如下：
1）安装 bind 软件包
检查 bind 软件包是否已经安装，命令如下：

```
[root@server ~]# rpm -q bind
bind-9.11.21-9.oe1.x86_64
```

从命令的执行结果看，当前系统已经默认安装了 bind 软件包。若系统没有安装该软件包，则需要执行 dnf 命令安装 bind 软件包，命令如下：

```
[root@server ~]# dnf install bind
```

2）编辑 DNS 服务器的配置文件/etc/named.conf
DNS 服务器的主配置文件为/etc/named.conf。在/etc/named.conf 文件中，以//开头的行是注释以/*开始且以*/结束的段落也是注释。注释起到帮助运维人员理解配置行的作用，并不被执行。
修改 DNS 服务器的配置文件/etc/named.conf，命令如下：

```
[root@server ~]# vim /etc/named.conf
//修改后的文件的内容如下
//
//named.conf
//
//Provided by Red Hat bind package to configure the ISC BIND named(8) DNS
//server as a caching only nameserver (as a localhost DNS resolver only).
//
//See /usr/share/doc/bind*/sample/ for example named configuration files.
//
options {
//修改下面一行，设置当前 DNS 服务器的 IP
        listen-on port 53 { 192.168.253.136; };
        listen-on-v6 port 53 { ::1; };
        directory       "/var/named";
        dump-file       "/var/named/data/cache_dump.db";
        statistics-file "/var/named/data/named_stats.txt";
        memstatistics-file "/var/named/data/named_mem_stats.txt";
        secroots-file   "/var/named/data/named.secroots";
        recursing-file  "/var/named/data/named.recursing";
//修改下面一行，将只允许 localhost 访问这一配置变成注释
//allow-query     { localhost; };
//添加下面一行，允许 192.168.253.0 网络中主机访问 DNS 服务器
        allow-query {192.168.253.0/24;};

/*
```

```
       此处省略了一些注释
       */

              recursion yes;

              dnssec-enable yes;
              dnssec-validation yes;

              managed-keys-directory "/var/named/dynamic";

              pid-file "/run/named/named.pid";
              session-keyfile "/run/named/session.key";

              /* https://fedoraproject.org/wiki/Changes/CryptoPolicy */
              include "/etc/crypto-policies/back-ends/bind.config";
       };

       logging {
              channel default_Debug {
                     file "data/named.run";
                     severity dynamic;
              };
       };

       zone "." IN {
              type hint;
              file "named.ca";
       };
       //添加下面一段共 4 行配置,配置 myeuler.com 区域
       zone "myeuler.com" IN {
              type master;
              file "/var/named/myeuler.com.hosts";
       };

       include "/etc/named.rfc1912.zones";
       include "/etc/named.root.key";
```

3）创建正向区域文件/var/named/myeuler.com.hosts

创建正向区域文件/var/named/myeuler.com.hosts,这里的正向区域必须和/etc/named.conf 文件中指定的区域文件名保持一致,命令如下:

```
[root@server ~]# vim /var/named/myeuler.com.hosts
//修改后的文件内容如下
$ttl 38400
```

```
@       IN      SOA     myeuler.com. root.myeuler.com. (
                        1268360234
                        10800
                        3600
                        604800
                        38400 )
@       IN      NS      aaa.myeuler.com.
aaa     IN      A       192.168.253.136
www     IN      A       192.168.253.136
```

注意：在编辑正向区域文件/var/named/myeuler.com.hosts 时，域名最后必须以 "." 结尾，例如 aaa.myeuler.com.；@表示本域，如果用域名表示就是 myeuler.com。

4）设置防火墙

设置 DNS 服务器的防火墙，开放服务器的 DNS 服务，命令如下：

```
[root@server ~]# firewall-cmd --permanent --zone=public --add-service=dns
[root@server ~]# firewall-cmd --reload
```

只有以上两条命令都执行成功，防火墙才算设置成功。

5）启动 DNS 服务

启动 DNS 服务，命令如下：

```
[root@server ~]# systemctl start named
```

注意：这几个命令为一组命令，常常搭配在一起使用。

systemctl start named 启动 named 服务。
systemctl status named 查看 named 服务状态。
systemctl restart named 重启 named 服务。
systemctl stop named 停止 named 服务。

3. 安装 Apache 相关软件包

查看 httpd 软件包是否已经安装，命令如下：

```
[root@server ~]# rpm -qa|grep httpd
```

命令结果列表为空，说明没有安装 httpd 软件包，安装命令如下：

```
[root@server ~]# dnf install httpd
```

安装完毕后，再一次查看，以便确认成功安装，命令如下：

```
[root@server ~]# rpm -qa|grep httpd
httpd-filesystem-2.4.46-3.oe1.noarch
httpd-tools-2.4.46-3.oe1.x86_64
httpd-2.4.46-3.oe1.x86_64
```

4. 保存 WWW 服务器的默认初始配置

（1）备份默认配置文件。

利用 cp 命令将默认配置文件备份为 httpd.conf.bak（生产环境中推荐这么做），命令如下：

```
[root@server ~]# cp /etc/httpd/conf/httpd.conf /etc/httpd/conf/httpd.conf.bak
```

（2）拍摄虚拟机快照。

拍摄 Apache 服务器当前状态快照，命名为 Apache 默认配置。必要时可恢复到该快照，还原至 Apache 服务器默认配置状态。

5. 配置 Web 服务器

1）编辑配置文件/etc/httpd/conf/httpd.conf

根据规划好的网站参数，修改配置文件，命令如下：

```
[root@server ~]# vim /etc/httpd/conf/httpd.conf
//修改以下参数内容，其他参数不变
ServerAdmin root@myEuler.com
ServerName WWW.myEuler.com:80
//修改完成后保存并退出 vim
```

拍摄虚拟机快照，命名为官网网站默认配置。后续必要时可恢复到该快照。

2）将网页保存到/var/www/html 目录中

可将事先制作好的 Apache 站点网页全部放置到/var/www/html 目录中。为了测试方便，这里使用 vim 生成 index.html 文件，命令如下：

```
[root@server ~]# vim /var/www/html/index.html
//在文件中写入下面一句话
This is myeuler.com!
//修改完成后保存并退出 vim
```

3）启动 httpd 服务

如果这是读者做的关于 WWW 服务器配置的第 1 个实验，执行到这一步时，当然 http 服务仍处于未启动状态，但是考虑到如果是生产环境，或者读者前面已经做了一些 WWW 服务器的实验，推荐按下面方法做，避免失误。

（1）查看 http 服务状态，如果服务未启动，则可启动 httpd 服务，命令如下：

```
[root@server ~]# systemctl status httpd
● httpd.service - The Apache HTTP Server
     Loaded: loaded (/usr/lib/systemd/system/httpd.service; disabled; vendor preset: disabled)
     Active: inactive (dead)
       Docs: man:httpd.service(8)
//inactive(dead)说明 httpd 服务未启动
[root@server ~]# systemctl start httpd
```

```
//使用systemctl命令启动服务
[root@server ~]#
//httpd服务启动成功
```

需要注意，若配置文件有错误，则执行 systemctl start httpd 命令启动 httpd 服务会失败，一般错误提示如下：

```
[root@server ~]# systemctl start httpd
Job for httpd.service failed because the control process exited with error code.
See "systemctl status httpd.service" and "journalctl -xe" for details.
```

（2）查看 httpd 服务状态，若服务已经处于启动状态，因为上一步修改了配置文件，所以现在需要重启 httpd 服务，以便使新的配置生效，命令如下：

```
[root@server ~]# systemctl status httpd
● httpd.service - The Apache HTTP Server
    Loaded: loaded (/usr/lib/systemd/system/httpd.service; disabled; vendor preset: disabled)
    Active: active (running) since Sat 2022-04-02 09:52:03 CST; 29s ago
      Docs: man:httpd.service(8)
...
//此处省略了一些信息
//active(running)说明vsftpd服务已经启动，正常运行中
//注意，如果执行该命令不能正常回到终端提示符，则可使用快捷键Ctrl+C强制回到终端提示符
[root@server ~]#systemctl restart httpd
[root@server ~]#
//重启httpd服务成功
```

需要注意，如果刚刚修改过的配置文件有语法错误，则重启 httpd 服务也一定会失败。有时，需要先停止 httpd 服务，然后重启服务。停止 httpd 服务的命令如下：

```
[root@server ~]# systemctl stop httpd
```

注意：这几个命令为一组命令，常常搭配在一起使用。

systemctl start httpd 启动 httpd 服务。
systemctl status httpd 查看 httpd 服务状态。
systemctl restart httpd 重启 httpd 服务。
systemctl stop httpd 停止 httpd 服务。

4）开机自动启动 httpd 服务

使用以下命令重新引导系统时可自动启动 httpd 服务。

```
[root@server ~]# systemctl enable httpd
```

使用以下命令测试开机自启动是否已经生效。

```
[root@server ~]# systemctl is-enabled httpd
```

5）防火墙

设置 WWW 服务器的防火墙开放 http 服务，打开相应的服务器 80 端口。如果防火墙不开放 http 服务，则客户机无法访问服务器，命令如下：

```
[root@server ~]# firewall-cmd --permanent --zone=public --add-service=http
[root@server ~]# firewall-cmd --reload
```

需要注意，设置防火墙需要两条命令，第 1 条命令是开放 http 服务，第 2 条命令是重新加载防火墙，使新设置生效。这两条命令必须都执行成功防火墙才算设置完成。

16.2.2 客户机端配置

在 openEuler 系统中配置的 WWW 服务器可以支持 openEuler 等 Linux 客户端和非 Linux 客户端（如 Windows 系统）访问 WWW 站点。

注意：若在实验时，跳过了配置 DNS 服务，则本节客户端访问 WWW 服务器只能使用 IP 而不能使用域名。

1. openEuler 客户机端

1）准备工作——设置客户机网络服务

以普通用户登录终端，切换至用户 root，将当前目录改为/root。使用 VMware 的 NAT 模式下的自带 DHCP 服务自动获得 IP。将主机名修改为 client。

2）使用 IP 访问 Web 站点

启动 Firefox 浏览器，在网址栏中输入 Web 站点的 IP 地址，即 http://192.168.253.136，便可访问 Web 站点，如图 16-1 所示。

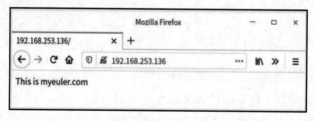

图 16-1 浏览器使用 IP 访问 Web 站点

3）使用域名访问 Web 站点

下面分两种情况讨论使用域名访问 Web 站点。

（1）若在服务器配置过程中，按照 16.2.1 节中所述方法正确地配置了 DNS 服务，则可使用动态域名解析，具体做法如下：

① 修改客户机端的/etc/resolv.conf 文件，指向 DNS 服务器，命令如下：

```
[root@client ~]# vim /etc/resolv.conf
//添加下面一行，指向 16.2.1 节中配置的 DNS 服务器
```

```
nameserver 192.168.253.136
//修改完成后保存并退出 vim
```

读者可在此拍摄一个 openEuler 客户端虚拟机快照，将快照命名为"openEuler 客户端动态域名解析"。

② 打开 Firefox 浏览器，在网址栏中输入域名 www.myeuler.com 访问 Web 站点，如图 16-2 所示。

（2）若在服务器配置过程中没有配置 DNS 服务，则需要使用静态域名解析，具体做法如下：

① 在 openEuler 客户端修改客户端的静态解析配置文件/etc/hosts，设置 WWW 服务器域名与 IP 的对应关系，命令如下：

```
[root@client ~]# vim /etc/hosts
//在文件末尾添加下面一行
192.168.253.136  www.myeuler.com
//修改完成后保存并退出
```

读者可在此拍摄一个 openEuler 客户端虚拟机快照，将快照命名为"openEuler 客户端静态域名解析"。

② 打开 Firefox 浏览器，在网址栏中输入域名 www.myeuler.com 访问 Web 站点，如图 16-2 所示。

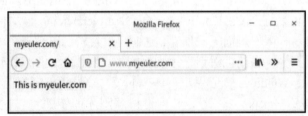

图 16-2 在 openEuler 客户端中使用域名访问 Web 站点

2. Windows 客户机端

1）准备工作——设置客户机网络服务

如果使用 Windows 虚拟机，则可以使用自动 DHCP 服务获取 IP。如果使用物理机也就是宿主机中的 Windows 系统进行测试，则需要保证虚拟网卡可正常启用。

2）使用 IP 访问站点

使用任意浏览器，例如 Chrome 浏览器，在浏览器的网址栏中输入 Web 站点的 IP 地址 http://192.168.253.136 访问站点，如图 16-3 所示。

3）使用域名访问站点

下面分两种情况讨论使用域名访问 Web 站点。

图 16-3　在 Windows 客户端中使用 IP 访问 Web 站点

（1）若在服务器配置过程中，按照 16.2.1 节中所述的方法正确地配置了 DNS 服务，则可使用动态域名解析，具体做法如下：

① 在 Windows 客户机的 TCP/IP 设置中，首选将 DNS 服务器的 IP 或者备选 DNS 服务器的 IP 设置为前文中配置的 DNS 服务器的 IP。不过若使用宿主机 Windows 系统充当 Windows 客户机，则这么做可能会影响宿主机访问外网。

② 打开 Chrome 浏览器，在网址栏中输入域名 www.myeuler.com 访问 Web 站点。

（2）若在服务器配置过程中没有配置 DNS 服务，则需要使用静态域名解析，具体做法如下：

① 将 Windows 系统的静态域名解析文件修改为 C:\Windows\System32\drivers\etc\hosts，在该文件末尾添加如下一行内容后保存即可。

```
192.168.253.136    www.myeuler.com
```

注意，读者最好以 Windows 管理员身份修改 C:\Windows\System32\drivers\etc\hosts 文件。Windows 的普通用户可以打开 C:\Windows\System32\drivers\etc\hosts 文件，但是修改完该文件在保存时系统会提示权限不足而无法保存。这时可以在资源管理器中找到该文件，右击后在弹出的菜单中选择属性，在属性对话框中切换到安全页面，如图 16-4 所示给予普通用户写入权限，确定之后，Windows 普通用户再修改 hosts 文件就能正常保存了。不过，为了安全，大家应切记，修改 hosts 文件之后必须再按照刚才的步骤将普通用户的写入权限取消掉。

② 打开 Chrome 浏览器，在网址栏中输入域名 www.myeuler.com 访问 Web 站点，如图 16-5 所示。

16.2.3　访问日志管理与分析

Apache 服务器中的日志文件有错误日志和访问日志两种。本节着重介绍访问日志，错误日志将在 16.5.1 节中介绍。

在服务器运行过程中，用户在客户端访问 Web 网站的动作都会被记录下来。访问日志中记录了 Apache 服务器所处理的所有请求信息。例如，什么时间哪一个客户端连接到 Web 网站访问了什么网页都被记录在访问日志中。

图 16-4　为 Windows 系统中的 hosts 文件增加普通用户写入权限

图 16-5　在 Windows 客户端中使用域名访问 Web 站点

在 Apache 服务器中配置文件/etc/httpd/conf/httpd.conf 中的以下内容，用于说明访问日志的保存位置和访问日志的格式分类。

```
<IfModule log_config_module>

    LogFormat "%h %l %u %t \"%r\" %>s %b \"%{Referer}i\" \"%{User-Agent}i\"" combined
    LogFormat "%h %l %u %t \"%r\" %>s %b" common

<IfModule logio_module>
    #You need to enable mod_logio.c to use %I and %O
    LogFormat "%h %l %u %t \"%r\" %>s %b \"%{Referer}i\" \"%{User-Agent}i\" %I %O" combinedio
```

```
    </IfModule>

        CustomLog "logs/access_log" combined
    </IfModule>
```

常用的访问日志参数见表 16-4。

表 16-4 访问日志参数一览表

参　数	说　明
%h	访问 Web 网站的客户端 IP 地址
%l	从 identd 服务器中获取远程登录名称
%u	来自认证的远程用户
%t	连接的日期和时间
%r	HTTP 请求的首行信息
%>s	服务器返回客户端的状态码
%b	传送的字节数
%{Referer}i	发给服务器的请求头信息
%{User-Agent}i	客户机使用的浏览器信息

通过 /etc/httpd/logs/access_log 文件查看 Apache 访问日志信息。在 IP 地址为 192.168.253.208 的 openEuler 客户机上访问 192.168.253.136 的 Web 网站后，获得了以下访问日志内容：

```
    192.168.253.208 - - [04/Apr/2022:11:02:16 +0800] "GET / HTTP/1.1" 200 27 "-"
"Mozilla/5.0 (X11; Linux x86_64; rv:79.0) Gecko/20100101 Firefox/79.0"
```

/etc/httpd/logs/access_log 文件输出信息描述见表 16-5。

表 16-5 /etc/httpd/logs/access_log 文件输出信息描述一览表

输 出 信 息	说　明
192.168.253.208	访问 Web 网站的客户端 IP 地址
-	从 identd 服务器中获取远程登录命令，"-" 表示没有取得信息
-	来自认证的远程用户，"-" 表示没有取得信息
[04/Apr/2022:11:02:16 +0800]	连续的日期和时间
"GET / HTTP/1.1"	HTTP 请求的首行信息
200	服务器返回客户端的状态码
27	传送的字节数
"-"	发送给服务器的请求头信息，"-" 表示没有取得信息
"Mozilla/5.0 (X11; Linux x86_64; rv:79.0) Gecko/20100101 Firefox/79.0"	客户机使用的浏览器信息

16.3 Web 服务器配置进阶

16.3.1 访问控制

从 Apache 2.4 版本开始，使用 Require 指令来完成访问控制配置。在前文实验中安装的是 Apache 2.4.46 版本。若要查询 Apache 版本，则可执行的命令如下：

```
[root@server ~]# rpm -q httpd
httpd-2.4.46-3.oe1.x86_64
```

在 Apache 配置主文件/etc/httpd/conf/httpd.conf 中，默认有以下含有 Require 参数的内容：

```
<Directory "/var/www/html">
    Options Indexes FollowSymLinks
    AllowOverride None
    Require all granted
</Directory>
```

在 Apache 服务器中，可以使用的访问控制指令见表 16-6。

表 16-6 访问控制指令详细讲解

指　　令	说　　明
Require all granted	允许所有客户机访问，其中 all 表示所有客户机
Require all denied	拒绝所有客户机访问，all 表示所有客户机
Require IP 地址[IP 地址|网络地址]	允许特定 IP 地址或网络地址访问
Require not IP 地址[IP 地址|网络地址]	拒绝特定 IP 地址或者网络地址访问，not 表示逻辑非
Require local	允许本地访问
Require host[域名|完全合格域名]	允许特定域名或者完全合格域名访问
Require not host[域名|完全合格域名]	拒绝特定域名或者完全合格域名访问

下面用实例讲述 Apache 服务器的访问控制配置。

针对 16.2.1 节中配置好的 Apache 服务器，分别按以下 3 种配置（这 3 种配置是互斥的，一次只能配置一种）设置访问控制。

（1）允许所有客户端访问 Web 网站，只有 IP 为 192.168.253.8 的客户端不能访问 Web 网站。

在 Apache 的主配置文件/etc/httpd/conf/httpd.conf 中，按以下内容使用 vim 修改 Web 网站的根目录的访问控制权限，命令如下：

```
[root@server ~]# vim /etc/httpd/conf/httpd.conf
//修改配置目录"/var/www/html"的访问控制权限
<Directory "/var/www/html">
    Options Indexes FollowSymLinks
```

```
        AllowOverride None
        <RequireAll>
         Require all granted
         Require not ip 192.168.253.8
        </RequireAll>
    </Directory>
    //修改完成后保存并退出 vim
```

接下来重启 httpd 服务即可,命令如下:

```
[root@server ~]#systemctl restart httpd
```

httpd 服务重启成功后,读者可自行在客户端测试修改后的 Web 服务器。注意,IP 为 192.168.253.8 的客户机访问 Web 服务器应被拒绝;其他客户机可以正常访问 Web 服务器。

(2)允许所有客户端访问 Web 网站,只有完全合格域名为 abc.myeuler.com 的客户端不能访问 Web 网站。

在 Apache 的主配置文件/etc/httpd/conf/httpd.conf 中,可按以下内容修改 Web 网站的根目录的访问控制权限。

```
<Directory "/var/www/html">
    Options Indexes FollowSymLinks
    AllowOverride None
    <RequireAll>
        Require all granted
        Require not host abc.myeuler.com
    </RequireAll>
</Directory>
```

由于在这个配置中涉及了域名,而本书中 DNS 服务器没有详细展开讲解,因此修改后的 Web 服务器的客户端测试读者可以不做。

(3)拒绝所有客户端访问 Web 网站,只有 192.168.253.0/24 网络的客户端才能访问 Web 网站。

在 Apache 的主配置文件/etc/httpd/conf/httpd.conf 中,可按以下内容修改 Web 网站的根目录的访问控制权限。

```
[root@server ~]#vim/etc/httpd/conf/httpd.conf
//修改配置目录"/var/www/html"的访问控制权限
<Directory "/var/www/html">
    Options Indexes FollowSymLinks
    AllowOverride None
        Require all denied
        Require ip 192.168.253.0/24
</Directory>
//修改完成后保存并退出 vim
```

接下来重启 httpd 服务即可,命令如下:

```
[root@server ~]# systemctl restart httpd
```

httpd 服务重启成功后,读者可自行在客户端测试修改后的 Web 服务器。注意,IP 为 192.168.253.0/24 网络范围内的客户机访问 Web 服务器应被允许;其他客户机访问 Web 服务器则被拒绝。建议测试时,openEuler 客户机充当 192.168.253.0/24 网络范围内的客户机,使用宿主机也就是物理机 Windows 系统充当其他客户机。

16.3.2 用户认证与授权

Apache 服务器支持基本认证和摘要认证两种类型。一般而言,使用摘要认证比使用基本认证更安全,但是因为兼容性问题,有些浏览器不支持使用摘要认证,所以在大多数情况下用户只能使用基本认证。

1. 认证配置指令

所有的认证配置指令既可以在主配置文件/etc/httpd/conf/httpd.conf 的 Directory 容器中使用,也可以在./htaccess 文件中使用。所有可用的认证配置指令见表 16-7。

表 16-7 认证配置指令详细讲解

指 令	指 令 语 法	说 明
AuthName	AuthName 领域名称	定义受保护领域的名称
AuthType	AuthType Basic 或 Digest	定义使用的认证方式
AuthUserFile	AuthUserFile 文件名	定义认证口令文件所在的位置
AuthGroupFile	AuthGroupFile 文件名	定义认证组文件所在的位置

2. 授权

使用认证配置指令配置认证之后,还需要使用 Require 指令为指定的用户和组进行授权。Require 指令的使用方法见表 16-8。

表 16-8 Require 指令的使用方法

指令语法格式	说 明
Require 用户名 [用户名]	给指定的一个或多个用户授权
Require group 组名 [组名]	给指定的一个或多个组授权
Requirevalid-user	给认证口令文件中的所有用户授权

3. 用户认证和授权的配置实例

针对 16.2.1 节中配置好的 Apache 服务器,创建目录/var/www/html/test,并为该目录设置用户认证和授权。

1)服务器端配置

(1)创建访问目录。

创建/var/www/html/test 目录，命令如下：

```
[root@server ~]# mkdir /var/www/html/test
```

（2）创建认证口令文件并添加用户。

创建认证口令文件/var/www/passwd/myeuler 并添加用户 linghuchong，命令如下：

```
//创建目录/var/www/passwd
[root@server ~]# mkdir /var/www/passwd
//创建认证口令文件/var/www/passwd/myeuler，添加用户 linghuchong
[root@server ~]# htpasswd -c /var/www/passwd/myeuler linghuchong
//输入用户 linghuchong 的认证口令
New password: <--输入密码
//再次输入用户 linghuchong 的认证口令
Re-type new password: <--再次输入密码确认
Adding password for user linghuchong
```

查看认证口令文件/var/www/passwd/myeuler 的内容，命令如下：

```
[root@server ~]# cat /var/www/passwd/myeuler
linghuchong:$apr1$ulDFwGGl$zUiyJtz/ucVipEOngQ1oV/
```

（3）编辑/etc/httpd/conf/httpd.conf 文件，添加认证配置。

使用 vim 打开并修改/etc/httpd/conf/httpd.conf 文件，对/var/www/html/test 目录设置认证和授权。

```
[root@server ~]# vim /etc/httpd/conf/httpd.conf
//在目录/var/www/html 的配置后面，添加目录"/var/www/html/test"的如下配置段
<Directory "/var/www/html/test">
    AllowOverride None
    //使用基本认证方式
    AuthType basic
    //认证领域名称为 myeuler
    AuthName "myeuler"
    //设置认证口令文件存储位置
    AuthUserFile /var/www/passwd/myeuler
    //设置授权给认证口令文件中的所有用户
    Require valid-user
</Directory>
//修改完成后保存并退出 vim
```

（4）重新启动 httpd 服务，命令如下：

```
[root@server ~]# systemctl restart httpd
```

2）客户机端测试

openEuler 客户机端和 Windows 客户机端的测试类似。这里以 openEuler 客户机端为例进行测试。启动 Firefox 浏览器，在网址栏输入网址 http://192.168.253.136/test 测试所配置的用户认证和授权，如图 16-6 所示，出现验证对话框，需要输入用户名 linghuchong 和对应的密码。

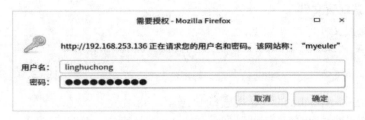

图 16-6　测试用户认证和授权

16.4　虚拟目录

众所周知，在 Apache 服务器中，默认网站的根目录是/var/www/html。如果将 Web 网站内容直接存储在默认网站根目录，则 Web 网站很容易受到黑客或者其他人的恶意攻击。通常的一个流行的解决方案是使用虚拟目录，将 Web 网站部署到其他目录，而不是默认网站根目录。那么问题来了，什么是虚拟目录？

所谓虚拟目录是为服务器上某个物理目录指定的一个别名。由于用户不知道文件在服务器上的物理位置，所以无法使用虚拟目录信息来修改文件。另外，通过别名，还可以更轻松地移动站点中的目录，用户不需要修改目录的 URL，只需更改别名与目录物理位置之间的映射。为了 Web 网站安全，常常使用虚拟目录。

A 公司官网网站上线以来，为公司树立了良好的形象，运行稳定。可是，一段时间之后，官网竟然遭受了好几次攻击。经过运维人员分析，WWW 服务器受攻击的一个重要原因是网站内容直接存储在了默认网站根目录。于是，运维人员决定改用虚拟目录解决这个问题。具体如下：

对 A 公司官网网站进行调整。在 Apache 服务器上创建目录/var/mywebsite，并为该目录创建虚拟目录 maze，使用网址 http://www.myeuler.com/maze 访问网站。虚拟目录和别名及访问时的 URL 之间的对应关系见表 16-9。

表 16-9　虚拟目录和物理文件位置

物 理 位 置	别　　名	URL
/var/www/html	主目录（无）	http://www.myeuler.com
/var/mywebsite	maze	http://www.myeuler.com/maze

16.4.1 服务器端配置

1. 准备工作

参看 16.2.1 节中的准备工作。如果已经完成 16.2 节的实验，则可以还原默认配置文件或还原虚拟机快照，二者选其一即可，建议初学者还原虚拟机快照。

1）还原默认配置文件

还原默认配置文件，命令如下：

```
[root@server ~]#cp /etc/httpd/conf/httpd.conf.bak\
< /etc/httpd/conf/httpd.conf
```

2）还原至名为 Apache 的默认配置的快照

在对应虚拟机的快照管理器找到名为 Apache 默认配置的快照，双击即可。或者选中该快照，单击【转到】按钮。

2. 配置 Web 服务器

1）创建虚拟目录

创建/var/mywebsite 目录，命令如下：

```
[root@server ~]# mkdir /var/mywebsite
```

在/var/mywebsite 目录下，使用 vim 创建测试文件 index.html，命令如下：

```
[root@server ~]# vim /var/mywebsite/index.html
//测试文件的内容如下
This is myeuler.com using virtual directory!
//保存并退出 vim
```

2）编辑配置文件/etc/httpd/conf/httpd.conf

编辑配置文件/etc/httpd/conf/httpd.conf，命令如下：

```
[root@server ~]# vim /etc/httpd/conf/httpd.conf
//修改以下参数内容
ServerAdmin root@myEuler.com
ServerName WWW.myEuler.com:80
//在该配置文件的末尾添加以下虚拟目录配置
Alias /maze "/var/mywebsite"
<Directory "/var/mywebsite">
   AllowOverride None
   Options Indexes
   Require all granted
</Directory>
//保存后退出 vim
```

3）启动或重新启动 httpd 服务

```
[root@server ~]# systemctl restart httpd
```

4）更改 SELinux 模式

将 SELinux 设置为处于 permissive 模式，命令如下：

```
[root@server ~]# setenforce 0
```

5）设置防火墙

设置防火墙开放 http 服务，命令如下：

```
[root@server ~]# firewall-cmd --permanent --zone=public --add-service=http
[root@server ~]# firewall-cmd --reload
```

16.4.2　客户机端配置

1. openEuler 客户机端

1）准备工作——设置客户机网络服务

以普通用户 openeuler 登录终端，切换至用户 root，将当前目录修改为/root。使用 VMware 的 NAT 模式下的自带 DHCP 服务自动获得 IP。将主机名修改为 client。

2）使用 IP 访问 Web 站点

启动 Firefox 浏览器，在浏览器网址栏输入网址 http://192.168.253.136/maze 访问 Web 站点，如图 16-7 所示。

图 16-7　在 openEuler 客户端中使用 IP 访问虚拟目录

3）使用域名访问 Web 站点

下面分两种情况讨论使用域名访问 Web 站点。

参照 16.2.2 节中使用域名访问站点内容。或将虚拟机还原至快照"openEuler 客户端动态域名解析"或快照"openEuler 客户端静态域名解析"，然后打开 Firefox 浏览器，在网址栏中输入域名 www.myeuler.com/maze 访问 Web 站点，如图 16-8 所示。

2. Windows 客户机端

1）准备工作——设置客户机网络服务

如果使用 Windows 虚拟机，则可以使用自动 DHCP 服务获取 IP。如果使用物理机也就是宿主机中的 Windows 系统测试，则需要保证虚拟网卡可正常启用。

图 16-8　在 openEuler 客户端中使用域名访问虚拟目录

2）使用 IP 访问站点

使用任意浏览器，例如 Chrome 浏览器，在浏览器的网址栏中输入 Web 站点的 IP 地址 http://192.168.253.136/maze 访问站点，如图 16-9 所示。

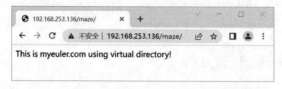

图 16-9　在 Windows 客户端中使用 IP 访问虚拟目录

3）使用域名访问站点

参照 16.2.2 节中在 Windows 客户端使用域名访问站点内容。在 Chrome 浏览器的网址栏中输入 Web 站点的域名 http://www.myeuler.com/maze 访问站点，如图 16-10 所示。

图 16-10　在 Windows 客户端中使用域名访问虚拟目录

16.5　基于 IP 的虚拟主机

在一台服务器上通过配置不同的 IP、端口号，或者域名，可以部署多个不同的 Apache 网站，这样做可以节约硬件资源、节省空间和降低成本，这就是所谓的虚拟主机。

基于 IP 的虚拟主机指的是使用 IP 地址区分不同的 Web 网站。如果在同一台服务器上使用不同的 IP 地址区分不同的 Web 网站，则必须为网卡绑定多个 IP 地址，为每个网站指定唯一的 IP。基于 IP 的虚拟主机在生产环境中的应用比较少见，因此对于本节内容了解即可。

假设，A 公司刚刚成立，需要建立一个门户网站（公司官网）用于对外宣传，还需要创建一个内部信息网站供内部员工交流分享信息使用。假设由于该公司处于初创阶段，资金不够充裕，这时可以采用虚拟主机的形式在同一台服务器上部署公司的门户网站和内部信息网。

说明： 16.5 节、16.6 节和 16.7 节分别使用基于 IP 的虚拟主机、基于 TCP 端口的虚拟主机及基于域名的虚拟主机来帮助 A 公司架设新闻门户网站和内部信息网站。

针对 A 公司的需求，现在公司内部的一台服务器上通过基于 IP 地址的虚拟主机方式配置两个 Web 网站，为客户端计算机提供不同的 Web 服务，具体参数见表 16-10。

表 16-10 基于 IP 的虚拟主机的 Web 网站参数

Web 网 站	网 站 参 数
公司官网	（1）网站根目录：/var/www/html/portal （2）网站首页：index.html （3）网站 IP 地址：192.168.253.10
内部信息网	（1）网站根目录：/var/www/html/innerportal （2）网站首页：index.html （3）网站 IP 地址：192.168.253.20

整体规划：使用虚拟机实验，环境包括一台 openEuler 虚拟机服务器，一台 openEuler 虚拟机客户机，一台 Windows 操作系统虚拟机客户机，联网方式均为 NAT。openEuler 服务器使用固定 IP，openEuler 客户机使用 VMware 自带的 DHCP 分配 IP。Windows 虚拟机使用 VMware 自带的 DHCP 服务分配 IP。此处，Windows 客户机也可以是宿主机 Windows 系统。若使用宿主机 Windows 系统，则不需要设置 IP，但需要保证虚拟网卡 VMnet8 可正常启动。为了简化问题，openEuler 服务器不仅配置为 WWW 服务器，也扮演 DNS 服务器的角色。

16.5.1　服务器端配置

1．准备工作

参看 16.2.1 节中的准备工作。如果已经完成 16.2 节的实验，则可以还原默认配置文件或还原快照。

1）还原默认配置文件

使用 cp 命令还原默认配置文件：

```
[root@server ~]# cp /etc/httpd/conf/httpd.conf.bak\
< /etc/httpd/conf/httpd.conf
```

2）还原至名为 Apache 的默认配置的快照

在对应虚拟机的快照管理器找到名为 Apache 的默认配置的快照，双击即可。或者选中该快照，单击【转到】按钮。

2．配置 Web 服务器

1）设置 Web 网站根目录

分别为 A 公司的官网网站和内部信息网网站创建网站根目录，命令如下：

```
[root@server ~]# mkdir /var/www/html/portal
[root@server ~]# mkdir /var/www/html/innerportal
```

2）创建 Web 网站首页

可将事先制作好的公司官网网页全部放置到/var/www/html/portal 目录中。为了测试方便，这里仅创建公司官网网站的首页，命令如下：

```
[root@server ~]# vim /var/www/html/portal/index.html
//在文件中写入下面一句话
This is the portal!
//修改完成后保存并退出 vim
```

同理，可将事先制作好的公司内部信息网的网页全部放置到/var/www/html/innerportal 目录中。为测试方便，这里使用 vim 创建内部信息网网站的首页，命令如下：

```
[root@server ~]# vim /var/www/html/innerportal/index.html
//在文件中写入下面一句话
This is the innerportal!
//修改完成后保存并退出 vim
```

3）为虚拟主机设置 IP 地址

基于 IP 的虚拟主机意味着服务器的网卡将拥有多个 IP 地址。当前 WWW 服务器的 IP 为 192.168.253.136，这里为该 WWW 服务器的网卡再设置两个 IP 地址，即 192.168.253.10 和 192.168.253.20，其中 192.168.253.10 将作为公司官网的 IP，192.168.253.20 将作为公司内部信息网的 IP，命令如下：

```
[root@server ~]# ifconfig ens33:0 192.168.253.10 netmask 255.255.255.0
[root@server ~]# ifconfig ens33:1 192.168.253.20 netmask 255.255.255.0
```

使用 ifconfig 命令查看服务器网卡 IP，确定上述两个 IP 地址是否设置成功，命令如下：

```
[root@server ~]# ifconfig
ens33: flags=4163<UP,BROADCAST,RUNNING,MULTICAST>  mtu 1500
       inet 192.168.253.147  netmask 255.255.255.0  broadcast 192.168.253.255
       inet6 fe80::a482:b76d:b806:4856  prefixlen 64  scopeid 0x20<link>
       ether 00:0c:29:17:bb:1c  txqueuelen 1000  (Ethernet)
       RX packets 30436  Bytes 7856059 (7.4 MiB)
       RX errors 0  dropped 0  overruns 0  frame 0
       TX packets 27917  Bytes 4073754 (3.8 MiB)
       TX errors 0  dropped 0  overruns 0  carrier 0  collisions 0

ens33:0: flags=4163<UP,BROADCAST,RUNNING,MULTICAST>  mtu 1500
       inet 192.168.253.10  netmask 255.255.255.0  broadcast 192.168.253.255
       ether 00:0c:29:17:bb:1c  txqueuelen 1000  (Ethernet)

ens33:1: flags=4163<UP,BROADCAST,RUNNING,MULTICAST>  mtu 1500
       inet 192.168.253.20  netmask 255.255.255.0  broadcast 192.168.253.255
       ether 00:0c:29:17:bb:1c  txqueuelen 1000  (Ethernet)
……
```

由上述命令的执行结果可知，IP 地址设置成功。

4）编辑服务器配置文件

按照事先规划，编辑及修改服务器的配置文件/etc/httpd/conf/httpd.conf，命令如下：

```
[root@server ~]# vim /etc/httpd/conf/httpd.conf
//在配置文件的末尾添加以下内容，创建公司官网网站及内部信息网网站
<VirtualHost 192.168.253.10:80>
    ServerAdmin root@myEuler.com
    ServerName WWW1.myEuler.com
    DocumentRoot /var/www/html/portal
    ErrorLog logs/portal-error_log
    customLog logs/portal-access-access_log common
</VirtualHost>
<VirtualHost 192.168.253.20:80>
    ServerAdmin root@myEuler.com
    ServerName WWW2.myEuler.com
    DocumentRoot /var/www/html/innerportal
    ErrorLog logs/innerportal-error_log
    customLog logs/innerportal-access-access_log common
</VirtualHost>
//修改完成后保存并退出 vim
```

5）重新启动 httpd 服务

重启 httpd 服务，命令如下：

```
[root@server ~]# systemctl restart httpd
```

6）设置防火墙

设置防火墙，开放 http 服务，命令如下：

```
[root@server ~]# firewall-cmd --permanent --zone=public --add-service=http
[root@server ~]# firewall-cmd --reload
```

16.5.2 客户机端配置

无论是 openEuler 客户机端还是 Windows 客户机端都可以使用浏览器测试用上述基于 IP 的虚拟主机。

例如，在 openEuler 客户机端上，使用 Firefox 访问虚拟主机的 Web 网站，在浏览器网址栏输入公司官网的地址 http://192.168.253.10，如图 16-11 所示。

图 16-11　访问公司官网（基于 IP 的虚拟主机）

同样，可以对公司内部信息网进行测试。在 openEuler 客户机端上，使用 Firefox 访问虚拟主机的 Web 网站，在浏览器网址栏输入公司内部信息网的地址 http://192.168.253.20，如图 16-12 所示。

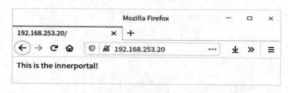

图 16-12　访问公司内部信息网（基于 IP 的虚拟主机）

由于公司官网和内部信息网是通过 IP 进行区别的，因此这里不需要使用域名进行测试。在 Windows 客户端针对基于 IP 的虚拟主机的测试这里也不再赘述，读者可自行探索完成。

注意：生产环境中很少使用基于 IP 的虚拟主机。因为互联网用户并不容易记住网站的 IP，所以公司官网使用这种部署方式对于宣传而言效果不会很好，但是当公司存在多个 Web 系统供内部员工使用时，可以考虑使用这种方式进行部署。在本例中，可以将公司官网改为社区网站（内部论坛）。

16.6　基于 TCP 端口号的虚拟主机

标准 Web 站点通常使用默认的 TCP 端口 80 用于 HTTP 连接。访问 IP 为 192.168.253.136 且默认 TCP 端口号为 80 的 Web 站点，可在浏览器网址栏中输入 http://192.168.253.136。事实上，完整的网站 URL 应为 http://192.168.253.136:80。端口号 80 在实际中常常省略不写。

但是，当使用非标准端口号配置站点时，URL 中的端口号不能省略。假设将端口号改为 8080，上述 Web 站点的 URL 就应写作 http://192.168.253.136:8080，其中 8080 不能省略。

针对 A 公司的需求，现在公司内部的一台服务器上通过基于 TCP 端口号的虚拟主机方式配置两个 Web 网站，为客户端计算机提供不同的 Web 服务，具体参数见表 16-11。

表 16-11　基于 TCP 端口号的虚拟主机的 Web 网站参数

Web 网站	网站参数
公司官网	（1）网站根目录：/var/www/html/portal （2）网站首页：index.html （3）网站端口号：80
内部信息网	（1）网站根目录：/var/www/html/innerportal （2）网站首页：index.html （3）网站端口号：8080

整体规划：使用虚拟机实验，环境包括一台 openEuler 虚拟机服务器，一台 openEuler 虚拟机客户机，一台 Windows 操作系统虚拟机客户机，联网方式均为 NAT。openEuler 服务

器使用固定 IP，openEuler 客户机使用 VMware 自带的 DHCP 分配 IP。Windows 虚拟机使用 VMware 自带的 DHCP 服务分配 IP。此处，Windows 客户机也可以是宿主机 Windows 系统。若使用宿主机 Windows 系统，则不需要设置 IP，但需要保证虚拟网卡 VMnet8 可正常启动。为了简化问题，openEuler 服务器不仅配置为 WWW 服务器，也扮演 DNS 服务器的角色。

16.6.1 服务器端配置

1. 准备工作

参看 16.2.1 节中的准备工作。如果已经完成 16.2 节的实验，则可以还原默认配置文件或还原快照。

1）还原默认配置文件

使用 cp 命令还原默认配置文件：

```
[root@server ~]# cp /etc/httpd/conf/httpd.conf.bak \
< /etc/httpd/conf/httpd.conf
```

2）还原至名为 Apache 的默认配置的快照

在对应虚拟机的快照管理器中找到名为 Apache 的默认配置的快照，双击即可。或者选中该快照，单击【转到】按钮。

2. 配置 Web 服务器

1）设置 Web 网站根目录

分别为 A 公司的官网网站和内部信息网网站创建网站根目录，命令如下：

```
[root@server ~]# mkdir /var/www/html/portal
[root@server ~]# mkdir /var/www/html/innerportal
```

2）创建 Web 网站首页

可将事先制作好的公司官网网页全部放置到 /var/www/html/portal 目录中。为了测试方便，这里使用 vim 创建公司官网网站的首页，命令如下：

```
[root@server ~]# vim /var/www/html/portal/index.html
//在文件中写入下面一句话
This is the portal using TCP port!
//修改完成后保存并退出 vim
```

同理，可将事先制作好的公司内部信息网的网页全部放置到 /var/www/html/innerportal 目录中。为了测试方便，这里使用 vim 创建内部信息网网站的首页，命令如下：

```
[root@server ~]# vim /var/www/html/innerportal/index.html
//在文件中写入下面一句话
This is the innerportal using TCP port!
//修改完成后保存并退出 vim
```

3）编辑服务器配置文件

修改服务器的配置文件/etc/httpd/conf/httpd.conf，在该文件中添加和修改以下参数，用来监听80端口和8080端口，命令如下：

```
[root@server ~]# vim /etc/httpd/conf/httpd.conf
//在配置文件中添加和修改以下两行，注意这两行在配置文件的前面
Listen 192.168.253.136:80
Listen 192.168.253.136:8080
//需要注意在配置文件的末尾添加以下关于虚拟主机的内容，创建公司官网网站及内部信息网网站
<VirtualHost 192.168.253.136:80>
   ServerAdmin root@myEuler.com
   ServerName WWW1.myEuler.com
   DocumentRoot /var/www/html/portal
   ErrorLog logs/portal-error_log
   customLog logs/portal-access-access_log common
</VirtualHost>
<VirtualHost 192.168.253.136:8080>
   ServerAdmin root@myEuler.com
   ServerName WWW2.myEuler.com
   DocumentRoot /var/www/html/innerportal
   ErrorLog logs/innerportal-error_log
   customLog logs/innerportal-access-access_log common
</VirtualHost>
//修改完成后保存并退出vim
```

4）重新启动 httpd 服务

重新启动 httpd 服务，命令如下：

```
[root@server ~]# systemctl restart httpd
```

5）设置防火墙

设置防火墙，开放服务器的80端口和8080端口，命令如下：

```
[root@server ~]# firewall-cmd --permanent --zone=public --add-service=http
[root@server ~]# firewall-cmd --permanent --zone=public --add-port=8080/tcp
[root@server ~]# firewall-cmd --reload
```

注意，这3条命令全部执行成功才算防火墙设置成功。

另外，还可以通过 netstat 命令端口80和8080的状态，命令如下：

```
[root@server ~]# netstat -antu|grep 80
tcp        0      0 192.168.253.136:8080     0.0.0.0:*         LISTEN
tcp        0      0 192.168.253.136:80       0.0.0.0:*         LISTEN
```

从上述 netstat 命令的执行结果看，端口80和8080已经打开并处于侦听状态。

16.6.2 客户端配置

1. openEuler 客户机端

1）准备工作——设置客户机网络服务

以普通用户登录终端，切换至用户 root，将当前目录修改为/root。使用 VMware 的 NAT 模式下的自带 DHCP 服务自动获得 IP。将主机名修改为 client。

2）使用 IP 访问 Web 站点

在 Firefox 浏览器网址栏输入网址 http://192.168.253.136:80 访问公司官网，如图 16-13 所示。

图 16-13　在 openEuler 中使用 IP 访问公司官网（基于 TCP 端口的虚拟主机）

在浏览器网址栏输入网址 http://192.168.253.136:8080 访问公司内部信息网，如图 16-14 所示。

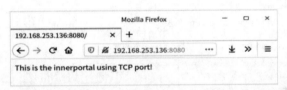

图 16-14　在 openEuler 中使用 IP 访问内部信息网（基于 TCP 端口的虚拟主机）

3）使用域名访问 Web 站点

（1）使用动态域名解析。动态域名解析稍复杂，将在基于域名的虚拟主机中讲解，这里先不讲述。

（2）使用静态域名解析。

使用静态域名解析进行测试，具体做法如下：

① 在 openEuler 客户机端修改客户端的静态解析配置文件/etc/hosts，设置 WWW 服务器域名与 IP 的对应关系，命令如下：

```
[root@client ~]# vim /etc/hosts
//在文件的末尾添加下面一行
192.168.253.136    www.myeuler.com
//修改完成后保存并退出
```

② 打开 Firefox 浏览器，在网址栏中输入域名 www.myeuler.com 访问公司官网，如图 16-15 所示。在网址栏中输入域名 www.myeuler.com:8080 访问公司内部信息网，如

图 16-16 所示。

图 16-15　在 openEuler 中使用域名访问公司官网（基于 TCP 端口的虚拟主机）

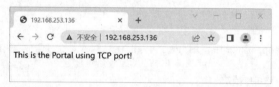

图 16-16　在 openEuler 中使用域名访问内部信息网（基于 TCP 端口的虚拟主机）

2. Windows 客户机端

1）准备工作——设置客户机网络服务

如果使用 Windows 虚拟机，则可以使用自动 DHCP 服务获取 IP。如果使用物理机也就是宿主机中的 Windows 系统测试，则需要保证虚拟网卡可正常启用。

2）使用 IP 访问站点

使用任意浏览器，如 Chrome 浏览器，在浏览器的网址栏中输入公司官网的 IP 地址 http://192.168.253.136:80 访问站点，如图 16-17 所示。

图 16-17　在 Windows 系统中使用 IP 访问公司官网（基于 TCP 端口的虚拟主机）

接着在浏览器的网址栏中输入公司内部信息网的 IP 地址 http://192.168.253.136:8080 访问站点，如图 16-18 所示。

图 16-18　在 Windows 系统中使用 IP 访问内部信息网（基于 TCP 端口的虚拟主机）

3）使用域名访问站点

（1）使用动态域名解析，这里不再讲述。

（2）使用静态域名解析，具体做法如下：

① 读者以 Windows 管理员身份登录 Windows 系统,修改 Windows 系统的静态域名解析文件 C:\Windows\System32\drivers\etc\hosts,在该文件的末尾添加如下一行内容后保存即可。

```
192.168.253.136 www.myeuler.com
```

② 使用任意浏览器,如 Chrome 浏览器,在浏览器的网址栏中输入公司官网的域名 http://www.myeuler.com:80 进行测试,如图 16-19 所示。从图中可见端口 80 被自动省略掉了。

图 16-19　在 Windows 系统中使用域名访问内部信息网（基于 TCP 端口的虚拟主机）

接着,在浏览器的网址栏中输入内部信息网的域名 http://www.myeuler.com:8080 进行测试,如图 16-20 所示。从图中可见端口 8080 没有被省略。

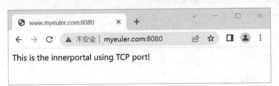

图 16-20　在 Windows 系统中使用域名访问内部信息网（基于 TCP 端口的虚拟主机）

16.7　基于域名的虚拟主机

在一台服务器上创建多个 Web 网站的另一种可选的解决方案是使用基于域名的虚拟主机。使用域名的优点是可以避免由于使用唯一 IP 地址标识多个网站而引起性能降低。

针对 A 公司的需求,现在公司内部的一台服务器上通过基于域名的虚拟主机方式配置两个 Web 网站,为客户端计算机提供不同的 Web 服务,具体参数见表 16-12。

表 16-12　基于域名的虚拟主机的 Web 网站参数

Web 网 站	网 站 参 数
公司官网	（1）网站根目录：/var/www/html/mysite1 （2）网站首页：index.html （3）网站域名：www1.myeuler.com
内部信息网	（1）网站根目录：/var/www/html/mysite2 （2）网站首页：index.html （3）网站域名：www2.myeuler.com

整体规划：使用虚拟机实验,环境包括一台 openEuler 虚拟机服务器,一台 openEuler 虚拟机客户机,一台 Windows 操作系统虚拟机客户机,联网方式均为 NAT。openEuler 服务

器使用固定 IP，openEuler 客户机使用 VMware 自带的 DHCP 分配 IP。Windows 虚拟机使用 VMware 自带的 DHCP 服务分配 IP。为了简化问题，openEuler 服务器不仅配置为 WWW 服务器，也扮演 DNS 服务器的角色。

16.7.1 服务器端配置

1. 准备工作

参看 16.2.1 节中的准备工作。如果已经完成 16.2 节的实验，则可以还原默认配置文件或还原快照。

1）还原默认配置文件

使用 cp 命令还原默认配置文件，命令如下：

```
[root@server ~]#cp /etc/httpd/conf/httpd.conf.bak \
< /etc/httpd/conf/httpd.conf
```

2）还原至名为 Apache 默认配置的快照

在对应虚拟机的快照管理器找到名为 Apache 默认配置的快照，双击即可。或者选中该快照，单击【转到】按钮。

2. 配置 DNS 服务器

1）修改 DNS 服务器的配置文件

修改 DNS 服务器的配置文件/etc/named.conf，命令如下：

```
[root@server ~]# vim /etc/named.conf
//修改后文件的内容如下
/
//named.conf
//
//Provided by Red Hat bind package to configure the ISC BIND named(8) DNS
//server as a caching only nameserver (as a localhost DNS resolver only).
//
//See /usr/share/doc/bind*/sample/ for example named configuration files.
//

options {
//修改下面一行，使用当前 DNS 服务器的 IP: 192.168.253.136
        listen-on port 53 { 192.168.253.136; };
        listen-on-v6 port 53 { ::1; };
        directory       "/var/named";
        dump-file       "/var/named/data/cache_dump.db";
        statistics-file "/var/named/data/named_stats.txt";
        memstatistics-file "/var/named/data/named_mem_stats.txt";
        secroots-file   "/var/named/data/named.secroots";
```

```
              recursing-file "/var/named/data/named.recursing";
//注释掉下面一行
//allow-query     { localhost; };
//添加一行，允许192.168.253.0/24网络中主机查询
        allow-query {192.168.253.0/24;};

        /* 
            此处省略了部分注释
        */
        recursion yes;

        dnssec-enable yes;
        dnssec-validation yes;

        managed-keys-directory "/var/named/dynamic";

        pid-file "/run/named/named.pid";
        session-keyfile "/run/named/session.key";

        /* https://fedoraproject.org/wiki/Changes/CryptoPolicy */
        include "/etc/crypto-policies/back-ends/bind.config";
};

logging {
        channel default_Debug {
                file "data/named.run";
                severity dynamic;
        };
};

zone "." IN {
        type hint;
        file "named.ca";
};
//添加下面一段共4行配置，配置myeuler.com区域
zone "myeuler.com" IN {
        type master;
        file "/var/named/myeuler.com.hosts";
};
//添加下面一段共4行配置，配置myportal.com区域
zone "myinnerportal.com" IN {
        type master;
        file "/var/named/myinnerportal.com.hosts";
```

```
};

include "/etc/named.rfc1912.zones";
include "/etc/named.root.key";
```

2）编辑 /var/named/myeuler.com.hosts 区域文件

编辑正向区域文件 /var/named/myeuler.com.hosts，这里的正向区域必须和 /etc/named.conf 文件中指定的区域文件名保存一致，命令如下：

```
[root@server ~]# vim /var/named/myeuler.com.hosts
//修改后的文件内容如下
$ttl 38400
@    IN    SOA    myeuler.com. root.myeuler.com. (
                  1268360234
                  10800
                  3600
                  604800
                  38400 )
@    IN    NS     aaa.myeuler.com.
aaa  IN    A      192.168.253.136
www  IN    A      192.168.253.136
```

3）创建正向区域文件 /var/named/myinnerportal.com.hosts

创建正向区域文件 /var/named/myinnerportal.com.hosts，这里的正向区域必须和 /etc/named.conf 文件中指定的区域文件名保存一致，命令如下：

```
$ttl 38400
@    IN    SOA    myinnerportal.com. root.myinnerportal.com. (
                  1268360234
                  10800
                  3600
                  604800
                  38400 )
@    IN    NS     aaa.myinnerportal.com.
aaa  IN    A      192.168.253.136
www  IN    A      192.168.253.136
```

注意：在生产环境中，DNS 服务器和 WWW 服务器配置在不同的物理服务器上。若能顺利完成本章实验，则自行尝试，由不同的虚拟机分别充当 DNS 服务器和 WWW 服务器。

4）设置 DNS 服务器的防火墙

设置 DNS 服务器的防火墙，开放服务器的 DNS 服务，命令如下：

```
[root@server ~]# firewall-cmd -permanent -zone=public -add-service=dns
[root@server ~]# firewall-cmd -reload
```

只有以上两条命令都执行成功，防火墙才算设置成功。

5）重新启动 named 服务

重启 named 服务，命令如下：

```
[root@server ~]# systemctl restart named
```

3. 配置 Web 服务器

1）设置 Web 网站根目录

分别为 A 公司的官网网站和内部信息网网站创建网站根目录，命令如下：

```
[root@server ~]# mkdir /var/www/html/portal
[root@server ~]# mkdir /var/www/html/innerportal
```

2）创建 Web 网站首页

可将事先制作好的公司官网网页全部放置到/var/www/html/portal 目录中。为了测试方便，使用 vim 创建公司官网网站的首页，命令如下：

```
[root@server ~]# vim /var/www/html/portal/index.html
//在文件中写入下面一句话
This is the portal using domain-name VHost!
//修改完成后保存并退出 vim
```

同理，可将事先制作好的公司内部信息网的网页全部放置到/var/www/html/innerportal 目录中。为了测试方便，使用 vim 创建内部信息网网站的首页，命令如下：

```
[root@server ~]# vim /var/www/html/innerportal/index.html
//在文件中写入下面一句话
This is the innerportal using domain-name VHost!
//修改完成后保存并退出 vim
```

3）编辑服务器配置文件

编辑配置文件/etc/httpd/conf/httpd.conf，命令如下：

```
[root@server ~]# vim /etc/httpd/conf/httpd.conf
//在配置文件中添加一行，这一行写在配置文件的前面
NameVirtualHost 192.168.253.136:80
//需要注意在配置文件的末尾添加以下关于虚拟主机的内容
//第 1 个基于域名的虚拟主机：公司官网网站，域名为 www.myeuler.com
<VirtualHost 192.168.253.136:80>
    ServerAdmin root@myeuler.com
    ServerName www.myeuler.com
    DocumentRoot /var/www/html/portal
    ErrorLog logs/portal-error_log
    customLog logs/portal-access-access_log common
</VirtualHost>
```

```
//第 2 个基于域名的虚拟主机：内部信息网，域名为 www.myinnerportal.com
<VirtualHost 192.168.253.136:80>
    ServerAdmin root@myinnerportal.com
    ServerName www.myinnerportal.com
    DocumentRoot /var/www/html/innerportal
    ErrorLog logs/innerportal-error_log
    customLog logs/innerportal-access-access_log common
</VirtualHost>
//修改完成后保存并退出 vim
```

4）重新启动 httpd 服务

重启 httpd 服务，命令如下：

```
[root@server ~]# systemctl restart httpd
```

5）设置防火墙

设置防火墙，开放服务器的 http 服务，命令如下：

```
[root@server ~]# firewall-cmd --permanent --zone=public --add-service=http
[root@server ~]# firewall-cmd --reload
```

16.7.2 客户机端配置

无论是 openEuler 客户机端还是 Windows 客户机端都可以使用浏览器测试上述基于域名的虚拟主机。

注意：在本实验中，必须使用域名访问公司官网或内部信息网，而不能使用 IP；必须使用动态域名解析，而不能使用静态域名解析。

1. openEuler 客户机端

以普通用户登录终端，切换至用户 root，将当前目录修改为/root。使用 VMware 的 NAT 模式下的自带 DHCP 服务自动获得 IP。将主机名修改为 client。

使用 Firefox 访问 Web 网站，具体做法如下。

1）设置 openEuler 客户机默认的 DNS 服务器 IP

有两种方式设置默认 DNS。读者可以根据实际情况二者选其一。

（1）方法一：使用图形界面。在 deepin 图形界面，将默认的 DNS 服务器 IP 设置为 192.168.253.136，如图 16-21 所示。

（2）方法二：使用命令。以 root 用户身份修改/etc/resolve.conf 文件，命令如下：

```
[root@client ~]# vim /etc/resolv.conf
//修改后得到的文件的内容如下
//#开头的行是注释
#Generated by NetworkManager
```

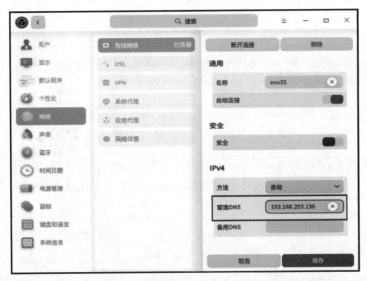

图 16-21　设置 openEuler 客户机的首选 DNS 服务器 IP

```
search localdomain
//将原来 VMware 自动设置的 nameserver 注释掉
#nameserver 192.168.253.2
//将 nameserver 的 IP 设置为当前服务器 server 的 IP：192.168.253.136
nameserver 192.168.253.136
//修改完成后保存并退出 vim
```

2）使用浏览器测试访问虚拟主机（两个 Web 站点）

（1）测试访问公司官网——在 Firefox 浏览器网址栏中输入 www.myeuler.com，如图 16-22 所示。

图 16-22　在 openEuler 客户机中访问公司官网（基于域名的虚拟主机）

（2）测试访问内部信息网——在 Firefox 浏览器网址栏中输入 www.myinnerportal.com，如图 16-23 所示。

2. Windows 客户机端

这里使用 Windows 虚拟机充当 Windows 客户机，并将 Windows 操作系统的默认 DNS 服务器 IP 修改为 192.168.253.136。不建议使用宿主机 Windows 系统作为 Windows 客户机，因为修改宿主机 Windows 系统的默认 DNS 服务器 IP 会影响宿主机 Windows 系统访问外网，同时人为地增加了实验难度。

图 16-23　在 openEuler 客户机中访问公司内部信息网（基于域名的虚拟主机）

使用任意浏览器，如 Chrome 浏览器，在网址栏输入公司官网的域名 www.myeuler.com，如图 16-24 所示。读者可自行完成公司内部信息网的基于域名的虚拟主机的测试。

图 16-24　在 Windows 客户机访问公司官网（基于域名的虚拟主机）

16.8　排查错误

16.8.1　错误日志文件管理和分析

错误日志的作用非常重要。在 Apache 服务器运行过程中发生的各种错误都将记录在错误日志文件中。一旦 Apache 服务器发生错误，即可查看错误日志文件获取错误信息并分析原因。

Apache 服务器的配置文件 /etc/httpd/conf/httpd.conf 中有这样两行内容，说明了错误日志的保存位置和当前错误日志的记录等级。

```
ErrorLog "logs/error_log"
LogLevel warn
```

在 Apache 服务器中可以使用的错误日志记录等级见表 16-13。默认等级为 warn。该等级将记录 1~5 等级的所有错误信息。

表 16-13　错误日志记录等级一览表

紧急程度	等级	描述
1	emerg	出现紧急情况使该系统不可用，如系统宕机
2	alert	需要立即引起注意的情况
3	crit	危险情况的警告
4	error	除了 emerg、alert 和 crit 的其他错误

续表

紧急程度	等　　级	描　　述
5	warn	警告信息
6	notice	需要引起注意的情况，但不如 error 和 warn 等级重要
7	info	值得报告的一般信息
8	debug	由运行于 debug 模式的程序所产生的信息

通过/etc/httpd/logs/error_log 文件查看 Apache 错误日志信息。在错误日志文件中记录下来的每条记录都是下面这样的格式。

日期和时间　错误等级　导致错误的 IP 地址　错误信息

下面是错误日志文件中的部分错误记录。

```
[Mon Apr 04 10:11:56.237744 2022] [core:notice] [pid 11443:tid 11443] AH00094:
Command line: '/usr/sbin/httpd -D FOREGROUND'
    [Mon Apr 04 10:13:20.358301 2022] [autoindex:error] [pid 11476:tid 11627]
[client 192.168.253.136:53472] AH01276: Cannot serve directory /var/www/html/:
No matching DirectoryIndex (index.html) found, and server-generated directory
index forbidden by Options directive
    [Mon Apr 04 10:13:41.494319 2022] [autoindex:error] [pid 11476:tid 11646]
[client 192.168.253.136:53478] AH01276: Cannot serve directory /var/www/html/:
No matching DirectoryIndex (index.html) found, and server-generated directory
index forbidden by Options directive
```

16.8.2　排查错误的思路

1. WWW 服务器配置常见错误

在基于 Apache 的 WWW 服务器配置过程中，常见的错误有以下几类。

1）网络错误

（1）服务器和客户机之间网络不通。

（2）服务器端或者客户机端的网络服务未启动。

（3）服务器的 IP 地址配置不正确。

（4）服务器的防火墙没有允许 http 服务。

2）配置文件错误

（1）配置文件出现语法错误。例如，在配置文件中的配置选项或者值拼写出错。

（2）配置文件出现语义逻辑错误。配置文件中的配置选项的值之间逻辑上矛盾。或者所做配置不能实现预期目标。

（3）误删了配置文件的部分重要内容。特别需要注意的是，在配置 DHCP 服务器时，读者可以删掉默认配置文件中的内容，按照自己的思路从空白开始重写配置文件，但是在配置 WWW 服务器时，一定不要这么做，因为很容易出错。WWW 服务器的配置项较多，误删或误改了一些重要配置项后，httpd 服务将无法启动，而作为一个初学者，找到错误原因难度较大。

3）权限设置错误

服务器的访问控制权限设置不正确。

4）服务启动错误

（1）httpd 服务没能正常启动。

（2）修改了 WWW 服务器的配置文件，却忘记重启 httpd 服务。需要记住只有成功重启 httpd 服务后，新的配置才能生效。

5）没有安装必要的软件包

这属于低级错误，但初学者往往顾此失彼，容易犯这个错误。

6）虚拟网卡错误

虚拟实验环境中，如果使用 Windows 宿主机访问虚拟机中的服务器，则还要去控制面板检查虚拟网卡 VMnet8 是否可正常启用。如果做实验用的是自己的 PC 机，则一般虚拟网卡默认为可正常启用，但是在一些公共机房，特别是学校的公共机房，网络管理员会将虚拟网卡全部禁掉，避免由于学生误用了 VMware 的桥接模式，影响到机房的网络。

2. 排除错误的思路

1）本机测试

使用本机测试可以帮助查找并定位当前客户机访问服务器出错的原因。若本机测试无法通过，则通常属于服务器配置错误，否则要考虑网络错误。

在进行本机测试时，建议按照以下步骤进行。

（1）按照客户端的配置步骤对 WWW 服务器做一些必要的配置。例如，如果需要使用域名测试，则需要指定 DNS 服务器的 IP 或者修改静态域名解析文件。

（2）使用 Firefox 浏览器进行本机测试，如图 16-25 所示，在 Firefox 浏览器的网址栏输入 URL，即 http://localhost。

图 16-25　本机测试

（3）如果上一步测试通过，则可以接着使用 IP 测试，如在浏览器网址栏中输入 http://192.168.253.136 测试。

（4）如果 IP 测试通过，则可以接着使用域名测试，如在浏览器网址栏中输入 http://www.myeuler.com 测试。

（5）如果以上测试全部通过，则说明服务器配置正常，若远程客户端仍不能正常访问，则需要考虑可能是网络问题、防火墙问题或客户端配置有误等。

如果 WWW 服务器没有安装 deepin 之类的图形界面，则可以利用一些文本用户界面浏览器进行本机测试。如 elinks 是一个常用的文本浏览器。使用 elinks 之前要保证服务器上已经安装了 elinks。否则需要安装 elinks，命令如下：

```
[root@server ~]# dnf install elinks
```

使用 elinks 进行本机测试，命令如下：

```
[root@server ~]# elinks http://localhost
```

3. 客户端使用 IP 访问 Web 站点正常，但使用域名无法访问

这说明域名解析出错。如果在实验中采用的是静态域名解析，则错误原因一般是客户端的静态域名解析文件配置有误。如果在实验中使用了 DNS 动态域名解析或在生产环境中出现这样的问题，则要考虑 DNS 服务器配置出错，也就是要测试 DNS 服务器。WWW 服务器加 DNS 服务器一块测试不容易找到错误，因为初学者常常在一次配置中犯多个错误，因此这时建议将 WWW 服务器恢复至默认状态，保证 WWW 服务器没有错误，全力排查 DNS 服务器的配置错误。

DNS 服务器配置错误多种多样，常见的有 IP 地址设置不正确；配置文件语法有错误，或配置文件语义逻辑有错误；只有主配置文件，对应的区域文件没有或者出错；防火墙没有允许 DNS 服务等。下面举例说明。

（1）在某次实验中，DNS 服务启动失败，查看 DNS 服务的状态，命令如下：

```
[root@server ~]# systemctl status named.service
● named.service - Berkeley Internet Name Domain (DNS)
     Loaded: loaded (/usr/lib/systemd/system/named.service; disabled; vendor preset: disabled)
     Active: failed (Result: exit-code) since Mon 2022-04-04 09:29:42 CST; 23s ago
    Process: 11047 ExecStartPre=/bin/bash -c if [! "$DISABLE_ZONE_CHECKING" == "yes" ]; then /usr/sbin/named>

4月 04 09:29:42 server systemd[1]: Starting Berkeley Internet Name Domain (DNS)...
4月 04 09:29:42 server bash[11048]: /etc/named.conf:65: missing ';' before '}'
...
```

由命令执行结果可知在 DNS 的主配置文件中出现了语法错误，错误信息如下：

```
/etc/named.conf:65: missing ';' before '}'
//在/etc/named.conf 文件中，第 65 行，大括号之前缺少了一个分号
```

（2）在某次实验中，DNS 服务重启失败，查看 DNS 服务的状态，命令如下：

```
[root@server ~]# systemctl status named.service
● named.service - Berkeley Internet Name Domain (DNS)
    Loaded: loaded (/usr/lib/systemd/system/named.service; disabled; vendor preset: disabled)
    Active: failed (Result: exit-code) since Mon 2022-04-04 09:31:33 CST; 4s ago
   Process: 11074 ExecStartPre=/bin/bash -c if [ ! "$DISABLE_ZONE_CHECKING" == "yes" ]; then /usr/sbin/named>

4 月 04 09:31:33 server bash[11075]: zone 253.168.192.in-addr.arpa/IN: not loaded due to errors.
4 月 04 09:31:33 server bash[11075]: _default/253.168.192.in-addr.arpa/IN: not a valid number
4 月 04 09:31:33 server bash[11075]: zone localhost.localdomain/IN: loaded serial 0
...
```

由命令执行结果可知在 DNS 的区域配置文件中出现了错误，错误信息如下：

```
zone 253.168.192.in-addr.arpa/IN: not loaded due to errors.
```

这个错误信息并不十分明确，不过提供了查错的思路，即应该首先去检查该区域配置文件，以便保证区域配置文件内容正确，再检查主配置文件中引用该区域配置文件的地方，保证区域配置文件名字一致。

4．端口被占用

WWW 服务器的默认端口是 80 端口，当确定是 80 端口被占用而导致客户端访问失败时，通常有以下两种解决方法。

（1）更改 WWW 服务器的端口。注意要保证更改后的端口没有被其他进程占用。

（2）找到占用 80 端口的应用进程，结束这个进程，具体如下。

首先查看 80 端口的使用情况，命令如下：

```
[root@server ~]# netstat -lnp|grep 80
```

这时假设发现 80 端口被进程号为 28195 的进程占用。

杀死这个进程即可，命令如下：

```
[root@server ~]# kill -9 28195
```

WWW 服务器在使用非默认端口时，该端口也可能被其他应用程序占用，解决思路同上。

5．初学者根据 WWW 服务器配置的过程，依次检查服务器配置

（1）检查服务器的 IP 地址是否设置正确。

（2）使用 ping 命令测试客户机和 WWW 服务器之间的网络是否畅通。

（3）检查配置文件是否存在语法错误。

```
//查找 apachectl 命令对应执行文件所在目录
[root@server ~]# find / -name "apachectl"
/usr/sbin/apachectl
//切换至 apachectl 命令所在目录
[root@server ~]# cd /usr/sbin
```

执行./apachectl configtest 命令，若配置文件正确无误，显示 Syntax OK 信息，则可执行的命令如下：

```
[root@server bin]# ./apachectl configtest
Syntax OK
```

执行./apachectl configtest 命令，若配置文件存在错误，显示出错的行号及错误信息，则可执行的命令如下：

```
[root@server sbin]# ./apachectl configtest
AH00526: Syntax error on line 119 of /etc/httpd/conf/httpd.conf:
DocumentRoot '/var/www/htl' is not a directory, or is not readable
```

显然，这里 WWW 服务器的根目录写错了。应该为/var/www/html，少写了一个字母 m。

（4）检查配置文件是否存在语义逻辑错误。这个没有什么好的办法，需要读者自行认真分析。

（5）检查 WWW 服务器服务是否正常启动，查看服务器的状态。

（6）检查 WWW 服务器的防火墙是否开放了相应的 http 端口等。

（7）检查 WWW 服务器的权限设置、访问控制、虚拟目录等。

参 考 文 献

[1] OpenEuler 开源社区官网[J/OL]．[2022.11.21]．https://www.openeuler.org/zh/．
[2] 鸟哥．鸟哥的 Linux 私房菜基础学习篇[M]．4 版．北京：人民邮电出版社，2018．
[3] 威廉·肖特斯．Linux 命令行大全[M]．门佳，李伟，译．4 版．北京：人民邮电出版社，2021．
[4] 威尔·索因卡．Linux 管理入门经典[M]．李周芳，译．8 版．北京：清华大学出版社，2021．
[5] 北京博海迪信息科技有限公司 等．欧拉操作系统运维与管理[M]．北京：人民邮电出版社，2022．
[6] 任炬，张尧学．openEuler 操作系统[M]．2 版．北京：清华大学出版社，2022．
[7] 鸟哥．鸟哥的 Linux 基础学习实训教程[M]．北京：清华大学出版社，2018．
[8] 於岳．Linux 实用教程[M]．北京：人民邮电出版社，2017．
[9] 梁如军，王宇昕，车亚军 等．Linux 基础及应用教程（基于 CentOS7）[M]．2 版．北京：机械工业出版社，2020．
[10] 刘忆智 等．Linux 从入门到精通 [M]．2 版．北京：清华大学出版社，2014．
[11] 刘遄．Linux 就该这么学[M]．2 版．北京：人民邮电出版社，2021．

图 书 推 荐

书 名	作 者
Flink 原理深入与编程实战——Scala+Java（微课视频版）	辛立伟
HarmonyOS 应用开发实战（JavaScript 版）	徐礼文
HarmonyOS 原子化服务卡片原理与实战	李洋
鸿蒙操作系统开发入门经典	徐礼文
鸿蒙应用程序开发	董昱
鸿蒙操作系统应用开发实践	陈美汝、郑森文、武延军、吴敬征
HarmonyOS 移动应用开发	刘安战、余雨萍、李勇军 等
HarmonyOS App 开发从 0 到 1	张诏添、李凯杰
HarmonyOS 从入门到精通 40 例	戈帅
JavaScript 基础语法详解	张旭乾
华为方舟编译器之美——基于开源代码的架构分析与实现	史宁宁
Android Runtime 源码解析	史宁宁
鲲鹏架构入门与实战	张磊
鲲鹏开发套件应用快速入门	张磊
华为 HCIA 路由与交换技术实战	江礼教
深度探索 Go 语言——对象模型与 runtime 的原理、特性及应用	封幼林
深入理解 Go 语言	刘丹冰
剑指大前端全栈工程师	贾志杰、史广、赵东彦
深度探索 Flutter——企业应用开发实战	赵龙
Flutter 组件精讲与实战	赵龙
Flutter 组件详解与实战	[加]王浩然（Bradley Wang）
Flutter 跨平台移动开发实战	董运成
Dart 语言实战——基于 Flutter 框架的程序开发（第 2 版）	亢少军
Dart 语言实战——基于 Angular 框架的 Web 开发	刘仕文
IntelliJ IDEA 软件开发与应用	乔国辉
深度探索 Vue.js——原理剖析与实战应用	张云鹏
Vue+Spring Boot 前后端分离开发实战	贾志杰
Vue.js 快速入门与深入实战	杨世文
Vue.js 企业开发实战	千锋教育高教产品研发部
Python 从入门到全栈开发	钱超
Python 全栈开发——基础入门	夏正东
Python 全栈开发——高阶编程	夏正东
Python 全栈开发——数据分析	夏正东
Python 游戏编程项目开发实战	李志远
Python 人工智能——原理、实践及应用	杨博雄 主编，于营、肖衡、潘玉霞、高华玲、梁志勇 副主编
Python 深度学习	王志立
Python 预测分析与机器学习	王沁晨
Python 异步编程实战——基于 AIO 的全栈开发技术	陈少佳
Python 数据分析实战——从 Excel 轻松入门 Pandas	曾贤志
Python 数据分析从 0 到 1	邓立文、俞心宇、牛瑶

图 书 推 荐

书 名	作 者
FFmpeg 入门详解——音视频原理及应用	梅会东
FFmpeg 入门详解——SDK 二次开发与直播美颜原理及应用	梅会东
Python Web 数据分析可视化——基于 Django 框架的开发实战	韩伟、赵盼
Python 玩转数学问题——轻松学习 NumPy、SciPy 和 Matplotlib	张骞
Pandas 通关实战	黄福星
深入浅出 Power Query M 语言	黄福星
云原生开发实践	高尚衡
云计算管理配置与实战	杨昌家
虚拟化 KVM 极速入门	陈涛
虚拟化 KVM 进阶实践	陈涛
边缘计算	方娟、陆帅冰
物联网——嵌入式开发实战	连志安
动手学推荐系统——基于 PyTorch 的算法实现（微课视频版）	於方仁
人工智能算法——原理、技巧及应用	韩龙、张娜、汝洪芳
跟我一起学机器学习	王成、黄晓辉
深度强化学习理论与实践	龙强、章胜
自然语言处理——原理、方法与应用	王志立、雷鹏斌、吴宇凡
TensorFlow 计算机视觉原理与实战	欧阳鹏程、任浩然
计算机视觉——基于 OpenCV 与 TensorFlow 的深度学习方法	余海林、翟中华
深度学习——理论、方法与 PyTorch 实践	翟中华、孟翔宇
深度学习原理与 PyTorch 实战	张伟振
AR Foundation 增强现实开发实战（ARCore 版）	汪祥春
ARKit 原生开发入门精粹——RealityKit + Swift + SwiftUI	汪祥春
HoloLens 2 开发入门精要——基于 Unity 和 MRTK	汪祥春
巧学易用单片机——从零基础入门到项目实战	王良升
Altium Designer 20 PCB 设计实战（视频微课版）	白军杰
Cadence 高速 PCB 设计——基于手机高阶板的案例分析与实现	李卫国、张彬、林超文
Octave 程序设计	于红博
ANSYS 19.0 实例详解	李大勇、周宝
ANSYS Workbench 结构有限元分析详解	汤晖
AutoCAD 2022 快速入门、进阶与精通	邵为龙
SolidWorks 2020 快速入门与深入实战	邵为龙
SolidWorks 2021 快速入门与深入实战	邵为龙
UG NX 1926 快速入门与深入实战	邵为龙
Autodesk Inventor 2022 快速入门与深入实战（微课视频版）	邵为龙
西门子 S7-200 SMART PLC 编程及应用（视频微课版）	徐宁、赵丽君
三菱 FX3U PLC 编程及应用（视频微课版）	吴文灵
全栈 UI 自动化测试实战	胡胜强、单镜石、李睿
pytest 框架与自动化测试应用	房荔枝、梁丽丽
敏捷测试从零开始	陈霁、王富、武夏